CMP BOOKS
机工教育

面向新工科高等院校大数据专业系列教材
信息技术新工科产学研联盟数据科学与大数据工作委员会 推荐教材
武汉达梦数据库股份有限公司重点推荐教材

Principle and Application of DBS-DM8

数据库系统原理及应用

基于达梦8

李辉 张守帅 / 编著

本书基于达梦数据库（DM8）全面系统地讲述了数据库技术和应用。全书共15章，内容包括数据库系统概述，关系代数与关系数据库理论，数据库设计与实现，DM数据库体系结构，DM数据库创建与配置，DM数据库的表定义与完整性约束控制，数据的插入、修改与删除，DM数据库单表与多表查询，视图和索引定义与管理，DM数据库用户、权限与角色管理，DM数据库的事务管理，DM数据库的备份和还原，函数和游标，存储过程和触发器，DM JDBC编程与应用等。通过本书，读者可以充分利用DM数据库平台深刻理解数据库技术的原理，达到理论和实践紧密结合的目的。

本书既可作为本科计算机相关专业数据库课程的配套教材，也可以供参加数据库类考试的人员、数据库应用系统开发设计人员、工程技术人员及其他相关人员参阅。对于非计算机专业的学生，如果希望学到关键、实用的数据库技术，也可采用本书作为教材。

本书配有教学资源（教学课件、全套习题、习题答案以及包含书中16个上机实验任务的实验指导书》（电子版）），需要的教师可登录www. cmpedu. com免费注册，审核通过后下载，或联系编辑索取（微信：15910938545，电话：010-88379739）。

图书在版编目（CIP）数据

数据库系统原理及应用：基于达梦8 / 李辉，张守帅编著 . —北京：机械工业出版社，2021. 12（2025. 2重印）

面向新工科高等院校大数据专业系列教材

ISBN 978-7-111-69558-5

Ⅰ. ①数…　Ⅱ. ①李…②张…　Ⅲ. ①数据库系统-高等学校-教材
Ⅳ. ①TP311. 13

中国版本图书馆CIP数据核字（2021）第228380号

机械工业出版社（北京市百万庄大街22号　邮政编码100037）
策划编辑：王　斌　责任编辑：王　斌　胡　静
责任校对：徐红语
责任印制：郜　敏
北京中科印刷有限公司印刷
2025年2月第1版第6次印刷
184mm×240mm · 20. 25印张 · 525千字
标准书号：ISBN 978-7-111-69558-5
定价：79. 90元

电话服务	网络服务
客服电话：010-88361066	机　工　官　网：www. cmpbook. com
010-88379833	机　工　官　博：weibo. com/cmp1952
010-68326294	金　　书　　网：www. golden-book. com
封底无防伪标均为盗版	机工教育服务网：www. cmpedu. com

面向新工科高等院校大数据专业系列教材

编委会成员名单

（按姓氏拼音排序）

主　　任　陈　钟

副 主 任　陈　红　陈卫卫　汪　卫　吴小俊　闫　强

委　　员　安俊秀　鲍军鹏　蔡明军　朝乐门

董付国　李　辉　林子雨　刘　佳

罗　颂　吕云翔　汪荣贵　薛　薇

杨尊琦　叶　龙　张守帅　周　苏

秘 书 长　胡毓坚

副秘书长　时　静　王　斌

出版说明

当前，我国数字经济建设加速推进，作为数字经济建设的主力军，大数据专业人才需求迫切，高校大数据专业建设的重要性日益凸显，并呈现出以下四个特点：实用性、交叉性较强，专业设立日趋精细化、融合化；专业建设上高度重视产学合作协同育人，产教融合发展迅猛；信息技术新工科产学研联盟制定的《大数据技术专业建设方案》，使得人才培养体系、专业知识体系及课程体系的建设有章可循，人才培养日益规范化、标准化；大数据人才是具备编程能力、数据分析及算法设计等专业技能的专业化、复合型人才。

作为一个高速发展中的新兴专业，大数据专业的内涵和外延不断丰富和延伸，广大高校亟需能够系统体现大数据专业上述四个特点的教材。基于此，机械工业出版社联合信息技术新工科产学研联盟，汇集国内专家名师，共同成立教材编写委员会，组织出版了这套《面向新工科高等院校大数据专业系列教材》，全面助力高校新工科大数据专业建设和人才培养。

这套教材依照《大数据技术专业建设方案》组织编写，体现了国内大数据相关专业教学的先进理念和思想；覆盖大数据技术专业主干课程的同时，延伸上下游，涵盖云计算、人工智能等专业的核心课程，能够更好地满足高校大数据相关专业多样化的教学需求；引入优质合作企业的技术、产品及平台，体现产学合作、协同育人的理念；教学配套资源丰富，便于高校开展教学实践；系列教材主要参编者皆是身处教学一线、教学实践经验丰富的名师，教材内容贴合教学实际。

我们希望这套教材能够充分满足国内众多高校大数据相关专业的教学需求，为培养优质的大数据专业人才提供强有力的支撑。并希望有更多的志士仁人加入到我们的行列中来，集智汇力，共同推进系列教材建设，在建设数字社会的宏大愿景中，贡献出自己的一份力量！

面向新工科高等院校大数据专业系列教材编委会

前 言

DM 数据库是一款拥有完全的自主知识产权并且掌握全部源代码的国产数据库，是获得国家自主原创产品认证的数据库管理系统。已应用到了许多行业，如金融行业的湖北银行新核心业务系统、能源行业的国家能源集团和交通行业的中国航信等，DM 数据库的应用前景十分可观。DM 数据库具有高性能、高安全、高可用性、通用性、易于安装、功能齐全等特点，因此 DM 数据库非常适合用于教学。

本书是编者在长期从事数据库课程教学和科研的基础上，为满足“数据库技术及应用”课程的教学需要而编写。全书分为 15 章，分别从数据库系统基础知识、关系数据库系统、数据库设计与实现、DM 数据库体系结构、DM 数据库创建与管理、使用 DM_SQL 管理数据库表、视图和索引、事务和锁、DM 数据库用户权限管理、DM 数据库备份和还原、存储过程和触发器、DM JDBC 编程与应用等方面进行讲述。

传统的关系数据库具有不错的性能。随着互联网的高速发展，针对 MySQL 和 Oracle 等非国产关系数据库可能存在的安全问题，人们急需设计一款拥有完全的自主知识产权并且掌握全部源代码的国产数据库。因此 DM 数据库应运而生，它解决了可能存在的数据安全问题，为国家信息化建设提供了安全可靠的基础性软件，有效维护了国家信息安全。

本书内容循序渐进、深入浅出。为方便教学和学习，本书在每章的最后专门给出了上机实验的内容，能够很好地帮助读者巩固所学知识。

本书既可作为本科计算机相关专业数据库课程的配套教材，也可以供参加数据库类考试的人员、数据库应用系统开发设计人员、工程技术人员及其他相关人员参阅。对于非计算机专业的本科生，如果希望学到关键、实用的数据库技术，也可采用本书作为教材。

在本书编写过程中，刘志红、刘祥祥、杨君艳、刘彩琳、杨柳和程青等同志对全书的编写做出了贡献，同时感谢机械工业出版社和达梦数据库股份有限公司的支持。尽管编者已经投入了大量时间和精力来编写此书，但由于水平和经验有限，错误之处难免，恳请各位专家和读者予以指正，并欢迎同行进行交流，来信请发至 lihui@ cau. edu. cn。

编 者

目　录

出版说明
前　言
第 1 章　数据库系统概述 …… 1
1.1　数据库与数据库管理系统的基本概念 …… 1
1.1.1　数据库基本概念 …… 1
1.1.2　数据库管理系统 …… 2
1.1.3　数据库系统 …… 4
1.2　数据管理技术的发展历程 …… 5
1.2.1　人工管理方式阶段 …… 5
1.2.2　文件系统管理方式阶段 …… 6
1.2.3　数据库系统管理方式阶段 …… 6
1.3　数据模型 …… 8
1.3.1　数据模型的概念和种类 …… 8
1.3.2　概念数据模型 …… 8
1.3.3　关系数据模型 …… 10
1.4　数据库的体系结构 …… 17
1.4.1　数据库系统的三级模式结构 …… 17
1.4.2　数据库的二级映像与数据的独立性 …… 18
1.4.3　两级数据独立性 …… 19
1.5　常见数据库管理系统 …… 19
1.5.1　国外数据库管理系统 …… 19
1.5.2　国产数据库管理系统——达梦数据库 …… 20
本章小结 …… 20
第 2 章　关系代数与关系数据库理论 …… 21
2.1　关系代数及其运算 …… 21
2.1.1　关系的数学定义 …… 21
2.1.2　关系代数概述 …… 23
2.1.3　传统的集合运算 …… 24
2.1.4　专门的关系运算 …… 26
2.2　关系数据库理论 …… 34
2.2.1　问题的提出 …… 34
2.2.2　函数依赖 …… 36
2.3　关系模式的范式及规范化 …… 43
2.4　关系模式的分解 …… 47
本章小结 …… 51
实验 1：关系的完整性、规范化理解与应用 … 51
第 3 章　数据库设计与实现 …… 52
3.1　数据库设计概述 …… 52
3.1.1　数据库设计的内容 …… 52
3.1.2　数据库设计的特点 …… 52
3.1.3　数据库设计方法 …… 53
3.1.4　数据库设计的阶段 …… 54
3.2　需求分析 …… 56
3.2.1　需求描述与分析 …… 56
3.2.2　需求分析分类 …… 57
3.2.3　需求分析的内容、方法和步骤 …… 57
3.2.4　数据字典 …… 60
3.3　概念结构设计 …… 61
3.3.1　概念结构设计的必要性及要求 …… 61
3.3.2　概念结构设计的方法与步骤 …… 62
3.3.3　采用 E-R 模型设计概念结构的方法 …… 64
3.3.4　数据库建模设计工具 …… 67
3.4　逻辑结构设计 …… 68
3.4.1　E-R 图向关系模型的转换 …… 69
3.4.2　关系模式规范化 …… 69

3.4.3　模式评价与改进 …… 69
3.5　物理结构设计 …… 70
3.5.1　物理结构设计的内容和方法 …… 70
3.5.2　评价物理结构 …… 72
3.6　数据库行为设计 …… 72
3.7　数据库实施 …… 73
3.8　数据库的运行与维护 …… 74
本章小结 …… 75
实验2：利用 PowerDesigner 设计数据库应用系统 …… 75
第4章　DM 数据库体系结构 …… 76
4.1　DM 数据库概述 …… 76
4.1.1　DM8 数据库主要特点 …… 76
4.1.2　DM8 的功能特性 …… 77
4.2　DM 数据库体系结构概述 …… 78
4.3　DM 数据库的逻辑存储结构 …… 78
4.3.1　数据库和实例 …… 79
4.3.2　逻辑存储结构 …… 79
4.3.3　内存结构 …… 82
4.3.4　线程结构 …… 83
4.4　DM 数据库的物理存储结构 …… 85
4.5　DM 数据库的安装与启动 …… 89
4.5.1　DM 数据库安装环境需求 …… 89
4.5.2　Windows 下 DM 数据库的安装与卸载 …… 90
4.5.3　DM 数据库启动和关闭 …… 95
本章小结 …… 98
实验3：DM 数据库安装、实例创建与管理 …… 98
第5章　DM 数据库创建与配置 …… 99
5.1　字符集 …… 99
5.1.1　字符集概述 …… 99
5.1.2　DM 数据库支持的字符集 …… 99
5.1.3　DM 字符集的选择 …… 100
5.2　DM 数据库管理 …… 100
5.2.1　DM 数据库创建 …… 100
5.2.2　修改 DM 数据库 …… 108
5.2.3　删除 DM 数据库 …… 109
5.2.4　删除 DM 数据库服务 …… 110
5.3　模式管理 …… 112
5.3.1　模式创建 …… 112
5.3.2　设置当前模式语句 …… 114
5.3.3　模式删除 …… 114
5.4　表空间管理 …… 115
5.4.1　表空间定义 …… 115
5.4.2　表空间修改 …… 116
5.4.3　表空间删除 …… 117
5.5　模式对象的空间管理 …… 118
5.5.1　设置存储参数 …… 118
5.5.2　收回多余的空间 …… 119
5.5.3　用户和表的空间限制 …… 119
5.5.4　查看模式对象的空间使用 …… 120
5.5.5　数据类型的空间使用 …… 121
本章小结 …… 122
实验4：表空间创建与管理 …… 122
第6章　DM 数据库的表定义与完整性约束控制 …… 123
6.1　表的基本概念 …… 123
6.1.1　表和表结构 …… 123
6.1.2　表结构设计 …… 123
6.2　SQL 与 DM_SQL 概述 …… 124
6.2.1　DM_SQL 语言的特点 …… 124
6.2.2　保留字与标识符 …… 125
6.2.3　DM_SQL 语言的功能及语句 …… 125
6.3　DM_SQL 支持的数据类型 …… 125
6.3.1　常规数据类型 …… 126
6.3.2　位串数据类型 …… 127
6.3.3　日期时间数据类型 …… 127
6.3.4　多媒体数据类型 …… 128
6.4　表的定义与管理 …… 129
6.4.1　表定义语句 …… 129
6.4.2　表修改语句 …… 133
6.4.3　基表复制语句 …… 138
6.4.4　基表删除语句 …… 139
6.4.5　事务型 HUGE 表数据重整 …… 140
6.5　约束控制定义与管理 …… 140
6.5.1　数据完整性约束 …… 140
6.5.2　字段的约束 …… 141
6.5.3　删除约束 …… 149
6.5.4　禁止和允许约束 …… 149
本章小结 …… 150

实验5：DM数据库定义创建与完整性约束 …… 150
第7章 数据的插入、修改与删除 …… 151
7.1 数据插入语句 …… 151
7.1.1 为表的所有字段插入数据 …… 151
7.1.2 为表的指定字段插入数据 …… 153
7.1.3 同时插入多条记录 …… 154
7.1.4 从目标表中插入值 …… 155
7.2 数据修改语句 …… 155
7.3 数据删除语句 …… 156
7.3.1 使用DELETE删除表数据 …… 156
7.3.2 使用TRUNCATE清空表数据 …… 157
7.4 MERGE INTO语句 …… 158
本章小结 …… 160
实验6：数据库数据操作管理 …… 160
第8章 DM数据库单表与多表查询 …… 161
8.1 单表查询 …… 161
8.1.1 简单查询 …… 161
8.1.2 带条件查询 …… 165
8.1.3 集函数 …… 170
8.2 多表查询 …… 178
8.2.1 内连接查询 …… 178
8.2.2 外连接查询 …… 180
8.2.3 子查询 …… 181
本章小结 …… 184
实验7：数据库数据表查询管理 …… 184
第9章 视图和索引定义与管理 …… 185
9.1 视图概述 …… 185
9.1.1 视图的优势 …… 185
9.1.2 视图的工作机制 …… 186
9.2 视图创建、查询、修改和删除 …… 186
9.2.1 创建视图 …… 186
9.2.2 查询视图 …… 187
9.2.3 视图的编译 …… 188
9.2.4 删除视图 …… 189
9.3 视图更新 …… 190
9.3.1 插入数据 …… 190
9.3.2 更新数据 …… 191
9.3.3 删除数据 …… 192
9.4 索引概述 …… 193
9.5 创建索引、修改索引和删除索引 …… 194
9.5.1 创建索引 …… 194
9.5.2 修改索引 …… 195
9.5.3 删除索引 …… 195
本章小结 …… 196
实验8：数据库视图创建与管理 …… 196
实验9：数据库索引创建与管理 …… 196
第10章 DM数据库用户、权限与角色管理 …… 197
10.1 用户管理 …… 197
10.1.1 创建用户 …… 197
10.1.2 修改用户 …… 201
10.1.3 删除用户 …… 203
10.2 权限管理 …… 204
10.2.1 权限分类 …… 204
10.2.2 授予权限 …… 206
10.2.3 回收权限 …… 210
10.3 角色管理 …… 212
10.3.1 创建角色 …… 213
10.3.2 管理角色权限 …… 214
10.3.3 分配与回收角色 …… 214
10.3.4 启用与停用角色 …… 215
10.3.5 删除角色 …… 217
本章小结 …… 217
实验10：数据库安全管理 …… 217
第11章 DM数据库的事务管理 …… 218
11.1 事务简介 …… 218
11.2 事务提交 …… 220
11.3 事务回滚 …… 221
11.4 事务锁定 …… 223
11.5 多版本 …… 225
11.6 事务隔离级 …… 227
本章小结 …… 229
实验11：数据库事务管理 …… 229
第12章 DM数据库的备份和还原 …… 230
12.1 DM数据库备份和还原概述 …… 230
12.1.1 DM数据库的备份 …… 230
12.1.2 DM数据库的还原 …… 231
12.2 DM数据库的联机备份与还原 …… 232
12.2.1 DM数据库的联机备份 …… 232

12.2.2 DM数据库的联机还原 …… 236
12.3 DM数据库的脱机备份与还原 …… 236
12.3.1 DM数据库的脱机备份 …… 237
12.3.2 DM数据库的脱机还原与恢复 …… 237
12.4 DM数据库的逻辑备份与还原 …… 242
12.4.1 DM数据库的逻辑备份 …… 242
12.4.2 DM数据库的逻辑还原 …… 247
本章小结 …… 250
实验12：数据库备份与还原 …… 250
第13章　函数和游标 …… 251
13.1 系统内置函数 …… 251
13.1.1 数值函数 …… 258
13.1.2 字符串函数 …… 260
13.1.3 日期时间函数 …… 262
13.1.4 统计函数 …… 263
13.2 存储函数 …… 263
13.2.1 创建存储函数 …… 263
13.2.2 参数和变量 …… 265
13.2.3 调用存储函数 …… 267
13.2.4 重新编译存储函数 …… 268
13.2.5 删除存储函数 …… 268
13.3 游标 …… 268
13.3.1 隐式游标 …… 269
13.3.2 显式游标 …… 269
13.3.3 游标FOR循环 …… 273
13.3.4 游标变量 …… 274
13.3.5 引用游标 …… 276
本章小结 …… 277
实验13：数据库函数与游标应用 …… 277
第14章　存储过程和触发器 …… 278
14.1 存储过程概述 …… 278
14.2 存储过程的创建和调用 …… 279
14.2.1 存储过程的创建 …… 279
14.2.2 存储过程的调用 …… 281
14.2.3 存储过程的编译和删除 …… 281
14.3 触发器概述 …… 282
14.4 创建触发器 …… 282
14.4.1 表触发器 …… 283
14.4.2 事件触发器 …… 287
14.4.3 时间触发器 …… 292
14.5 异常处理 …… 293
14.5.1 定义异常 …… 293
14.5.2 异常的抛出 …… 295
14.5.3 内置函数SQLCODE和SQLERRM …… 296
14.5.4 异常处理部分 …… 297
本章小结 …… 298
实验14：数据库存储过程定义与使用 …… 298
实验15：数据库触发器定义与使用 …… 298
第15章　DM JDBC编程与应用 …… 299
15.1 DM数据库编程概述 …… 299
15.2 DM JDBC数据接口的工作原理 …… 299
15.3 DM JDBC连接数据库的过程 …… 300
15.3.1 通过DriverManager建立连接 …… 300
15.3.2 创建JDBC数据源 …… 301
15.3.3 数据源与连接池 …… 302
15.3.4 Statement对象的处理 …… 303
15.4 结果集的处理 …… 304
15.4.1 ResultSet对象的处理 …… 304
15.4.2 流与大对象处理 …… 307
15.4.3 元数据的处理 …… 310
15.4.4 RowSet对象的处理 …… 312
本章小结 …… 314
实验16：DM JDBC编程与应用 …… 314

第1章 数据库系统概述

从1946年至今，电子计算机经历了70多年的飞速发展，其应用也从最初的科学计算渗透到了社会的方方面面。随着信息时代的到来，各种信息展现出了前所未有的社会价值，信息处理也就成为计算机应用最多、最广的一个领域。与信息、信息处理密不可分的就是数据与数据的管理工作了。本章将介绍数据库系统及数据库管理系统的知识。

1.1 数据库与数据库管理系统的基本概念

1.1.1 数据库基本概念

从每天必需的日常消费、手机中的电话簿、图书馆中的图书借阅、学校的教学管理、电子商务平台的商品以及销售数据等，人们在日常生活和工作中随时随地接触到大量的数据。从大量的数据中提取出来的有用信息可以被视为人类社会中一种极其重要的资源。

在当前的大数据时代，数据之所以有价值，是因为有用的数据能够表现信息，是承载信息的物理符号。换言之，信息是对现实世界的描述，它反映了客观事物的物理状态。例如，某高校每年招收本科生5000人，这个5000是一个数据，而它又表示了这所高校的本科生招生规模这一信息。

1. 数据

数据（Data）是通过信息记录下来的、计算机可以识别的描述事物的各种物理符号。数据的表现形式多种多样，如数字、文字、图形、图像、声音、视频、语言等。

例如，18是一个数据，可以代表一个人的年龄，也可以是某一个小孩的体重，还可以是某一天的温度。因此，数据的外在表现形式还不能完全表达其内涵，必须对它给予解释说明。数据解释的含义称为数据的语义，也就是信息。

2. 信息

信息（Information）是客观事物在人脑中的反映，也就是人们对客观事物的状态、特征和特性的一系列描述。在日常生活中，信息可以直接用自然语言描述。在计算机中，要抽出对该事物感兴趣的特征、有用的数据符号组成一个记录来描述。例如，对于一个在校的学生来说，可以从学号、姓名、性别、政治面貌、年龄、所在班级、身高、体重、联系方式等多个方面进行描述；对任课教师来说，该学生可以从中抽取“编号、姓名、性别、年龄、所在班级”这些有价值的信息来描述：

(202101001，梦欣怡，女，18，大数据 2101 班)。

由此可见，数据和信息是密切联系的，信息是各种数据所包含的意义，数据则是信息的载体；信息是依赖于数据而存在的，数据是信息的具体表现。在许多场合下对它们不做严格区分，如下面要介绍的“数据处理”与“信息处理”就具有相同的意义。

3. 数据处理

在收集到的大量信息中，并非所有的信息都是有用的，这样就要围绕数据做系统化的操作，其目的是产生有用的信息。

数据处理（Data Processing，DP）就是指对数据进行收集、存储、分类、排序、计算、加工、检索和传输等一系列操作的总称。经过数据处理得到有用的信息，仍然以数据的形式表现出来。

随着社会的日益发展，信息概念的深化，研究信息的形态、传输、处理和存储理论的信息科学应运而生。在使用计算机处理数据以前，人们将数据分类保存在相关的表格中，表格均打印在纸张上，而信息的存取和更新等操作均在纸上进行，有人把计算机数据库出现之前的时期称为“纸上办公时代”。

到了 20 世纪 60 年代，随着计算机的数据管理理论和数据处理方法的日趋成熟，人们开始利用计算机来有效地管理文档资料和信息，这样计算机数据库的概念和应用便产生了。

4. 数据库

数据库（DataBase，DB）是存放数据的仓库，只不过这个仓库是在计算机的存储设备中，而且数据是按一定的格式存放的。

所谓数据库，是指长期存储在计算机内、有组织的、可共享的数据集合。数据库中的数据按一定的数据模型组织、描述和存储，具有较小的冗余度、较高的数据独立性和易扩展性，各种用户之间可以共享。

关于数据库的概念，要注意以下 5 点。

1）数据库中的数据是按照一定的结构（即数据模型）来组织的，即数据间有一定的联系且数据有语义解释。数据与对数据的解释是密不可分的。

2）数据库的存储介质通常是硬盘以及其他介质（光盘、U 盘等），可以大量地、长期地存储及高效地使用。

3）数据库中的数据能为众多用户所共享，方便地为不同的应用提供服务。

4）数据库是一个有机的数据集成体，它由多种应用的数据集成而来，故具有较少的冗余、较高的数据独立性（即数据与程序间的互不依赖性）。

5）数据库由用户数据库和系统数据库（即数据字典，对数据库结构的描述）两大部分组成。数据字典是关于系统数据的数据库，通过它能有效地控制和管理用户数据库。

1.1.2 数据库管理系统

如何用计算机对数据进行有效存储、高效获取、合理组织、快速定位和检索、及时维护是数据库管理系统的任务。

数据库管理系统（DataBase Management System，DBMS）是对数据库中的数据资源进行统一管理和控制的大型软件系统。数据库管理系统是数据库系统的重要组成部分，是数据处理的核心。数据库管理是现代计算机系统提供的最重要的功能之一。数据库管理系统是用户与数据库之间的接口，用户通过它来实现对数据库的各种操作。

在计算机软件系统的层次结构中，数据库管理系统位于用户和操作系统之间，需要在操作系统的支持下运行。数据库管理系统也属于计算机的基础软件。

一个数据库管理系统想要更好地发挥其作用，必须为用户提供某种工具来建立数据库，以及对数据进行检索、修改、删除和插入等操作，这个工具就是数据库语言。

数据库语言是用户与 DBMS 之间的媒介。通常，数据库管理系统提供的数据库语言包括数据描述语言和数据操纵语言两大类，前者负责描述和定义数据库，后者负责说明对数据要进行的各种操作。

1. 数据定义功能

DBMS 提供了完善的数据定义语言（Data Definition Language，DDL），用户通过它可以方便地定义数据库中的各种数据对象，包括数据库、表和视图等，可以详细地定义相关数据库的系统结构和有关的约束条件。

例如：建立一个反映学生信息的数据表 student，它包含学生的学号、姓名、性别、年龄以及所在班级等属性。学生信息表 student 的结构见表 1-1。

可以利用 DBMS 的 DDL 中的 CREATE TABLE 建立数据表的语句来完成，具体语句如下。

```
CREATE TABLES student (sno CHAR(10),sname VARCHAR(20),ssex CHAR(2),sage INT,sclass CHAR(10));
```

表 1-1　学生信息表 student 的结构

sno	sname	ssex	sage	sclass

2. 数据操纵功能

DBMS 提供数据操纵语言（Data Manipulation Language，DML），是用户与数据库系统接口之一，是用户操作数据库中数据的工具。用户通过操纵数据语言可以实现对数据库进行查询、插入、删除和修改等一些基本的操作。

例如：向学生信息表 student 中插入一条记录，也就是将某学生的相关信息存储到 student 表中。操作完成后，学生信息表 student 的内容见表 1-2。利用 DBMS 的 DML 中的 INSERT 语句来完成。具体语句如下。

```
INSERT INTO SCORE VALUES('202101001','梦欣怡','女',18,'大数据 2101 班');
```

表 1-2　学生信息表 student 的内容

sno	sname	ssex	sage	sclass
202101001	梦欣怡	女	18	大数据 2101 班

利用 DML 语言对数据库进行查询、删除和修改等各种操作，将在后续的章节中详细介绍。数据库管理系统除了提供上述两大方面的数据库语言的功能外，还具有以下两个主要功能。

3. 数据库的运行管理功能

DBMS 对数据库在建立、运用和维护时提供统一管理和统一控制，主要体现在保证数据的安全性、完整性、多用户应用环境的并发性和数据库数据发生故障后的系统恢复 4 个方面实现对数据库的统一控制功能。这一功能恰恰是数据库管理系统的核心所在。

4. 数据库的建立和维护功能

数据库的建立和维护功能包括数据库初始数据的输入、转换功能，数据库的转储、恢复功能，数据库的重组织功能和性能监视、分析功能等。

数据库管理系统经历了一个由简单到复杂的不断完善的发展过程，已经成为数据库系统的一个重要组成部分。

1.1.3 数据库系统

1. 数据库系统

数据库系统是计算机软件的一个重要分支，它和计算机网络、人工智能被称为当今计算机技术界的三大热门技术。

数据库系统（DataBase System，DBS）是指引入数据库技术后的计算机系统，是用来组织和存取大量数据的管理系统。一般由数据库、数据库管理系统、支持数据库管理系统的软件、应用系统、数据库管理员（DataBase Administrator，DBA）和用户以及计算机硬件系统组成。要强调的是，数据库管理员和用户虽然都是参与到数据库系统中的人，但是他们的作用是有本质区别的。可以这样理解，数据库管理员是数据库的超级用户，他们往往参与数据库的建立、维护等各种工作，而用户则是普通操作员，是应用软件的使用者。

数据库系统中各个组成部分之间的关系如图1-1所示，数据库系统在整个计算机系统中的地位如图1-2所示。

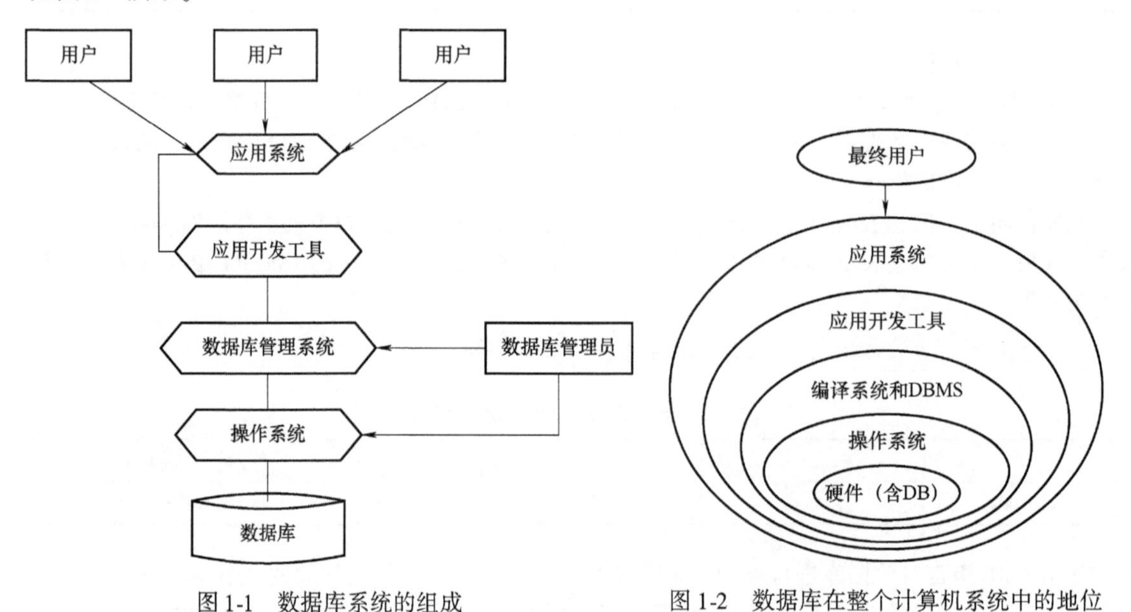

图1-1 数据库系统的组成　　图1-2 数据库在整个计算机系统中的地位

一般在不引起混淆的情况下，人们常常把数据库系统简称为数据库。

2. 信息系统

信息系统（Information System，IS）是由计算机硬件、网络和通信设备、计算机软件、信息资源和信息用户等组成的以处理信息流为目的的人机一体化系统。它是以提供信息服务为主要目的数据密集型、人机交互的计算机应用系统，具有对信息进行加工处理、存储和传递，同时具有预测、控制和决策等功能。

信息系统的 5 个基本功能是输入、存储、处理、输出和控制。一个完整的信息系统应包括控制与自动化系统、辅助决策系统、数据库（含知识库）系统以及与外界交换信息的接口等，它是一个综合、动态的管理系统。

从信息系统的发展和系统特点来看，可大致分为数据处理系统、管理信息系统、决策支持系统、虚拟现实系统、专家或智能系统等类型。无论是哪种类型的系统都需要基础数据库及其数据管理的支持，故数据库系统是信息系统的重要基石。

数据库存储的程序最终是要为软件服务的，因此，程序可以通过数据库访问技术访问调用数据库。不同的程序设计语言会采用不同的数据库访问技术，主要的数据库访问技术有 ODBC、JDBC、ADO. NET、PDO 等。开发的数据库应用程序是为了提高数据库系统的处理能力所使用的管理数据库的软件补充。

1.2 数据管理技术的发展历程

数据管理是指如何对数据进行分类、组织、编码、存储、检索和维护，它是数据处理的中心问题。数据管理技术与数据处理方式有着密切的关系，并且直接影响着数据处理的效率。

随着计算机硬件、软件和计算机网络技术的发展，数据管理技术经历了人工管理、文件系统和数据库系统 3 个发展阶段。

1.2.1 人工管理方式阶段

在 20 世纪 50 年代中期以前，计算机硬件设备的外存只有纸带、卡片、磁带，没有磁盘等直接存取的存储设备；软件只有汇编语言，没有操作系统和管理数据的软件。当时，表示处理流程的程序和作为处理对象的数据相互结合，构成一个整体。数据的管理基本上是手工的、分散的，计算机无法在数据管理中发挥作用。因此，严重地影响了计算机的使用效率。这个阶段的数据管理具有下列特点。

1）数据不保存在计算机内。计算机主要用于计算，一般不长期保存数据。将原始数据随程序一起输入内存，运算处理后将结果数据输出。计算任务完成后，数据会随着程序一起被释放。

2）没有专用的数据管理软件。没有专门的软件进行数据管理，而开发的应用程序又要具有数据的管理功能，例如，要规定数据的存储结构、存取方法、输入/输出方式等内容。

3）数据不具有独立性。只有程序的概念，没有文件的概念。数据的组织方式完全由程序员自行设计与安排。一旦数据的逻辑结构或物理结构发生变化，应用程序必须改变，数据与程序不具有独立性。

4）数据不共享。数据是面向应用程序的，即一组数据只能对应一个程序。如果多个程序共同对同一组数据进行操作，也只能在应用程序中各自定义，无法互相利用。这样使得程序之间造成了大量的数据冗余。

人工管理阶段程序与数据之间的对应关系如图 1-3 所示。

1.2.2 文件系统管理方式阶段

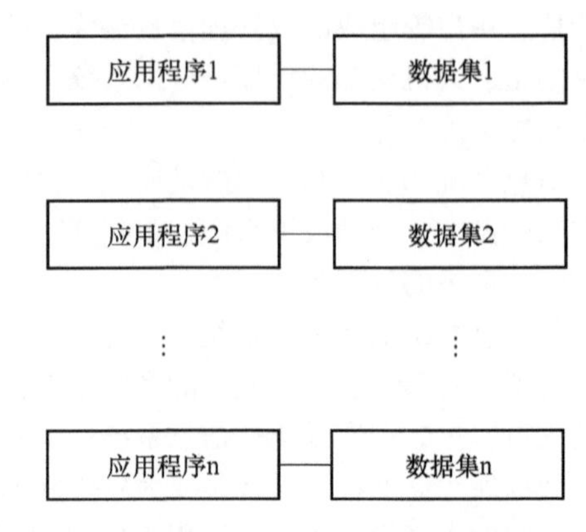

图1-3 人工管理阶段程序与数据之间的对应关系

在数据处理的手工处理阶段，数据管理技术也是手工的。但是，20世纪50年代后期到20世纪60年代中期，计算机进入数据处理领域后，人工管理方式就不能适应计算机自动处理数据的需要了。在这一阶段，计算机的外部存储器有了磁盘、磁鼓等直接存取存储设备；软件方面出现了高级语言和操作系统。在操作系统中出现了专门管理外部存储器的数据管理软件，称为文件系统。这一阶段的数据管理有以下特点。

1）数据由长期保存计算机的应用转向了信息管理，伴随着磁盘等外部存储器的出现，使数据以“文件”的形式长期保存得以实现。而且，文件系统中存放数据的文件可以进行反复使用。

2）文件管理系统的数据由文件系统进行数据管理，程序和数据之间按照文件名访问，数据按照记录进行存取。应用程序与数据之间有了一定的独立性，程序员可以不必过多地考虑数据物理存储的细节，将精力集中于算法。而且数据在存储上的改变不一定会反映在程序上，节省了维护程序的工作量。

3）数据的独立性差。数据虽然不再属于某个特定的应用程序，可以重复使用，但是文件系统中的文件是为某一特定应用服务的，文件结构的设计也是基于特定的用途进行的，因此程序与数据结构之间的依赖关系并未根本改变。用户在修改数据结构时，仍然需要修改应用程序。数据与应用程序之间仍具有依赖性。

4）数据的共享性差，冗余度大。由于文件之间缺乏联系，造成每个应用程序都必须建立各自对应的文件，同样的数据仍然不能被多个应用程序共享，在多个文件中重复存储，造成了数据的大量冗余。同时，由于相同数据的重复存储、各自管理，给数据的修改和维护带来了困难，容易造成数据的不一致性。

文件系统阶段程序与数据之间的对应关系如图1-4所示。

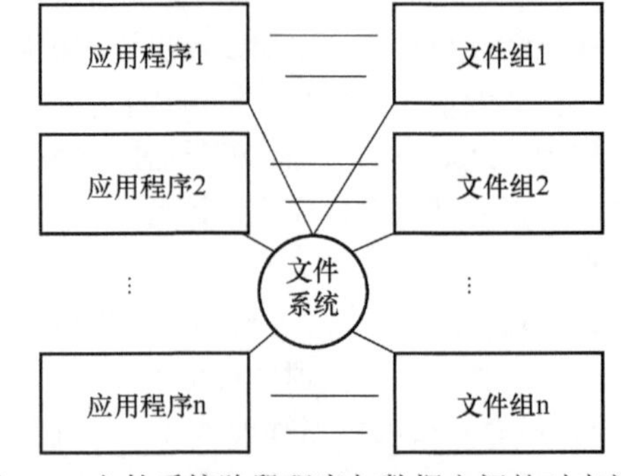

图1-4 文件系统阶段程序与数据之间的对应关系

1.2.3 数据库系统管理方式阶段

在20世纪60年代后期，数据管理规模一再扩大，数据量急剧增加。同时多种应用、多种语言互相覆盖的共享数据集合的需求越来越强烈。这时硬件已有大容量磁盘，且硬件价格下降，软件价格上升，使得为编制和维护系统软件及应用程序所需的成本相对增加。文件系统数据管理技术已经不能满足应用的需求，于是为解决多用户、多应用共享数据的需求，使数据为尽可能多的应用服务，数据库技术诞生了，随之也出现了一个负责数据管理和维护的专门软件系统——数据库管理系统。

数据库系统阶段程序与数据之间的对应关系如图 1-5 所示。

数据库技术从 20 世纪 60 年代后期产生到现在，从第一代的网状、层次数据库，到 20 世纪 70 年代出现的第二代的关系数据库，再到 20 世纪 80 年代出现的以面向对象模型为主要特征的数据库系统，数据库技术日趋成熟，应用范围日益广泛。

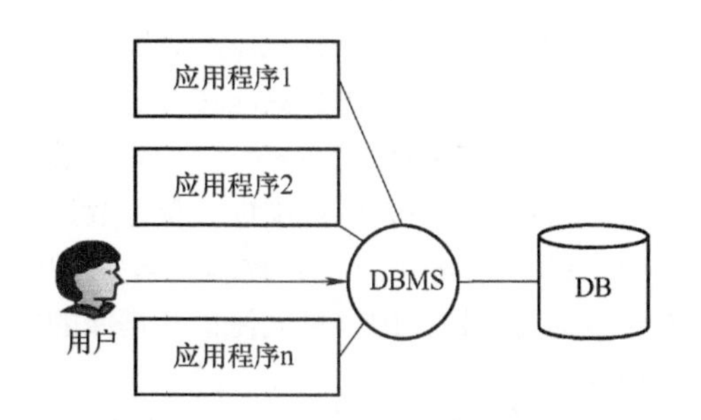

图 1-5　数据库系统阶段程序与数据之间的对应关系

现在，数据库系统的管理技术高速发展，正在进入管理非结构化数据、海量数据、知识信息，面向物联网、云计算等新的应用与服务为主要特征的数据库系统阶段。数据库系统管理正向着综合、集成、智能一体化的数据库服务系统时代迈进。

与人工管理和文件系统相比，数据库系统的特点主要有以下几个方面。

1. 数据结构化

数据库在描述数据时不仅要描述数据本身，还要描述数据之间的联系。在文件系统中，尽管其记录内部已有了某些结构，但记录之间没有联系。数据库系统实现了整体数据的结构化，这是数据库的主要特征之一，也是数据库系统与文件系统的本质区别。在数据库系统中，数据不再针对某一应用，而是面向全组织，具有整体的结构化。

2. 数据的共享性高，冗余度低，易扩充

数据库系统从整体角度看待和描述数据，数据不再面向某个应用而是面向整个系统，因此数据可以被多个用户、多个应用共享使用。数据共享可以大大减少数据冗余，节约存储空间。数据共享还能够避免数据之间的不相容性与不一致性。

由于数据面向整个系统，是有结构的数据，不仅可以被多个应用共享使用，而且容易增加新的应用，这就使得数据库系统具有弹性大，易于扩充的特点，可以适应各种用户的要求。

3. 数据独立性高

数据独立性包括数据的物理独立性和数据的逻辑独立性。物理独立性是指用户的应用程序与存储在磁盘上的数据库中的数据是相互独立的。也就是说，数据在磁盘上的数据库中怎样存储是由 DBMS 管理的，用户程序不需要了解，应用程序要处理的只是数据的逻辑结构，这样即使数据的物理存储改变了，应用程序也不用改变。

逻辑独立性是指用户的应用程序与数据库的逻辑结构是相互独立的。也就是说，数据的逻辑结构改变了，用户程序也可以不变。

数据独立性是由 DBMS 的二级映射功能来保证的。数据与程序的独立，成功地把数据的定义从程序中分离出去，加上数据的存取又由 DBMS 负责，从而简化了应用程序的编制，大大减少了应用程序的维护和修改。

4. 数据由 DBMS 统一管理和控制

数据由 DBMS 统一管理和控制，用户和应用程序可以通过 DBMS 来访问和使用数据库。数据库的共享是并发的共享，即多个用户可以同时存取数据库中的数据，甚至可以同时存取数据库中的同一个数据。为此，DBMS 还必须提供以下几方面的数据控制功能。

1）数据的安全性（Security）保护。数据的安全性是指保护数据以防止不合法的使用造成的数据泄密和破坏，使每个用户只能按规定对某些数据以某些方式进行使用和处理。

2）数据的完整性（Integrity）检查。数据的完整性指数据的正确性、有效性和相容性。完整性检查将数据控制在有效的范围内，保证数据之间满足一定的关系。

3）并发（Concurrency）控制。当多个用户的并发进程同时存取、修改数据库时，可能会发生相互干扰而得到错误的结果或使得数据库的完整性遭到破坏，因此必须对多用户的并发操作加以控制和协调。

4）数据库恢复（Recovery）。计算机系统的硬件故障、软件故障、操作员的失误以及故意的破坏也会影响数据库中数据的正确性，甚至造成数据库部分或全部数据的丢失。DBMS必须具有将数据库从错误状态恢复到某一已知的正确状态的功能，这就是数据库的恢复功能。

综上所述，数据库是长期存储在计算机内有组织的大量的共享的数据集合，它可以供各种用户共享，具有最小的冗余度和较高的数据独立性。DBMS在数据库建立、运用和维护时对数据库进行统一控制，以保证数据的完整性、安全性，并在多用户同时使用数据库时进行并发控制，在发生故障后对系统进行恢复。

另外，数据库技术还与网络通信技术、人工智能技术、面向对象程序设计技术、并行计算技术等互相渗透、互相结合，成为当前数据库技术发展的主要特征。

1.3 数据模型

1.3.1 数据模型的概念和种类

模型是对现实世界特征的模拟和抽象，数据模型也是一种模型，在数据库技术中，用数据模型对现实世界数据特征进行抽象，来描述数据库的结构与语义。

目前广泛使用的数据模型有三种：概念数据模型、结构数据模型和物理模型。

1. 概念数据模型

概念数据模型简称为概念模型，它表示实体类型及实体间的联系，是独立于计算机系统的模型。概念模型用于建立信息世界的数据模型，强调其语义表达功能，要求概念简单、清晰，易于用户理解，它是现实世界的第一层抽象，是用户和数据库设计人员之间进行交流的工具。

2. 结构（逻辑）数据模型

结构数据模型简称为数据模型，它是直接面向数据库的逻辑结构，是现实世界的第二层抽象。数据模型涉及计算机系统和数据库管理系统，如层次模型、网状模型、关系模型等。数据模型有严格的形式化定义，以便于在计算机系统中实现。

3. 物理模型

物理模型是对数据最底层的抽象，它描述数据在系统内部的表示方式和存取方法，如数据在磁盘上的存储方式和存取方法，是面向计算机系统的，由数据库管理系统具体实现。

1.3.2 概念数据模型

概念模型是对信息世界的建模，它应当能够全面、准确地描述出信息世界，是信息世界的基本概念。概念模型的表示方法很多，其中较为著名和使用较为广泛的是 P. P. Chen 于 1976 年提出的 E-R（Entity-Relationship）模型。

E-R 模型直接从现实世界中抽象出实体类型及实体间的联系，是对现实世界的一种抽象，它的主要成分是实体、联系和属性。E-R 模型的图形表示称为 E-R 图，设计 E-R 图的方法称为 E-R 方法。利用 E-R 模型进行数据库的概念设计，可以分为三步：首先设计局部 E-R 模型；然后把各个局部 E-R 模型综合成一个全局 E-R 模型；最后对全局 E-R 模型进行优化，得到最终的 E-R 模型。

E-R 图通用的表示方式如下。

1）用矩形框表示实体型，在框内写上实体名。

2）用椭圆形框表示实体的属性，并用无向边把实体和属性连接起来。

3）用菱形框表示实体间的联系，在菱形框内写上联系名，用无向边分别把菱形框与有关实体连接起来，在无向边旁注明联系的类型。如果实体间的联系也有属性，则把属性和菱形框也用无向边连接起来。

1. E-R 模型设计原则

1）属性应该存在于且只存在于某一个地方（实体或者关联）。该原则确保了数据库中的某个数据只存储于某个数据库表中（避免同一数据存储于多个数据库表），避免了数据冗余。

2）实体是一个单独的个体，不能存在于另一个实体的属性中。该原则确保了一个数据库表中不能包含另一个数据库表，即不能出现“表中套表”的现象。

3）同一个实体在同一个 E-R 图内仅出现一次。例如，同一个 E-R 图，两个实体间存在多种关系时，为了表示实体间的多种关系，尽量不要让同一个实体出现多次。比如客服人员与客户，存在“服务–被服务”“评价–被评价”的关系。

2. E-R 模型设计步骤

1）划分和确定实体。

2）划分和确定联系。

3）确定属性。作为属性的“事物”与实体之间的联系，必须是一对多的关系，作为属性的“事物”不能再有需要描述的性质或与其他事物具有联系。为了简化 E-R 模型，能够作为属性的“事物”尽量作为属性处理。

4）画出 E-R 模型。重复过程 1）~3），以找出所有实体集、关系集、属性和属值集，然后绘制 E-R 图。设计 E-R 分图，即用户视图的设计，在此基础上综合各 E-R 分图，形成 E-R 总图。

5）优化 E-R 模型。利用数据流程图，对 E-R 总图进行优化，消除数据实体间冗余的联系及属性，形成基本的 E-R 模型。

学生与课程之间的 E-R 图，如图 1-6 所示。

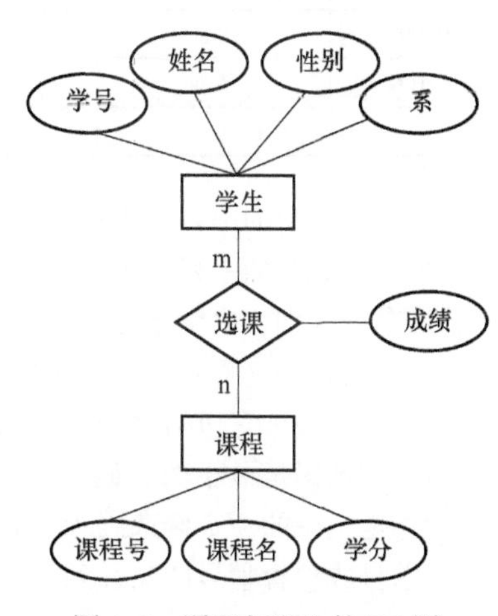

图 1-6　课程与学生的 ER 图

E-R 模型有两个明显的优点：接近于人的思维，容易理解；与计算机无关，用户容易接受。

E-R 方法是抽象和描述现实世界的有力工具。用 E-R 图表示的概念模型与数据模型相互独立，是各种数据模型的共同基础，因而比数据模型更一般、更抽象、更接近现实世界。

1.3.3 关系数据模型

数据库是基于数据模型建立的，目前常用的关系数据库是基于关系数据模型建立的。关系模型（Relation Model）是1970年由E. F. Codd提出的，他把数学上的关系代数应用到数据存储的问题中。因此，关系模型的理论基础是集合论和数理逻辑。

在关系模型中用表格结构表达实体集（客观存在并可相互区别的事物称为实体，如一个职工、一个学生；同型实体的集合称为实体集，例如，全体学生就是一个实体集）以及实体集之间的联系，其最大特色是描述的一致性。关系模型是由若干个关系模式组成的集合，一个关系模式相当于一个记录型，对应于程序设计语言中类型定义的概念。

关系模型由以下三部分组成。

1）数据结构。模型所操作的对象、类型的集合，是对系统静态特性的描述。

2）数据操作。对模型对象所允许执行的操作方式，是对系统动态特性的描述。

3）完整性规则。保证数据有效、正确的约束条件，也就是说，对于具体的应用，数据必须遵循特定的语义约束条件，以保证数据的正确、有效和相容。

1. 关系模型的数据结构

关系模型的数据结构简单清晰，关系单一。在关系模型中，显示世界的实体以及实体间的各种联系均可用关系来表示。从用户角度看，关系模型中数据的逻辑结构是一张二维表，由行和列组成。在讨论关系模型时，先要讨论关系模型中的一些基本术语。

（1）关系模型中的基本术语

1）关系。关系（Relation）是一个属性数目相同的元组的集合，是一个由行和列组成的二维表格。表1-3为学生关系表。

表1-3 学生关系表

学 号	姓 名	性 别	出生年月	所 在 系	入学年份
202101001	梦欣怡	女	2004.05	大数据	2021
202101002	达乐	男	2003.05	大数据	2021
202102001	鑫创	男	2005.05	人工智能	2021
…	…	…	…	…	…

2）元组。表中的一行即为一个元组。

3）属性。表中的一列即为一个属性，给每个属性起一个名称即属性名，表1-3中有6个属性（学号，姓名，性别，出生年月，所在系，入学年份）。

4）码。所谓码（Key）就是能唯一确定表中的一个元组的属性，它是整个关系的性质，而不是单个元组的性质，它包括超码、候选码和主码。超码是一个或多个属性的集合，在关系中能唯一标识元组。候选码是最小的超码，它们的任意真子集都不能成为超码。若一个关系中有多个候选码，通常选定其中的一个候选码为主码（Primary Key）。如学生关系表中的学号可以唯一确定一个学生，则学号或包含学号的属性组都是超码，而只有学生的“学号”才是候选码；如学生关系中的姓名不重复，则候选码为“学号”与“姓名”两个，此时一般选择“学号”属性为主码。

5）全码。若关系的候选码中只包含一个属性，则称它为单属性码；若候选码是由多个属性构成的，则称它为多属性码。若关系中只有一个候选码，且这个候选码中包括全部属性，则这种候选码为全码。设有以下关系：学生（学号，姓名，性别，出生日期）；选课（学号，课程号，分数）；借书（学号，书号，日期）。其中，学生关系的码为“学号”，它为单属性码；选课关系的码为“学号”和“课程号”合在一起，它是多属性码；借书表中的码为“学号、书号、日期”，它的码为全码。

6）域。域（Domain）即属性的取值范围，如表1-3中的性别属性的域是（男，女），大学生年龄属性域可以设置为（10～30）。

7）分量。分量就是元组中的一个属性值，如表1-3中的“达乐”“男”等都是分量。

8）主属性和非主属性。关系中，包含在任何一个候选码中的属性称为主属性（Prime Attribute），不包含在任何一个候选码中的属性称为非主属性（Non-Key Attribute）。例如，在学生关系中，学号为主属性，而姓名、性别、出生日期为非主属性。

（2）关系的性质

关系数据库中的基本表具有以下6个性质。

1）同一属性的数据具有同质性（Homogeneous）。每一属性列中的分量是同一类型的数据，来自同一个域。例如，学生选修表的结构为：选修（学号，课号，成绩），其成绩的属性值不能有百分制、5分制或“及格”“不及格”等多种取值法，同一关系中的成绩必须统一语义（如都用百分制），否则会出现存储和数据操作错误。

2）属性名具有不重复性。不同的属性要给予不同的属性名。这是由于关系中的属性名是标识列的，如果在关系中有属性名重复的情况，则会产生列标识混乱问题。在关系数据库中由于关系名也具有标识作用，所以允许不同关系中有相同属性名的情况。例如，要设计一个能存储两科成绩的学生成绩表，其表结构不能为：学生成绩（学号，成绩，成绩），表结构可以设计为：学生成绩（学号，成绩1，成绩2）。

3）列位置具有顺序无关性。列的次序可以任意交换。对于两个关系，如果属性个数和性质一样，只有属性排列顺序不同，则这两个关系的结构应该是等效的，关系的内容应该是相同的。

4）关系具有元组无重复性。关系中的任意两个元组不能完全相同。由于关系中的一个元组表示现实世界中的一个实体或一个具体联系，元组重复则说明一个实体重复存储。实体重复不仅会增加数据量，还会造成数据查询和统计的错误，产生数据不一致问题。

5）元组位置具有顺序无关性。行的顺序无所谓，行的次序可以任意交换，在使用中可以按各种排序要求对元组的次序重新排列。例如，对学生表的数据可以按学号升序、按年龄降序、按所在系或按姓名笔画多少重新调整，由一个关系可以派生出多种排序表形式。由于关系数据库技术可以使这些排序表在关系操作时完全等效，而且数据排序操作比较容易实现，所以不必担心关系中元组排列的顺序会影响数据操作或影响数据输出形式。基本表的元组顺序无关性保证了数据库中的关系无冗余性，减少了不必要的重复关系。

6）关系中每一个分量必须取原子值。每一个分量都必须是不可分的数据项。关系模型要求关系必须是规范化的，即要求关系模式必须满足一定的规范条件。关系规范条件中最基本的一条就是关系的每一个分量必须是不可分的数据项，即分量是原子量。例如，表1-4中的成绩分为Python和数据库两门课的成绩，这种组合数据项不符合关系规范化的要求，这样的关系在数据库中是不允许存在的。该表正确的设计格式见表1-5。

表1-4 非规范化的关系结构表

姓　名	所 在 系	成　绩	
		Python 成绩	数据库成绩
梦欣怡	大数据	85	98
鑫创	人工智能	95	86

表1-5 规范化后的关系结构

姓　名	所 在 系	Python 成绩	数据库成绩
梦欣怡	大数据	85	98
鑫创	人工智能	95	86

（3）关系模式

为了形象化地表示一个关系，而不是每次画出一张表，可以引入关系模式（Relational Model）来表示关系。关系模式一般表示为：关系名（属性1，属性2，…，属性n），用英文表示为：R（A1，A2，…，An）或R（U）。

其中，R是关系名，Ai表示R中的一个属性名，U表示属性的集合。

如果某个属性名或属性组为主码，用下画线表明，但有时也不标出。例如，学生关系可描述为：学生（学号，姓名，性别，出生日期，年级）。

在关系模型中，实体以及实体间的联系都是用关系来表示的。例如，学生、课程、选修之间的多对多联系在关系模型中可以如下（其中加下画线的属性为主码）。

学生（学号，姓名，性别，出生日期，年级）

课程（课程号，课程名，学分）

选修（学生，课程号，成绩）

关系模式也就是一张二维表的表头描述。表头位于表的第一行，是所有列名的集合，等价于：表名（列名1，列名2，…，列名n）。

实际上，表由表头和表内容两部分组成，表头是相对不变的，而表内容是经常改变的。在关系模型中，把表头称为关系的型（关系模式）；而把除表头外的所有行集合（表内容）称为关系的值。通常在不产生混淆的情况下，关系模式也称为关系。

在上面的概念描述中，用到了表、行、列、主键的名称，也用到了关系、元组、属性、主码等名称，这只是对同一概念的不同叫法。实际上，在不同领域有不同的术语。表1-6给出了常用术语的对应关系。

表1-6 常用术语的对应关系

日常用语	数学领域	数据库领域
表	关系	文件
行	元组	记录

（续）

日 常 用 语	数 学 领 域	数据库领域
列	属性	字段
单元格的值	分量	某一记录的属性值
标识符	码	键

（4）关系模型的“型”和“值”

在数据模型中有“型”（Type）和“值”（Value）的概念。型是指对某一类数据的结构和属性的说明，值是型的一个具体赋值。例如，学生记录定义为（学号，姓名，性别，出生日期，年级）这样的记录型，而（202101001，梦欣怡，女，2004-09-21，2021）则是该记录型的一个记录值。

关系模式是对关系数据库中全体数据的逻辑结构和特征的描述，它仅仅涉及型的描述，不涉及具体的值。关系模式的一个具体值称为模式的一个实例（Instance）。同一个模式可以有很多实例。模式是相对稳定的，而实例是变动的，因为数据库中的数据是在不断更新的。模式反映的是数据的结构及其联系，而实例反映的是数据库某一时刻的状态。

（5）关系数据库

关系数据库是相互关联的表或者关系的集合。一张表存放的是某一应用领域的实体集或实体间联系的集合，例如，一张学生表（Students）存放的是所有学生的集合，一张课程表（Courses）存放的是所有课程的集合。当学生选课时，学生实体与课程实体发生了联系，一旦发生联系，就可能产生一些联系属性。例如，学生实体与课程实体发生联系时，就有了成绩这一属性，可以用选修表（SC）来存放这种联系和联系本身的属性，选修表（SC）存放了学号、课程号和成绩。因此，关系数据存放的是某一应用领域所有的实体集和实体间联系的集合。此外，关系数据库还存放着许多管理用户的表等系统表。

（6）关系模型的优缺点

关系模型的优点主要有以下几个。

1）关系模型与非关系模型不同，它是建立在严格的数学概念的基础上的。关系模型的结构单一，无论是实体还是实体之间的联系都用关系来表示，数据的检索结果也是关系（表），所以其数据结构简单、清晰，用户易懂易用。

2）关系模型的存取路径对用户透明，从而具有更高的数据独立性、更好的安全保密性，也简化了程序员的工作和数据库开发工作。

关系模型的主要缺点是，由于存取路径对用户透明，查询效率往往不如非关系数据模型。因此为了提高性能，必须对用户的查询请求进行优化，这样就增加了开发数据库管理系统的难度。

2. 关系模型的操作

关系模型与其他数据模型相比，最具特色的是关系操作语言。关系操作语言灵活、方便，表达能力和功能都非常强大。

（1）关系操作的基本内容

关系操作包括数据查询、数据维护和数据控制三大功能。

1）数据查询指数据检索、统计、排序、分组以及用户对信息的需求等功能。

2）数据维护指数据添加、删除、修改等数据自身更新的功能。

3）数据控制是为了保证数据的安全性和完整性而采用的数据存取控制及并发控制等功能。

关系操作的数据查询和数据维护功能使用关系代数中的8种操作来表示，即并（Union）、差（Difference）、交（Intersection）、广义的笛卡儿积（Extended Cartesian Product）、选择（Select）、投影（Project）、连接（Join）和除（Divide）。其中选择、投影、并、差、笛卡儿积是5种基本操作，其他操作可以由基本操作导出。

（2）关系操作语言的种类

在关系模型中，关系数据库操作通常是用代数方法或逻辑方法实现，分别称为关系代数和关系演算。关系操作语言可以分为3类。

1）关系代数语言，是用关系代数运算来表达查询要求的语言。ISBL（Information System Base Language）是关系代数语言的代表，是由IBM United Kingdom研究中心研制的。

2）关系演算语言，是用查询得到的元组应满足的谓词条件来表达查询要求的语言，可以分为元组关系演算语言和域关系演算语言两种。

3）具有关系代数和关系演算双重特点的语言。结构化查询语言（Structure Query Language，SQL）是介于关系代数和关系演算之间的语言，它包括数据定义、数据操作和数据控制3种功能，具有语言简洁、易学易用的特点，是关系数据库的标准语言。

这些语言都具有的特点是语言具有完备的表达能力，是非过程化的集合操作语言，功能强，能够嵌入高级语言来使用。

3. 关系模型的数据完整性

关系模型的数据完整性指的是完整性规则。完整性规则是为了保证关系（表）中数据的正确、一致、有效的规则，防止对数据的意外破坏。关系模型的完整性规则共分为3类：实体完整性、参照完整性（也称为引用完整性）、用户定义完整性。

（1）实体完整性规则（Entity Integrity Rule）

1）实体完整性规则。要求关系中元组在组成主码的属性上不能有空值，如果出现空值，那么主码值就起不了唯一标识元组的作用。

【例1-1】 学生（学号，姓名，性别）中，学号不能取空值。

【例1-2】 选修（学号，课程号，成绩）中，学号和课程号都不能取空值。

现实世界中的实体是可区分的，即它们具有某种唯一性标识，相应地，关系模型中以主码作为唯一性标识。如果主属性取空值，则说明存在某个不可标识的实体，即存在不可区分的实体，这与前面所述相矛盾，因此这个规则称为实体完整性。

2）违约处理。所谓违约处理，是指在更新数据库时写入的数据违反了数据库完整性，DBMS对此所采取的措施。如果写入数据库时违反了实体完整性，DBMS将拒绝执行，使得写入失败。这里的违反是指主码中的任何一个属性为空值。

3）DM数据库中的实体完整性。DM数据库中的主码对应的是主键，在某个字段上定义了主键后，就用这个主键来标识一条记录，该字段不能取空值。

（2）参照完整性规则（Reference Integrity Rule）

1）参照完整性规则的定义是：设F是基本关系R的一个或一组属性，但不是关系R的码。如果F与基本关系S的主码Ks相对应，则称F是R的外码，并称R为参照关系，S为被参照关系或目标关系。

【例 1-3】　有如下两个关系：

学生（学号，姓名，性别，出生日期，专业名）；

专业名（专业号，专业名）。

在这两个关系中，学生实体中的专业名取值的限制如下。如果一个学生（大类招生）还没有分配专业名，则取值为空值；如果分配了专业，那么必须是专业名实体中的某个专业号，也就是其取值必须是所在专业名表中存在的某个专业号，这就是参照完整性。因为“学生，专业名”必须参照“专业名，专业号”取值。

根据定义，在【例 1-3】中，“学生，专业名”不是主码，“专业名，专业号”是主码，而前者又参照后者取值，这样才构成参照完整性。前者是外码，后者是主码；学生是参照关系，专业名是被参照关系。

取值规则：若属性或属性组 F 是基本关系 R 的外码，它与基本关系 S 的主码 Ks 相对应，则对于 R 中的每个元组在 F 上的取值必须或者取空值（F 的每个属性均为空值），或者等于 S 中某个元组的主码值。

【例 1-4】　有如下 3 个关系：

学生（学号，姓名，性别，出生日期，专业名）；

课程（课程号，课程名，学分）；

选修（学号，课程号，成绩）。

在这 3 个关系中，“选修，学号”是一个外码，根据参照完整性，其取值必须是空值或学生关系中的学号值。但学号在选修关系中同时又是主属性，因此还要满足实体完整性，它不能取空值，这样“选修，学号”的取值只能取“学生，学号”的值。“选修，课程号”的取值类似，只能取“课程，课程号”的值。

看到这里读者可能有疑问，根据定义，外码（选修中的学号和课程号）在参照关系中不能是主码，那么为什么这里学号和课程号却是外码？再回顾一下主码的定义：主码是选定的某个候选码，而候选码是一个或一组属性。因此，此例中学号和课程号组合在一起才构成选修关系的主码，但单独的学号或课程号都不是主码，因此他们单独一个可以作为外码。

【例 1-5】　有如下一个关系：学生（学号，姓名，性别，出生日期，专业名，班长学号）。这里班长学号可以为空值，表示该班还没有选出班长，也可以是学生实体中的某个学号的值。从这个例子看，外码也可以参照自身实体的属性，且外码和主码可以不同名。

【例 1-6】　有如下 3 个关系：

学校（编号，校名），如（10019，中国农业大学）；

班级（学校号，班级号，班级名），如（10019，201，大数据 201）；

学生（学校号，班级号，学生序号，姓名），如（10019，201，202101001，梦欣怡）。

这个例子比较特别。首先，学生中的学校号可以参照学校的编号；另外，学生中的学校号和班级号可以合起来参照班级中的学校号和班级号。因为班级中的学校号已经作为外码参照了学校的编号，所以没有必要再让“学生中的学校号”参照“学校中的编号”了。这样学生的学校号和班级号合起来作为一个外码，而在【例 1-4】中，选修的学号和课程号则是两个外码。

2）违约处理。参照完整性的违约处理不像实体完整性那么简单，具体规则如下。

① 参照表中增加元组，在被参照表中找不到对应的值，则拒绝执行。

如【例1-3】中，在学生表中增加一个元组（即记录），其“专业名”值在专业名表中不存在，且不是空值，则拒绝插入。

② 修改参照表中元组，修改后被参照表中没有对应的值，则拒绝执行。

如【例1-3】中，将学生表的某个“专业名”修改为专业名表中不存在的某个非空值，则拒绝修改。

③ 被参照表中删除一个元组，参照表中的值没有了对应的值，则拒绝执行、或级联删除、或置为空值（参照表的外码值可为空）、或置为默认值（被参照表的外码具有默认值定义，且默认值在参照表中有对应的值）。

如在【例1-3】中，删除了专业名表中的某个系，使得学生表中某些记录的“专业名”在专业名表中不存在了，可以有4种处理方式：拒绝删除；将学生表中相应的数据一起删除，即级联删除；将学生表的相应“专业名”值修改为空值，即置空操作；将学生表的“专业名”改为默认值（学生表中专业名有默认值定义，且该默认值在专业名表中存在）。不管采用这4种操作的哪一种，都可以保证数据库的参照完整性。当然最后只能采用一种，具体采取哪种操作，根据数据库中的设置决定。

④ 在被参照表中修改一个元组，参照表中的值没有了对应的值，则拒绝执行、或级联修改、或置为空值、或置为默认值。

如【例1-3】中，将某个专业名的专业号从一个值改成了另外一个值，使得学生表中的“专业名”值在专业名表中不存在了，也有4种处理方式：拒绝修改；将学生表中的“专业名”值与所在专业名表中的“专业号”值一起修改，即级联修改；将学生表中的“专业名”值改为空值；将学生表的“专业名”改为默认值。

3）DM数据库中的参照完整性。DM数据库中的主码与外码对应的是主键与外键。如果要增加或修改从表中的外键值，则必须在主表中有对应的主键值，否则拒绝执行。如果修改主表中的主键值，则采用拒绝执行、或级联修改、或置为空值、或置为默认值。如果要删除主表中的主键值，则采用拒绝执行、或级联删除、或置为空值、或置为默认值。

（3）用户定义的完整性规则

1）用户定义的完整性规则是指：在建立关系模式时，对属性定义了数据类型，即使这样可能还满足不了用户的需求，此时用户可以针对具体的数据约束，设置完整性规则，由系统来检验实施，以使用统一的方法处理它们，不再由应用程序承担这项工作。例如，选修课程的成绩定义为3位整数，范围还太大，可以使用如下规则把成绩限制在0～100。

```
CHECK(Grade BETWEEN 0 AND 100)
```

2）违约处理违反用户定义的完整性时，采取的措施只有一个，就是拒绝执行，这点和实体完整性类似。如某个属性必须是唯一值、属性值之间应满足一定的关系、某属性的取值范围在一定区间内等。关系模型应提供定义和检验这类完整性的机制，以便用统一的系统方法处理它们，而不要由应用程序承担这一功能。

DBMS可以为用户实现如下自定义完整性约束。

- 定义域的数据类型和取值范围。
- 定义属性的数据类型和取值范围。
- 定义属性的默认值。
- 定义属性是否允许空值。
- 定义属性取值唯一性。
- 定义属性间的数据依赖性。

1.4　数据库的体系结构

数据库系统的结构可以从不同的角度来描述。从数据库管理系统角度看，数据库系统结构通常分成三级：内模式、模式和外模式；从数据库最终用户角度看，数据库系统结构通常分为单用户结构、主从式结构、分布式结构和客户/服务器结构等。

本节只介绍从 DBMS 角度来划分的数据库系统的三级模式结构。

1.4.1　数据库系统的三级模式结构

模式是数据库中全体数据的逻辑结构和特征的描述。尽管数据库管理系统产品的种类很多，它们都支持不同的数据模型，也可以使用不同的数据库语言。数据库管理系统可以由不同的操作系统支持，数据的存储结构也可以不同。但是，无论是哪种数据库管理系统，其在体系结构上通常都具有相同的特征，即采用三级模式结构并提供二级映像功能。数据库系统的体系结构如图 1-7 所示。

1. 外模式

外模式（External Schema）也称为子模式（Subschema）或用户模式，是三级模式的最外层，是用户与数据库系统的接口，是用户能够看到的、能够用到的那部分数据的逻辑结构和特征的描述。

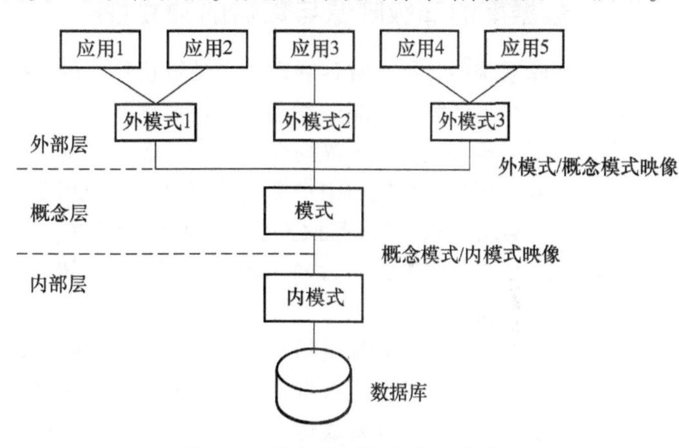

图 1-7　数据库系统的体系结构

一个数据库可以有多个外模式，外模式是模式的子集。不同用户对应用需求、看待数据的方式、数据保密的要求等方面存在差异，则其外模式描述就不同。也就是说，模式中同一数据在外模式中的结构、类型、长度、保密级别等都可以有所不同。另外，同一外模式也可以为某一用户的多个应用系统所用，但一个应用程序只能使用一个外模式。

DBMS 提供的子模式描述语言（外模式 DDL）严格地定义了子模式。普通用户不必关心内模式和模式，只需要根据系统定义的子模式，用查询语言或应用程序去操作数据库中的数据。

2. 内模式

内模式（Internal Schema）也称为存储模式，是数据物理结构和存储方式的描述，是数据在数据库内部的表示方式。例如：描述记录的存储方式是堆存储还是有顺序的索引存储，数据是否压缩存储、是否加密，数据的存储记录结构有何规定等。

内模式不涉及物理记录，也不涉及存储设备，一个数据库只有一个内模式。DBMS 提供内模式描述语言（内模式 DDL）来严格地定义内模式。

3. 模式

模式（Schema）也称为概念模式或逻辑模式，是数据库中全体数据的整体逻辑结构和特征的描述，是所有用户的公共数据视图。模式既不涉及数据的物理存储细节，也与具体的应用程序、应用程序开发工具及高级程序设计语言等无关。

模式是数据库系统模式结构的中间层，数据按外模式的描述提供给用户，按内模式的描述存储在计算机的外部存储器中，而模式提供了连接这两级的相对稳定的中间观点，使得内、外两级的任何一级的改变都不受另一级的影响。

一个数据库只有一个模式。定义模式时不仅要综合地考虑所有用户的需求，例如：数据记录由哪些数据项构成，它们的名称、类型、取值范围等。而且还要定义数据之间的联系、数据安全性和完整性的要求等。

模式与数据库的概念是有区别的。模式是数据库结构的定义和描述，只是建立一个数据库的框架，它本身不涉及具体的数据；数据库是按照模式的框架装入数据而建成的，它是模式的一个“实例”。数据库中的数据是经常变化的，而模式一般是不变或很少变化的。

DBMS 提供模式描述语言（模式 DDL）来定义模式。

1.4.2 数据库的二级映像与数据的独立性

在数据库系统中，用户看到的数据和计算机存放的数据是不同的，实际上在它们之间要经过两次变换。第一次是系统为了减少冗余，实现数据共享，把所有用户的数据进行综合，抽象成一个统一的数据视图。第二次是为了提高存取效率，改善系统性能，把全局视图的数据按照物理组织的最优形式来存放。而当计算机向用户提供数据时，则做相反的变换。

为了能够实现三级模式之间抽象层次的联系和转换，数据库管理系统提供了二级映像：外模式/模式映像、模式/内模式映像。二级映像保证了数据库系统的数据具有较高的逻辑独立性和物理独立性。

1. 外模式/模式映像

模式描述的是数据的全局逻辑结构，外模式描述的是数据的局部逻辑结构。同一个模式可以有多个外模式，而每一个外模式数据库系统都有一个外模式/模式映像，并由这个映像来定义该外模式与模式间的对应关系，这些映像定义通常包含在各自外模式的描述中。因此，当模式改变时，如增加记录类型或增加数据项，数据库管理员要对各个外模式/模式映像做相应的改变，外模式可以保持不变。依据数据的外模式编写的应用程序也不必修改，保证了数据与程序的逻辑独立性，简称为数据的逻辑独立性。

2. 模式/内模式映像

数据库中不仅只有一个模式，而且也只有一个内模式，所以模式/内模式映像是唯一的，由它来定义数据库全局逻辑结构与存储结构之间的对应关系。

模式/内模式映像定义通常包含在模式描述中。当数据库的存储设备和存储方法发生变化时，数据库管理员对模式/内模式映像要做相应的改变，使模式保持不变，从而应用程序也不变，保证了数据与程序的物理独立性，简称为数据的物理独立性。

在数据库的三级模式结构中，数据库模式是中间层，它独立于数据库的其他层次，是数据库的中心与关键。因此，设计数据库的三级模式时应首先确定数据库的模式。

数据库的内模式依赖于数据库的模式，独立于数据库的外模式。它对全局逻辑结构中定义的数据结构及其联系按照一定的物理存储策略进行组织，以达到较好的时间与空间效率。

数据库的外模式面向具体的应用程序，它定义在模式之上，又独立于内模式。当应用需求发生较大变化时，可修改外模式以适应新的需要。

数据库的二级映像使数据库系统具有较高的数据与程序的独立性，从而保证了应用程序的稳定性。又由于数据的存取由 DBMS 管理，用户不必考虑存取路径等细节，简化了应用程序的编制，减少了应用程序的维护和修改。

1.4.3　两级数据独立性

数据独立性是指数据与程序间的互不依赖性。一般分为物理独立性与逻辑独立性。

1）物理独立性是指数据库物理结构的改变不影响逻辑结构及应用程序。即数据的存储结构的改变，如存储设备的更换、存储数据的位移、存取方式的改变等都不影响数据库的逻辑结构，从而不会引起应用程序的变化。

2）逻辑独立性是指数据库逻辑结构的改变不影响应用程序。即数据库总体逻辑结构的改变，如修改数据结构定义、增加新的数据类型、改变数据间联系等，不需要相应修改应用程序。

数据库系统的三级模式结构与二级映像的优点如下。

1）保证数据的独立性。外模式与模式分开，通过模式间的外模式/模式映像保证了数据库数据的逻辑独立性；模式与内模式分开，通过模式间的模式/内模式映像来保证数据库数据的物理独立性。

2）方便用户使用，简化用户接口。用户无须了解数据的存储结构，只需按照外模式的规定编写应用程序或在终端输入操作命令，就可以实现用户所需的操作，方便用户使用系统，也就是说，把用户对数据库的一次访问，从用户级带到概念级，再到物理级，即把用户对数据的操作转化到物理级执行。

3）保证数据库安全性的一个有力措施。由于用户使用的是外模式，每个用户只能看见和访问所对应的外模式的数据，数据库的其余数据是与用户隔离的，这样既有利于数据的保密性，又有利于用户通过程序只能操作其外模式范围内的数据，使程序错误传播的范围缩小，保证了其他数据的安全性。

4）有利于数据的共享性。由于同一模式可以派生出多个不同的子模式，因此减少了数据的冗余度，有利于为多种应用服务。

5）有利于从宏观上通俗地理解数据库系统的内部结构。

1.5　常见数据库管理系统

1.5.1　国外数据库管理系统

1. Oracle

Oracle 数据库是由美国的甲骨文（Oracle）公司开发的世界上第一款支持 SQL 语言的关系型数据库。经过多年的完善与发展，Oracle 数据库已经成为世界上最流行的数据库之一，也是甲骨文公司的核心产品。

Oracle 数据库具有很好的开放性，能够在所有的主流平台上运行，并且性能高、安全性高、风险低；但是其对硬件的要求很高、管理维护和操作比较复杂，而且价格昂贵，所以一般用在满足对银行、金融、保险等行业大型数据库的需求上。

2. DB2

DB2是IBM公司的关系型数据库产品。DB2在稳定性、安全性、恢复性等方面都无可挑剔，而且从小规模到大规模的应用都可以使用，但是用起来非常烦琐，比较适合大型的分布式应用系统。

3. SQL Server

SQL Server是由Microsoft开发和推广的关系型数据库，SQL Server的功能比较全面、效率高，可以作为中型企业或单位的数据库平台。SQL Server可以与Windows操作系统紧密继承，无论是应用程序开发速度还是系统事务处理运行速度，都能得到大幅度提升。但是，SQL Server只能在Windows系统下运行。

4. MySQL

MySQL是一种开放源代码的轻量级关系型数据库，MySQL数据库使用最常用的结构化查询语言（SQL）对数据库进行管理。由于MySQL是开放源代码的，因此任何人都可以在General Public License的许可下下载并根据个人需要对其缺陷进行修改。

由于MySQL数据库体积小、速度快、成本低、开放源代码等优点，现已被广泛应用于互联网上的中小型网站中，并且很多大型网站也在使用MySQL数据库，如网易、新浪等。

5. PostgreSQL

PostgreSQL是一个开放源代码的关系型数据库管理系统，它是在加州大学伯克利分校计算机系开发的POSTGRES基础上发展起来的。目前，PostgreSQL数据库已经是个非常优秀的开源项目，很多大型网站都在使用PostgreSQL数据库来存储数据。

PostgreSQL支持大部分SQL标准，并且提供了许多其他特性，如复杂查询、外码、触发器、视图、事务完整性和MVCC。同样，PostgreSQL可以用许多方法扩展，如通过增加新的数据类型、函数、操作符、聚集函数和索引方法等。

1.5.2 国产数据库管理系统——达梦数据库

达梦数据库管理系统（简称DM数据库）是由达梦公司推出的、具有完全自主知识产权的、比较具有代表性的高性能数据库管理系统。达梦数据库管理系统的最新版本是8.0版本，简称DM8。

DM8是达梦数据库有限公司推出的新一代高性能数据库产品。它具有开放的、可扩展的体系结构，易于使用的事务处理系统，以及低廉的维护成本，是达梦公司完全自主开发的产品。DM8以RDBMS为核心，以SQL为标准，是一个能跨越多种软硬件平台且具有大型数据综合管理能力的、高效稳定的通用数据库管理系统。

本章小结

本章首先介绍了数据库领域使用的几个术语，接着介绍了数据库管理统的概念，数据库具有的功能（数据定义功能、数据操纵功能、数据库的运行管理功能、数据库的建立和维护功能），还回顾了数据管理技术发展的三个阶段；随后介绍了数据库系统的概念和特点（数据结构化、数据独立性高、数据共享性高、冗余度小、数据交给DBMS统一管理和控制），并对数据库系统的三级模式结构和二级映像功能、数据模型的要素、种类以及概念模型向逻辑模型转换的规则进行了介绍。最后介绍了常见的数据库管理系统。

第2章 关系代数与关系数据库理论

关系数据模型的数据操作是以关系代数和关系演算为理论基础的。了解关系模型的数学基础，对于理解关系模型、设计数据模式和实现应用很有帮助。

本章主要介绍关系数据库规范化理论。首先由关系数据库逻辑设计可能出现的问题引入关系模式规范化的必要性，接着描述函数依赖的概念与关系模式的无损分解的方法，最后介绍关系模式的范式。

2.1 关系代数及其运算

关系代数是一种抽象的查询语言，是关系数据操作语言的一种传统表达方式，它是用于查询关系的运算的。

关系数据库的数据操作分为查询和更新两类。查询语句用于各种检索操作，更新操作用于插入、删除和修改等操作。关系操作的特点是集合操作方式，即操作的对象和结构都是集合。关系模型中常用的关系操作包括选择（Select）、投影（Project）、连接（Join）、除（Divide）、并（Union）、交（Intersection）、差（Difference）等。

早期的关系操作能力通常用代数方式或逻辑方式来表示，关系查询语言根据其理论基础的不同分成两大类。

1）关系代数语言：用对关系运算来表达查询要求的方式，查询操作是以集合操作为基础运算的 DML 语言。

2）关系演算语言：用谓词来表达查询要求的方式，查询操作是以谓词演算为基础运算的 DML 语言。关系演算又可按谓词变元的基本对象是元组变量还是域变量分为元组关系演算和域关系演算。

关系代数、元组关系演算和域关系演算三种语言在表达能力方面是完全等价的。

由于关系代数建立在集合代数的基础上，下面先定义几个关系术语中的数学定义。

2.1.1 关系的数学定义

1. 域（Domain）

域是一组具有相同数据类型值的集合。在关系模型中，可以使用域来表示实体属性的取值范围。通常用D_i表示某个域。

例如，自然数、整数、实数、一个字符串、{男，女}、大于10小于等于90的正整数等都可以是域。

2. 笛卡儿积（Cartesian Product）

给定一组域D_1，D_2，…，D_n，这些域中可以有相同的。则D_1，D_2，…，D_n的笛卡儿积为

$$D_1 \times D_2 \times \cdots \times D_n = \{(d_1, d_2, \cdots, d_n) \mid d_i \in D_j, j = 1, 2, \cdots, n\}$$

其中，每一个元素$(d_1, d_2, \cdots, d_n)$叫作一个n元组或简称元组，元素中的每一个值d_i叫作一个分量。若D_i（$i = 1, 2, \cdots, n$）为有限集，其基数（基数是指一个域中可以取值的个数）为$m_i(i = 1, 2, \cdots, n)$，则$D_1 \times D_2 \times \cdots \times D_n$的基数为

$$M = \prod_{i=1}^{n} m_i$$

笛卡儿积可以表示成一个二维表，表中的每行对应一个元组，表中的每列对应一个域。例如，给出三个域：

姓名集合：D_1 = {梦欣怡,达乐,鑫创}；

性别集合：D_2 = {男,女}；

专业集合：D_3 = {大数据,人工智能}。

$D_1 \times D_2 \times D_3$ = {（梦欣怡，男，大数据），（梦欣怡，男，人工智能），（梦欣怡，女，大数据），（梦欣怡，女，人工智能），（达乐，男，大数据），（达乐，男，人工智能），（达乐，女，大数据），（达乐，女，人工智能），（鑫创，男，大数据），（鑫创，男，人工智能），（鑫创，女，大数据），（鑫创，女，人工智能）}，这12个元组可列成一张二维表，见表2-1。

表2-1 D_1、D_2、D_3的笛卡儿积结果表

姓　名	性　别	专　业
梦欣怡	男	大数据
梦欣怡	男	人工智能
梦欣怡	女	大数据
梦欣怡	女	人工智能
达乐	男	大数据
达乐	男	人工智能
达乐	女	大数据
达乐	女	人工智能
鑫创	男	大数据
鑫创	男	人工智能
鑫创	女	大数据
鑫创	女	人工智能

3. 关系（Relation）

$D_1 \times D_2 \times \cdots \times D_n$的子集叫作在域$D_1$，$D_2$，…，$D_n$上的关系，表示为R（$D_1$，$D_2$，…，$D_n$）。

这里，R 表示关系的名字，n 是关系属性的个数，称为目数或度数（Degree）。当 n = 1 时，称关系为单目关系（Unary relation）。当 n = 2 时，称关系为二目关系（Binary relation）。

关系是笛卡儿积的有限子集，所以关系也是一个二维表。

例如，可以在表 2-1 的笛卡儿积中取出一个子集来构造一个学生关系。由于一个学生只有一个专业和性别，所以笛卡儿积中的许多元组在实际中是无意义的，仅仅挑出有实际意义的元组构建一个关系，该关系名为 Student，字段名取域名为：姓名、性别和专业，见表 2-2。

表 2-2　Student 关系

姓　名	性　别	专　业
梦欣怡	女	大数据
达乐	男	人工智能
鑫创	女	人工智能

2.1.2　关系代数概述

关系代数是一种抽象的查询语言，是关系数据操纵语言的一种传统表达方式，它是用于查询关系的运算的。任何一种运算都是将一定的运算符作用于一定的运算对象上，得到预期的运算结果，因此运算对象、运算符、运算结果是运算的三大要素。

关系代数的运算对象是关系，运算结果亦为关系。

关系代数中使用的运算符包括 4 类，即集合运算符、专门的关系运算符、比较运算符和逻辑运算符，见表 2-3。

表 2-3　关系代数运算符

运　算　符		含　义
集合运算符	∪	并
	-	差
	∩	交
	×	广义笛卡儿积
专门的关系运算符	σ	选择
	π	投影
	⋈	连接
	÷	除

运　算　符		含　义
比较运算符	>	大于
	≥	大于等于
	<	小于
	≤	小于等于
	=	等于
	≠	不等于
逻辑运算符	¬	非
	∧	与
	∨	或

关系代数的运算按照运算符的不同可分为传统的集合运算和专门的关系运算两类。

1）传统的集合运算将关系看成元组的集合，其运算是从关系的“水平”方向（即行的角度）进行的。

2）专门的关系运算不仅涉及行还涉及列。比较运算符和逻辑运算符是用来辅助专门的关系运算进行操作的。

2.1.3 传统的集合运算

传统的集合运算是二目运算，包括并、交、差、广义笛卡儿积4种运算。

假设关系R和关系S具有相同的目n（即两个关系都具有n个属性），且相应的属性取自同一个域，则可以定义并、差、交、广义笛卡儿积运算如下。

1. 并（Union）

关系R与关系S的并记作：

$$R \cup S = \{t \mid t \in R \vee t \in S\}$$

其中，t是元组变量。

其结果关系仍为n目关系，由属于R或属于S的元组组成。

2. 差（Difference）

关系R与关系S的差记作：

$$R - S = \{t \mid t \in R \wedge t \notin S\}$$

其中，t是元组变量。

其结果关系仍为n目关系，由属于R而不属于S的所有元组组成。

3. 交（Intersection）

关系R与关系S的交记作：

$$R \cap S = \{t \mid t \in R \wedge t \in S\}$$

其中，t是元组变量。

其结果关系仍为n目关系，由既属于R又属于S的元组组成。关系的交可以用差来表示，即$R \cap S = R - (R - S)$

4. 广义笛卡儿积（Extended Cartesian Product）

两个分别为n目和m目的关系R和S的广义笛卡儿积是一个（n+m）列的元组的集合。元组的前n列是关系R的一个元组，后m列是关系S的一个元组。若R有k_1个元组，S有k_2个元组，则关系R和关系S的广义笛卡儿积有$k_1 \times k_2$个元组。记作：$R \times S = \{t_r \frown t_s \mid T_r \in R \wedge T_s \in S\}$。

假定现在两个关系R与S是关系模式学生的实例，且关系R和S见表2-4。

表2-4a） 关系R

学　号	姓　名	出生日期	性　别	系　别	专　业
202101002	达乐	2003.05	男	大数据系	数据科学与大数据技术
202103001	梁丽	2004.06	女	区块链系	区块链技术与应用
202102001	鑫创	2005.05	男	人工智能系	人工智能

表2-4b） 关系S

学　号	姓　名	出生日期	性　别	系　别	专　业
202103001	梁丽	2004.06	女	区块链系	区块链技术与应用
202104001	王一珊	2004.08	女	现代农业系	智慧农业
202102001	鑫创	2005.05	男	人工智能系	人工智能

【例2-1】　关系R∪S的结果见表2-5。

表2-5　关系R与关系S的并集结果

学　号	姓　名	出生日期	性　别	系　别	专　业
202101002	达乐	2003.05	男	大数据系	数据科学与大数据技术
202103001	梁丽	2004.06	女	区块链系	区块链技术与应用
202102001	鑫创	2005.05	男	人工智能系	人工智能
202104001	王一珊	2004.08	女	现代农业系	智慧农业

【例2-2】　关系R－S的结果见表2-6。

表2-6　关系R与关系S的差集结果

学　号	姓　名	出生日期	性　别	系　别	专　业
202101002	达乐	2003.05	男	大数据系	数据科学与大数据技术

【例2-3】　关系R∩S的结果见表2-7。

表2-7　关系R与关系S的交集结果

学　号	姓　名	出生日期	性　别	系　别	专　业
202103001	梁丽	2004.06	女	区块链系	区块链技术与应用
202102001	鑫创	2005.05	男	人工智能系	人工智能

【例2-4】　关系R与关系S做广义笛卡儿积的结果见表2-8。

表2-8　关系R与S的广义笛卡儿积的结果

学号	姓名	出生日期	性别	系别	专业	学号	姓名	出生日期	性别	系别	专业
202101002	达乐	2003.05	男	大数据系	数据科学与大数据技术	202103001	梁丽	2004.06	女	区块链系	区块链技术与应用
202101002	达乐	2003.05	男	大数据系	数据科学与大数据技术	202104001	王一珊	2004.08	女	现代农业系	智慧农业
202101002	达乐	2003.05	男	大数据系	数据科学与大数据技术	202102001	鑫创	2005.05	男	人工智能	人工智能
202103001	梁丽	2004.06	女	区块链系	区块链技术与应用	202103001	梁丽	2004.06	女	区块链系	区块链技术与应用
202103001	梁丽	2004.06	女	区块链系	区块链技术与应用	202104001	王一珊	2004.08	女	现代农业系	智慧农业
202103001	梁丽	2004.06	女	区块链系	区块链技术与应用	202102001	鑫创	2005.05	男	人工智能	人工智能

（续）

学号	姓名	出生日期	性别	系别	专业	学号	姓名	出生日期	性别	系别	专业
202102001	鑫创	2005.05	男	人工智能系	人工智能	202103001	梁丽	2004.06	女	区块链系	区块链技术与应用
202102001	鑫创	2005.05	男	人工智能系	人工智能	202104001	王一珊	2004.08	女	现代农业系	智慧农业
202102001	鑫创	2005.05	男	人工智能系	人工智能	202102001	鑫创	2005.05	男	人工智能	人工智能

2.1.4 专门的关系运算

专门的关系运算包括选择、投影、连接、除等。为了叙述上的方便，先引入几个符号。

1）假设关系模式为 $R(A_1,A_2,\cdots,A_n)$，它的一个关系设为 R，$t\in R$ 表示 t 是 R 的一个元组，$t[A_i]$ 表示元组 t 中相应于属性 A_i 上的一个分量。

2）若 $A=\{A_{i1},A_{i2},\cdots,A_{ik}\}$，其中 A_{i1}，A_{i2}，…，A_{ik} 是 A_1，A_2，…，A_n 中的一部分，则 A 称为字段名或域列。$t[A]=(t[A_{i1}],t[A_{i2}],\cdots,t[A_{ik}])$ 表示元组 t 在字段名 A 上诸分量的集合。A 表示 $\{A_1,A_2,\cdots,An)$ 中去掉 $\{A_{i1},A_{i2},\cdots,A_{ik}\}$ 后剩余的属性组。

3）R 为 n 目关系，S 为 m 目关系。$t_r\in R$，$t_s\in S$，$\widehat{t_r t_s}$ 称为元组的连接，它是一个 n + m 列的元组，前 n 个分量为 R 中的一个 n 元组，后 m 个分量为 S 中的一个 m 元组。

4）给定一个关系 $R(X,Z)$，X 和 Z 为属性组。定义当 $t[X]=x$ 时，x 在 R 中的象集为

$$Z_x=\{t[Z]\mid t\in R,t[X]=x\}$$

它表示 R 中属性组 X 上值为 x 的诸元组在 Z 上分量的集合。

下面给出这些关系运算的定义。

1. 选择（Selection）

选择又称为限制（Restriction），它是在关系 R 中选择满足给定条件的诸元组，记作：$\sigma_F(R)=\{t|t\in R\wedge F(t)=\text{‘真’}\}$。

其中，F 表示选择条件，它是一个逻辑表达式，取逻辑值“真”或“假”。逻辑表达式 F 的基本形式为

$$X_1\theta Y_1[\Phi X_2\theta Y_2\cdots]$$

其中，θ 表示比较运算符，它可以是 >、≥、<、≤、= 或≠；X_1、Y_1 是字段名、常量或简单函数，字段名也可以用它的序号（如 1，2，…，n）来代替；Φ 表示逻辑运算符，它可以是¬（非）、∧（与）、∨（或）；[ ]表示任选项，即[ ]中的部分可要可不要；…表示上述格式可以重复。

选择运算实际上是从关系 R 中选取使逻辑表达式 F 为真的元组，这是从行的角度进行的运算。

设有一个学生 - 课程数据库见表 2-9，它包括以下内容。

1）学生关系 Student（Sno 表示学号，Sname 表示姓名，Ssex 表示性别，Sage 表示年龄，Sdept 表示所在系）。

2）课程关系 Course（Cno 表示课程号，Cname 表示课程名）。

3）选修关系 Score（Sno 表示学号，Cno 表示课程号，Degree 表示成绩）。

其关系模式如下。

```
Student(Sno,Sname,Ssex,Sage,Sdept)
Course(Cno,Cname)
Score(Sno,Cno,Degree)
```

表 2-9 学生 – 课程关系数据库

a) Student

Sno	Sname	Ssex	Sage	Sdept
000101	李晨	男	18	信息系
000102	王博	女	19	区块链系
010101	刘思思	女	18	信息系
010102	王国美	女	20	物理系
020101	范伟	男	19	区块链系

b) Course

Cno	Cname
C_1	数学
C_2	英语
C_3	计算机
C_4	制图

c) Score

Sno	Cno	Degree
000101	C_1	90
000101	C_2	87
000101	C_3	72
010101	C_1	85
010101	C_2	42
020101	C_3	70

【例 2-5】 查询区块链系学生的信息。

$\sigma_{\text{Sdept}='\text{区块链系}'}(\text{Student})$或$\sigma_{5='\text{区块链系}'}(\text{Student})$

结果见表 2-10。

表 2-10 查询区块链系学生的信息结果

Sno	Sname	Ssex	Sage	Sdept
000102	王博	女	19	区块链系
020101	范伟	男	19	区块链系

【例 2-6】 查询年龄小于 20 岁的学生的信息。

$\sigma_{Sage<20}$(Student)或 $\sigma_{4<20}$(Student)

结果见表 2-11。

表 2-11 查询年龄小于 20 岁的学生的信息结果

Sno	Sname	Ssex	Sage	Sdept
000101	李晨	男	18	信息系
000102	王博	女	19	区块链系
010101	刘思思	女	18	信息系
020101	范伟	男	19	区块链系

2. 投影 (Projection)

关系 R 上的投影是从 R 中选择出若干字段名组成新的关系。记作

$$\pi_A(R) = \{ t[A] \mid t \in R \}$$

其中，A 为 R 中的字段名。

投影操作是从列的角度进行的运算。投影之后不仅取消了原关系中的某些列，而且还可能取消某些元组。因为取消了某些字段名后就可能出现重复行，所以应取消这些完全相同的行。

【例 2-7】 查询学生的学号和姓名。

$\pi_{Sno,Sname}$(Student)或 $\pi_{1,2}$(Student)

结果见表 2-12。

表 2-12 查询学生的学号和姓名结果

Sno	Sname
000101	李晨
000102	王博
010101	刘思思
010102	王国美
020101	范伟

【例 2-8】 查询学生关系 Student 中都有哪些系，即查询学生关系 Student 在所在系属性上的投影。

π_{Sdept}(Student)或 π_5(Student)

结果见表 2-13。

表 2-13 查询学生所在系结果

Sdept
信息系
区块链系
物理系

3. 连接（Join）

连接也称为θ连接，它是从两个关系的笛卡儿积中选取属性间满足一定条件的元组。记作：

$$R \underset{A\theta B}{\bowtie} S = \{ \widehat{t_r t_s} \mid t_r \in R \wedge t_s \in S \wedge t_r[A] \theta t_s[B] \}$$

其中，A 和 B 分别为 R 和 S 上度数相等且可比的属性组；θ是比较运算符。连接运算从 R 和 S 的笛卡儿积 R×S 中选取 R 关系在 A 属性组上的值与 S 关系在 B 属性组上值满足比较关系的θ元组。

连接运算中有两类最为重要也是最为常用连接运算：一种是等值连接（Equijoin），另一种是自然连接。

θ为"="的连接运算称为等值连接。它是从关系 R 与 S 的广义笛卡儿积中选取 A、B 属性值相等的那些元组，即等值连接为

$$R \underset{A=B}{\bowtie} S = \{ \widehat{t_r t_s} \mid t_r \in R \wedge t_s \in S \wedge t_r[A] = t_s[B] \}$$

自然连接（Natural Join）是一种特殊的等值连接。它要求两个关系中进行比较的分量必须是相同的属性组，并且在结果中把重复的字段名去掉。若 R 和 S 具有相同的属性组 B，则自然连接可记作：

$$R \bowtie S = \{ \widehat{t_r t_s} \mid t_r \in R \wedge t_s \in S \wedge t_r[A] = t_s[B] \}$$

特别需要说明的是，一般连接是从关系的水平方向运算，而自然连接不仅要从关系的水平方向，还要从关系的垂直方向运算。因为自然连接要去掉重复属性，如果没有重复属性，那么自然连接就转化为笛卡儿积。

如果把舍弃的元组也保存在结果关系中，而在其他属性上填空值 Null，那么这种连接就叫作外连接（Outer Join）。如果只把左边关系 R 中要舍弃的元组保留就叫作左外连接（Left Outer Join 或 Left Join），如果只把右边关系 S 中要舍弃的元组保留就叫作右外连接（Right Outer Join 或 Right Join）。

【例 2-9】　设关系 R、S 分别见表 2-14a、b，一般连接 C>D 的结果见表 2-15a，等值连接 R.B = S.B 的结果见表 2-15b，自然连接的结果见表 2-15c。

表 2-14　连接运算举例

a）关系 R

A	B	C
a_1	b_4	5
a_1	b_3	7
a_2	b_2	8
a_2	b_1	10

b）关系 S

B	D
b_5	12
b_4	3
b_3	20
b_2	15
b_1	9

表 2-15a） 一般连接 $R\underset{C>D}{\bowtie}S$

A	R. B	C	S. B	D
a_1	b_4	5	b_4	3
a_1	b_3	7	b_4	3
a_2	b_2	8	b_4	3
a_2	b_1	10	b_4	3
a_2	b_1	10	b_1	9

表 2-15b） 等值连接 $R\underset{R.B=S.B}{\bowtie}S$

A	R. B	C	S. B	D
a_1	b_4	5	b_4	3
a_1	b_3	7	b_3	20
a_2	b_2	8	b_2	15
a_2	b_1	10	b_1	9

表 2-15c） 自然连接 $R\bowtie S$

A	B	C	D
a_1	b_4	5	3
a_1	b_3	7	20
a_2	b_2	8	15
a_2	b_1	10	9

4. 除运算（Division）

给定关系 R(X,Y) 和 S(Y,Z)，其中 X、Y、Z 为属性组。R 中的 Y 与 S 中的 Y 可以有不同的字段名，但必须出自相同的域集。R 与 S 的除运算可以得到一个新的关系 P（X），P 是 R 中满足下列条件的元组在 X 字段名上的投影：元组在 X 上分量值 x 的象集 Y_X 包含 S 在 Y 上投影的集合。

$$R \div S = \{t_r[X] \mid t_r \in R \land \pi_Y(S) \subseteq Y_X\}$$

其中，Y_X 为 x 在 R 中的象集，$x = t_r[X]$。

除操作是同时从行和列的角度进行的运算，适合于包含“对于所有的/全部的”语句的查询操作。

关系除法运算分以下 4 步进行。

1）将被除关系的属性分为象集属性和结果属性：与除关系相同的属性属于象集属性，不相同的属性属于结果属性。

2）在除关系中，对与被除关系相同的属性（象集属性）进行投影，得到除目标数据集。

3）将被除关系分组，原则是，结果属性值一样的元组分为一组。

4）逐一考查每个组，如果它的象集属性值中包括除目标数据集，则对应的结果属性值应属于该除法运算结果集。象集的本质是一次选择运算和一次投影运算。

例如关系模式R(X，Y)，X和Y表示互为补集的两个属性集，对于遵循模式R的某个关系A，当t[X]=x时，x在A中的象集（Images Set）为

$$Z_X = \{ t[Z] \mid t \in A, t[X] = x \}$$

它表示A中X分量等于x的元组集合在属性集Z上的投影，见表2-16。

表2-16　关系A

X	Y	Z
a_1	b_1	c_2
a_2	b_3	c_7
a_3	b_4	c_6
a_1	b_2	c_3
a_4	b_6	c_6
a_2	b_2	c_3
a_1	b_2	c_1

a_1 在A中的象集为$\{(b_1,c_2),(b_2,c_3),(b_2,c_1)\}$。

【例2-10】　设关系R、S分别见表2-17a、b，求R÷S的结果。

关系除的运算过程如下。

1）找出关系R和关系S中的相同属性，即B属性和C属性。在关系S中对B属性和C属性做投影，所得的结果为$\{(b_1,c_2),(b_2,c_3),(b_2,c_1)\}$。

2）在关系R中与S不相同的属性列是A，在关系R的属性A上做取消重复值的投影为$\{a_1,a_2,a_3,a_4\}$。

3）求关系R中A属性对应的象集对应的象集B和C，根据关系R的数据，可以得到A属性各分量值的象集。

其中，a_1 的象集为$\{(b_1,c_2),(b_2,c_3),(b_2,c_1)\}$；$a_2$ 的象集为$\{(b_3,c_5),(b_2,c_3)\}$；a_3 的象集为$\{(b_4,c_4)\}$；a_4 的象集为$\{(b_6,c_4)\}$。

4）判断包含关系，对比可以发现：a_2 和 a_3 的象集都不能包含关系S中的B属性和C属性的所有值，所以排除掉 a_2 和 a_3；而 a_1 的象集包括了关系S中B属性和C属性的所有值，所以R÷S的最终结果就是 $\{a_1\}$，见表2-17c。

表2-17　除运算示例表

a）R

A	B	C
a_1	b_1	c_2
a_2	b_3	c_5
a_3	b_4	c_4
a_1	b_2	c_3
a_4	b_6	c_4
a_2	b_2	c_3
a_1	b_2	c_1

b）S

B	C	D
b_1	c_2	d_1
b_2	c_3	d_2
b_2	c_1	d_1

c）R÷S

A
a_1

在关系代数中，关系代数运算经过有限次数的复合后形成的式子称为关系代数表达式。对关系数据库中数据的查询操作可以写成一个关系代数表达式，或者说，写成一个关系代数表达式就表示已经完成了查询操作。

【例2-11】 假设有两个关系：学生学习成绩与课程成绩见表2-18，学生学习成绩与课程成绩除运算的结果是满足一定课程成绩条件的学生的表，结果见表2-19。

表2-18 学生学习成绩与课程成绩关系表

a）学生学习成绩关系

姓 名	性 别	系 别	课 程 名	成 绩
达乐	男	大数据系	数据结构	优秀
梁丽	女	区块链系	程序设计	良好
王一珊	女	大数据系	计算机基础	合格
周文	女	大数据系	计算机基础	合格
鑫创	男	人工智能	计算机组成原理	良好

b）课程成绩关系

课 程 名	成 绩
数据结构	优秀
程序设计	良好
计算机基础	合格

表2-19 学生学习成绩÷课程成绩

姓 名	性 别	系 别
达乐	男	大数据系
梁丽	女	区块链系
王一珊	女	大数据系
周文	女	大数据系

【例2-12】 设学生-课程数据库中有3个关系：S、C和SC，三个关系的关系实例分别见表2-20a、b、c。利用关系代数进行查询。

- 学生关系：S(Sno,Sname,Ssex,Sage,Sdept)。
- 课程关系：C(Cno,Cname,Teacher)。
- 选修关系：SC(Sno,Cno,Degree)。

属性Sno、Sname、Ssex、sage和Sdept分别表示学号、姓名、性别、年龄和所在系，Sno为主码；属性Cno、Cname、Teacher分别表示课程号、课程名、授课教师，Cno为主码；属性Sno、Cno、Degree分别表示学号、课程号和成绩，（Sno，Cno）属性组为主码。

表 2-20　学生、课程与选修关系表

a）学生关系 S 的关系实例

Sno	Sname	Ssex	Sage	Sdept
202101002	达乐	男	20	大数据系
202103001	梁丽	女	21	区块链系
2021040152	任新	男	22	管理系
202102001	鑫创	男	20	人工智能

b）课程关系 C 的关系实例

Cno	Cname	Teacher
C_1	数据结构	杨丽
C_2	数据库原理	文林
C_3	操作系统	元香
C_4	计算机组成原理	惜文
C_5	数据科学与大数据技术	初夏

c）选修关系 SC 的关系实例

Sno	Cno	Degree
202101002	C_1	80
202103001	C_2	87
2021040152	C_3	68
202102001	C_4	90
202103001	C_5	92
202103001	C_1	65
202103001	C_3	67
2021040152	C_4	95
202102001	C_1	87
202103001	C_4	90
202101002	C_5	64
202102001	C_5	76

1）查询选修课程号为 C_3 号课程的学生学号和成绩。

$$\pi_{Sno,Degree}(\sigma_{Cno='C3'}(SC))$$

2）查询学习课程号为 C_4 课程的学生学号和姓名。

$$\pi_{Sno,Sname}(\sigma_{Cno='C4'}(S\bowtie SC))$$

3）查询选修课程名为数据结构的学生学号和姓名。

$$\pi_{Sno,Sname}(\sigma_{Cname='数据结构'}(S\bowtie SC\bowtie C))$$

4）查询选修课程号为 C_1或 C_3课程的学生学号。

$$\pi_{Sno}(\sigma_{Cno='C_1' \vee Cno='C_3'}(SC))$$

5）查询不选修课程号为 C_2的学生的姓名和年龄。

$$\pi_{Sname,Sage}(S) - \pi_{Sname,Sage}(\sigma_{Cno='C_2'}(S \bowtie SC))$$

6）查询年龄为 18 ~23 岁的女生的学号、姓名和年龄。

$$\pi_{Sno,Sname,Sage}(\sigma_{Sage>=18 \wedge Sage<=23 \wedge Ssex='女'}(S))$$

7）查询至少选修课程号为 C_1 与 C_5 的学生的学号。

$$\pi_{Sno}(\sigma_{1=4 \wedge 3='C_1' \wedge 5='C_5'}(SC \times SC))$$

8）查询选修全部课程的学生的学号。

$$\pi_{Sno,Cno}(SC) \div \pi_{Cno}(C)$$

9）查询全部学生都选修的课程的课程号。

$$\pi_{Sno,Cno}(SC) \div \pi_{Sno}(S)$$

10）查询选修课程包含学生达乐所学课程的学生的姓名。

$$\pi_{Sname}(S \bowtie (\pi_{Sno,Cno}(SC) \div \pi_{Cno}(\sigma_{Sname='达乐'}(S) \bowtie SC)))$$

11）查询选修了操作系统或数据科学与大数据技术的学生学号和姓名。

$$\pi_{Sno,Sname}(\sigma_{Cname='操作系统' \vee Cname='数据科学与大数据技术'}(C \bowtie SC \bowtie S))$$

2.2 关系数据库理论

关系数据库设计的基本任务是在给定的应用背景下，建立一个满足应用需求且性能良好的数据库模式。具体来说就是给定一组数据，如何决定关系模式以及每个关系模式中应该有哪些属性才能使数据库系统在数据存储与数据操纵等方面都具有良好的性能。关系数据库规范化理论以现实世界存在的数据依赖为基础，提供了鉴别关系模式合理与否的标准，以及改进不合理关系模式的方法，是关系数据库设计的理论基础。

2.2.1 问题的提出

如果一个关系没有经过规范化，则可能会导致数据冗余大、数据更新不一致、数据插入异常和删除异常等问题出现。下面通过一个例子来说明这些问题。

【例 2-13】 设有一个关系模式 SC(sno,sname,sage,ssex,sdept,mname,cno,cname,grade)，属性分别表示学生学号、姓名、年龄、性别、所在系、系主任姓名、课程号、课程名和成绩。实例见表 2-21，可以看出，此关系模式的关键字为（sno，cno）。仅从关系模式上看，该关系模式已经包括了需要的信息，如果按此关系模式建立关系，并对它进行深入分析，就会发现其中的问题。

表 2-21 关系模式 SC 的实例

sno	sname	sage	ssex	sdept	mname	cno	cname	grade
2014855328	刘惠红	20	女	大数据系	李一中	C_1	C 语言程序设计	78
2014855328	刘惠红	20	女	大数据系	李一中	C_2	数据结构	84
2014855328	刘惠红	20	女	大数据系	李一中	C_3	数据库原理及应用	68

（续）

sno	sname	sage	ssex	sdept	mname	cno	cname	grade
2014855328	刘惠红	20	女	大数据系	李一中	C_4	数字电路	90
2014010225	李红利	19	女	大数据系	李一中	C_1	C 语言程序设计	92
2014010225	李红利	19	女	大数据系	李一中	C_2	数据结构	77
2014010225	李红利	19	女	大数据系	李一中	C_3	数据库原理及应用	83
2014010225	李红利	19	女	大数据系	李一中	C_4	数字电路	79
2014010302	张平	18	男	电子系	张超亮	C_5	高等数学	80
2014010302	张平	18	男	电子系	张超亮	C_6	机械制图	83
2014010302	张平	18	男	电子系	张超亮	C_7	自动控制	73
2014010302	张平	18	男	电子系	张超亮	C_8	电工基础	92

从表 2-21 中的数据情况可以看出，该关系存在以下问题。

1）数据冗余。数据冗余是指同一个数据被重复存储多次，它是影响系统性能的重要问题之一。在关系 SC 中，系名称和系主任姓名（如大数据系、李一中）随着选课学生人数的增加而被重复存储多次。数据冗余不仅会浪费存储空间，而且会引起数据修改的潜在不一致性。

2）插入异常。插入异常是指应该插入到关系中的数据而不能插入。例如，在尚无学生选修的情况下，要想将一门新课程的信息（如 C_5、数据库原理与实践）插入到关系 SC 中，在属性 sno 上就会出现取空值的情况，由于 sno 是关键字中的属性，不允许取空值，因此，受实体完整性约束的限制，该插入操作无法完成。

3）删除异常。删除异常是指不应该删除的数据被从关系中删除了。例如，在 SC 中，假设学生（刘惠红）因退学而要删除该学生信息，连同她选修的 C_2这门课程也一起删除了。这是一个不合理的现象。

4）更新异常。更新异常是指对冗余数据没有全部被修改而出现不一致的问题。例如，在 SC 中，如果要更改系名称或更换系主任，则分布在不同元组中的系名称或系主任都要修改，如果有一个地方未修改，就会造成系名称或系主任不唯一，从而产生不一致现象。

由此可见 SC 关系模式的设计就是一个不合适的设计，因此，可以将上述关系模式分解成以下 4 个关系模式。

```
S(sno,sname,sage,ssex,sdept)
Course(cno,cname)
SC(sno,cno,score)
DEPT(sdept,mname)
```

这样分解后，4 个关系模式都不会发生插入异常、删除异常的问题，数据的冗余也得到了控制，数据的更新也变得更简单。

“分解”是解决冗余的主要方法，也是规范化的一条原则，关系模式有冗余问题，就分解它。但是，上述关系模式的分解方案也不一定就是最佳的。如果要查询某位学生所在系的系主任名，就要对两个关系做连接操作，而连接的代价也是很大的。一个关系模式的数据依赖会有哪些不好的性质，如何改造一个模式，这就是规范化理论所讨论的问题。

2.2.2 函数依赖

1. 函数依赖的概念

数据依赖是指通过一个关系中属性间值的相等与否体现出来的数据间的相互关系，是现实世界属性间相互联系的抽象，是数据内在的性质。

数据依赖共有三种：函数依赖（Functional Dependency，FD）、多值依赖（MultiValued Dependency，MVD）和连接依赖（Join Dependency，JD），其中最重要的是函数依赖和多值依赖。

在数据依赖中，函数依赖是最基本、最重要的一种依赖，它是属性之间的一种联系，假设给定一个属性的值，就可以唯一确定（查找到）另一个属性的值。例如，知道某一学生的学号，可以唯一地查询到其对应的系别，如果这种情况成立，就可以说系别函数依赖于学号。这种唯一性并非指只有一个记录，而是指任何记录。

【定义 2-1】 设有关系模式 $R(A_1,A_2,\cdots,A_n)$，简记为 R（U），X、Y 是 U 的子集，r 是 R 的任一具体关系，如果对 r 的任意两个元组 t_1、t_2，由 $t_1[X]=t_2[X]$ 导致 $t_1[Y]=t_2[Y]$，则称 X 函数决定 Y，或 Y 函数依赖于 X，记为 X→Y。X→Y 为模式 R 的一个函数依赖。

这里的 $t_1[X]$ 表示元组 t_1 在属性集 X 上的值，$t_2[X]$ 表示元组 t_2 在属性集 X 上的值，FD 是由关系 R 的一切可能当前值 r 定义的，不是针对某个特定关系。通俗地说，在当前值 r 的两个不同元组中，如果 X 值相同，就一定要求 Y 值也相同。或者说，对于 X 的每一个具体值，都有 Y 唯一的具体值与之对应，即 Y 值由 X 值决定，因而这种数据依赖称为函数依赖。

函数依赖类似于数学中的单值函数，函数的自变量确定时，因变量的值唯一确定，这反映了关系模式中属性间的决定关系，体现了数据间的相互关系。

在一张表内，两个字段值之间的一一对应关系称为函数依赖。通俗来讲，在一个数据库表内，如果字段 A 的值能够唯一确定字段 B 的值，那么字段 B 函数依赖于字段 A。

对于函数依赖，需要说明以下几点。

1）函数依赖不是指关系模式 R 的某个或某些关系实例满足的约束条件，而是指 R 的所有关系实例均要满足的约束条件。

2）函数依赖是 RDB 用以表示数据语义的机制，人们只能根据数据的语义来确定函数依赖。例如，“姓名 性别”函数依赖只在没有同名同姓的条件下成立；如果允许同名同姓存在同一关系中，则“性别”就不再依赖于“姓名”了。DB 设计者可对现实世界做强制规定。

3）属性间函数依赖与属性间的联系类型相关。

设有属性集 X、Y 以及关系模式 R，有以下几种情况。

- 如果 X 和 Y 之间是“1∶1”关系，则存在函数依赖。
- 如果 X 和 Y 之间是“m∶1”关系，则存在函数依赖。
- 如果 X 和 Y 之间是“m∶n”关系，则 X 和 Y 之间不存在函数依赖。

4）若 X→Y，则 X 称为这个函数依赖的决定属性集。

5）若 X→Y，并且 Y→X，则记为 X←→Y。

6）若 Y 不函数依赖于 X，则记为 $X \nrightarrow Y$。

比如，有一个学习关系模式 R(S#，SN，C#，G，CN，TN，TA)，其中，S#代表学生学号，SN 代表学生姓名，C#代表课程号，G代表成绩，CN代表课程名，TN代表任课教师姓名，TA代表教师年龄。

在R的关系r中，存在着函数依赖，具体如下。

- S#→SN（每个学号只能有一个学生姓名）。
- C#→CN（每个课程号只能对应一门课程名）。
- TN→TA（每个教师只能有一个年龄）。
- （S#，C#）→G（每个学生学习一门课只能有一个成绩）。

【例2-14】　**设有关系模式R(A,B,C,D)，其具体的关系r见表2-22。**

表2-22　R的当前关系r

A	B	C	D
a_1	b_1	c_1	d_1
a_1	b_1	c_2	d_2
a_2	b_2	c_3	d_2
a_3	b_3	c_4	d_3

表中，属性A取一个值（如a_1），则B中有唯一个值（如b_1）与之对应，反之亦然，即属性A与属性B是一对一的联系，所以A→B且B→A。又如，属性B中取一个值b_1，那么，属性C中有两个值c_1、c_2与之对应，即属性B与属性C是一对多的联系，所以，$B \nrightarrow C$，反之，C与B是多对一的联系，故有C→B。

2. 函数依赖的类型

（1）平凡函数依赖与非平凡函数依赖

【定义2-2】　**在关系模式R(U)中，对于U的子集X和Y，如果有X→Y，但Y⊄X，则称X→Y是非平凡函数依赖。若Y⊆X，则称X→Y为平凡函数依赖。**

例如，X→∅、X→X都是平凡函数依赖。

显然，平凡函数依赖对于任何一个关系模式必然都是成立的，与X的任何语义特性无关，因此，它们对于设计不会产生任何实质性的影响，在今后的讨论中，如果不特别说明，都不考虑平凡函数依赖的情况。

（2）完全函数依赖和部分函数依赖

【定义2-3】　**在关系模式R(U)中，如果X→Y，并且对于X的任何一个真子集X′，都有$X' \nrightarrow Y$，则称Y对X完全函数依赖，记作：**

$$X \xrightarrow{F} Y$$

若X→Y，如果存在X的某一真子集X′（X′ ⊆ X），使X′→Y，则称Y对X部分函数依赖，记作：

$$X \xrightarrow{P} Y$$

【例2-15】　**在表2-20中，（sno，cno）⟶grade，是完全函数依赖，（sno，cno）⟶sname是部分函数依赖。**

(3) 传递函数依赖

【定义2-4】 在关系模式R(U)中，X、Y、Z是R的3个不同的属性或属性组，如果X→Y(Y ⊄ X，Y不是X的子集)，且Y ↛ X，Y→Z，Z∉Y，则称Z对X传递函数依赖，记作：

$$X \xrightarrow{\text{传递}} Z$$

传递依赖：假设A、B、C分别是同一个数据结构R中的三个元素或分别是R中若干数据元素的集合，如果C依赖于B，而B依赖于A，那么C自然依赖于A，即称C传递依赖A。

加上条件Y ↛ X，是因为如果Y→X，则X ↔ Y，实际上是X→Z，是直接函数依赖而不是传递函数依赖。

【例2-16】 在表2-21中，存在如下的函数依赖：sno→sdept，sdept→mname，但sdept ↛ sno，所以sno→mname。

识别函数依赖是理解数据语义的一个组成部分，依赖是关于现实世界的断言，它不能被证明，决定关系模式中函数依赖的唯一方法是仔细考查属性的含义。

【例2-17】 设有关系模式S(sno,sname,sage,ssex,sdept,mname,cname,score)，判断以下函数依赖的对错。

1) sno→sname，sno→ssex，(sno，cname) →score。

2) cname→sno，sdept→cname，sno→cname。

在1) 中，sno和sname之间存在一对一或一对多的联系，sno和ssex、(sno，cname) 和score之间存在一对多联系，所以这些函数依赖是存在的。在2) 中，因为sno和cname、sdept和cname之间都是多对多联系，因此它们之间是不存在函数依赖的。

【例2-18】 设有关系模式：学生课程（学号，姓名，课程号，课程名称，成绩，教师，教师年龄），在该关系模式中，成绩要由学号和课程号共同确定，教师决定教师年龄。所以此关系模式中包含了以下函数依赖关系。

- 学号→姓名（每个学号只能有一个学生姓名与之对应）。
- 课程号→课程名称（每个课程号只能对应一个课程名称）。
- (学号，课程号) →成绩（每个学生学习一门课只能有一个成绩）。
- 教师→教师年龄（每一个教师只能有一个年龄）。

注意： 属性间的函数依赖不是指关系模式R的某个或某些关系满足上述限定条件，而是指R的一切关系都要满足定义中的限定。只要有一个具体关系r违反了定义中的条件，就破坏了函数依赖，使函数依赖不成立。

识别函数依赖是理解数据语义的一个组成部分，依赖是关于现实世界的断言，它不能被证明，决定关系模式中函数依赖的唯一方法是仔细考查属性的含义。

3. FD公理

首先介绍FD的逻辑蕴涵的概念，然后引出FD公理。

(1) FD的逻辑蕴涵

FD的逻辑蕴涵是指在已知的函数依赖集F中是否蕴涵着未知的函数依赖。比如，F中有A→B和B→C，那么A→C是否也成立？这个问题就是F是否也逻辑蕴涵着A→C的问题。

【定义2-5】 设有关系模式R(U,F)，F是R上成立的函数依赖集。X→Y是一个函数依赖，如

果对于 R 的关系 r 也满足 X→Y，那么称 F 逻辑蕴涵 X→Y，记为 F⇒X→Y，即 X→Y 可以由 F 中的函数依赖推出。

【定义 2-6】 **设 F 是已知的函数依赖集，被 F 逻辑蕴涵的 FD 全体构成的集合，称为函数依赖集 F 的闭包（Closure），记为 F^+。即**

$F^+ = \{X→Y | F⇒X→Y\}$，显然 $F⊆F^+$。

（2）FD 的公理

为了从已知 F 求出 F^+，尤其是根据 F 集合中已知的 FD，判断一个未知的 FD 是否成立，或者求 R 的候选键，这就需要一组 FD 推理规则的公理。FD 公理有三条推理规则，它是由 W. W. Armstrong 和 C. Beer 建立的，常称为“Armstrong 公理”。

假设关系模式 R(U,F)，X、Y、U、F 是 R 上成立的函数依赖集。FD 公理的三条规则如下。

① 自反律：若在 R 中，有 Y⊆X，则 X→Y 在 R 上成立，且蕴涵于 F 之中。

② 传递律：若 F 中的 X→Y 和 Y→Z 在 R 上成立，则 X→Z 在 R 上成立，且蕴涵于 F 之中。

③ 增广律：若 F 中的 X→Y 在 R 上成立，则 XZ→YZ 在 R 上也成立，且蕴涵于 F 之中。

【例 2-19】 **已知关系模式 R(A,B,C)，R 上的 FD 集 F = {A→B,B→C}。求逻辑蕴涵于 F，且存在于 F^+ 中的未知的函数依赖。**

根据 FD 的推理规则，由 F 中的函数依赖可推出包含在 F^+ 中的函数依赖共有 43 个。

比如，根据规则①可推出：A→∅，A→A，B→∅，B→B，…；

根据已知 A→B 及规则②可推出：AC→BC，AB→AC，AB→B，…；

根据已知条件及规则③可推出 A→C 等。

为了方便应用，除了上述三条规则外，下面给出可由这三条规则可导出的三条推论。

④ 合并律：若 X→Y，X→Z，则有 X→YZ。

⑤ 分解律：若 X→YZ，则有 X→Y，X→Z。

⑥ 伪传递律：若 X→Y，YW→Z，则有 XW→Z。

4. 属性集闭包

在实际使用中，经常要判断从已知的 FD 推导出 FD：X→Y 在 F^+ 中，而且还要判断 F 中是否有冗余的 FD 和冗余信息以及求关系模式的候选键等问题。虽然使用 Armstrong 公理可以解决这些问题，但是其工作量大、比较麻烦。为此引入属性集闭包的概念及求法，能够方便地解决这些问题。

【定义 2-7】 **设有关系模式 R(U)，U 上的 FD 集 F，X 是 U 的子集，则称所有用 FD 公理从 F 推出的 FD：$X→A_i$ 中 A_i 的属性集合为 X 属性集的闭包，记为 X^+。**

从属性集闭包的定义，可以得出下面的引理。

【引理 2-1】 **一个函数依赖 X→Y 能用 FD 公理推出的充要条件是 $Y⊆X^+$。**

由引理可知，判断 X→Y 能否由 FD 公理从 F 推出，只要求 X^+，若 X^+ 中包含 Y，则 X→Y 成立，即为 F 所逻辑蕴涵。而且求 X^+ 并不太难，比用 FD 公理推导简单得多。

下面介绍求属性集闭包的算法。

【算法 2-1】 **求属性集 X 相对 FD 集 F 的闭包 X^+。**

输入：有限的属性集合 U 和 U 中一个子集 X，以及在 U 上成立的 FD 集 F。

输出：X 关于 F 的闭包 X^+。

步骤如下。

1）$X(0)=X$。

2）$X(i+1)=X(i)A$。

其中，A为在F中寻找尚未用过的左边是X（i）子集的函数依赖：$Y_j \to Z_j (j=0,1,\cdots,k)$，其中$Y_j \subseteq X(i)$，即在$Z_j$中寻找$X(i)$中未出现过的属性集A，若无这样的A则转到4）。

3）判断是否有$X(i+1)=X(i)$，若是则转4），否则转2）。

4）输出$X(i)$，即为X的闭包X^+。

对于3）的计算停止条件，以下4种方法是等价的。

① $X(i+1)=X(i)$。

② 当发现$X(i)$包含了全部属性时。

③ 在F中函数依赖的右边属性中再也找不到$X(i)$中未出现的属性。

④ 在F中未用过的函数依赖的左边属性已经没有$X(i)$的子集。

【例2-20】 设有关系模式$R(U,F)$，其中$U=\{A,B,C,D,E,I\}$，$F=\{A\to D,AB\to I,BI\to E,CD\to I,E\to C\}$，计算$(AE)^+$。

解：

令$X=\{AE\}$，$X(0)=AE$。

在F中找出左边是AE子集的函数依赖，其结果是：$A\to D$，$E\to C$，所以，$X(1)=X(0)$，即$DC=ACDE$，显然，$X(1)\neq X(0)$。

在F中找出左边是AEDC子集的函数依赖，其结果是：$CD\to I$，所以$X(2)=X(1)$，即$I=ACDEI$。显然$X(2)\neq X(1)$，但F中未用过的函数依赖的左边属性已没有$X(2)$的子集，所以不必再计算下去，即$(AE)^+=ACDEI$。

5. F的最小依赖集Fm

【定义2-8】 如果函数依赖集F满足下列条件，则称F为最小依赖集，记为Fm。

1）F中每个函数依赖的右部属性都是一个单属性。

2）F中不存在多余的依赖。

3）F中的每个依赖，左边没有多余的属性。

【定理2-1】 每个函数依赖集F都与它的最小依赖集Fm等价。

【算法2-2】 计算最小依赖集。

输入：一个函数依赖集F。

输出：F的等价的最小依赖集Fm。

步骤如下。

1）右部属性单一化。应用分解规则，使F中的每一个依赖的右部属性单一化。

2）去掉各依赖左部多余的属性。具体方法：逐个检查F中左边是非单属性的依赖，如$XY\to A$。只要在F中求X^+，若X^+中包含A，则Y是多余的，否则不是多余的。依次判断其他属性即可消除各依赖左边的多余属性。

3）去掉多余的依赖。具体方法：从第一个依赖开始，从F中去掉它（假设该依赖为$X\to Y$），然后在剩下的F依赖中求X^+，看X^+是否包含Y，若是，则去掉$X\to Y$，否则不去掉。

这样依次做下去。

注意：Fm 不是唯一的。

【例 2-21】 设有关系模式 R，其依赖集 F = {AB→C，C→A，BC→D，ACD→B，D→EG，BE→C，CG→BD，CE←AG}，求 F 等价的最小依赖集 Fm。

解：1）将依赖右边属性单一化，得到 F_1 = {AB→C,C→A,BC→D,ACD→B,D→E,D→G,BE→C,CG→B,CG→D,CE←A,CE→G}。

2）在 F_1 中去掉依赖左部多余的属性。对于 AB→C，假设 B 是多余的，计算 A^+ = A，由于 C⊄ A^+，所以 B 不是多余的。同理 A 也不是多余的。对于 ACD→B，$(CD)^+$ = ABCDEG，则 A 是多余的。删除依赖左部多余属性后，得到

$$F_2 = \{AB \to C, C \to A, BC \to D, CD \to B, D \to E, D \to G, BE \to C, CG \to B, CG \to D, CE \to G\}$$

3）在 F_2 中去掉多余的依赖。对于 CG→B，由于 $(CG)^+$ = ABCDEG，则 CG→B 是多余的。删除多余的依赖后，得到

$$F_m = \{AB \to C, C \to A, BC \to D, CD \to B, D \to E, D \to G, BE \to C, CG \to D, CE \to G\}$$

6. 候选码的求解理论和算法

对于给定的关系模式 R 及函数依赖集 F，如何找出它的所有候选码，这是基于函数依赖理论和范式判断关系模式是否是“好”模式的基础，也是对于一个“不好”的关系模式进行分解的基础。本节介绍三种求出候选码的方法。

对于给定的关系 R(A1,…,An)和函数依赖集，可将其属性分为以下 4 类。

- L 类：仅出现在 F 的函数依赖左部的属性。
- R 类：仅出现在 F 的函数依赖右部的属性。
- N 类：在 F 的函数依赖左右均未出现的属性。
- LR 类：在 F 的函数依赖左右均出现的属性。

（1）方法 1：快速求解候选码的充分条件

具体步骤：对于给定的关系模式 R 及其函数依赖 F，如果 X 是 R 的 L 类和 N 类组成的属性集，且 X^+ 包含了 R 的全部属性，则 X 是 R 的唯一候选码。

【定理 2-2】 对于给定的关系模式 R 及其函数依赖 F，如果 X 是 R 的 R 类属性，则 X 不在任何候选码中。

【例 2-22】 设有关系模式 R（A，B，C，D），其函数依赖集 F = {D→B,B→D,AD→B,AC→D}，求 R 的所有候选码。

解：观察 F 发现，A、C 两属性是 L 类属性，其余为 R 类属性。由于 $(AC)^+$ = ABCD，所以 AC 是 R 的唯一候选码。

【例 2-23】 设有关系模式 R(A,B,C,D,E,P)，R 的函数依赖集为 F = {A→D,E→D,D→B,BC→D,DC→A}，求 R 的所有候选码。

解：观察 F 发现，C、E 两属性是 L 类属性，P 是 N 类属性。由于 $(CEP)^+$ = ABCDEP，所以 CEP 是 R 的唯一候选码。

（2）方法 2：左边为单属性的函数依赖集的候选码成员的图论判定法

当 LN 类属性的闭包不包含全部属性时，方法 1 无法使用。如果该依赖集等价的最小依赖集左边是单属性，可以使用图论判定法来求出所有的候选码。

一个函数依赖图 G 是一个有序二元组（R,F），R 中的所有属性是节点，所有依赖是边。

相关术语如下。

- 引入线/引出线：若节点 A_i 到 A_j 是连接的，则边（A_i，A_j）是 A_i 的引出线，是 A_j 的引入线。
- 原始点：只有引出线而无引入线的节点。
- 终节点：只有引入线而无引出线的节点。
- 途中点：既有引入线又有引出线的节点。
- 孤立点：既无引入线又无引出线的节点。
- 关键点：原始点和孤立点称为关键点。
- 关键属性：关键点对应的属性。
- 独立回路：不能被其他节点到达的回路。

求出候选码的具体步骤如下。

1）求出 F 的最小依赖集 Fm。

2）构造函数依赖图 FDG。

3）从图中找出关键属性 X（可为空）。

4）查看 G 中有无独立回路，若无则输出 X 即为 R 的唯一候选码，转 6)，否则转 5)。

5）从各个独立回路中各取一节点对应的属性与 X 组合成一候选码，并重复这一过程，取尽所有可能的组合，即为 R 的全部候选码。

6）结束。

【例 2-24】 设 R(O,B,I,S,Q,D)，F = {S→D,D→S,I→B,B→I,B→O,O→B}，求 R 的所有候选码。

解：

1）F_m = F = {S→D,D→S,I→B,B→I,B→O,O→B}。

2）构造函数依赖图如图 2-1 所示。

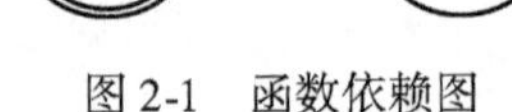

图 2-1　函数依赖图

3）关键属性集：{Q}。

4）共有 4 条回路，但回路 IBI 和 BOB 不是独立回路，而 SDS 和 IBOBI 是独立回路。共有 M = 2 × 3 = 6 个候选码。每个候选码有 N = 1 + 2 = 3 个属性，所以 R 的所有候选码为 QSI、QSB、QSO、QDI、QDB、QDO。

注意： ① R 的每个候选码均有两部分组成：键属性 X，K 个独立回路中，每个独立回路任选一个作为候选码的成员。

② 候选码个数等于各独立回路中节点个数的乘积。

③ 每个候选码所含属性个数等于关键属性个数加上独立回路个数。

（3）方法 3：多属性依赖集候选码求解

具体步骤如下。

1）求 R 的所有属性分为 L、N、R 和 LR 四类，令 X 代表 L、N 类，Y 代表 LR 类。

2）求 X^+，若包含了 R 的全部属性，则 X 为 R 的唯一候选码，转 5)，否则转 3)。

3）在 Y 中取属性 A，求（XA）$^+$，若它包含了 R 的全部属性，则 A 为 R 的候选码，调换属性反复进行这一过程，直到试完 Y 中所有属性。

4）如果已找出所有候选码，转（5）；否则依次取 2 个，3 个，…。求他们的属性闭包，直到闭包包含 R 的全部属性。

5）停止，输出结果。

【例 2-25】 设有关系模式 R(A,B,C,D,E)，其上的函数依赖集 F = {A→BC,CD→E, B→D, E→A}，求出 R 的所有候选码.

解：

1）X 类属性为∅，Y 类属性为 A、B、C、D、E。

2）A^+ = ABCDE，B^+ = BD，C^+ = C，D^+ = D，E^+ = ABCDE，所以 A、E 为 R 的其中两个候选码。

3）由于 B、C、D 属性还未在候选码中出现，将其两两组合与 X 类属性组合求闭包。$(BC)^+$ = ABCDE，$(BD)^+$ = BD，$(CD)^+$ = ABCDE，所以 BC、CD 为 R 的两个候选码。

4）所有 Y 类属性均已出现在候选码中，所以 R 的所有候选码为 A、E、BC、CD。

2.3　关系模式的范式及规范化

关系模式分解到什么程度是比较好的？用什么标准衡量？这个标准就是模式的范式（Normal Form，NF）。所谓范式（Normal Form）是指规范化的关系模式。由于规范化的程度不同，就产生了不同的范式。最常用的有 1NF、2NF、3NF、BCNF。本节重点介绍这 4 种范式，最后简单介绍 4NF，至于目前的最高范式 5NF，有兴趣的读者可参考其他参考书。

范式是衡量关系模式优劣的标准。范式的级别越高，其数据冗余和操作异常现象就越少。范式之间存在如下关系。

$$1NF \subset 2NF \subset 3NF \subset BCNF \subset 4NF \subset 5NF$$

通过分解（投影）把属于低级范式的关系模式转换为几个属于高级范式的关系模式的集合，这一过程称为规范化。

1. 1NF

【定义 2-9】　若一个关系模式 R 的具体关系 r 中的所有属性都是不可分的基本数据项，则该关系属于第一范式（First Normal Formal，1NF）。

满足 1NF 的关系称为规范化的关系，否则称为非规范化关系。关系数据库中研究和存储的都是规范化的关系，即 1NF 关系是作为关系数据库最起码的关系条件。

例如，在表 2-23a 中存在属性项“班长”，表 2-23b 中存在重复组，它们均不属于 1NF。

表 2-23　学生表和借书表

a）r1

学　号	姓　名	班　级	班　长	
			正 班 长	副 班 长
2014110102	李丽	1 班	陈因	王贺
2014110103	魏红	2 班	李科	房名

b）r2

借 书 人	书　名	日　期
李丽	B1，B2	D1，D2
魏红	B2，B3	D2，D3

非规范化关系的缺点是更新困难。非规范化关系转化成1NF的方法有：①对于组项，去掉高层的命名，例如，将r1中的“班长”属性去掉。②对于重复组，重写属性值相同部分的数据。将r1、r2规范化为1NF的关系见表2-24a、b。

表2-24　学生表和借书表的1NF

a）r1

学　号	姓　名	班　级	正　班　长	副　班　长
2014110102	李丽	1班	陈因	王贺
2014110103	魏红	2班	李科	房名

b）r2

借　书　人	书　名	日　期
李丽	B1	D1
李丽	B2	D2
魏红	B2	D2
魏红	B3	D3

2. 2NF

1NF虽然是关系数据库中对关系结构最基本的要求，但还不是理想的结构形式，因为仍然存在大量的数据冗余和操作异常。为了解决这些问题，就要消除模式中属性之间存在的部分函数依赖，将其转化成高一级的第二范式。

【定义2-10】　若关系模式R属于1NF，且R中每个非主属性都完全函数依赖于主关键字，则称R是第二范式（简记为2NF）的模式。

【例2-26】　设有关系模式学生（学号，所在系，系主任姓名，课程号，成绩）。主关键字＝（学号，课程名）。存在函数依赖：｛（学号，课程号）→所在系，（学号，课程号）→系主任姓名；（学号，课程号）→成绩｝。如图2-2所示。

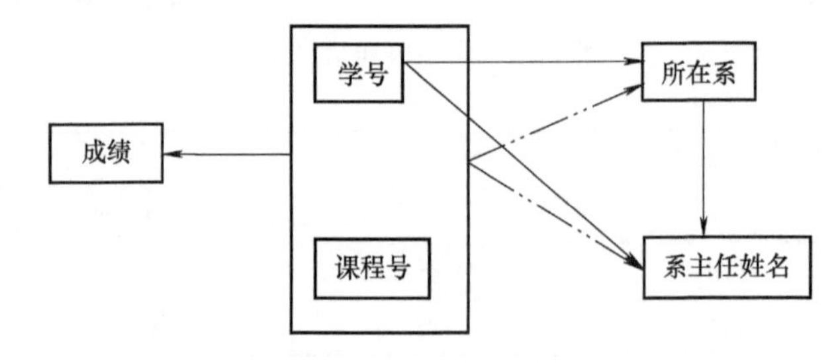

图2-2　函数依赖图

由于存在非主属性对主键的部分依赖，所以该关系模式不属于2NF，而是1NF。

该关系模式中存在以下问题。

- 数据冗余：系主任姓名和所在系随着选课人数或选课门数的增加被反复存储多次。
- 插入异常：新来的学生由于未选课而无法插入学生的信息。

• 删除异常：如果删除某系学生信息，则该学生所在系和系主任姓名信息连带被删除。

根据2NF的定义，通过消除部分FD，按完全函数依赖的属性组成关系，将学生模式分解为学生-系(学号,所在系,系主任姓名)；选课(学号,课程号,成绩)。如图2-3、图2-4所示。

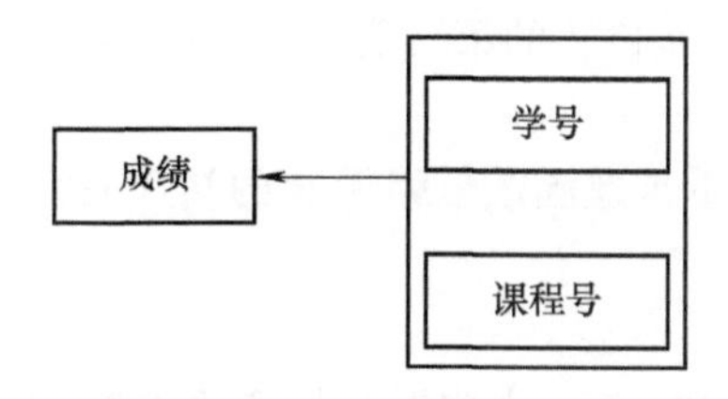

图2-3　分解后的学生-系函数依赖图

图2-4　分解后的选课函数依赖图

显然，分解后的两个关系模式均属于2NF。

说明：由2NF的定义可以得出以下结论。

1）属于2NF的关系模式R也必定属于1NF。

2）如果关系模式R属于1NF，且R中全部是主属性，则R必定是2NF。

3）如果关系模式R属于1NF，且R中所有的候选关键字全部是单属性构成，则R必定是2NF。

4）二元关系模式必定是2NF。

3. 3NF

【定义2-11】　若关系模式R属于2NF，且每个非主属性都不传递依赖于主关键字，则称R是第三范式（简记为3NF）的模式。

若R∈3NF，则每一个非主属性既不部分函数依赖于主键，也不传递函数依赖于主键。

上例分解后的关系模式“选课（学号，课程名，成绩）”是3NF。关系模式“学生-系（学号，所在系，系主任姓名）”是2NF。在2NF的关系模式中，仍然存在数据冗余和操作异常。如在“学生-系”关系模式中有以下问题。

• 数据冗余：一个学生选修多门课程，该生所在系主任姓名仍然要被反复存储。

• 插入异常：某个新成立的系由于没有学生以及学生选课信息，该系以及系主任姓名无法插入到“学生-系”关系中。

• 删除异常：要删除某个系所有学生，则该系及系主任姓名信息连带被删除。

因此，为了消除这些异常，需要将“学生-系”关系模式分解到更高一级的3NF。产生异常的原因是在该关系模式中存在非主属性系主任姓名对主键学号的传递依赖。

学号$\longrightarrow$所在系，所在系$\longrightarrow$系主任姓名，但是所在系$\not\rightarrow$学号，所以学号$\xrightarrow{t}$系主任姓名。

消除该传递依赖，将它们分解到两个关系中，将学生-系关系分解后的关系模式为

学生（学号，所在系）；教学系（所在系，系主任姓名）。

显然分解后的各子模式均属于3NF。

说明：由3NF的定义可以得出以下结论。

1）关系模式R是3NF，必定也是2NF或1NF，反之则不然。

2）如果关系模式R属于1NF，且R中全部是主属性，则R必定是3NF。

3）二元关系模式必定是3NF。

4. BCNF

在3NF的关系模式中，仍然存在一些特殊的操作异常问题，这是因为关系中可能存在由主属性主键的部分和传递函数依赖引起的。针对这个问题，由Boyce和Codd提出BCNF（Boyce Codd Normal Form）比上述的3NF又进了一步，通常认为BCNF是修正的第三范式，有时也称为扩充的第三范式。

【定义2-12】 **关系模式R是1NF，且每个属性都不传递函数依赖于R的候选关键字，则R为BCNF的关系模式。**

BCNF的另一种等价的定义如下。

【定义2-13】 **设F是关系模式R的FD集，如果F中每一个非平凡的函数依赖，X→A，其左部都是R的候选关键字，则称R为BCNF的关系模式。**

【例2-27】 **设关系模式SC(U,F)，其中，U={SNO,CNO,SCORE}，F={(SNO,CNO)→SCORE，(CNO,SCORE)→SNO}。**

SC的候选码为（SNO，CNO）和（CNO，SCORE），决定因素中都包含候选键，没有属性对候选键传递依赖或部分依赖，所以SC∈BCNF。

【例2-28】 **设关系模式STJ(S,T,J)，其中，S表示学生，T表示教师，J表示课程。每位教师只教一门课，每门课有若干教师，某一学生选定某门课，就对应一位固定的教师。由语义可得到如下的函数依赖：(S,J)→T，(S,T)→J，T→J。该关系模式的候选码为（S,J）、(S,T)。**

因为该关系模式中的所有属性都是主属性，所以STJ∈3NF，但STJ∉BCNF，因为T是决定因素，但T不包含码。不属于BCNF的关系模式，仍然存在数据冗余问题。如例2-28中的关系模式STJ，如果有100个学生选定某一门课，则某个教师与该课程的关系就会重复存储多次。STJ可分解为如下两个满足BCNF的关系模式，以消除此种冗余：TJ(T,J)，ST(S,T)。

说明：从BCNF的定义可以得出以下结论。

1）如果关系模式R属于BCNF，则它必定属于3NF；反之则不一定成立。

2）二元关系模式R必定是BCNF。

3）都是主属性的关系模式并非一定属于BCNF。

显然，满足BCNF的条件要强于满足3NF的条件。

建立在函数依赖概念基础之上的3NF和BCNF是两种重要特性的范式。在实际数据库的设计中具有特别的意义，一般设计的模式如果能达到3NF或BCNF，其关系的更新操作性能和存储性能都是比较好的。

从非关系到1NF、2NF、3NF、BCNF直到更高级别关系的变换或分解过程称为关系的规范化处理。

5. 4NF

从数据库设计的角度看，在函数依赖的基础上，分解最高范式BCNF的模式中仍然存在数据冗余问题。为了处理这些问题，必须引入新的数据依赖的概念及范式，如多值依赖、连接依赖以及相应的更高范式：4NF和5NF，本节仅介绍多值依赖与4NF。

【定义2-14】 **给定关系模式R及其属性X和Y，对于一给定的X值，就有一组Y值与之对应，而与其他的属性（R-X-Y）没有关系，则称“Y多值依赖于X”或“X多值决定Y”，记作：X→→Y。**

例如，设有关系模式WSC(W,S,C)，W表示仓库，S表示报关员，C表示商品，列出关系表见

表 2-25。

表 2-25　WSC 关系表

W	S	C
W_1	S_1	C_1
W_1	S_1	C_2
W_1	S_1	C_3
W_1	S_2	C_1
W_1	S_2	C_2
W_1	S_2	C_3
W_2	S_3	C_4
W_2	S_3	C_5
W_2	S_4	C_4
W_2	S_4	C_5

按照语义，对于每个 W_i，S 都有一集合与之对应（不论 C 取值是什么），即 W→→S，也有 W→→C。

注意：函数依赖是多值依赖的特例，即若 X→Y，则 X→→Y。

【定义 2-15】　非平凡多值依赖。在多值依赖定义中，如果属性集 Z = U-X-Y 为空，则该多值依赖为平凡多值依赖，否则为非平凡多值依赖。

【定义 2-16】　关系模式 R <U，F> ∈1NF，如果对于 R 的每个非平凡多值依赖 X→→Y（Y X），X 包含 R 的一个候选码，则称 R 是 4NF。

例如，上例中的关系模式的候选码为（W，S，C），非平凡多值依赖为 W→→S，W→→C。所以不是 4NF。

可以分解为 WS（W，S）　WC（W，C）

注意：当 F 中只包含函数依赖时，4NF 就是 BCNF，但一个 BCNF 不一定是 4NF，但 4NF 一定是 BCNF。

2.4　关系模式的分解

在 2.3 节中，通过分解的方法消除了模式中的操作异常，减少并控制了数据冗余的问题。要使关系模式的分解有意义，模式分解需要满足的约束条件是分解不破坏原来的语义，即模式分解要符合无损连接和保持函数依赖的原则。本节主要讨论关系模式分解中的两个重要特性：保持信息的无损连接和保持函数依赖性。

1. 无损连接的分解

无损连接保证分解前后关系模式的信息不能丢失和增加，保持原有的信息不变，反映了模式分解的数据等价原则。如果不能保持无损连接性，那么在关系中就会出现错误的信息。

【定义 2-17】　设 $\rho = \{R_1, R_2, \cdots, R_n\}$ 是 R 的一个分解，若对于任一 R 的关系实例 r，都有 r =

$\pi_{R_1}(r) \bowtie \pi_{R_2}(r) \bowtie \cdots \bowtie \pi_{R_n}(r)\cdots$，则称该分解满足F的无损连接，简称无损分解；否则称为有损连接分解，简称有损分解。其中，$\pi_{R_n}(r)$是r在关系模式R_n上的投影。

例如，有关系模式R(A,B,C)和具体关系r见表2-26a，其中R被分解的两个关系模式$\rho=\{AB,AC\}$，r在这两个模式上的投影分别见表2-26b、c。显然$r=r_1 \bowtie r_2$。即分解ρ是无损连接分解。

表2-26　无损连接分解

a) 关系r

A	B	C
2	2	5
2	3	5

b) 关系r_1

A	B
2	2
2	3

c) 关系r_2

A	C
2	5

如果是有损分解，则说明分解后的关系做自然连接的结果中的元组反而比分解前的R增加了，它使原来关系中一些确定的信息变成不确定的信息，因此它是有害的错误信息，对做连接查询操作是极为不利的。

例如，有关系模式R（学号，课程号，成绩）和具体的关系r见表2-27a，R的一个分解为$\rho=$ {（学号，课程号），（学号，成绩）}，对应的两个关系r1、r2见表2-27b、c所示。此时$r \neq r_1 \bowtie r_2$，见表2-27d，多出了两个元组（值加下画线的元组）。显然，这两个元组有悖于原来r中的元组，使原来元组值变成了不确定的信息。

表2-27　有损连接分解

a) 关系r

学号	课程号	成绩
201211	2	90
201211	3	80

b) 关系r_1

学号	课号
201211	2
201211	3

c) 关系r_2

学号	成绩
201211	90
201211	80

d) 关系$r_1 \bowtie r_2$

学号	课程号	成绩
201211	2	90
<u>201211</u>	<u>2</u>	<u>80</u>
<u>201211</u>	<u>3</u>	<u>90</u>
201211	3	80

将关系模式R分解成$\rho=\{R_1,R_2,\cdots,R_n\}$以后，如何判定该分解是否是无损连接分解？这是一个值得关心的问题。下面分别介绍判定是否具有无损连接分解的方法：判定表法。

【算法2-3】　无损连接的测试。

输入：关系模式$R=A_1, A_2, \cdots, A_n$，R上成立的函数依赖集F，R的一个分解为

$$\rho=\{R_1,R_2,\cdots,R_k\}。$$

输出：判断ρ相对于F是否具有无损连接特性。

具体方法如下。

1）构造一张k行n列的表格，每列对应一个属性A_j（$1 \leqslant j \leqslant n$），每行对应一个模式$R_i$（$1 \leqslant i \leqslant k$）。如果$A_j$在$R_i$中，那么在表格的第i行第j列处填上符号$a_j$，否则填上符号$b_{ij}$。

2）反复检查F的每一个函数依赖，并修改表格中的元素，其方法如下。

取F中的函数依赖X→Y，如果表格中有两行在X分量上相等，在Y分量上不相等，那么就修

改 Y，使这两行在 Y 分量上也相等。如果 Y 的分量中有一个是a_j，那么另一个也修改成a_j；如果没有a_j，那么用其中一个b_{ij}替换另一个符号（尽量把下标 ij 改成较小的数）。一直到表格不能修改为止（这个过程称为 Chase 过程）。

3）若修改到最后一张表格中有一行是全 a，即$a_1a_2\cdots a_n$，那么 ρ 相对于 F 是无损连接分解。

2. 保持函数依赖的分解

保持依赖性分解是关系模式分解的另一个分解特性，分解后的关系不能破坏原来的函数依赖（不能破坏原来的语义），即保持分解前后原有的函数依赖依然成立。保持依赖反映了模式分解的依赖等价原则。

例如，有关系成绩（学号，课程名，教师姓名，成绩），见表 2-28a。

函数依赖集为

（学号，课程名）→教师姓名，成绩；
（学号，教师姓名）→课程名，成绩；
教师姓名→课程名。

分解为：学-课-教（学号，课程名，成绩）、学-教（学号，教师姓名），见表 2-28b、c。

若丢失函数依赖：教师姓名→课程名，则不能体现一个教师只开一门课的语义。

表 2-28　学生成绩表

a）

学号	课程号	教师姓名	成绩
010125	数据库原理	张静	96
010138	数据库原理	张静	88
020308	数据库原理	张静	90
010125	C 语言	刘天民	92

b）

学号	课程号	成绩
010125	数据库原理	96
010138	数据库原理	88
020308	数据库原理	90
010125	C 语言	92

c）

学号	教师姓名
010125	张静
010138	张静
020308	张静
010225	刘天民

【定义 2-18】　**设 F 是关系模式 R(U)上的 FD 集，Z⊆U，F 在 Z 上的投影用 $\pi_Z(F)$表示，定义为**

$$\pi_Z(F) = \{X \to Y \mid X \to Y \in F^+, X, Y \subseteq Z\}$$

【定义 2-19】　**设 R 的一个分解 $\rho = \{R_1, R_2, \cdots, R_n\}$，F 是 R 上的依赖集，如果 F 等价于 $U = \pi_{R_1}(F) \cup \pi_{R_2}(F) \cup \cdots \cup \pi_{R_k}(F)$，则称分解 ρ 具有依赖保持性。**

由于 U⊆F，即 $U^+ \subseteq F^+$必成立，所以只要判断 $F^+ \subseteq U^+$是否成立即可。具体方法为：对 F 中有而 G 中没有的每个 X→Y，求 X 相对于函数依赖集 U 的闭包，如果所有的 Y，都有 $Y \subseteq X_G^+$，则称分解具有依赖保持性；如果存在某个 Y，有 $Y \not\subset X_G^+$，则分解不具依赖保持性。

3. 模式分解的算法

范式和分解是数据库设计中两个重要的概念，模式规范化的手段是分解，将模式分解成 3NF 和 BCNF 后是否一定能保证分解都具有无损连接性和保持函数依赖性呢？研究的结论是若要求分解既具有无损连接又具有保持依赖性，则分解总可以达到 3NF。

对于分解成 BCNF 模式集合，只存在无损连接性，不保持函数依赖性。本节主要介绍以下三种算法。

【算法 2-4】 把一个关系模式分解为 3NF，使它具有依赖保持性。

输入：关系模式 R 和 R 的最小依赖集 Fm。

输出：R 的一个分解 $\rho=\{R_1,R_2,\cdots,R_k\}$，$R_i(i=1,2,\cdots,k)$ 为 3NF，ρ 具有无损连接性和依赖保持性。

具体方法如下。

1）如果 Fm 中有依赖 X→A，且 XA = R，则输出，转 4）。

2）如果 R 中某些属性与 F 中所有依赖的左右部都无关，则将它们构成关系模式，从 R 中将它们分出去。

3）对于 Fm 中的每一个 $X_i \to A_i$，都构成一个关系子模式 $R = X_iA_i$。

4）停止分解，输出 ρ。

【算法 2-5】 把一个关系模式分解为 3NF，使它既具有无损连接性又具有依赖保持性。

输入：关系模式 R 和 R 的最小依赖集 Fm。

输出：R 的一个分解 $\rho=\{R_1,R_2,\cdots,R_k\}$，$R_i(i=1,2,\cdots,k)$ 为 3NF，ρ 具有无损连接性和依赖保持性。

具体方法如下。

1）根据【算法 2-5】求出依赖保持性分解 $\rho=\{R_1,R_2,\cdots,R_k\}$。

2）判断 ρ 是否具有无损连接性，若是，转 4）。

3）令 $\rho=\rho\cup\{X\}$，其中 X 是候选码。

4）输出 ρ。

【算法 2-6】 把一个关系模式无损分解为 BCNF。

输入：关系模式 R 和 R 的依赖集 F。

输出：R 的无损分解 $\rho=\{R_1,R_2,\cdots,R_k\}$。

具体方法如下。

1）令 ρ = (R)。

2）如果 ρ 中所有模式都是 BCNF，转 4）。

3）如果 ρ 中有一个关系模式 S 不是 BCNF，则 S 中必能找到一个函数依赖 X→A，有 X 不是 R 的候选键，且 A 不属于 X，设 $S_1 = XA$，$S_2 = S-A$，用分解 $\{S_1, S_2\}$ 代替 S，转 2）。

4）分解结束，输出 ρ。

在关系数据库中，对关系模式的基本要求是满足 1NF，在此基础上，为了消除关系模式中存在的插入异常、删除异常、更新异常和数据冗余等问题，人们寻求解决这些问题的方法，这就是规范化的目的。

规范化的基本思想是逐步消除数据依赖中不合适的部分，使模式中的各关系模式达到某种程度的“分离”。让一个关系描述一个概念、一个实体或实体间的一种联系，若多于一个概念就把它“分离”出去，因此所谓规范化实质上就是概念的单一化。

关系模式的规范化过程是通过对关系模式的分解来实现的，把低一级的关系模式分解为若干高一级的关系模式，对关系模式进一步规范化，使之逐步达到 2NF、3NF、4NF 和 5NF。

关系规范化的递进过程如图 2-5 所示。

一般来说，规范化程度越高，分解就越细，所得数据库的数据冗余就越小，且更新异常也可以相对减少。但是，如果某一关系经过数据大量加载后主要用于检索，那么，即使它是一个低范式的关系，也不需要去追求高范式而将其不断进行分解，因为在检索时，会通过多个关系的自然连接才能获得全部信息，从而降低了数据的检索效率。数据库设计满足的范式越高，其数据处理的开销也越大。

因此，规范化的基本原则是：由低到高，逐步规范，权衡利弊，适可而止。通常，以满足第三范式为基本要求。

把一个非规范化的数据结构转换成第三范式，一般经过以下几步。

1）把该结构分解成若干属于第一范式的关系。

2）对那些存在组合码，且有非主属性部分函数依赖的关系必须继续分解，使所得关系都属于第二范式。

3）若关系中有非主属性传递依赖于码，则继续分解，使得关系都属于第三范式。

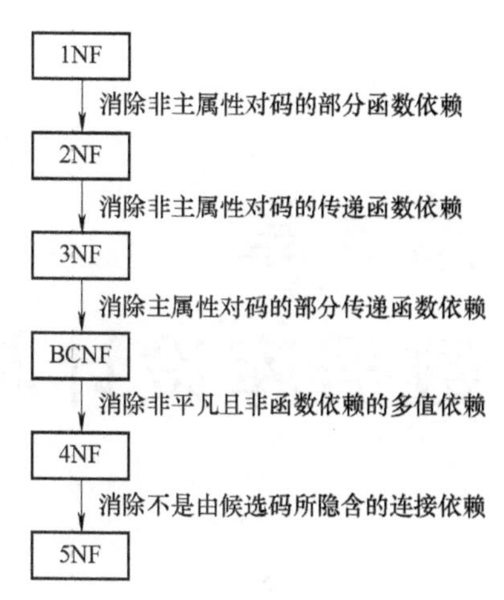

图 2-5　关系规范化的递进过程

事实上，规范化理论是在与 SQL 编程语言结合时产生的。关系理论的基本原则指出，数据库被规范化后，其中的任何数据子集都可以用基本的 SQL 操作获取，这就是规范化的重要性所在。数据库不进行规范化，就必须通过编写大量复杂代码来查询数据。规范化规则在关系建模和关系对象建模中同等重要。

本章小结

本章介绍了关系数据库的重要概念，包括关系模型的数据结构、关系的三类完整性约束以及关系的操作、关系代数中传统的集合运算以及专门的关系运算、数据库设计的规范化的必要性，并结合案例讲解了具体的操作步骤。

实验 1：关系的完整性、规范化理解与应用

实验概述：可通过本实验了解关系模型的基本概念，掌握候选码和主码的确定，掌握并应用完整性规则，掌握关系规范化的定义和方法。具体实验内容参见《实验指导书》。

第3章 数据库设计与实现

数据库设计与实现是数据库应用系统开发的重要内容。数据库设计是指利用现有的数据库管理系统，针对具体的应用对象构建合适的数据模式，建立数据库及其应用系统，使之能有效地收集、存储、操作和管理数据，满足各类用户的应用要求。数据库设计质量不但决定了应用系统利用数据库管理数据的有效性，同时决定了应用系统处理业务的性能。从本质上讲，数据库设计是将数据库系统与现实世界进行密切的、协调一致的结合的过程。因此，数据库设计者必须非常清晰地了解数据库系统本身及其实际应用对象这两方面的知识。本章将介绍数据库从需求分析到实施和维护设计的全过程。

3.1 数据库设计概述

数据库设计主要是数据库的逻辑设计，即将数据按一定的分类、分组系统和逻辑层次组织起来，是面向用户的。数据库设计时需要综合企业各个部门的存档数据和数据需求，分析各个数据之间的关系，按照 DBMS 提供的功能和描述工具，设计出规模适当、正确反映数据关系、数据冗余少、存取效率高、能满足多种查询要求的数据模型。

3.1.1 数据库设计的内容

数据库设计的目标是为用户和各种应用系统提供一个良好的信息基础设施和高效率的运行环境。一个成功的数据库系统应具备如下特点。

1）功能强大。

2）能准确地表示业务数据。

3）使用方便，易于维护。

4）对最终用户操作的响应时间合理。

5）便于数据库结构的改进。

6）便于数据库的检索和修改。

7）有效的安全机制。

8）冗余数据最少或不存在。

9）便于数据的备份和恢复。

3.1.2 数据库设计的特点

大型数据库的设计和开发工作量大而且比较复杂，涉及多学科，既是一项数据库工程，也是一项软件工程。数据库设计的很多阶段都可以对应于软件工程的阶段，软件工程的某些方法和工具也适用于数据库工程。但数据库设计是与用户的业务需求紧密相关的，因此它有很多自身的特点。主要特点如下。

（1）三分技术，七分管理，十二分基础数据

数据库系统的设计和开发本质上是软件开发，不仅涉及有关的开发技术，还涉及开发过程中管理的问题。要建好一个数据库应用系统，除了要有很强的开发技术，还要有完善有效的管理，通过对开发人员和有关过程的控制管理，实现“1+1>2”的效果。一个企业数据库建设的过程是企业管理模式改革和提高的过程。

在数据库设计中，基础数据的作用非常关键，但往往被人们忽视。数据是数据库运行的基础，数据库的操作就是对数据的操作。如果基础数据不准确，则在此基础上的操作结果也就没有意义了。因此，在数据库建设中，数据的收集、整理、组织和不断更新是至关重要的环节。

（2）综合性

数据库的设计涉及的范围很广，包括计算机专业知识以及业务系统的专业知识，同时还要解决技术及非技术两方面的问题。

（3）结构（数据）设计和行为（处理）设计相结合

结构设计是根据给定的应用环境，进行数据库模式或子模式的设计，它包括数据库概念设计、逻辑设计和物理设计。行为设计是指确定数据库用户的行为和动作，用户的行为和动作就是对数据库的操作，这些操作通过应用程序来实现，它包括功能组织、流程控制等方面的设计。在传统的软件开发中，通常注重处理过程的设计，不太重视数据结构的设计，只要有可能就尽量推迟数据结构的设计，但这种方法对数据库设计是不适合的。

数据库设计的主要精力首先放在数据结构的设计上，比如数据库表的结构、视图等，但这并不等于将结构设计和行为设计相互分离。相反，必须强调在数据库设计中将结构设计和行为设计结合起来。

3.1.3 数据库设计方法

早期数据库设计主要是采用手工与经验相结合的方法，设计的质量与设计人员的经验和水平有直接关系，缺乏科学理论和工程方法的支持，设计质量难以保证。为了使数据库设计更合理、更有效，需要有效的指导原则，这种原则称为数据库设计方法。

首先，一个好的数据库设计方法，应该能在合理的期限内，以合理的工作量，产生一个有实用价值的数据库结构。这里的实用价值是指满足用户关于功能、性能、安全性、完整性及发展需求等方面的要求，同时又要服从特定的DBMS约束，可以用简单的数据模型来表达。其次，数据库设计方法应具有足够的灵活性和通用性，可供具有不同经验的人使用，而且不受数据模型和DBMS的限制。最后，数据库设计方法应该是可以再生的，即不同的设计者使用同一方法设计同一问题时，可以得到相同或相似的设计结果。

多年来，经过不断的努力和探索，人们提出了许多数据库设计方法，运用工程思想和方法提出的各种设计准则和规范都属于规范设计方法。下面重点介绍5种方法。

1）新奥尔良（New Orleans）方法。该方法是一种比较著名的数据库设计方法，它将数据库设计分为4个阶段：需求分析、概念结构设计、逻辑结构设计和物理结构设计。这种方法注重数据库的结构设计，而不太考虑数据库的行为设计。

2）5 阶段方法。S. B. Yao 等人将数据库设计分为 5 个阶段，主张数据库设计应该包括设计系统开发的全过程，并在每个阶段结束时进行评审，以便及早发现设计错误并纠正。各阶段也不是严格线性的，而是采取“反复探寻、逐步求精”的方法。

3）基于 E-R 模型的数据库设计方法。该方法用 E-R 模型来设计数据库的概念模型，是概念设计阶段广泛采用的方法。

4）3NF（第三范式）设计方法。该方法以关系数据理论为指导来设计数据库的逻辑模型，是设计关系数据库时在逻辑设计阶段可采用的有效方法。

5）ODL（Object Definition Language）方法。该方法是面向对象的数据库设计方法，用面向对象的概念和术语来说明数据库结构。ODL 可以描述面向对象的数据库结构设计，也可以直接转换为面向对象的数据库。

上面这些方法都是在数据库设计的不同阶段支持实现的具体技术和方法，都属于常用的规范设计法。规范设计法从本质上看仍然是手工设计方法，其基本思想是过程迭代和逐步求精。

3.1.4 数据库设计的阶段

按照规范设计的方法，同时考虑数据库及其应用系统开发的全过程，可以将数据库设计分为 6 个阶段：需求分析、概念结构设计、逻辑结构设计、物理结构设计、数据库实施、数据库运行和维护。数据库设计的全过程如图 3-1 所示。

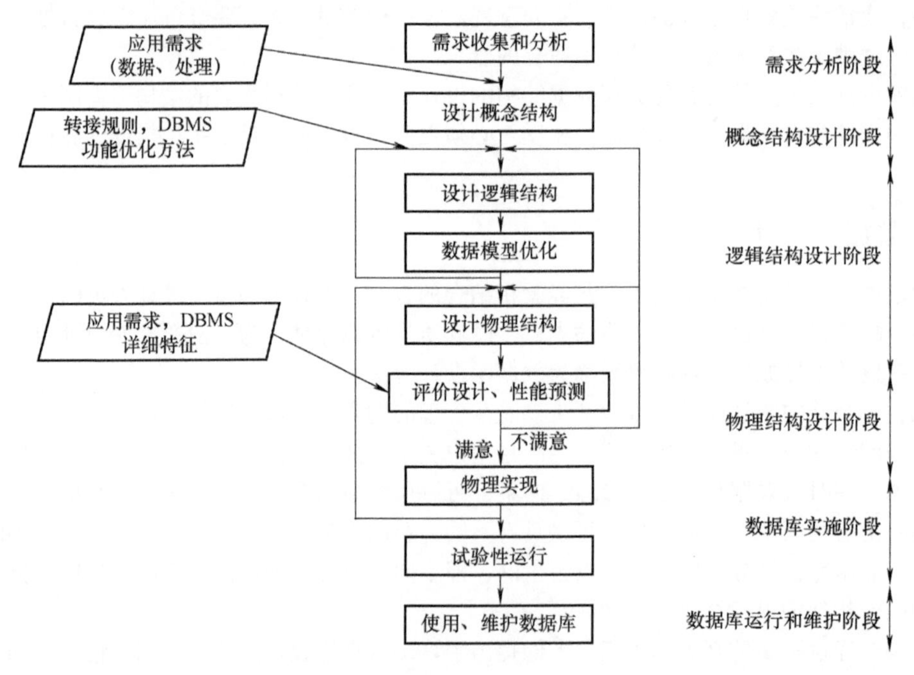

图 3-1　数据库设计的全过程

数据库设计开始之前，首先必须选定参加的人员，包括系统分析人员、数据库设计人员、应用开发人员、数据库管理员和用户代表。各种人员在设计过程中分工不同。

系统分析人员和数据库设计人员是数据库设计的核心人员，他们自始至终参与数据库设计，他们的水平决定了数据库系统的质量。用户要积极参与需求分析，而数据库管理员要对数据库进行专门的控制和管理，包括进行数据库权限的设置、数据库的监控和维护等工作。应用开发人员包括程序员和操作员，他们分别负责编制程序和准备软硬件环境，在系统实施阶段参与进来。如果所设计的数据库应用系统比较复杂，还应该考虑是否需要使用数据库设计工具以及选用何种工具，以提高数据库设计质量并减少设计工作量。

1. 需求分析阶段

需求分析是对用户提出的各种要求加以分析，对各种原始数据加以整理。该阶段是形成最终设计目标的首要阶段。需求分析是整个设计过程的基础，也是最困难、最耗费时间的一步。对用户的各种需求，能否做出准确无误、充分完备的分析，并在此基础上形成最终目标是整个数据库设计成败的最重要的一步。

2. 概念结构设计阶段

概念结构设计是对用户需求进一步抽象、归纳，并形成独立于 DBMS 和有关软硬件的概念数据模型的设计过程。这是对现实世界中具体数据的首次抽象，完成从现实世界到信息世界的转化过程。数据库的逻辑结构设计和物理结构设计都是以概念结构设计阶段所形成的抽象结构为基础的。因此，概念结构设计是整个数据库设计的关键。数据库的概念结构通常用 E-R 模型来刻画。

3. 逻辑结构设计阶段

逻辑结构设计是将概念结构转换为某个 DBMS 所支持的数据模型，并对其进行优化的设计过程。由于逻辑结构设计是基于具体 DBMS 的实现过程，因此，选择什么样的数据库模型尤为重要，其次是数据模型的优化。数据模型有层次模型、网状模型、关系模型、面向对象的模型等，设计人员可以选择其中之一，并结合具体 DBMS 来实现。逻辑结构设计阶段后期的优化工作已成为影响数据库设计质量的一项重要工作。

4. 物理结构设计阶段

物理结构设计是将逻辑结构设计阶段所产生的逻辑数据模型转换为某种计算机系统所支持的数据库物理结构的实现过程。这里，数据库在相关存储设备上的存储结构和存取方法，称之为数据库的物理结构。完成物理结构设计后，对该物理结构做出相应的性能评价，若评价结果符合原设计要求，则进一步实现该物理结构；否则，对该物理结构做出相应的修改，若属于最初设计问题所导致的物理结构的缺陷，必须返回到概念设计阶段修改其概念数据模型或重新建立概念数据模型。如此反复，直至评价结构最终满足原设计要求为止。

5. 数据库实施阶段

数据库实施阶段，即数据库调试、试运行阶段。一旦数据库的物理结构形成，就可以用已选定的 DBMS 来定义、描述相应的数据库结构，装入数据，以生成完整的数据库；编制有关应用程序，进行联机调试并转入试运行，同时进行时间、空间等性能的分析，若不符合要求，则需要调整物理结构、修改应用程序，直至高效、稳定、正确地运行该数据库系统为止。

6. 数据库运行和维护阶段

数据库实施阶段结束标志着数据库系统投入正常的运行工作。在数据库系统运行过程中必须不断地对其进行评价、调整与修改。

随着对数据库设计的深刻了解和设计水平的不断提高，人们已经充分认识到数据库的运行和维护工作与数据库设计的紧密联系。

数据库设计是一个动态和不断完善的过程。运行和维护阶段的开始，并不意味着设计过程的结束。在运行和维护过程中出现问题，则需要对程序或结构进行修改，修改的程度也不相同，有时会引起对物理结构的调整、修改。因此，数据库运行和维护阶段是数据库设计的一个重要阶段。

数据库设计过程各个阶段的描述如图3-2所示。

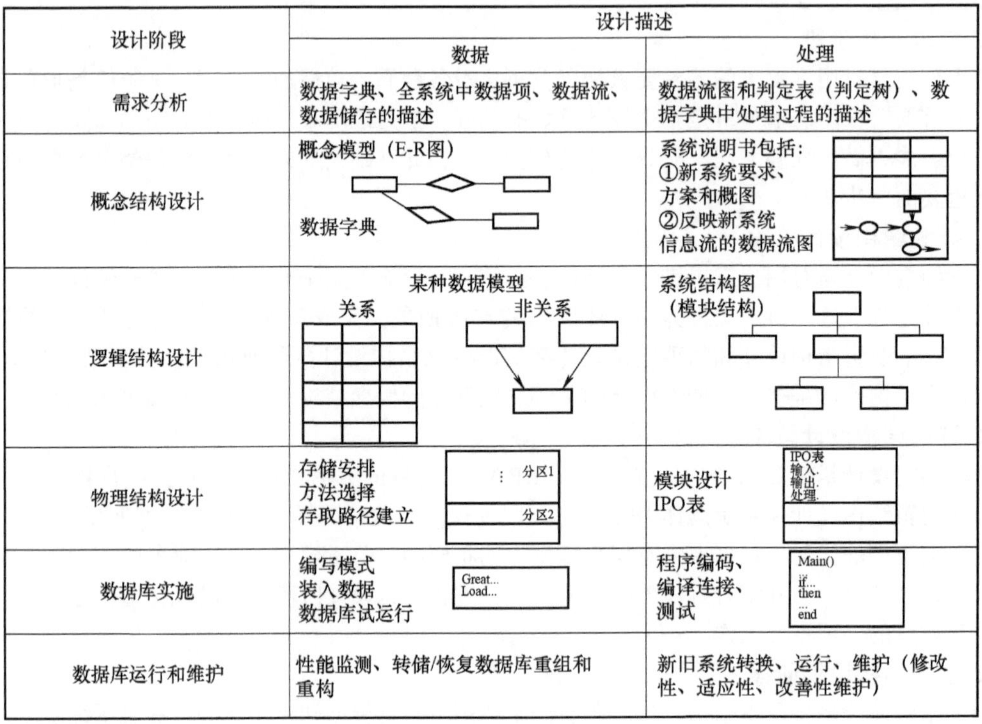

设计阶段	设计描述	
	数据	处理
需求分析	数据字典、全系统中数据项、数据流、数据储存的描述	数据流图和判定表（判定树）、数据字典中处理过程的描述
概念结构设计	概念模型（E-R图） 数据字典	系统说明书包括： ①新系统要求、方案和概图 ②反映新系统信息流的数据流图
逻辑结构设计	某种数据模型 关系　非关系	系统结构图 （模块结构）
物理结构设计	存储安排 方法选择 存取路径建立 分区1 分区2	模块设计 IPO表 IPO表 输入. 输出. 处理.
数据库实施	编写模式 装入数据 数据库试运行 Great... Load...	程序编码、 编译连接、 测试 Main() if... then ... end
数据库运行和维护	性能监测、转储/恢复数据库重组和重构	新旧系统转换、运行、维护（修改性、适应性、改善性维护）

图3-2　数据库设计过程各个阶段的描述

设计一个完善的数据库应用系统是不可能一蹴而就的，往往是上述6个阶段的不断反复。

3.2　需求分析

简单地说，需求分析就是分析用户的需求。需求分析是设计数据库的起点，这一阶段收集到的基础数据和数据流图是下一步概念结构设计的基础。如果该阶段的分析有误，将直接影响到后面各个阶段的设计，并影响最终设计结果的合理性和实用性。

3.2.1　需求描述与分析

目前数据库应用越来越普及，而且结构越来越复杂，为了支持所有用户的运行，数据库设计变得异常复杂。如果没有对信息进行全面、充分的分析，则设计将很难完成。因此，需求分析放在整个设计的第一步。

需求分析阶段的目标是通过详细调查现实世界要处理的对象（组织、部门、企业等），充分了解原系统（手工系统或计算机系统）的工作概况，确定企业的组织目标，明确用户的各种需求，进而确定新系统的功能，并把这些需求写成用户和数据库设计者都能够接受的文档。

需求分析阶段强调用户的参与。在新系统设计时，要充分考虑系统在今后可能出现的扩充和改变，使设计更符合未来发展的趋势，并易于改动，以减少系统维护的代价。

3.2.2　需求分析分类

需求分析总体上分为两类：信息需求和处理需求，如图3-3所示。

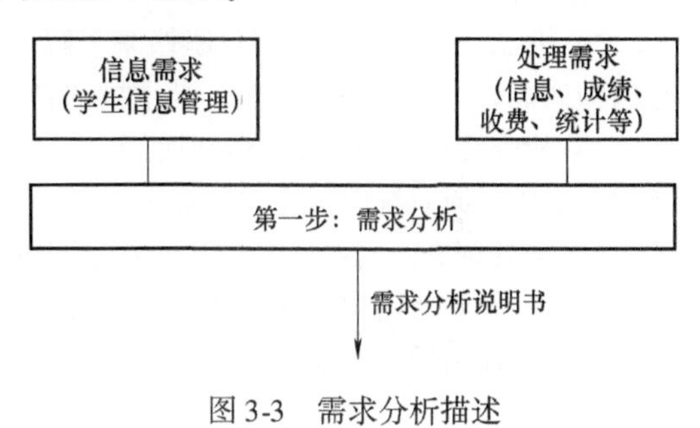

图3-3　需求分析描述

1. 信息需求

信息需求定义了未来系统用到的所有信息，描述了数据之间本质上和概念上的联系，描述了实体、属性、组合及联系的性质。由信息需求可以导出数据需求，即在数据库中需要存储哪些数据。

2. 处理需求

处理需求中定义了未来系统的数据处理操作，描述了操作的先后次序、操作执行的频率和场合、操作与数据之间的联系等，如对处理响应时间有什么要求、处理方式是批处理还是联机处理。

在信息需求和处理需求定义说明的同时，还应定义安全性要求与完整性要求。安全性要求用于描述系统中不同用户对数据库的使用和操作情况。完整性要求则描述数据之间的关联关系及数据的取值范围。

需求分析是整个数据库设计中最重要的一步，如果把整个数据库设计看作是一个系统工程，那么，需求分析便是这个系统工程中的最原始输入信息。但是确定用户的最终需求是一件困难的事，其困难不在于技术，而在于要了解、分析、表达客观世界并非易事。一方面，用户缺少计算机知识，开始时无法确定计算机究竟能为自己做什么，不能做什么，因此往往不能准确地表达自己的需求，所提出的需求往往会不断变化；另一方面，设计人员缺少用户的专业知识，不易理解用户的真正需求，甚至误解用户的需求。因此设计人员必须不断深入地与用户交流，才能逐步确定用户的实际需求。

这一阶段的输出是“需求分析说明书”，其主要内容是系统的数据流图和数据字典。需求说明书应是一份既切合实际，又具有远见的文档，是一个描述新系统的轮廓图。

3.2.3　需求分析的内容、方法和步骤

进行需求分析首先是调查清楚用户的实际要求，与用户达成共识，然后分析并表达这些需求。

调查用户需求的重点是“数据”和“处理”，为了达到这一目的，在调查前要拟定调查提纲。调查时要抓住两个“流”，即“信息流”和“数据流”，而且调查中要不断地将这两个“流”结合起来。调查的任务是调研现行系统的业务活动规则，并提取描述系统业务的现实系统模型。

1. 需求分析的内容

通常情况下，调查用户的需求包括三方面的内容，即系统的业务现状、信息源及外部要求。

1）业务现状。业务现状包括业务的方针政策、系统的组织结构、业务的内容和业务的流程等，为分析信息流程做准备。

2）信息源。信息源包括各种数据的种类、类型、数据量、产生、修改等信息。

3）外部要求。外部要求包括信息要求、处理要求、安全性与完整性要求等。

2. 需求分析的方法

在调查过程中，可以根据不同的问题和条件，使用不同的调查方法，常用的调查方法如下。

1）跟班作业。通过亲身参加业务工作来观察和了解业务活动的情况。为了确保有效，要尽可能多地了解要观察的人和活动，例如，低谷、正常和高峰期等情况如何。

2）开调查会。通过与用户座谈来了解业务活动的情况及用户需求。采用这种方法，需要有良好的沟通能力，为了保证成功，必须挑选合适的人选，准备的问题涉及的范围要广。

3）检查文档。通过检查与当前系统有关的文档、表格、报告和文件等，进一步理解原系统，有利于提供与原系统问题相关的业务信息。

4）问卷调查。问卷是一种有着特定目的的小册子，这样可以在控制答案的同时，集中一大群人的意见。问卷有两种格式：自由格式和固定格式。自由格式问卷上，答卷人提供的答案有更大的自由。问题提出后，答卷人在题目后的空白处写答案。在固定格式问卷上，包含的问题答案是特定的，给定一个问题，答卷人必须从所提供的答案中选择一个，因此，容易列成表格，但另一方面，答卷人不能提供一些有用的附加信息。

做需求分析时，往往需要同时采用上述多种方法。但无论使用何种调查方法，都必须有用户的积极参与和配合。

3. 需求分析的步骤

需求分析的步骤如下。

（1）分析用户活动，产生用户活动图

这一步要了解用户当前的业务活动和职能，分析其处理过程。如果一个业务流程比较复杂，则要把它分解为几个子处理，使每个处理功能明确、界面清楚，在分析之后要画出用户活动图，即用户的业务流程图。

（2）确定系统范围，产生系统范围图

这一步是确定系统的边界。在和用户经过充分讨论的基础上，确定计算机所能进行的数据处理的范围，确定哪些工作由人工完成，哪些工作由计算机系统完成，即确定人机界面。

（3）分析用户活动所涉及的数据，产生数据流图

在这一过程中，要深入分析用户的业务处理过程，以数据流图的形式表示出数据的流向和对数据所做的加工。

数据流图（Data Flow Diagram，DFD）是从“数据”和“处理”两个方面表达数据处理的一种图形化的表示方法，其直观且易于被用户理解。

数据流图有4个基本成分：数据流（用箭头表示）、加工或处理（用圆圈表示）、文件（用双线段表示）和外部实体（数据流的源点和终点，用方框表示）。图3-4是一个简单的DFD。

在众多分析和表达用户需求的方法中，自顶向下、逐步细化是一种简单实用的方法。为了将系统的复杂度降低到人们可以掌握的程度，通常把大问题分割成若干小问题，然后分别解决，这就是“分解”。分解也可以分层进行，即先考虑问题最本质的属性，暂时把细节略去，以后再逐层添加

细节，直到涉及最详细的内容，这称为“抽象”。

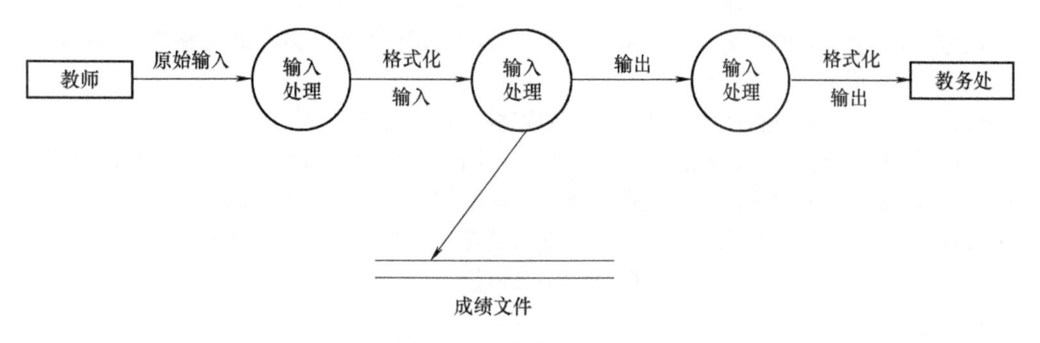

图 3-4　一个简单的 DFD

DFD 可作为自顶向下、逐步细化时描述对象的工具。顶层的每一个圆圈都可以进一步细化为第二层，第二层的每一个圆圈都可以进一步细化为第三层，……。直到最底层的每一个圆圈已表示一个最基本的处理动作为止。DFD 可以形象地表示数据流与各业务活动的关系，它是需求分析的工具和分析结果的描述工具。

图 3-5 给出了某校学生课程管理子系统的数据流图。该子系统要处理的是学生根据开设课程提出选课请求（选课单）送教务处审批，对已批准的选课单进行上课安排。教师对学生的上课情况进行考核，给予平时成绩和允许参加考试资格，对允许参加考试的学生根据考试情况给予考试成绩和总评成绩。

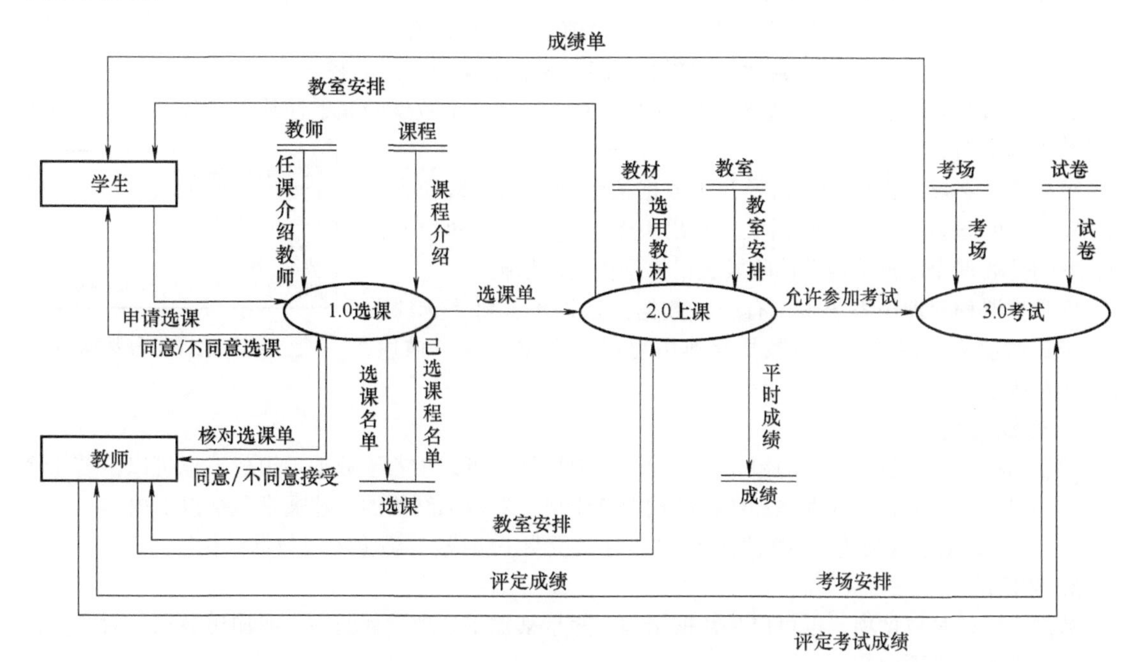

图 3-5　学生课程管理子系统的数据流图

（4）分析系统数据，产生数据字典

仅有 DFD 并不能构成需求说明书，因为 DFD 只能表示系统由哪几部分组成和各部分之间的关系，并没有说明各个成分的含义。只有给出每个成分的确切定义后，才能较完整地描述系统。

（5）撰写需求说明书

需求说明书是在需求分析活动后建立的文档资料，它是对开发项目需求分析的全面描述。需求说明书不仅包括需求分析的目标和任务、具体需求说明、系统功能和性能、系统运行环境等，还应包括在分析过程中得到的数据流图、数据字典、功能结构图等必要的图表说明。

需求说明书是需求分析阶段成果的具体表现，是在用户和开发人员对开发系统的需求取得认同基础上的文字说明，它是以后各个设计阶段的主要依据。

3.2.4 数据字典

数据流图表达了数据和处理的关系，数据字典则是系统中各类数据描述的集合，它的功能是存储和检索各种数据描述，并为 DBA 提供有关的报告。对数据库设计来说，数据字典是进行详细的数据收集和数据分析所获得的主要成果，因此在数据库中占有很重要的地位。数据字典通常包括数据项、数据结构、数据流、数据存储和处理过程 5 个部分。其中，数据项是不可再分的数据单位，若干数据项可以组成一个数据结构，数据字典通过对数据项和数据结构的定义来描述数据流、数据存储的逻辑内容。

1. 数据项

数据项是数据的最小单位，是不可再分的数据单位，通常包括以下内容。

数据项描述 = {数据项名，数据项含义说明，别名，
数据类型，长度，取值范围，取值含义，
与其他数据项的逻辑关系，数据项之间的联系}

其中，“取值范围”“与其他数据项的逻辑关系”定义了数据的完整性约束条件，是设计数据校验功能的依据。

可以用关系规范化理论为指导，用数据依赖的概念分析和表示数据项之间的联系。即按实际语义，写出每个数据项之间的数据依赖，它们是数据库逻辑结构设计阶段数据模型优化的依据。

在学生课程管理子系统中，有一个数据流选课单，每张选课单有一个数据项为选课单号，在数据字典中可对此数据项进行描述，如图 3-6 所示。

数据名称：课程号
说明：标识每门课程
类型：CHAR（8）
长度：8
别名：课程编号
取值范围：00 000 001~99 999 999

图 3-6 选课单号数据项

2. 数据结构

数据结构反映了数据之间的组合关系。一个数据结构可以由若干数据项组成，也可以由若干个数据结构组成，或由若干数据项和数据结构混合组成。对数据结构的描述通常包括以下内容。

数据结构描述 = {数据结构名，含义说明，组成：{数据项或数据结构}}

3. 数据流

数据流可以是数据项，也可以是数据结构，表示某加工处理过程的输入或输出数据。对数据流的描述通常包括以下内容。

数据流描述 = {数据流名，说明，数据流来源，数据流去向，

组成：{数据结构}，平均流量，高峰期流量}

其中，“数据流来源”是说明该数据流来自哪个过程；“数据流去向”是说明该数据流到哪个过程去；“平均流量”是指在单位时间（每天、每周、每月等）的传输次数；“高峰期流量”则是在高峰时期的数据流量。

4. 数据存储

数据存储是处理过程中要存储的数据，可以是手工文档或手工凭单，也可以是计算机文档。对数据存储的描述通常包括以下内容。

数据存储描述 = {数据存储名，说明，编号，输入的数据流，输出的数据流}

组成：{数据结构}，数据量，存取频度，存取方式}

其中，“存取频度”指每小时或每天或每周存取几次，每次存取多少数据等信息；“存取方式”指是批处理还是联机处理，是检索还是更新，是顺序检索还是随机检索等；“输入的数据流”是指其来源；“输出的数据流”是指其去向。

5. 处理过程

处理过程的具体处理逻辑一般用判定表或判定树来描述，数据字典中只需要描述处理过程的说明性信息，通常包括以下内容。

处理过程描述 = {处理过程名，说明，输入：{数据流}，输出：{数据流}，

处理：{简要说明}}

其中，“简要说明”主要说明该处理过程的功能及处理要求。处理过程的功能是指该处理过程用来做什么，处理要求包括处理频度要求，如单位时间内处理多少事务、多少数据量、响应时间要求等。这些处理要求是后面物理设计的输入及性能评价的标准。

数据字典是关于数据库中数据的描述，即元数据，而不是数据本身。数据字典是在需求分析阶段建立，在数据库设计过程中不断修改、充实和完善的。

3.3　概念结构设计

概念结构设计就是将需求分析得到的用户需求抽象为信息结构，即概念模型。概念结构设计是整个数据库设计的关键。概念模型独立于计算机硬件结构，独立于数据库的 DBMS。

3.3.1　概念结构设计的必要性及要求

在进行数据库设计时，如果将现实世界中的客观对象直接转换为机器世界中的对象，会很不方便，而且，人们的注意力往往被转移到更多的细节限制方面，而不能集中在最重要的信息组织结构和处理模式上。因此，通常是将现实世界中的客观对象首先抽象为不依赖于任何具体机器的信息结构，这种信息结构不是 DBMS 所支持的数据模型，而是概念模型。然后再把概念模型转换为具体机器上 DBMS 支持的数据模型，设计概念模型的过程称为概念设计。

1. 将概念设计从数据库设计过程中独立出来的优点

将概念设计从数据库过程中独立出来具有以下优点。

1）各阶段的任务相对单一，设计复杂程度大大降低，便于组织管理。

2）不受特定的 DBMS 的限制，也独立于存储安排和效率方面的考虑，因而比逻辑模式更为

稳定。

3）概念模式不含具体的DBMS所附加的技术细节，更容易被用户理解，因而才有可能准确地反映用户的信息需求。

2. 概念模型的要求

1）概念模型是对现实世界的抽象和概括，应真实、充分地反映现实世界中事物和事物之间的联系，有丰富的语义表达能力，能表达用户的各种需求，是现实世界的一个抽象模型。

2）概念模型应简洁、清晰、独立于机器，易于理解，方便数据库设计人员与应用人员交换意见，用户的积极参与是数据库设计成功的关键。

3）概念模型应易于更改，即应用环境和应用要求改变时，容易对概念模型进行修改和扩充。

4）概念模型应该易于向关系、网状、层次等各种数据模型转换，易于从概念模式导出与DBMS有关的逻辑模式。

选用何种概念模型完成概念设计任务，是进行概念设计前应该考虑的首要问题。用于概念设计的模型既要有足够的表达能力，使之可以表示各种类型的数据及其相互间的联系和语义，又要简单易懂。这种模型有很多，如E-R模型、语义数据模型和函数数据模型等。其中，E-R模型提供了规范、标准的构造方法，是应用最广泛的概念结构设计工具。

3.3.2 概念结构设计的方法与步骤

1. 概念结构设计的方法

概念结构设计的方法有如下4种。

（1）自顶向下方法

根据用户要求，先定义全局概念结构的框架，然后分层展开，逐步细化，如图3-7所示。

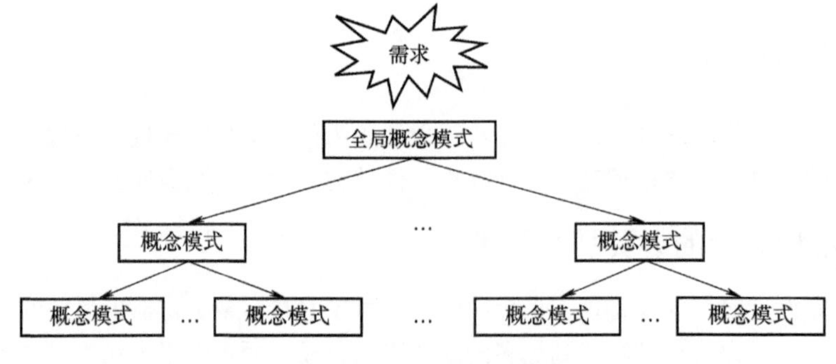

图3-7　自顶向下方法

（2）自底向上方法

根据用户的每一项具体需求，先定义各局部应用的概念结构，然后将它们集成起来，得到全局概念结构，如图3-8所示。

自底向上设计概念结构如图3-9所示，通常分为以下两步。

1）抽象数据并设计局部视图。

2）集成局部视图，得到全局概念结构。

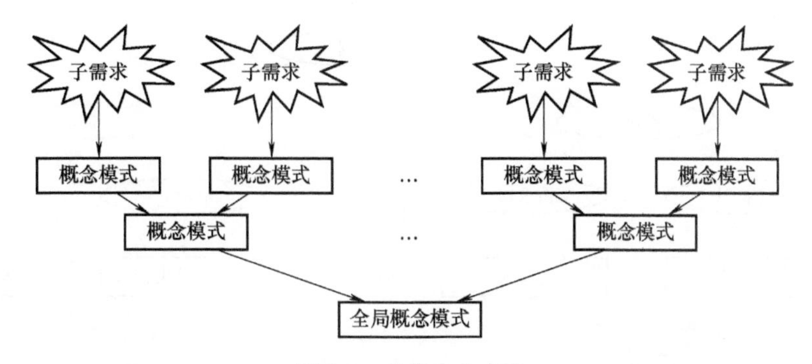

图 3-8　自底向上方法

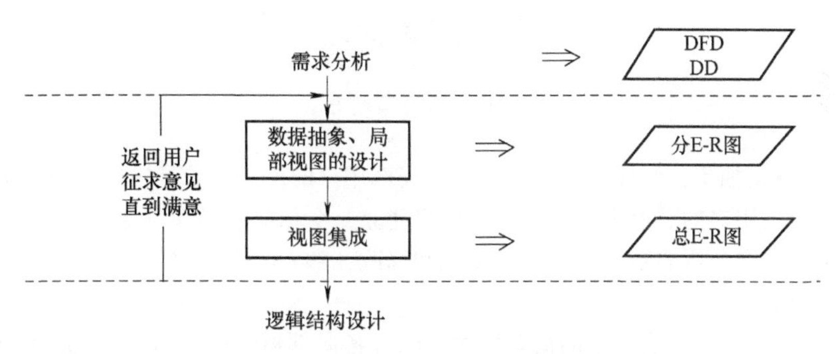

图 3-9　自底向上设计概念结构两步法

（3）逐步扩张方法

首先定义最重要的核心概念结构，然后向外扩充，以滚雪球的方式逐步生成其他概念结构，直至全局概念结构，如图 3-10 所示。

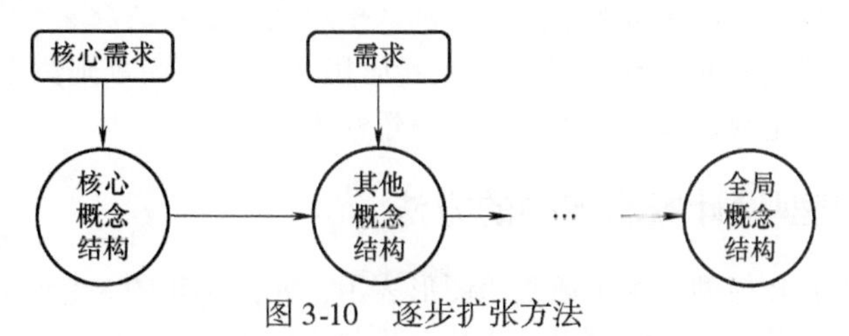

图 3-10　逐步扩张方法

（4）混合策略方法

混合策略方法即将自顶向下和自底向上方法相结合，先用自顶向下策略设计一个全局概念结构的框架，再以它为骨架集成由自底向上策略中设计的各局部概念结构。

在需求分析中，较为常见的方法是采用自顶向下描述数据库的层次结构，而在概念结构的设计中最常采用的策略是自底向上方法。即自顶向下地进行需求分析，再自底向上地设计概念结构，如图 3-11 所示。

2. 概念结构设计的步骤

概念结构设计的步骤如下。

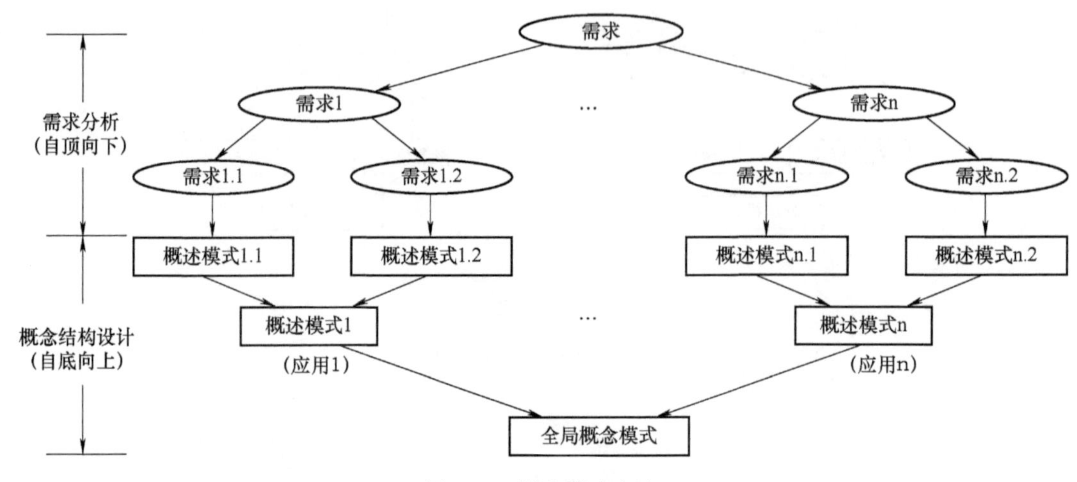

图3-11　混合策略方法

1）进行局部数据抽象，设计局部概念模式。局部用户的信息需求是构造全局概念模式的基础，因此，需要先从个别用户的需求出发，为每个用户建立一个相应的局部概念结构。在建立局部概念结构时，常常要对需求分析的结果进行二次补充和修改，如有的数据项要分为若干子项，有的数据定义要重新核实等。

2）将局部概念模式综合成为全局概念模式。综合各局部概念模式可以得到反映所有用户需求的全局概念模式。在综合过程中，主要处理各局部模式对各种对象定义的不一致性问题，包括同名异义、异名同义和同一事物在不同模式中被抽象为不同类型的对象等问题。把各个局部结构连接、合并，会产生冗余问题，有可能导致对信息需求的再调整与分析，以确定准确的含义。

3）评审。消除了所有冲突后，就可以把全局概念模式提交评审。评审分为用户评审与DBA及应用开发人员评审两部分。用户评审的重点放在确认全局概念模式是否准确完整地反映了用户的信息需求和现实世界事物属性间的固有联系；DBA和应用开发人员评审则侧重于确认全局概念模式是否完整，各种成分划分是否合理，是否存在不一致性等。

3.3.3　采用E-R模型设计概念结构的方法

实体联系模型简称E-R模型，由于通常用图形表示，又称E-R图。它是数据库设计中最常用的概念模型设计方法之一。采用E-R模型设计方法分为如下三步。

1. 设计局部E-R模型

基于E-R模型的概念设计是用概念模型描述目标系统涉及的实体、属性及实体间的联系。这些实体、属性和实体间联系是对现实世界的人、事、物等的抽象，它是在需求分析的基础上进行的。抽象的方法一般包括如下三种。

（1）分类（Classification）

将现实世界中具有某些共同特征和行为的对象作为一个类型，它抽象了对象值和型之间的“is member of”（是……的成员）的语义。例如，在学校环境中，学生是具有某些共同特征和行为的对象，可以将其视为一个类型。王芮是学生，他是这个类中一个具体的值，如图3-12所示。

（2）概括（Generalization）

定义类型之间的一种子集联系，它抽象了类型之间的“is subset of”（是……的子集）的语义。例如，课程是一个实体型，必修课、选修课也是一个实体型，必修课和选修课均是课程的子集，如图3-13所示。

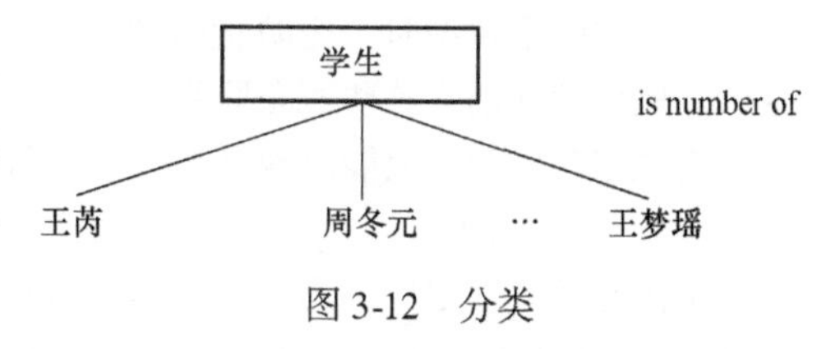

图3-12　分类

（3）聚集（Aggregation）

定义某一类型的组成成分，它抽象了对象内部类型和成分之间“is part of”（是……的一部分）的语义，如图3-14所示。

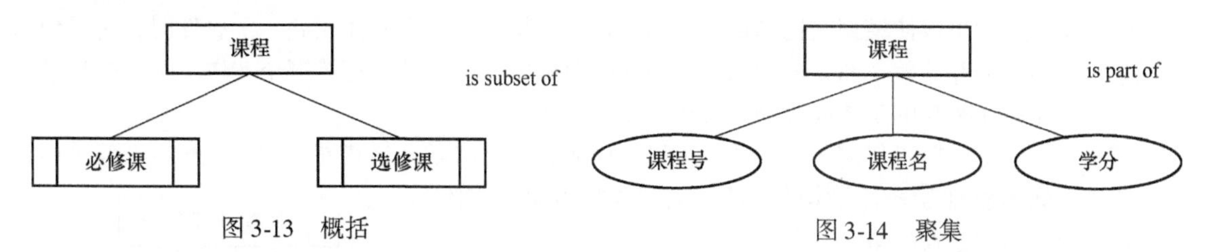

图3-13　概括　　图3-14　聚集

局部E-R模型的设计过程如图3-15所示。

（1）确定局部结构范围

设计各个局部E-R模型的第一步是确定局部结构的范围划分。划分的方式一般有两种，一种是依据系统的当前用户进行自然划分；另一种是按用户要求数据提供的服务归纳为几类，使每一类应用访问的数据明显区别于其他类，然后为每一类应用设计一个局部E-R模型。

局部结构范围确定时要考虑以下因素。

1）范围的划分要自然，易于管理。

2）范围之间的界限要清晰，相互之间的影响要小。

3）范围的大小要适度。过小，会造成局部结构过多，设计过程烦琐；过大，则容易造成内容结构复杂，不便于分析。

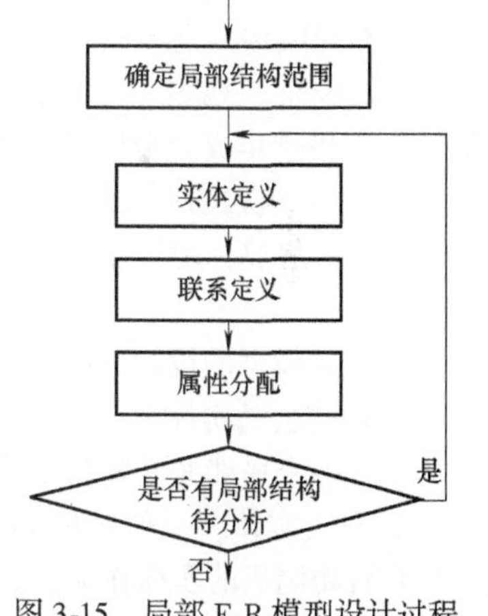

图3-15　局部E-R模型设计过程

（2）实体定义

每一个局部结构都包括一些实体，实体定义的任务就是从信息需求和局部范围定义出发，确定每一个实体的属性和码。

事实上，实体、属性和联系之间在形式上并没有明显的界限，划分的依据通常有以下三条。

1）采用人们习惯的划分。

2）避免冗余，在一个局部结构中，对一个对象只取一种抽象形式，不要重复。

3）根据用户的信息处理需求。

（3）联系定义

联系用来刻画实体之间的关联。一个完整的方式是对局部结构中任意两个实体，依据需求分析的结果，考查两个实体之间是否存在联系。若有联系，进一步确定是1∶1、1∶n还是m∶n联系。还要考查一个实体内部是否存在联系，多个实体之间是否存在联系等。

在确定联系类型时，应防止出现冗余的联系（即可用从其他联系导出的联系），如果存在，要尽可能地识别并消除这些冗余联系。

联系在命名时，应能反映联系的语义性质，通常采用某个动词命名，如“选修”“授课”等。

（4）属性分配

实体与联系确定后，局部结构中的其他语义信息大部分可以用属性描述。属性分配时，首先要确定属性，然后将其分配到相关的实体和联系中去。

确定属性的原则是：属性应该是不可再分解的语义单位；实体与属性之间的关系只能是1∶n；不同实体类型的属性之间应无直接关联关系。

属性不可分解可以使模型结构简单，不出现嵌套结构。当多个实体用到一个属性时，将导致数据冗余，从而影响存储效率和完整性约束，因而需要确定将该属性分配给哪个实体。一般把属性分配给那些使用频率最高的实体或分配给实体值少的实体。

有些属性不宜归属于任何一个实体，可以只说明实体之间联系的特性。例如，学生选修某门课程的成绩，既不能归为学生实体的属性，也不能归为课程实体的属性，应作为“选修”联系的属性。

2. 设计全局 E-R 模型

所有的局部 E-R 模型设计好后，接下来就是把它们综合成一个全局概念结构。全局概念结构不仅要支持所有局部 E-R 模型，而且必须合理地表示一个完整、一致的数据库概念结构。把局部 E-R 模型集成为全局 E-R 模型时，有两种方法：一种是多个分 E-R 图一次集成，通常用于局部视图比较简单时使用；另一种是逐步集成，用累加的方式一次集成两个分 E-R 图，从而降低复杂度。

全局 E-R 模型的设计过程如图 3-16 所示。

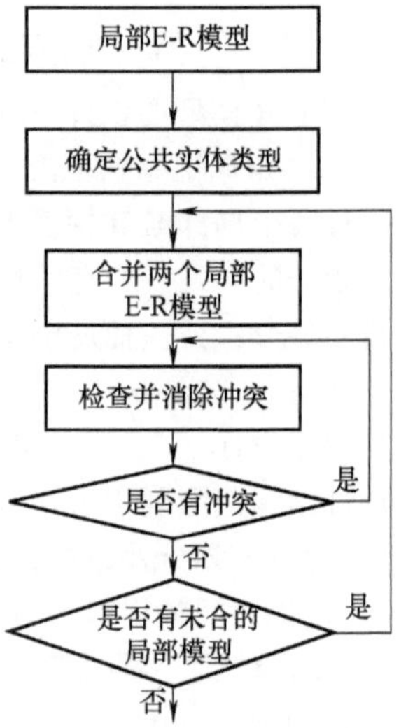

图 3-16　全局 E-R 模型的设计过程

（1）确定公共实体

为了给多个局部 E-R 模型的合并提供基础，首先要确定局部结构的公共实体。一般把同名实体作为公共实体的一类候选，把具有相同码的实体作为公共实体的另一类候选。

（2）局部 E-R 模型的合并

合并的顺序有时会影响处理效率和结果，建议的合并原则是：进行两两合并，先合并那些现实世界中有联系的局部结构；合并从公共实体开始，再加入独立的局部结构，从而减少合并工作的复杂性，并使合并结果的规模尽可能小。

（3）消除冲突

由于各个局部应用所面向的问题不同，且通常是由不同的设计人员进行局部 E-R 模型设计，导致各个分 E-R 图之间存在许多不一致的地方，称为冲突。解决冲突是合并 E-R 模型的主要工作和关键所在。

各分 E-R 图之间的冲突主要有三类：属性冲突、命名冲突和结构冲突。

1）属性冲突。属性冲突包括属性域冲突和属性取值单位冲突。属性域冲突，即属性值的类型、取值范围或取值集合不同，如学号，有的部门把它定义为整型，有的部门把它定义为字符型，不同的部门对学号的编码也不同；属性取值单位冲突，例如，成绩有的用百分制，有的用五级制（A、B、C、D、E）。

2）命名冲突。命名冲突包括同名异义和异名同义。同名异义即不同意义的对象在不同的局部应用中具有相同的名字；异名同义（一义多名）即同一意义的对象在不同的局部应用中具有不同的名字。

3）结构冲突。结构冲突有如下两种情况：同一对象在不同应用中具有不同的抽象，例如，教师在某一局部应用中被当作实体，而在另一局部应用中被当作属性；实体之间联系在不同的局部E-R图中呈现不同类型，例如，E_1与E_2在某一个应用中是多对多联系，而在另一个应用中是一对多联系。

属性冲突和命名冲突通常采用讨论、协商等手段解决，结构冲突则要认真分析后才能解决。

3. 优化全局E-R图

得到全局E-R图后，为了提高数据库系统的效率，还应进一步依据需求对E-R图进行优化。除了能准确、全面地反映用户功能需求外，一个好的全局E-R图还应满足如下条件。

1）实体个数尽可能少。

2）实体所包含的属性尽可能少。

3）实体间的联系无冗余。

但是这些条件不是绝对的，要视具体的信息需求与处理需求而定。全局E-R模型的优化原则如下。

（1）实体的合并

这里实体合并指的是相关实体的合并，在公共模型中，实体最终转换为关系模式，涉及多个实体的信息要通过连接操作获得。因而减少实体的个数，可以减少连接的开销，提高处理效率。

（2）冗余属性的消除

通常，在各个局部结构中是不允许冗余属性存在的，但是，综合形成全局E-R图后，可能产生局部范围内的冗余属性。当同一非主属性出现在几个实体中，或者一个属性值可以从其他属性的值导出时，就存在冗余属性，应该把冗余属性从全局E-R图中去掉。

冗余属性消除与否，取决于它对存储空间、访问效率和维护代价的影响。有时为了兼顾访问效率，需要保留冗余属性。

（3）冗余联系的消除

在全局E-R图中，可能存在冗余的联系，可以利用规范化理论中的函数依赖概念消除冗余联系。

3.3.4 数据库建模设计工具

目前，常用的数据库建模设计工具主要有PowerDesigner、erwin和MySQL Workbench。以下分别对这3个工具做简要介绍。

1. PowerDesigner

PowerDesigner是Sybase公司的CASE工具集，它是能进行数据库设计的强大的软件，是一款开发人员常用的数据库建模工具。利用PowerDesigner可以制作数据流程图、概念数据模型、物理数据模型，还可以为数据仓库制作结构模型，也能对团队设计模型进行控制。

使用PowerDesigner可以分别从概念数据模型（Conceptual Data Model）和物理数据模型（Physical Data Model）两个层次对数据库进行设计。在这里，概念数据模型描述的是独立于数据库管理系统（DBMS）的实体定义和实体关系定义；物理数据模型是在概念数据模型的基础上针对目标数据库管理系统的具体化。

2. erwin

erwin 的全称是 erwin Data Modeler，是 CA 公司的数据建模工具。软件支持 IDEF1X 与 IE 两种建模方法，两种方法都适用于大规模企业级数据库建模。使用 erwin，可以可视化地设计维护数据库、数据仓库，并对企业内部多种数据源模型进行统一规划管理。

erwin 的功能包含了数据库设计所需的多种功能，包含数据库正向工程（Forward Engineer，根据数据模型来生成物理数据库）、数据库逆向工程（Reverse Engineer，根据已经存在的数据库来生成数据库的模型）、完全比较（Complete Compare，比较模型、数据库之间的差异，在迭代开发过程中非常实用，可以检测各个版本之间的差异，并生成差异报表，便于后续的维护工作）。

使用 erwin 建模有很多好处，如可以支持多种物理数据库，可以灵活地产生文本格式的数据库说明文档，可以从模型中产生建库与升级的脚本等。

3. MySQL Workbench

MySQL Workbench 中文版是 MySQL 官方推出的数据库设计建模工具，MySQL Workbench 是著名的数据库设计工具 DB Designer3 的继任者。MySQL Workbench 为数据库架构师、开发人员和 DBA 提供统一的可视化工具，可以用 MySQL Workbench 中文版设计和创建新的数据库图示，建立数据库文档，进行复杂的 MySQL 迁移。MySQL Workbench 是下一代的可视化数据库设计、管理的工具，它同时有开源和商业化的两个版本。

3.4 逻辑结构设计

逻辑结构设计的任务是把概念结构设计阶段设计好的基本 E-R 图转换为与选用 DBMS 产品支持的数据模型相符合的逻辑结构，也就是导出特定的 DBMS 可以处理的数据库逻辑结构，这些模式可以在功能、性能、完整性和一致性方面满足应用要求。

特定的 DBMS 可以支持的组织层数据模型包括关系模型、网状模型、层次模型和面向对象模型等。对某一种数据模型，各个机器系统又有许多不同的限制，提供不同的环境与工具。设计逻辑结构时一般包括三个步骤，如图 3-17 所示。

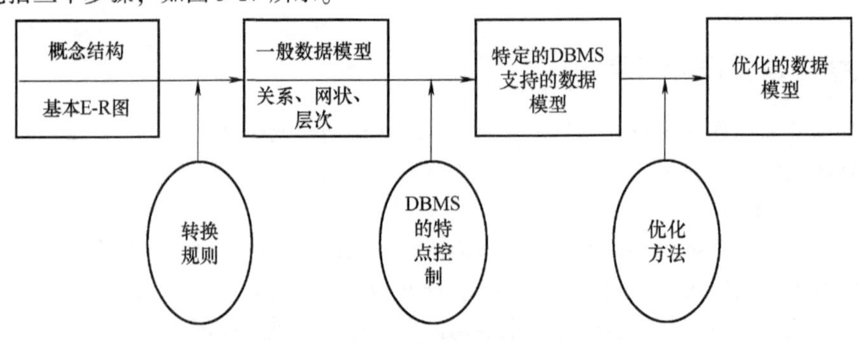

图 3-17　逻辑结构设计

1）将概念结构转化为一般的关系、网状、层次模型。

2）将转换来的关系、网状、层次模型向特定 DBMS 支持的数据模型转换。

3）对数据模型进行优化。

目前，新设计的数据库应用系统大多采用支持关系数据模型的 DBMS，所以这里只介绍 E-R 图向关系数据模型转换的原则与方法。

3.4.1　E-R 图向关系模型的转换

概念设计中得到的 E-R 图是由实体、属性和联系组成的，而关系数据库逻辑设计的结果是一组关系模式的集合。所以将 E-R 图转换为关系模型实际上就是将实体、属性和联系转换为关系模式（第 2 章已经阐述，此处不再展开）。

3.4.2　关系模式规范化

应用规范化理论对上述产生的关系的逻辑模式进行初步优化，以减少乃至消除关系模式中存在的各种异常，改善完整性、一致性和存储效率。规范化理论是数据库逻辑设计的指南和工具，规范化过程可分为两个步骤：确定范式级别和实施规范化处理。

1. 确定范式级别

确定范式级别的步骤为：考查关系模式的函数依赖关系，确定范式等级；逐一分析各关系模式；考查是否存在部分函数依赖、传递函数依赖等，确定它们分别属于第几范式。

2. 实施规范化处理

确定范式级别后，利用后面的规范化理论，逐一考查每个关系模式，根据应用要求，判断它们是否满足规范要求，可用已经介绍过的规范化方法和理论将关系模式规范化。

综合以上数据库的设计过程，规范化理论在数据库设计中有如下几方面的应用。

1）在需求分析阶段，用数据依赖概念分析和表示各个数据项之间的联系。

2）在概念结构设计阶段，以规范化理论为指导，确定关系键，消除初步 E-R 图中的冗余联系。

3）在逻辑结构设计阶段，在从 E-R 图向数据模型转换过程中，用模式合并与分解方法达到规范化级别。

3.4.3　模式评价与改进

关系模式的规范化不是目的而是手段，数据库设计的目的是最终满足应用需求。因此，为了进一步提高数据库应用系统的性能，还应该对规范化后产生的关系模式进行评价、改进，经过反复多次的尝试和比较，最后得到优化的关系模式。

模式评价的目的是检查所设计的数据库模式是否满足用户的功能要求、效率要求，确定加以改进的部分。模式评价包括功能评价和性能评价。

所谓的功能评价是指对照需求分析的结果，检查规范化后的关系模式集合是否支持用户所有的应用要求。对于目前得到的数据库模式，由于缺乏物理结构设计所提供的数量测量标准和相应的评价手段，性能评价是比较困难的，所以只能对实际性能进行估计，包括逻辑记录的存取数、传送量以及物理结构设计算法的模型等。

根据模式评价的结果，对已生成的模式进行改进。如果因为系统需求分析、概念结构设计的疏漏导致某些应用不能得到支持，则应该增加新的关系模式或属性。如果因为性能考虑而要求改进，则可以采用合并或分解的方法。

（1）合并

如果有若干关系模式具有相同的主键，并且对这些关系模式的处理主要是查询操作，而且经常是多关系的连接查询，那么可以按照组合使用频率对这些关系模式进行合并。这样便可以减少连接操作而提高查询效率。

（2）分解

为了提高数据操作的效率和存储空间的利用率，最常用和最重要的模式优化方法就是分解，根据应用的不同要求，可以对关系模式进行垂直分解和水平分解。

经过多次的模式评价和模式改进之后，最终的数据库模式得以确定。逻辑结构设计阶段的结果是全局逻辑数据库结构。对于关系数据库系统来说，就是一组符合一定规范的关系模式组成的关系数据库模式。

数据库系统的数据物理独立性特点消除了由于物理存储改变而引起的对应程序的修改。标准的 DBMS 例行程序应适用于所有的访问，查询和更新事务的优化应当在系统软件一级上实现。这样，确定逻辑数据库之后，就可以开始应用程序设计了。

在数据库设计的工作中，有时数据库开发人员仅从范式等理论知识无法找到问题的“标准答案”，此时便需要靠数据库开发人员经验的积累以及智慧的沉淀。同一个系统，不同经验的数据库开发人员，其设计结果往往不同。但不管怎样，只要实现了相同的功能，所有的设计结果没有对错之分，只有合适与不合适之分。

3.5 物理结构设计

数据库的物理结构设计是利用数据库管理系统提供的方法、技术，对已经确定的数据库逻辑结构，以较优的存储结构、数据存取路径、合理的数据库存储位置及存储分配，设计出一个高效的、可实现的物理数据库结构。

由于不同的数据库管理系统提供的硬件环境和存储结构、存取方法不同，提供给数据库设计者的系统参数以及变化范围也不同，因此，物理结构设计一般没有一个通用的准则，它只能提供一个技术和方法供参考。

数据库物理结构设计通常分为以下两步。

1）确定数据库的物理结构，在关系数据库中主要指存取方法和存储结构。

2）对物理结构进行评价，评价的重点是时间和空间效率。

如果评价结果满足原设计要求，则可进入到物理结构实施阶段，否则，就需要重新设计或修改物理结构，有时甚至要返回逻辑结构设计阶段修改数据模型。

3.5.1 物理结构设计的内容和方法

物理结构设计得好，可以使各业务的响应时间短、存储空间利用率高、事务吞吐量大。因此，在设计数据库时，首先要对经常用到的查询和对数据进行更新的事务进行详细的分析，获得物理结构设计所需的各种参数。其次要充分了解所用 DBMS 的内部特征，特别是系统提供的存取方法和存储结构。对于数据库查询事务，需要得到如下信息。

1）查询所涉及的关系。

2）连接条件所涉及的属性。

3）查询条件所涉及的属性。

4）查询的列表中涉及的属性。

对于数据更新事务，需要得到如下信息。

1）更新所涉及的关系。

2）更新操作所涉及的属性。

3）每个关系上的更新操作条件所涉及的属性。

此外，还需要了解每个查询或事务在各关系上运行的频率和性能要求。假设某个查询必须在 1s 内完成，则选择数据的存储方式和存取方式就非常重要。

应该注意的是，数据库上运行的操作和事务是不断变化的，因此，需要根据这些操作的变化不断地调整数据库的物理结构，以获得最佳的数据库性能。

通常关系数据库物理结构设计主要包括如下内容。

（1）确定数据的存取方法（建立存取路径）

存取方法是快速存取数据库中数据的技术。数据库管理系统一般提供多种存取方法，常用的存取方法有索引方法、聚簇方法和 Hash 方法。具体采取哪种存取方法由系统根据数据库的存储方式决定，用户一般不能干预。

所谓索引存取方法实际上就是根据应用要求确定对关系的哪些属性列建立索引、对哪些属性列建立组合索引、对哪些索引要设计为唯一索引等。

建立索引的一般原则如下。

- 如果一个（或一组）属性经常作为查询条件，则考虑在这个（或这组）属性上建立索引（或组合索引）。
- 如果一个属性经常作为聚集函数的参数，则考虑在这个属性上建立索引。
- 如果一个（或一组）属性经常作为表的连接条件，则考虑在这个（或这组）属性上建立索引。
- 如果某个属性经常作为分组的依据列，则考虑在这个属性上建立索引。
- 一个表可以建立多个非聚簇索引，但只能建立一个聚簇索引。

索引一般可以提高数据查询性能，但会降低数据修改性能。因为在进行数据修改时，系统要同时对索引进行维护，使索引与数据保持一致。维护索引要占用较多的时间，存放索引也要占用空间信息。因此，在决定是否建立索引时，要权衡数据库的操作，如果查询多，并且对查询性能要求较高，可以考虑多建一些索引；如果数据更改多，并且对更改的效率要求比较高，可以考虑少建索引。

（2）确定数据的物理存储结构

物理结构设计中，一个重要的考虑是确定数据的存放位置和存储结构，包括确定关系、索引、聚簇、日志、备份等的存储安排和存储结构，确定系统配置。确定数据存放位置和存储结构的因素包括存取时间、存储空间利用率和维护代价，这三个方面常常是相互矛盾的，必须进行权衡，选择一个折中方案。

常用的存储方法有如下三种。

- 顺序存储。这种存储方式的平均查找次数是表中记录数的一半。
- 散列存储。这种存储方式的平均查找次数由散列（Hash）算法决定。
- 聚簇存储。为了提高某个属性的查询速度，可以把这个或这些属性上具有相同值的元组集中存放在连续的物理块上，大大提高对聚簇码的查询效率。

用户可以通过建立索引的方法改变数据的存储方式。但其他情况下，数据是采用顺序存储还是散列存储，或是采用其他的存储方式是由数据库管理系统根据具体情况决定的，一般数据库管理系统会为数据选择一种最适合的存储方式，而用户并不能对其进行干涉。

3.5.2 评价物理结构

数据库物理结构设计过程中需要对时间效率、空间效率、维护代价和各种用户要求进行权衡，其结果可能产生多种方案。数据库设计人员必须对这些方案进行细致的评价，从中选择出一个较优的合理的物理结构。

评价物理结构的方法完全依赖于所选用的 DBMS，主要考虑操作开销，即为使用户获得及时、准确的数据所需的开销和计算机资源的开销，具体可以分为以下几种。

1）查询和响应时间。响应时间是从查询开始到查询结束之间所经历的时间。一个好的应用程序设计可以减少 CPU 的时间和 I/O 时间。

2）更新事务的开销，主要是修改索引、重写数据块或文件以及写校验方面的开销。

3）生成报告的开销，主要包括索引、重组、排序和结果显示的开销。

4）主存储空间的开销，包括程序和数据所占的空间。对数据库设计者来说，一般可以对缓冲区进行适当的控制。

5）辅助存储空间的开销，辅助存储空间分为数据块和索引块，设计者可以控制索引块的大小。

实际上，数据库设计者只能对 I/O 和辅助存储空间进行有效的控制，其他方面都是有限的控制或根本不能控制。

3.6 数据库行为设计

数据库行为设计一般分为如下三个部分：功能分析、功能设计和事务设计。

1. 功能分析

在进行需求分析时，人们实际上进行了两项工作，一项是“数据流”的调查分析，另一项是“事务处理”过程的调查分析，也就是应用业务处理的调查分析。数据流的调查分析为数据库的信息结构提供了最原始的依据，而事务处理的调查分析，则是行为设计的基础。

对行为特征要进行如下分析。

1）标识所有的查询、报表、事务及动态特性，指出数据库所要进行的各种处理。

2）指出对每个实体所进行的操作。

3）给出每个操作的语义，包括结构约束和操作约束。

4）给出每个操作的频率。

5）给出每个操作的响应时间。

6）给出该系统的总目标。

2. 功能设计

系统目标的实现是通过系统的各功能模块达到的。由于每个系统功能又可以分为若干更具体的功能模块，因此，可以从目标开始，一层一层分解下去，直到每个子功能模块只执行一个具体的任务。子功能模块是独立的，具有明显的输入信息和输出信息。当然，也可以没有明显的输入信息和输出信息，只是生成一个结果。通常将按功能关系画成的结构图称为功能结构图。

3. 事务设计

事务设计是计算机模拟人处理事务的过程，它包括输入设计和输出设计。

（1）输入设计

系统中很多错误都是由于输入不当引起的，因此设计好输入是减少系统错误的一个重要方面。在进行输入设计时需要完成如下工作。

1）原始单据的设计格式。对于原有单据，要根据新系统的要求重新设计，其原则是简单明了、便于填写、便于归档和尽量标准化。

2）制成输入一览表，将全部功能所用的数据整理成表。

3）制作输入数据描述文档，包括数据的输入频率、数据的有效范围和出错校验。

（2）输出设计

输出设计是系统设计中重要的一环。虽然用户看不出系统内部的设计是否科学，但输出报表是用户可以看见的，而且输出格式的好坏会给用户留下深刻的印象。因此，必须精心设计输出报表。在输出设计时要考虑用途、输出设备的选择、输出量等因素。

3.7 数据库实施

完成数据库的结构设计和行为设计，并编写了实现用户需求的应用程序后，就可以利用 DBMS 提供的功能实现数据库逻辑结构设计和物理结构设计的结果。然后将一些数据加载到数据库中，运行已经编好的应用程序，查看数据库设计及应用程序设计是否存在问题。这就是数据库实施阶段。

数据库实施阶段包括两项重要的工作，一项是加载数据，另一项是调试和运行应用程序。

1. 加载数据

一般数据库系统中，数据量都很大，而且数据来源于部门中的各个单位，数据的组织方式、结构和格式都与新设计的数据库系统有相当的差距。组织数据录入就要将各类数据从各个局部应用中抽取出来，输入计算机，然后再分类转换，最后综合成符合新设计的数据库结构的形式，输入到数据库中。数据转换、组织入库的工作是相当费力、费时的。特别是原系统是手工数据处理系统时，各类数据分散在不同的原始表格、凭证、单据中。在向新的数据库中输入数据时，还要处理大量的纸质文件，工作量更大。

由于各应用环境差异很大，很难有通用的数据转换器，DBMS 也很难提供一个通用的转换工具。因此，为了提高数据输入工作的效率和质量，应该针对具体的应用环境设计一个数据录入子系统，专门处理数据复制和输入问题。

为了保证数据库中数据的准确性，必须十分重视数据的校验工作。在将数据输入系统进行数据转换的过程中，应该进行多次校验，对于重要数据，更应反复校验。目前，很多 DBMS 都提供数据导入功能，有些 DBMS 还提供了功能强大的数据转换功能。

2. 调试和运行应用程序

在部分数据输入数据库后，就可以开始对数据库系统进行联合调试，称为数据库的试运行。这一阶段要实际运行数据库应用程序，执行对数据库的各种操作，测试应用程序的功能是否满足设计要求。如果不满足，则要对应用程序部分进行修改、调整，直到达到设计要求为止。

在数据库试运行阶段，还要测试系统的性能指标，分析其是否达到设计目标。在对数据库进行物理结构设计时，已初步确定了系统的物理参数值，但一般情况下，在设计时考虑的只是近似估计，和实际系统运行总有一定的差距，因此，必须在试运行阶段实际测量和评价系统性能指标。事实上，有些参数的最佳值往往是经过运行调试后得到的。如果测试的结果与设计目标不符，则要返回物理设计阶段，重新调整物理结构，修改系统参数，某些情况下甚至要返回逻辑设计阶段，对逻辑结构进行修改。

特别强调两点。第一，由于数据入库工作量太大、费时费力，所以应分期分批地组织数据入库。先输入小批量数据供调试用，待试运行基本合格后再大批量地输入数据，逐步增加数据量，逐步完成运行评价。第二，在数据库试运行阶段，系统还不稳定，随时可能发生软、硬件故障。而系统的操作人员对新系统还不熟悉，误操作也不可避免，因此应首先调试运行 DBMS 的恢复功能，做好数据库的转储和恢复工作。一旦故障发生，能使数据库尽快恢复，尽量减少对数据库的破坏。

3.8 数据库的运行与维护

数据库试运行合格后，即可投入正式运行。数据库投入运行标志着开发任务的基本完成和维护工作的开始。数据库只要还在使用，就需要不断对它进行评价、调整和维护。在数据库运行阶段，对数据库经常性的维护工作主要是由 DBA 完成的，主要包括以下四个方面。

1. 数据库的备份和恢复

要对数据库进行定期的备份，一旦出现故障，要能及时地将数据库恢复到某种一致的状态，并尽可能减少对数据库的破坏，该工作主要由数据管理员 DBA 负责。而且，数据库的备份和恢复是重要的维护工作之一。

2. 数据库的安全性、完整性控制

随着数据库应用环境的变化，对数据库的安全性和完整性要求也会发生变化。此时，需要 DBA 对数据库进行适当的调整，以反映这些新变化。

3. 监督、分析和改进数据库性能

在数据库运行过程中，监视数据库的运行情况，并对检测数据进行分析，找出提高性能的可行性，适当地对数据库进行调整。目前，有些 DBMS 产品提供了检测系统性能参数的工具，DBA 可以利用这些工具方便地对数据库进行控制。

4. 数据库的重组织和重构造

数据库运行一段时间后，由于记录不断增加、删除和修改会使数据库的物理存储情况变坏，降低了数据的存取效率，数据库性能下降。这时，DBA 就要对数据库进行重组织或部分重组织。DBMS 一般提供数据重组织的实用程序，在重组织过程中，按原设计要求重新安排存储位置、回收垃圾、减少指针链等，提高系统性能。

数据库的重组织并不会改变原设计的逻辑结构和物理结构，而数据库的重构造则不同，它部分修改数据库的模式和内模式。数据库的重构也是有限的，只能做部分修改，如果应用变化太大，重构也无济于事，说明此数据库应用系统的生命周期已经结束，应该设计新的数据库应用程序了。

数据库的结构和应用程序设计的好坏是相对的，它并不能保证数据库应用系统始终处于良好的性能状态。这是因为数据库中的数据随着数据库的使用而发生变化，随着这些变化的不断增加，系统的性能就可能下降，所以，即使在不出现故障的情况下，也要对数据库进行维护，以便数据库获得较好的性能。

数据库设计工作并非一劳永逸的，一个好的数据库应用系统需要精心的维护才能保持良好的性能。

本章小结

本章介绍了数据库设计的6个阶段，包括系统需求分析、概念结构设计、逻辑结构设计、物理结构设计、数据库实施、数据库运行与维护。对于每一阶段，都分别详细介绍了其相应的任务、方法和步骤。

需求分析是整个设计过程的基础，需求分析做得不好，可能会导致整个数据库设计返工重做。

将需求分析所得到的用户需求抽象为信息结构（即概念模型）的过程就是概念结构设计，概念结构设计是整个数据库设计的关键所在，这一过程包括设计局部E-R图、综合成初步E-R图、E-R图的优化。

将独立于DBMS的概念模型转化为相应的数据模型，这是逻辑结构设计所要完成的任务。一般的逻辑设计分为三步：初始关系模式设计、关系模式规范化和模式的评价与改进。

物理设计就是为给定的逻辑模型选取一个适合应用环境的物理结构，物理设计包括确定物理结构和评价物理结构两步。

根据逻辑设计和物理设计的结果，在计算机上建立起实际的数据库结构，载入数据，进行应用程序的设计，并试运行整个数据库系统，这是数据库实施阶段的任务。

数据库设计的最后阶段是数据库的运行与维护，包括维护数据库的安全性与完整性，检测并改善数据库性能，必要时需要进行数据库的重新组织和构造。

实验2：利用PowerDesigner设计数据库应用系统

实验概述：可通过本实验了解数据库设计的过程，学会用PowerDesigner等数据库设计工具进行数据库设计，学会从实际需求进行数据库的设计。具体实验内容参见《实验指导书》。

第4章 DM数据库体系结构

DM数据库（DM）是达梦数据库股份有限公司推出的具有完全自主知识产权的大型通用关系型数据库管理系统，是采用类Java的虚拟机技术设计的新一代数据库产品。随着信息技术不断发展，DM数据库从1988年最初的数据库管理系统原型CRDS发展到2020年的DM8。达梦公司的数据库产品已成功应用于金融、电力、航空、通信、电子政务等30多个行业领域。

4.1 DM数据库概述

4.1.1 DM8数据库主要特点

DM8吸收借鉴当前先进的新技术思想与主流数据库产品的优点，融合了分布式、弹性计算与云计算的优势，对灵活性、易用性、可靠性和高安全性等方面进行了大规模改进，多样化架构充分满足不同场景需求，支持超大规模并发事务处理和事务-分析混合型业务处理，动态分配计算资源，实现更精细化的资源利用、更低成本的投入。一个数据库可以满足用户的多种需求，让用户能够更加专注于业务发展。DM8数据库的主要特点如图4-1所示。

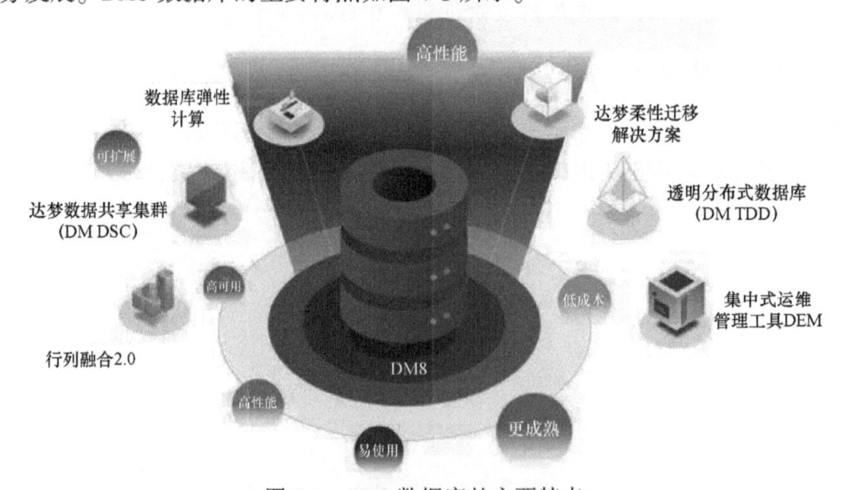

图4-1　DM8数据库的主要特点

1. 多维融合，满足多样需求

DM8 提出了面向未来的四种架构，共通共存，化繁为简。

1）关键业务解决方案——达梦数据共享集群（DMDSC）：可取得高的系统可靠性和强容灾能力；支持远程高可用镜像部署方式。

2）达梦分布式事务处理架构——透明分布式数据库：具有分布式数据库的高可扩展、高可用、高并发处理能力，且对用户透明；支持传统数据库所有开发接口和业务开发框架的技术架构。

3）达梦分布式动态分析架构——数据库弹性计算：保证所有数据库功能完备性，同时提升关系数据库集群的横向扩展能力，释放用户设备算力；低成本、灵活的数据中心和云计算中心的计算扩展方式，提升数据中心整体能效。

4）达梦混合事务分析处理技术——行列融合 2.0：行列融合 2.0 令 DM8 具备了事务—分析混合型业务处理的能力，可以满足用户对 HTAP 应用场景的需求，包含变更缓存、高级日志两个关键特性，用以弥补行存储与列存储的鸿沟，简化系统架构，轻量灵活，降低应用开发和运维的难度。

2. 精雕细琢，提升用户体验

1）多项细节优化，增强易用性。

2）省心便捷的运维管理：在 DM8 中，对运维管理实现简化、一键式安装部署、全方位监控、智能识别并定位故障源、脱机智能提示、误删保护等多方面。

3）持续增强安全性。

4）技术生态再升级：支持多种云计算基础设施环境及多种软硬件平台。

3. 平滑迁移，实现“软着陆”

多环节保证用户以及应用开发人员能够更容易、更快速地从其他主流数据库向 DM8 迁移应用系统。DM8 广泛采用渐进式的替换过程，给予用户充分的数据库替换风险评估与控制周期，可实现数据库替换的“软着陆”。

4. 智创未来，释放多元价值

DM8 的弹性计算为更好地发挥数据库本身能量提供了更多的想象空间。

4.1.2　DM8 的功能特性

DM8 除了具备一般 DBMS 所应具有的基本功能外，还特别具有以下特性。

1）通用性：SQL 及接口的开发符合国际通用标准，支持软硬件的跨平台，支持对称多处理机系统，支持多种字符集。

2）高性能：采用多工作线程处理机制、并发控制机制等提升 DM 的系统性能。

3）高安全性：除实现基本安全功能外，采用三权分立安全机制及一些辅助安全功能，使 DM8 的安全级别达到 B1 级。

4）高可靠、高可用性：DM8 通过一系列措施保障了其具有高可靠、高可用性，以使用户避免一些不必要的损失。

5）易用性：DM8 提供了大量功能特性来简化系统的使用、管理和维护，使用户能够更加容易地掌握 DM 数据库。

6）海量数据存储和管理：DM8 的数据存储逻辑分为 4 个层次，使得 DM8 最大数据存储容量达到 TB 级以上。DM8 支持 64 位计算也有利于满足大型应用对海量数据存储和管理的要求。

7）全文索引：DM8 根据已有词库建立全文索引，文本查询完全在索引上进行。

8）对存储模块的支持：库存储模块（存储过程、存储函数）运行在服务器端，它为用户提供了一种高效率的编程手段。

9）对 Web 应用的支持：DM8 提供 ODBC、PHP、JDO（Java Data Objects）等接口，支持 ASP. NENT、PHP 以及 Java Web 的开发。

4.2 DM 数据库体系结构概述

DM 数据库体系结构由存储结构和数据库实例组成。其中，存储结构包括存储在磁盘上的数据文件、配置文件、控制文件、日志文件等，实例包括 DM 数据库内存与后台进程。

在 DM 数据库中，数据的存储结构分为物理存储结构和逻辑存储结构两种。物理存储结构主要用于描述数据库外部数据的存储，即在操作系统中如何组织和管理数据，与具体的操作系统有关；逻辑存储结构主要描述数据库内部数据的组织和管理方式，与操作系统没有关系。物理存储结构是逻辑存储结构在物理上的、可见的、可操作的、具体的体现形式。

4.3 DM 数据库的逻辑存储结构

DM 数据库的逻辑存储结构描述了数据库内部数据的组织和管理方式。DM 数据库为数据库中的所有对象分配逻辑空间，并存放在数据文件中。在 DM 数据库内部，所有的数据文件组合在一起被划分到一个或者多个表空间中，所有的数据库内部对象都存放在这些表空间中。同时，表空间被进一步划分为段、簇和页（也称块）。通过这种细分，可以使 DM 数据库能够更加高效地控制磁盘空间的利用率。如图 4-2 显示了这些数据结构之间的关系。

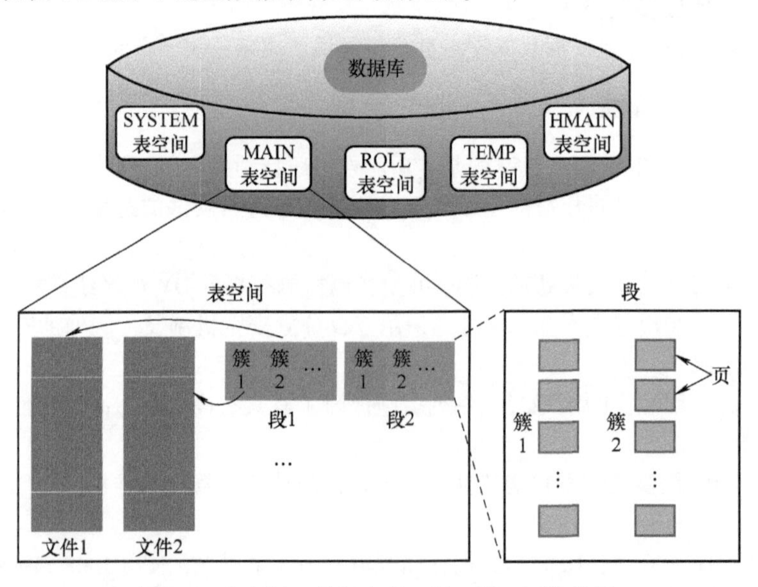

图 4-2　表空间、数据文件、段、簇、页的关系

可以看出，在 DM8 中存储的层次结构如下。

- 数据库由一个或多个表空间组成。
- 每个表空间由一个或多个数据文件组成。
- 每个数据文件由一个或多个簇组成。
- 段是簇的上级逻辑单元，一个段可以跨多个数据文件。
- 簇由磁盘上连续的页组成，一个簇总是在一个数据文件中。
- 页是数据库中最小的分配单元，也是数据库中使用的最小的 IO 单元。

4.3.1　数据库和实例

在 DM8 之前版本的 DM 数据库中，“数据库” 和 “实例” 这两个术语经常可以互相替换，意义也很相近。在 DM8 以及之后版本的 DM 数据库中，“数据库” 和 “实例” 这两个概念之间有了很大的差别，甚至可以说它们是两个完全不同的实体。

1. 数据库

在有些情况下，数据库的概念包含的内容会很广泛。如在单独提到 DM 数据库时，可能指的是 DM 数据库产品，也有可能是正在运行的 DM 数据库实例，还可能是 DM 数据库运行中所需的一系列物理文件的集合等。但是，当同时出现 DM 数据库和实例时，DM 数据库指的是磁盘上存放在 DM 数据库中的数据的集合，一般包括数据文件、日志文件、控制文件以及临时数据文件等。

2. 实例

实例一般由一组正在运行的 DM 数据库后台进程/线程以及一个大型的共享内存组成。简单来说，实例就是操作 DM 数据库的一种手段，是用来访问数据库的内存结构以及后台进程的集合。

DM 数据库存储在服务器的磁盘上，而 DM 实例则存储于服务器的内存中。通过运行 DM 实例，可以操作 DM 数据库中的内容。在任何时候，一个实例只能与一个数据库进行关联（装载、打开或者挂起数据库）。在大多数情况下，一个数据库也只有一个实例对其进行操作。但是在 DM 共享存储集群（DMDSC）中，多个实例可以同时装载并打开一个数据库（位于一组由多台服务器共享的物理磁盘上）。此时，用户可以同时从多台不同的计算机访问这个数据库。

4.3.2　逻辑存储结构

1. 表空间

在 DM 数据库中，表空间由一个或者多个数据文件组成。DM 数据库中的所有对象在逻辑上都存放在表空间中，在物理上都存储在所属表空间的数据文件中。

在创建 DM 数据库时，会自动创建 5 个表空间：SYSTEM 表空间、ROLL 表空间、MAIN 表空间、TEMP 表空间和 HMAIN 表空间。

1）SYSTEM 表空间存放了有关 DM 数据库的字典信息，用户不能在 SYSTEM 表空间创建表和索引。

2）ROLL 表空间完全由 DM 数据库自动维护，用户无须干预。该表空间用来存放事务运行过程中执行 DML 操作之前的值，从而为访问该表的其他用户提供表数据的读一致性视图。

3）MAIN 表空间在初始化库的时候，就会自动创建一个大小为 128MB 的数据文件 MAIN. DBF。在创建用户时，如果没有指定默认表空间，则系统会自动将 MAIN 表空间指定为用户默认的表空间。

4）TEMP 表空间完全由 DM 数据库自动维护。当用户的 SQL 语句需要磁盘空间来完成某个操作时，DM 数据库会从 TEMP 表空间分配临时段，如创建索引、无法在内存中完成的排序操作、SQL 语句中间结果集以及用户创建的临时表等都会使用到 TEMP 表空间。

5）HMAIN 表空间属于 HTS 表空间，完全由 DM 数据库自动维护，用户无需干涉。当用户在创建 HUGE 表时，若未指定 HTS 表空间，则 HMAIN 表空间充当默认 HTS 表空间。

每一个用户都有一个默认的表空间。对于 SYS、SYSSSO、SYSAUDITOR 系统用户，默认的用户表空间是 SYSTEM 表空间，SYSDBA 的默认表空间为 MAIN 表空间，新创建的用户如果没有指定默认表空间，则系统自动指定 MAIN 表空间为用户默认的表空间。如果用户在创建表的时候指定了存储表空间 A，并且和当前用户的默认表空间 B 不一致，则表存储在用户指定的表空间 A 中，并且默认情况下，在这张表上面建立的索引也将存储在表空间 A 中，但是用户的默认表空间是不变的，仍为表空间 B。

一般情况下，建议用户自己创建一个表空间来存放业务数据，或者将数据存放在默认的用户表空间 MAIN 中。用户可以通过执行如下语句来查看表空间相关信息。

1）SYSTEM、ROLL、MAIN 和 TEMP 表空间查看语句：

SELECT * FROM V $TABLESPACE;

2）HMAIN 表空间查看语句：

SELECT * FROM V $HUGE_TABLESPACE;

2. 记录

数据库表中的每一行是一条记录。在 DM 数据库中，除了 Huge 表，其他的表都是在数据页中按记录存储数据的。也就是说，记录是存储在数据页中的，记录并不是 DM 数据库的存储单位，页才是。由于记录不能跨页存储，这样记录的长度就受到数据页大小的限制。数据页中还包含了页头控制信息等空间，因此 DM 数据库规定每条记录的总长度不能超过页面大小的一半。

3. 页

数据页（也称数据块）是 DM 数据库中最小的数据存储单元。页的大小对应物理存储空间上特定数量的存储字节，在 DM 数据库中，页大小可以为 4KB、8KB、16KB 或者 32KB，用户在创建数据库时可以指定，默认大小为 8KB，一旦创建好了数据库，则在该库的整个生命周期内，页大小都不能够改变。如图 4-3 所示为 DM 数据库页的典型格式。

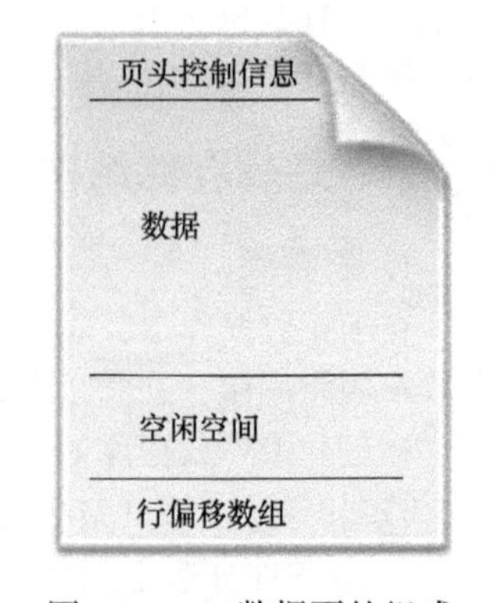

图 4-3　DM 数据页的组成

页头控制信息包含页类型、页地址等信息。页的中部存放数据，为了更好地利用数据页，在数据页的尾部专门留出一部分空间用于存放行偏移数组，行偏移数组用于标识页上的空间占用情况以便管理数据页自身的空间。

FILLFACTOR 是 DM 数据库提供的一个与性能有关的数据页级存储参数，它指定一个数据页初始化后插入数据时最大可以使用空间的百分比（100%），该值在创建表/索引时可以指定。设置 FILLFACTOR 参数的值，是为了指定数据页中的可用空间百分比（FILLFACTOR）和可扩展空间百分比（100-FILLFACTOR）。对于 DBA 来说，使用 FILLFACTOR 时应该在空间和性能之间进行权衡。

4. 簇

簇是数据页的上级逻辑单元，由同一个数据文件中 16 个或 32 个连续的数据页组成。在 DM 数据库中，簇的大小由用户在创建数据库时指定，默认大小为 16。假定某个数据文件大小为 32MB，页大小为 8KB，则共有 32MB/8KB/16 = 256 个簇，每个簇的大小为 8KB * 16 = 128KB。和数据页的大小一样，一旦创建好数据库，此后该数据库簇的大小就不能够改变。

（1）分配数据簇

当创建一个表/索引的时候，DM 为表/索引的数据段分配至少一个簇，同时数据库会自动生成对应数量的空闲数据页，供后续操作使用。如果初始分配的簇中所有数据页都已经用完，或者新插入/更新数据需要更多的空间，DM 数据库将自动分配新的簇。在默认情况下，DM 数据库在创建表/索引时，初始分配 1 个簇，当初始分配的空间用完时，DM 数据库会自动扩展。

当 DM 数据库的表空间为新的簇分配空闲空间时，首先在表空间按文件从小到大的顺序在各个数据文件中查找可用的空闲簇，找到后进行分配；如果各数据文件都没有空闲簇，则在各数据文件中查找空闲空间足够的文件，先将需要的空间格式化，然后进行分配；如果各文件的空闲空间也不够，则选一个数据文件进行扩充。

（2）释放数据簇

对于用户数据表空间，在用户将一个数据段对应的表/索引对象 DROP 之前，该表对应的数据段会保留至少 1 个簇不被回收到表空间中。在删除表/索引对象中的记录的时候，DM 数据库通过修改数据文件中的位图来释放簇，释放后的簇被视为空闲簇，可以供其他对象使用。当用户删除了表中所有记录时，DM 数据库仍然会为该表保留 1 ~ 2 个簇供后续使用。若用户使用 DROP 语句来删除表/索引对象，则此表/索引对应的段以及段中包含的簇全部收回，并供存储于此表空间的其他模式对象使用。

对于临时表空间，DM 数据库会自动释放在执行 SQL 过程中产生的临时段，并将属于此临时段的簇空间还给临时表空间。需要注意的是，临时表空间文件在磁盘所占大小并不会因此而缩减，用户可以通过系统函数 SF_RESET_TEMP_TS 来进行磁盘空间的清理。

对于回滚表空间，DM 数据库将定期检查回滚段，并确定是否需要从回滚段中释放一个或多个簇。

5. 段

段是簇的上级逻辑分区单元，它由一组簇组成。在同一个表空间中，段可以包含来自不同文件的簇，即一个段可以跨越不同的文件。而一个簇以及该簇所包含的数据页则只能来自一个文件，是连续的 16 或者 32 个数据页。由于簇的数量是按需分配的，因此，数据段中的不同簇在磁盘上不一定连续。

（1）数据段

段可以被定义成特定对象的数据结构，如表数据段或索引数据段。表中的数据以表数据段结构存储，索引中的数据以索引数据段结构存储。DM 数据库以簇为单位给每个数据段分配空间，当数据段的簇空间用完时，DM 数据库就给该段重新分配簇，段的分配和释放完全由 DM 数据库自动完成，可以在创建表/索引时设置存储参数来决定数据段的簇如何分配。

（2）临时段

在 DM 数据库中，所有的临时段都创建在临时表空间中，这样可以分流磁盘设备的 I/O，也可以减少由于在 SYSTEM 或其他表空间内频繁创建临时数据段而造成的碎片。

当处理一个查询时，经常需要为SQL语句解析与执行的中间结果准备临时空间。DM数据库会自动地分配临时段的磁盘空间。

临时段的分配和释放完全由系统自动控制，用户不能手工进行干预。

(3) 回滚段

DM数据库在回滚表空间的回滚段中保存了用于恢复数据库操作的信息。对于未提交事务，当执行回滚语句时，回滚记录被用来做回滚变更。在数据库恢复阶段，回滚记录被用来做任何未提交变更的回滚。在多个并发事务运行期间，回滚段还为用户提供读一致性，所有正在读取受影响行的用户将不会看到行中的任何变动，直到他们事务提交后发出新的查询。

DM数据库提供了全自动回滚管理机制来管理回滚信息和回滚空间，自动回滚管理消除了管理回滚段的复杂性。此外，系统将尽可能保存回滚信息，来满足用户查询回滚信息的需要。事务被提交后，回滚数据不能再回滚或者恢复，但是从数据读一致性的角度出发，长时间运行查询可能需要这些早期的回滚信息来生成早期的数据页镜像，基于此，数据库需要尽可能长时间地保存回滚信息。DM数据库会收集回滚信息的使用情况，并根据统计结果对回滚信息保存周期进行调整，数据库将回滚信息保存周期设置得比系统中活动的最长查询时间稍长。

4.3.3 内存结构

数据库管理系统是一种对内存申请和释放操作频率很高的软件，有自己的内存管理。通常内存管理系统有以下优点。

1) 申请、释放内存效率更高。

2) 能够有效了解内存的使用情况。

3) 易于发现内存泄漏和内存写越界的问题。

DM数据库管理系统的内存结构主要包括内存池、缓冲区、排序区、哈希区等。

1. 内存池

DM数据库的内存池包括共享内存池和其他一些运行时内存池。

(1) 共享内存池

共享内存池是DM数据库在启动时从操作系统申请的一大片内存。当系统在运行过程中需要申请内存时，可在共享内存池内进行申请，当用完该内存时再释放掉，即归还给共享内存池。

DM系统管理员可以通过DM Server的配置文件（dm.ini）来对共享内存池的大小进行设置，共享池的参数为MEMORY_POOL，该配置默认为200MB。如果在运行时所需内存大于配置值，共享内存池也可以自动扩展，INI参数MEMORY_EXTENT_SIZE指定了共享内存池每次扩展的大小，参数MEMORY_TARGET则指定了共享内存池能扩展到多大。

(2) 运行时内存池

除了共享内存池，DM数据库的一些功能模块在运行时还会使用自己的运行时内存池。这些运行时内存池是从操作系统申请一片内存作为本功能模块的内存池来使用，如会话内存池、虚拟机内存池等。

2. 缓冲区

(1) 数据缓冲区

数据缓冲区是DM数据库在将数据页写入磁盘之前以及从磁盘上读取数据页之后，数据页所存储的地方。

（2）日志缓冲区

日志缓冲区是用于存放重做日志的内存缓冲区。

（3）字典缓冲区

字典缓冲区主要存储一些数据字典信息，如模式信息、表信息、列信息、触发器信息等。每次对数据库的操作都会涉及数据字典信息，访问数据字典信息的效率直接影响到相应的操作效率，如进行查询语句，就需要相应的表信息和列信息等。DM8 采用的是将部分数据字典信息加载到缓冲区中，并采用 LRU 算法进行字典信息的控制。

（4）SQL 缓冲区

SQL 缓冲区提供执行 SQL 语句过程中所需要的内存，包括计划、SQL 语句和结果集缓存。

很多应用当中都存在反复执行相同 SQL 语句的情况，此时可以使用缓冲区保存这些语句和它们的执行计划，这就是计划重用。结果集缓存包括 SQL 查询结果集缓存和 DM_SQL 程序函数结果集缓存。

3. 排序缓冲区

排序缓冲区提供数据排序所需要的内存空间。当用户执行 SQL 语句时，常常需要进行排序，所使用的内存就是排序缓冲区提供的。在每次排序过程中，都需要先申请内存，排序结束后再释放内存。

4. 散列区

DM8 提供了为散列连接而设定的缓冲区，不过该缓冲区是个虚拟缓冲区。之所以说是虚拟缓冲，是因为系统没有真正创建特定属于散列缓冲区的内存，而是在进行散列连接时，对排序的数据量进行了计算。如果计算出的数据量大小超过了散列缓冲区的大小，则使用 DM8 创新的外存散列方式；如果没有超过散列缓冲区的大小，实际上使用的还是 VPOOL 内存池来进行散列操作。

4.3.4 线程结构

DM 服务器使用“对称服务器构架”的单进程、多线程结构。这种对称服务器构架在有效利用系统资源的同时又能提供较高的可伸缩性，这里所指的线程即为操作系统的线程。服务器在运行时由各种内存数据结构和一系列的线程组成，线程分为多种类型，不同类型的线程可以完成不同的任务。线程通过一定的同步机制对数据结构进行并发访问和处理，以完成客户提交的各种任务。DM 数据库服务器是共享的服务器，允许多个用户连接到同一个服务器上，服务器进程称为共享服务器进程。

DM 进程中主要包括监听线程、工作线程、IO 线程、调度线程、日志线程等，以下分别对它们进行介绍。

1. 监听线程

监听线程主要的任务是在服务器端口上进行循环监听，一旦有来自客户的连接请求，监听线程会被唤醒并生成一个会话申请任务，加入工作线程的任务队列，等待工作线程进行处理。它在系统启动完成后才启动，并且在系统关闭时首先被关闭。为了保证在处理大量客户连接时系统具有较短的响应时间，监听线程比普通线程的优先级更高。

2. 工作线程

工作线程是DM服务器的核心线程，它从任务队列中取出任务，并根据任务的类型进行相应的处理，负责所有实际的数据相关操作。

DM8的初始工作线程个数由配置文件指定，随着会话连接的增加，工作线程也会同步增加，以保持每个会话都有专门的工作线程处理请求。为了保证用户所有请求及时响应，减少线程切换的代价，一个会话上的任务全部由同一个工作线程完成，以提高系统效率。当会话连接超过预设的阈值时，工作线程数目不再增加，转而由会话轮询线程接收所有用户请求，加入任务队列，等待工作线程一旦空闲，从任务队列依次摘取请求任务处理。

3. IO线程

在数据库活动中，IO操作历来都是最为耗时的操作之一。当事务需要的数据页不在缓冲区中时，如果在工作线程中直接对那些数据页进行读写，将会耗费大量的资源，而把IO操作从工作线程中分离出来则是明智的做法。IO线程的职责就是处理这些IO操作。

通常情况下，DM数据库需要进行IO操作的时机主要有以下三种。

1）需要处理的数据页不在缓冲区中，此时需要将相关数据页读入缓冲区。

2）缓冲区满或系统关闭时，此时需要将部分脏数据页写入磁盘。

3）检查点到来时，需要将所有脏数据页写入磁盘。

4. 调度线程

调度线程用于接管系统中所有需要定时调度的任务。调度线程每秒钟轮询一次，负责的任务如下。

1）检查系统级的时间触发器，如果满足触发条件则将任务加到工作线程的任务队列中，由工作线程执行。

2）清理SQL缓存、计划缓存中失效的项，或者超出缓存限制后淘汰不常用的缓存项。

3）检查数据重演捕获持续时间是否到期，到期则自动停止捕获。

4）执行动态缓冲区检查。根据需要动态扩展或动态收缩系统缓冲池。

5）自动执行检查点。为了保证日志的及时刷盘，减少系统故障时恢复时间，根据INI参数设置的自动检查点执行间隔定期执行检查点操作。

6）会话超时检测。当客户连接设置了连接超时时，定期检测是否超时，如果超时则自动断开连接。

7）必要时执行数据更新页刷盘。

8）唤醒等待的工作线程。

5. 日志FLUSH线程

任何数据库的修改，都会产生重做REDO日志，为了保证数据故障恢复的一致性，REDO日志的刷盘必须在数据页刷盘之前进行。事务运行时，会把生成的REDO日志保留在日志缓冲区中，当事务提交或者执行检查点时，会通知FLUSH线程进行日志刷盘。DM8的日志FLUSH线程在刷盘之前，对不同缓冲区内的日志进行合并，减少了IO次数，进一步提高了性能。

如果系统配置了实时归档，在FLUSH线程日志刷盘前，会直接将日志通过网络发送到实时备库。如果配置了本地归档，则生成归档任务，通过日志归档线程完成。

6. 日志归档线程

日志归档线程包含异步归档线程，负责远程异步归档任务。如果配置了非实时归档，由日志 FLUSH 线程产生的任务会分别加入日志归档线程，日志归档线程负责从任务队列中取出任务，按照归档类型做相应归档处理。

7. 日志 APPLY 线程

在配置了数据守护的系统中，创建一个日志 APPLY 线程。当服务器作为备库时，每次接收到主库的物理 REDO 日志会生成一个 APPLY 任务加入到任务队列，APPLY 线程从任务队列中取出一个任务在备库上将日志重做，并生成自己的日志，保持和主库数据的同步或一致，作为主库的一个镜像。

8. 定时器线程

在数据库的各种活动中，用户常常需要数据库完成在某个时间点开始进行某种操作，如备份；或者是在某个时间段内反复进行某种操作等。定时器线程就是为这种需求而设计的。

通常情况下，DM 数据库需要进行定时操作的事件主要有以下几种。

1）逻辑日志异步归档。

2）异步归档日志发送（只有在 PRIMARY 模式下，且是 OPEN 状态下）。

3）作业调度。

定时器线程启动之后，每秒检测一次定时器链表，查看当前的定时器是否满足触发条件，如果满足，则把执行权交给设置好的任务，如逻辑日志异步归档等。

默认情况下，DM 数据库启动的时候，定时器线程是不启动的。

9. 逻辑日志归档线程

逻辑日志归档用于 DM8 的数据复制中，目的是加快异地访问的响应速度，包含本地逻辑日志归档线程和远程逻辑日志归档线程。

10. MAL 系统相关线程

MAL 系统是 DM 数据库内部高速通信系统，基于 TCP/IP 协议实现。服务器的很多重要功能都是通过 MAL 系统实现通信的，如数据守护、数据复制、MPP、远程日志归档等。MAL 系统内部包含一系列线程，有 MAL 监听线程、MAL 发送工作线程、MAL 接收工作线程等。

11. 其他线程

事实上，DM 数据库系统中不止包含以上这些线程，在一些特定的功能中会有不同的线程，如回滚段清理 PURGE 线程、审计写文件线程、重演捕获写文件线程等，这里不一一列出。

4.4　DM 数据库的物理存储结构

DM 数据库使用了磁盘上大量的物理存储结构来保存和管理用户数据。典型的物理存储结构包括用于进行功能设置的配置文件，用于记录文件分布的控制文件，用于保存用户实际数据的数据文件、重做日志文件、归档日志文件、备份文件，用来进行问题跟踪的跟踪日志文件等，如图 4-4 所示。

1. 配置文件

配置文件是 DM 数据库用来设置功能选项的一些文本文件的集合，配置文件以 ini 为扩展名，它们具有固定的格式，用户可以通过修改其中的某些参数取值来达成如下两个方面的目标。

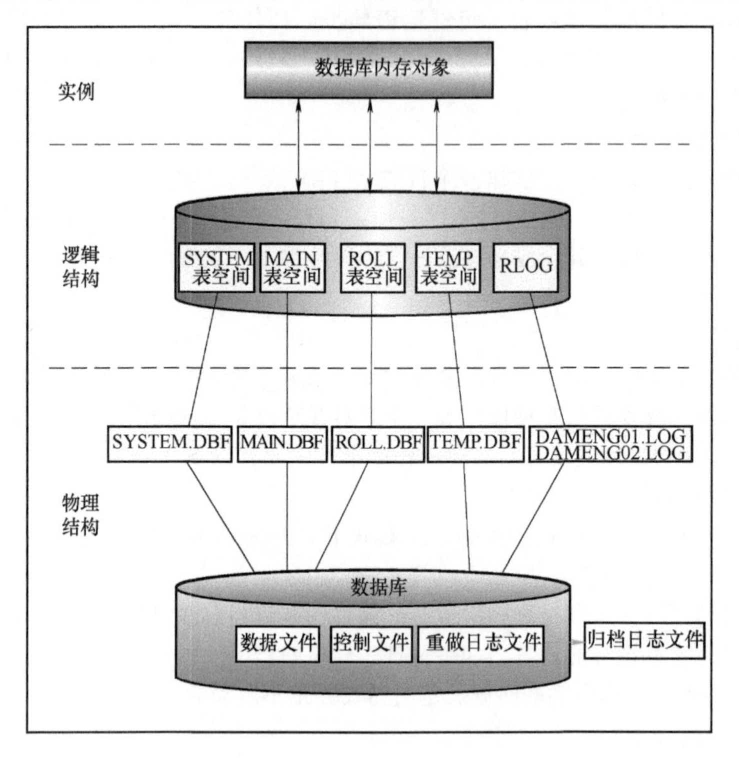

图 4-4　DM 物理存储结构示意图

1）启用/禁用特定功能项。

2）针对当前系统运行环境设置更优的参数值以提升系统性能。

2. 控制文件

每个 DM 数据库都有一个名为 dm. ctl 的控制文件。控制文件是一个二进制文件，它记录了数据库必要的初始信息，其主要包含以下内容。

- 数据库名称。
- 数据库服务器版本。
- 数据库服务器模式。
- 数据文件版本。
- OGUID 唯一标识。
- 数据库的启动次数。
- 数据库最近一次启动时间。
- 表空间信息，包括表空间名、表空间物理文件路径等，记录了所有数据库中使用的表空间，以数组的方式保存起来。
- 控制文件校验码，校验码由数据库服务器在每次修改控制文件后计算生成，保证控制文件合法性，防止文件损坏及手工修改。

在服务器运行期间，执行表空间的 DDL 等操作后，服务器内部需要同步修改控制文件内容。如果在修改过程中服务器出现了故障，可能会导致控制文件损坏，为了避免出现这种情况，在修改控制文件时系统内部会执行备份操作。

3. 数据文件

数据文件以 dbf 为扩展名，它是数据库中最重要的文件类型，一个 DM 数据文件对应磁盘上的一个物理文件或者达梦分布式数据库中的一个逻辑文件，数据文件是真实数据存储的地方，每个数据库至少有一个与之相关的数据文件。在实际应用中，通常有多个数据文件。

当 DM 数据库的数据文件空间用完时，它可以自动扩展，可以在创建数据文件时通过 MAXSIZE 参数来限制其扩展量，当然，也可以不限制。但是，数据文件的大小最终会受物理磁盘大小的限制。在实际使用中，一般不建议使用单个巨大的数据文件，为一个表空间创建多个较小的数据文件是更好的选择。

数据文件按数据组织形式，可以分为如下几种。

（1） B 树数据

行存储数据，也是应用最广泛的存储形式，其数据是按 B 树索引组织的。普通表、分区表、B 树索引的物理存储格式都是 B 树。

一个 B 树包含两个段，一个是内节点段，存放内节点数据；另一个是叶子段，存放叶子节点数据。其 B 树的逻辑关系由段内页面上的记录，通过文件指针来完成。

当表上没有指定聚簇索引时，系统会自动产生一个唯一标识 rowid 作为 B 树的 key 来唯一标识一行。

（2） 堆表数据

堆表的数据是以挂链形式存储的，一般情况下，支持最多 128 个链表，一个链表在物理上就是一个段。

（3） 列存储数据

数据按列方式组织存储，每个列包含两个段，一个段存放列数据，另一个段存放列的控制信息。

（4） 位图索引

位图索引与 B 树索引不同，每个索引条目不是指向一行数据，而是指向多行数据。每个索引项保存的是一定范围内所有行与当前索引键值映射关系的位图。

数据文件中还有两类特殊的数据文件：ROLL 和 TEMP 文件。

1） ROLL 文件。ROLL 表空间的 dbf 文件，称为 ROLL 文件。ROLL 文件用于保存系统的回滚记录，提供事务回滚时的信息。回滚文件整个是一个段。

2） TEMP 文件。TEMP. DBF 临时数据文件，当数据库查询的临时结果集过大，缓存已经不够用时，临时结果集就可以保存在 TEMP. DBF 文件中，供后续运算使用。系统中用户创建的临时表也存储在临时文件中。

4. 重做日志文件

重做日志（即 REDO 日志）指在 DM 数据库中添加、删除、修改对象，或者改变数据，DM 都会按照特定的格式，将这些操作执行的结果写入到当前的重做日志文件中。重做日志文件以 log 为扩展名。每个 DM 数据库实例必须至少有两个重做日志文件，默认两个日志文件为 DAMENG01. log、DAMENG02. log，这两个文件循环使用。

重做日志文件因为是数据库正在使用的日志文件，因此被称为联机日志文件。

重做日志文件主要用于数据库的备份与恢复。它们用于存储数据库的事务日志，以便系统在出现系统故障和介质故障时能够进行故障恢复。在DM数据库运行过程中，任何修改数据库的操作都会产生重做日志。当系统出现故障时，通过分析日志可以知道在故障发生前系统做了哪些动作，并可以重做这些动作使系统恢复到故障之前的状态。

5. 归档日志文件

日志文件分为联机日志文件和归档日志文件。联机日志文件指的是系统当前正在使用的日志文件。归档日志文件，就是在归档模式下，重做日志被连续写入到归档日志后，所生成了归档日志文件。非归档模式下，数据库会只将重做日志写入联机日志文件中进行存储；归档模式下，数据库会同时将重做日志写入联机日志文件和归档日志文件中分别进行存储。

6. 逻辑日志文件

如果在DM数据库上配置了复制功能，复制源就会产生逻辑日志文件。逻辑日志文件是一个流式的文件，它有自己的格式，且不在4.2节所述的页、簇和段的管理之下。

逻辑日志文件内部存储按照复制记录的格式，一条记录紧接着一条记录，存储着复制源端的各种逻辑操作，用于发送给复制目的端。

7. 物理逻辑日志文件

物理逻辑日志是按照特定的格式存储的服务器的逻辑操作，专门用于DBMS_LOGMNR包挖掘获取数据库系统的历史执行语句。当开启记录物理逻辑日志的功能时，这部分日志内容会被存储在重做日志文件中。

8. 备份文件

备份文件以bak为扩展名，当系统正常运行时，备份文件不会起任何作用，它也不是数据库必须有的联机文件类型之一。当数据库不幸出现故障时，备份文件就显得尤为重要了。

当客户利用管理工具或直接发出备份的SQL命令时，DM Server会自动进行备份，并产生一个或多个备份文件，备份文件自身包含了备份的名称、对应的数据库、备份类型和备份时间等信息。同时，系统还会自动记录备份信息及该备份文件所处的位置，但这种记录是松散的，用户可根据需要将其复制至任何地方，并不会影响系统的运行。

9. 跟踪日志文件

用户在dm.ini中配置SVR_LOG和SVR_LOG_SWITCH_COUNT参数后就会打开跟踪日志。跟踪日志文件是一个纯文本文件，以“dm_commit_日期_时间”命名，默认生成在DM安装目录的log子目录下面，管理员可通过ini参数SVR_LOG_FILE_PATH设置其生成路径。

跟踪日志内容包含系统各会话执行的SQL语句、参数信息、错误信息等。跟踪日志主要用于分析错误和分析性能问题，基于跟踪日志可以对系统运行状态有一个分析，比如，可以挑出系统现在执行速度较慢的SQL语句，进而对其进行优化。

打开跟踪日志会对系统的性能会有较大影响，一般用于查错和调优的时候才会打开，默认情况下系统是关闭跟踪日志的。

10. 事件日志文件

DM数据库系统在运行过程中，会在log子目录下产生一个“dm_实例名_日期”命名的事件日志文件。事件日志文件对DM数据库运行时的关键事件进行记录，如系统启动、关闭、内存申请失败、IO错误等一些致命错误。事件日志文件主要用于系统出现严重错误时进行查看并定位问题。事件日志文件随着DM数据库服务的运行一直存在。

事件日志文件打印的是中间步骤的信息，所以出现部分缺失属于正常现象。

11. 数据重演文件

调用系统存储过程 SP_START_CAPTURE 和 SP_STOP_CAPTURE，可以获得数据重演文件。重演文件用于数据重演，存储了从抓取开始到抓取结束时 DM 数据库与客户端的通信消息。使用数据重演文件，可以多次重复抓取这段时间内的数据库操作，为系统调试和性能调优提供了另一种分析手段。

4.5 DM 数据库的安装与启动

DM 数据库管理系统（以下简称 DM）是基于客户/服务器方式的数据库管理系统，可以安装在多种计算机操作系统平台上，典型的操作系统有 Windows（Windows2000/2003/XP/Vista/7/8/10/Server 等）、Linux、HP-UNIX、Solaris、FreeBSD 和 AIX 等。对于不同的系统平台，有不同的安装步骤。

根据不同的应用需求与配置，DM 提供了多种不同的产品系列。

1. DM Standard Edition（标准版）

DM 标准版是为政府部门、中小型企业及互联网/内部网应用提供的数据管理和分析平台。它拥有数据库管理、安全管理、开发支持等所需的基本功能，支持 TB 级数据量，支持多用户并发访问等。该版本以其前所未有的易用性和高性价比，为政府或企业提供支持其操作所需的基本能力，并能够根据用户需求完美升级到企业版。

2. DM Enterprise Edition（企业版）

DM 企业版是伸缩性良好、功能齐全的数据库，无论是用于驱动网站、打包应用程序，还是联机事务处理、决策分析或数据仓库应用，DM 企业版都能作为专业的服务平台。DM 企业版支持多 CPU，支持 TB 级海量数据存储和大量的并发用户，并为高端应用提供了数据复制、数据守护等高可靠性、高性能的数据管理能力，完全能够支撑各类企业应用。

3. DM Security Edition（安全版）

DM 安全版拥有企业版的所有功能，并重点加强了其安全特性，引入强制访问控制功能，采用数据库管理员（SYSDBA）、数据库审计员（SYSAUDITOR）、数据库安全员（SYSSSO）、数据库操作员（SYSDBO）四权分立安全机制，支持 KERBEROS、操作系统用户等多种身份鉴别与验证，支持透明、半透明等存储加密方式以及审计控制、通信加密等辅助安全手段，使 DM 安全级别达到 B1 级，适合对安全性要求更高的政府或企业敏感部门选用。

4.5.1 DM 数据库安装环境需求

1. 硬件环境需求

用户应根据 DM 数据库及应用系统的需求来选择合适的硬件配置，如 CPU 的指标、内存及磁盘容量等。档次一般应尽可能高一些，尤其是作为数据库服务器的机器、基于 Java 的程序运行时最好有较大的内存。其他设备如 UPS 等在重要应用中也应考虑。下面给出安装 DM 数据库所需的硬件基本配置，见表 4-1。

表 4-1　硬件环境需求

名　称	要　求
CPU	Intel Pentium4（建议 Pentium 4 1.6G 以上）处理器
内存	256MB（建议 512MB 以上）
硬盘	5GB 以上可用空间
网卡	10MB 以上支持 TCP/IP 协议的网卡
光驱	32 倍速以上光驱
显卡支持	1024 * 768 * 256 以上彩色显示
显示器	SVGA 显示器
键盘/鼠标	普通键盘/鼠标

由于 DM 数据库是基于客户/服务器方式的大型数据库管理系统，一般应在网络环境下使用，客户机与服务器分别在不同的机器上，所以硬件环境通常包括网络环境（如一个局域网）。

如果仅有单台 PC，DM 数据库也允许将所有软件装在同一台 PC 上使用。

2. 软件环境需求

运行 DM 数据库所要求的软件环境见表 4-2。

表 4-2　软件环境需求

名　称	要　求
操作系统	Windows（简体中文服务器版 sp2 以上）/Linux（glibc2.3 以上，内核 2.6，已安装 KDE/GNOME 桌面环境，建议预先安装 UnixODBC 组件）
网络协议	TCP/IP
系统盘	至少 1GB 以上的剩余空间

此外，如要进行数据库应用开发，在客户端可配备 VC、VB、DELPHI、C + + Builder、PowerBuilder、JBuilder、Eclipse、DreamWeaver、Visual Studio. NET 等应用开发工具。如要使用 DM ODBC 驱动程序，应确保 Windows 操作系统中已经安装有 ODBC 数据源管理器，并能正常工作。

DM 数据库在各个操作系统下的数据库服务器版本具有相同的内核，在这里只介绍 DM 数据库在 Windows 操作系统下的安装。

注意：根据版本的用途，安装 DM 数据库程序后，默认装有一个许可证（License）。如果用户想拥有更多授权的许可证，请向达梦公司申请或购买。

4.5.2　Windows 下 DM 数据库的安装与卸载

1. 安装前的准备工作

用户在安装 DM 数据库之前需要检查或修改操作系统的配置，以保证 DM 数据库正确安装和运行。安装程序说明将以 Windows Server 系统为例。

（1）检查系统信息

用户在安装 DM 数据库前，需要检查 DM 数据库安装程序与当前操作系统是否匹配。用户可以在终端中输入 systeminfo 命令进行查询。如图 4-5 所示。

（2）检查系统内存与存储空间

1）检查内存。为了保证 DM 数据库的正确安装和运行，要尽量保证操作系统至少有 1GB 的可用内存（RAM）。如果可用内存过小，可能导致 DM 数据库安装或启动失败。用户可以通过“任务管理器”查看可用内存。如图 4-6 所示。

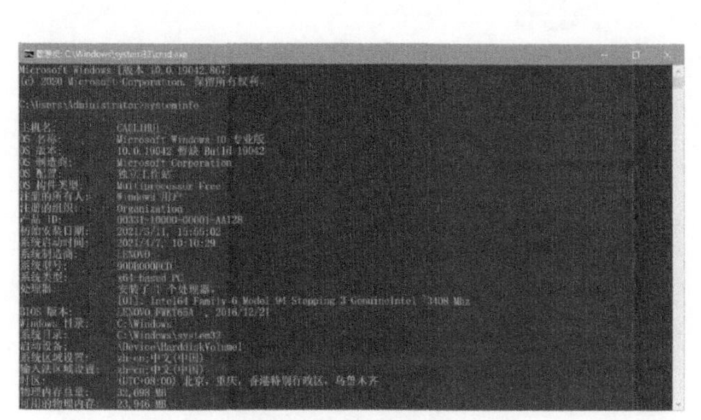

图 4-5　查询系统信息

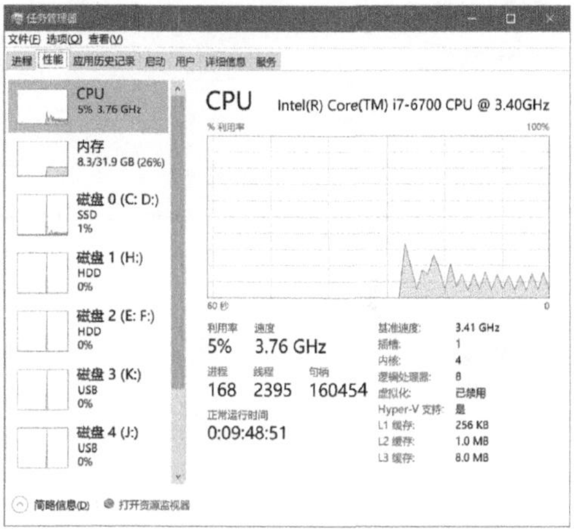

图 4-6　查看内存

2）检查存储空间。DM 数据库完全安装需要 1GB 的存储空间，用户需要提前规划好安装目录，预留足够的存储空间。

2. 安装 DM 数据库

（1）运行安装程序

用户将 DM 数据库安装光盘放入光驱中，插入光盘后安装程序自动运行或直接双击“setup. exe”安装程序后，程序将检测当前计算机系统是否已经安装其他版本 DM 数据库。如果存在其他版本 DM 数据库，将弹出提示对话框，如图 4-7 所示。

单击“确定”继续安装，将弹出语言与时区选择对话框。单击“取消”则退出安装。

（2）语言与时区选择

请根据系统配置选择相应语言与时区，单击“确定”按钮继续安装。如图 4-8 所示。

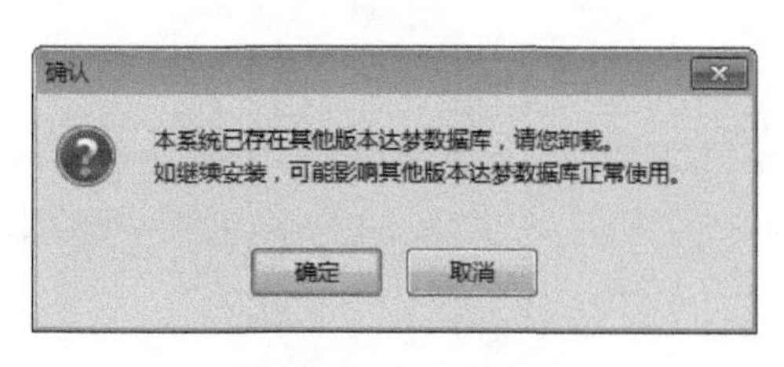

图 4-7　确认界面

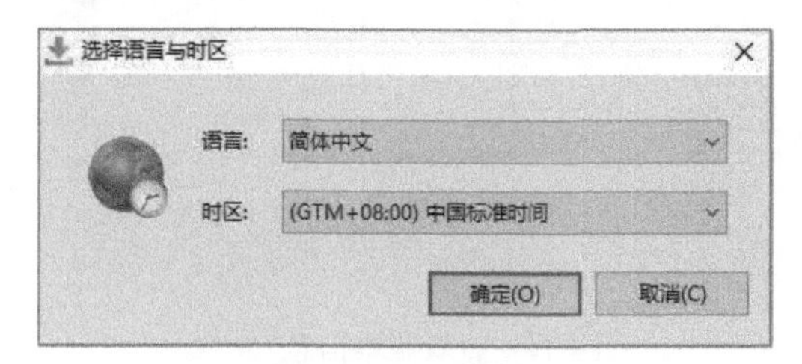

图 4-8　选择语言与时区

（3）欢迎页面

单击“开始”按钮继续安装。如图 4-9 所示。

（4）许可证协议

在安装和使用 DM 数据库之前，该安装程序需要用户阅读许可协议条款，用户如果接受该协议，则选择“接受”，并单击“下一步”继续安装；用户若选择“不接受”，将无法继续安装。如图 4-10 所示。

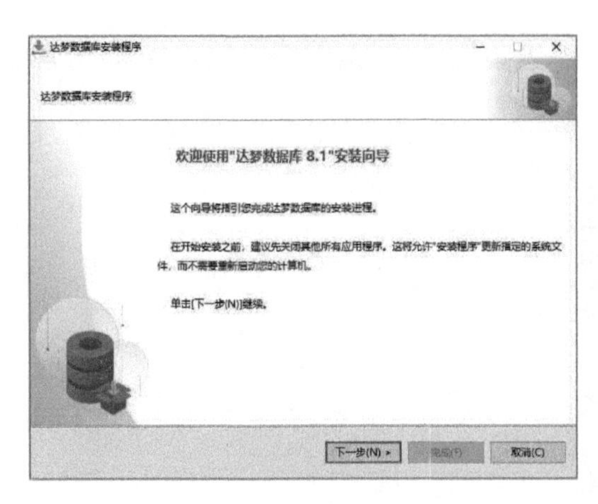

图 4-9　欢迎界面

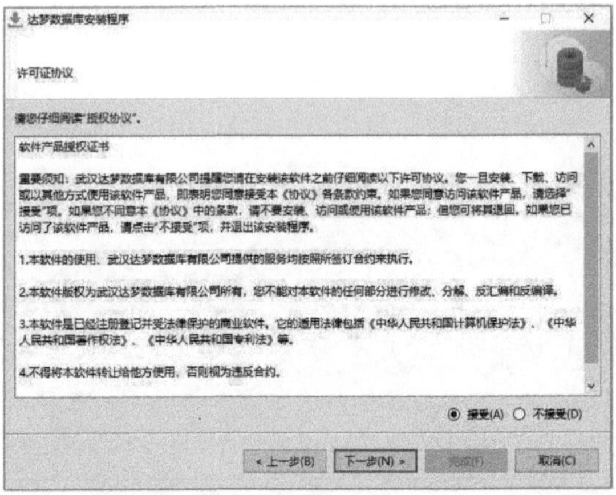

图 4-10　许可证协议

（5）查看版本信息

用户可以查看 DM 数据库服务器、客户端等各组件相应的版本信息。如图 4-11 所示。

（6）验证 Key 文件

用户单击“浏览”按钮，选取 Key 文件，安装程序将自动验证 Key 文件信息。如果是合法的 Key 文件且其在有效期内，用户可以单击“下一步”继续安装。如图 4-12 所示。

图 4-11　查看版本信息

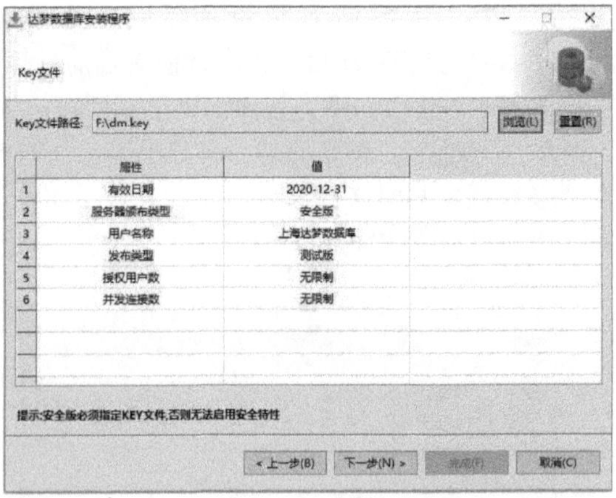

图 4-12　Key 文件

（7）选择安装组件

DM 数据库安装程序提供四种安装方式：“典型安装”“服务器安装”“客户端安装”和“自定义安装”，用户可根据实际情况灵活选择，如图 4-13 所示。

- 典型安装包括服务器、客户端、驱动、用户手册、数据库服务。
- 服务器安装包括服务器、驱动、用户手册、数据库服务。
- 客户端安装包括客户端、驱动、用户手册。
- 自定义安装：用户根据需求勾选组件，可以是服务器、客户端、驱动、用户手册、数据库服务中的任意组合。

选择需要安装的 DM 数据库组件，并单击“下一步”继续。

一般来说，作为服务器端的机器只需选择“服务器安装”选项，特殊情况下，服务器端的机器也可以作为客户机使用，这时，机器必须安装相应的客户端软件。

(8) 选择安装目录

如图 4-14 所示。

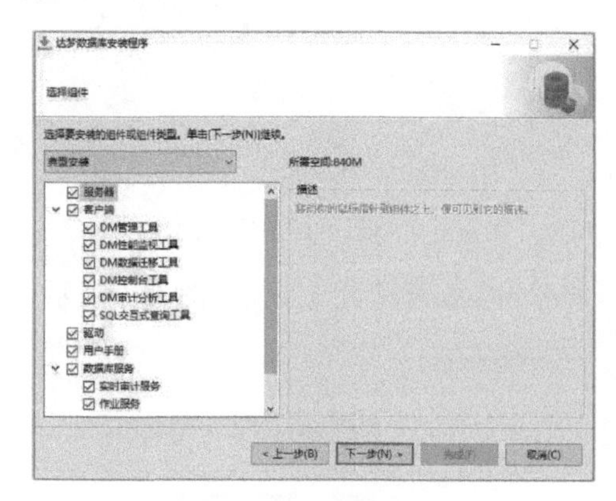

图 4-13　选择组件

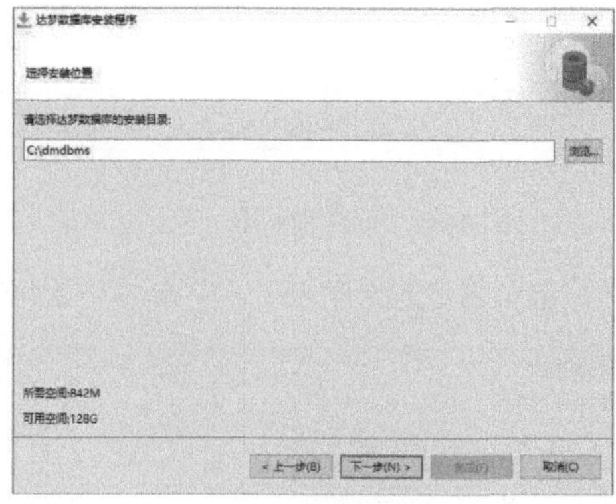

图 4-14　选择安装目录

DM 数据库默认安装在% HOMEDRIVE% \dmdbms 目录下，用户可以通过单击“浏览”按钮自定义安装目录。如果用户所指定的目录已经存在，则弹出如图 4-15 所示的警告消息框提示用户该路径已经存在。若确定在指定路径下安装请单击“确定”，则该路径下已经存在的 DM 数据库某些组件，将会被覆盖；否则单击“取消”，返回到上图所示界面，重新选择安装目录。

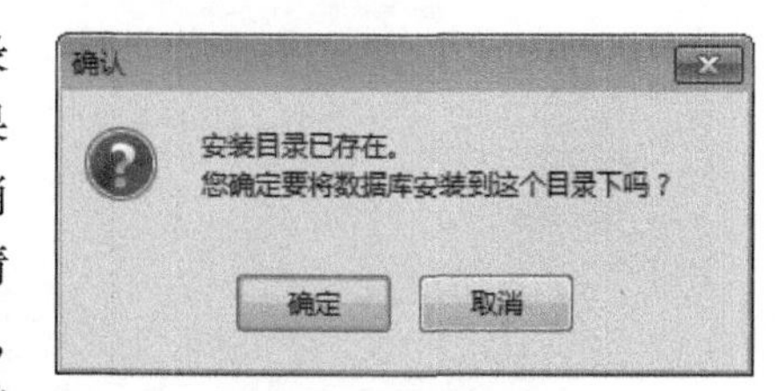

图 4-15　确认安装目录

说明：安装路径里的目录名由英文字母、数字和下画线等组成，不建议使用包含空格和中文字符的路径等。一般不建议安装在 C 盘，防止系统破坏时丢失数据。

(9) 安装前小结

显示用户即将进行的安装的有关信息，如产品名称、版本信息、安装类型、安装目录、可用空间、可用内存等信息，用户检查无误后单击“安装”按钮进行 DM 数据库的安装。如图 4-16 所示。

(10) 安装过程

安装过程如图 4-17 所示。

(11) 初始化数据库

如果用户在选择安装组件时选中“服务器安装”，数据库自身安装过程结束时，将会提示是否初始化数据库，如图4-18所示。若用户未安装服务器组件，安装“完成”后，单击“完成”将直接退出。单击“取消”将完成安装，关闭对话框。

图4-16　安装前小结

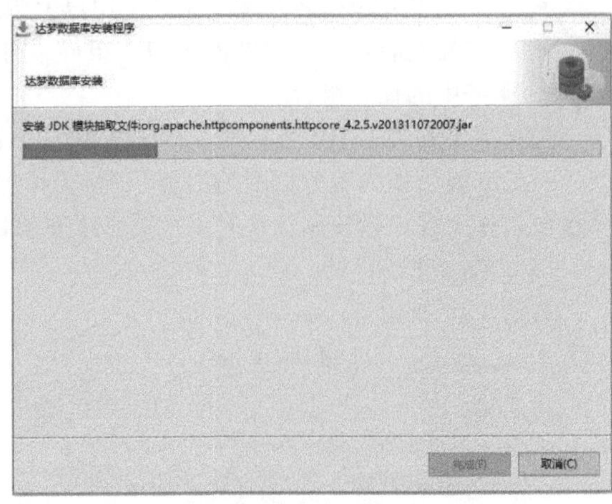

图4-17　安装过程

若用户选中创建数据库选项，单击“初始化”将弹出数据库配置工具。如图4-19所示。

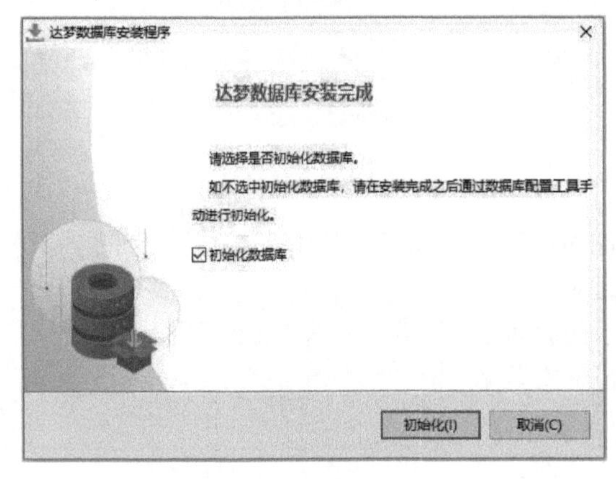

图4-18　初始化数据库

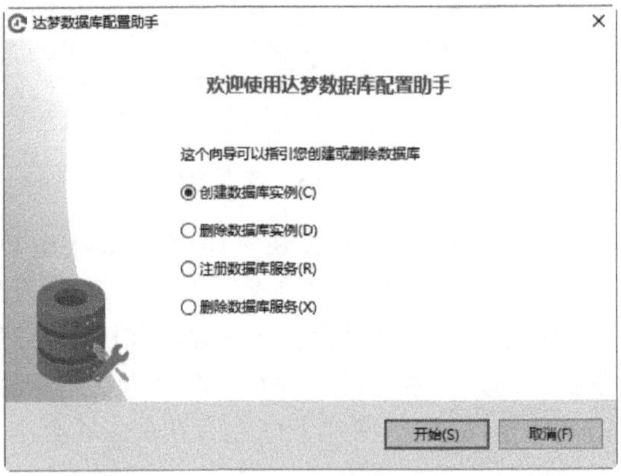

图4-19　DM数据库配置助手

详细初始化步骤请参考第5章。

3. 卸载DM数据库

DM数据库提供的卸载方式为全部卸载。可以在Windows操作系统中的菜单里面找到“DM数据库”，然后单击“卸载”；也可以在DM数据库安装目录下，找到卸载程序uninstall.exe来执行卸载。具体卸载步骤如下。

1）运行卸载程序。程序将会弹出提示框确认是否卸载程序。单击“确定”进入卸载小结页面，单击“取消”退出卸载程序。如图4-20所示。

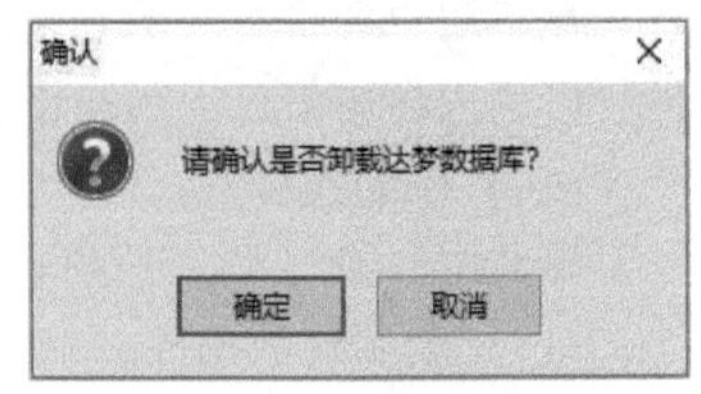

图4-20　确认卸载

2）卸载小结页面。显示DM的卸载目录信息。单击“卸载”，开始卸载 DM。如图 4-21 所示。

3）执行卸载。此时会显示卸载进度。如图 4-22 所示。

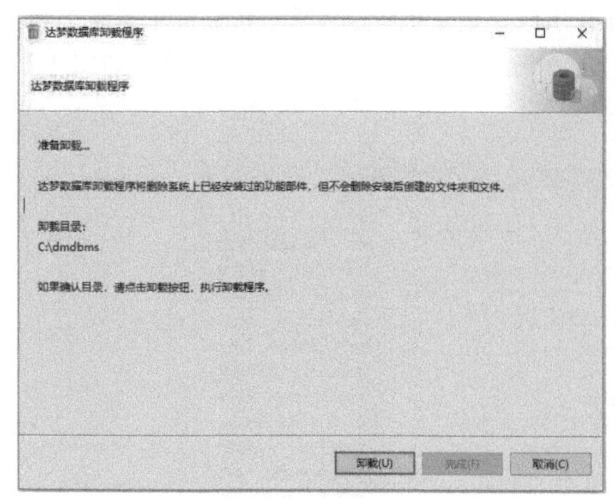

图 4-21　卸载小结

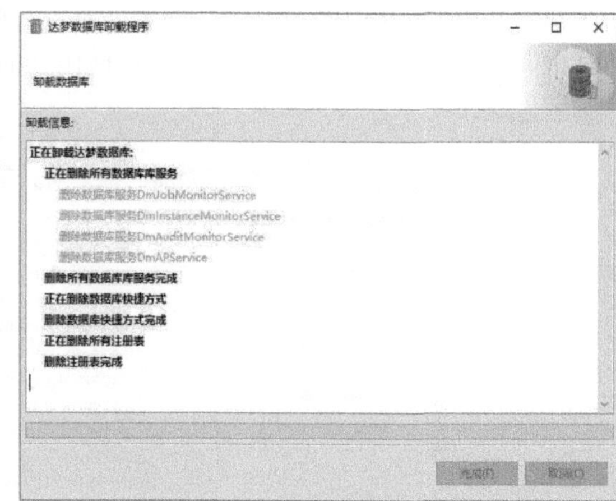

图 4-22　卸载进度

单击“完成”按钮结束卸载。卸载程序不会删除安装目录下有用户数据的库文件以及安装 DM 后使用过程中产生的一些文件。用户可以根据需要手工删除这些内容。如图 4-23 所示。

4.5.3　DM 数据库启动和关闭

启动和关闭 DM 数据库的方式有三种：达梦系统服务、系统服务器、命令提示符（DOS）。将以 Windows 操作系统为例介绍三种方式，并创建了一个实例名为 DMSERVER 的 DM 数据库。

1. 通过达梦系统服务启动和关闭 DM 数据库

选择“开始”→“DM 数据库”→“DM 服务查看器”命令打开达梦系统服务，在服务的列表中找到“DmServiceDMSERVER”服务并右击，在弹出的快捷菜单中，完成 DmServiceDMSERVER 服务的各种操作（启动、停止、重新启动等）；或者在菜单栏中选择各种操作（停止、启动、重新启动）。如图 4-24 所示。

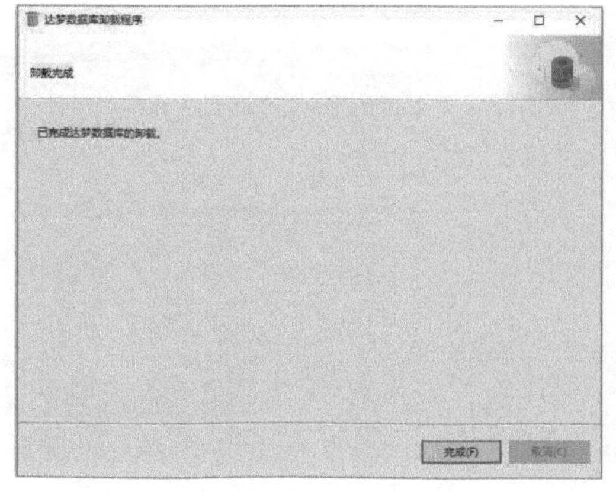

图 4-23　卸载完成

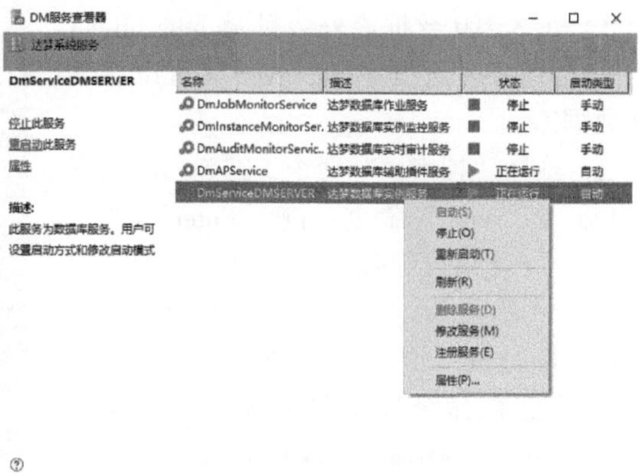

图 4-24　通过 DM 系统服务启动、停止 DM 数据库

2. 通过系统服务管理器启动、关闭 DM 数据库

选择“控制面板”→“管理工具”→“服务”命令打开 Windows 服务管理器。在服务器的列表中找到“DmServiceDMSERVER”服务并右击，在弹出的快捷菜单中或界面右边的菜单栏左上角，可完成 DmServiceDMSERVER 服务的各种操作（启动、停止、暂停、恢复、重新启动），如图 4-25 所示。

图 4-25　通过系统服务启动、关闭 DM 数据库

3. 在命令提示符下启动、关闭 DM 数据库

有两种方式启动、关闭 DM 数据库。

1）进入 DM 数据库安装目录下的 bin 目录，直接打开应用程序 dmserver 就可以启动 DM 数据库。

2）选择“搜索框”命令，在弹出的搜索框中输入“cmd”命令，按〈Enter〉进入 DOS 窗口（建议以管理员身份打开，否则权限不够会拒绝访问）。在命令行提示符下输入“c:\dmdbms\bin”进入 DM 数据库服务器的目录，然后在命令提示符下输入“dmserver. exe c:\dmdbms\data\DAMENG\dm. ini”执行 dmserver 的命令启动 DM 数据库，如图 4-26

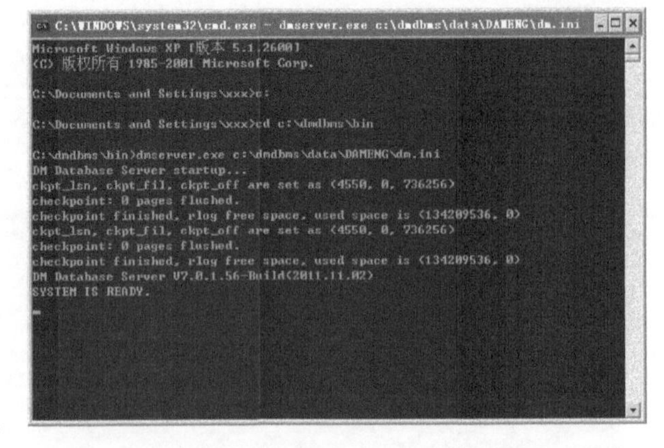

图 4-26　DM 数据库命令行方式启动

所示。

命令行方式启动参数如下。

```
Dmserver [ini_file_path] [-noconsole] [mount]
```

说明：

1）Dmserver 命令行启动参数可指定 dm. ini 文件的路径，非控制台方式启动及指定数据库是否以 MOUNT 状态启动。

2）Dmserver 启动时可不指定任何参数，默认使用当前目录下的 dm. ini 文件，如果当前目录不存在 dm. ini 文件，则无法启动。

3）Dmserver 启动时可以指定-noconsole 参数。如果以此方式启动，则无法通过在控制台中输入服务器命令。

当不确定启动参数的使用方法时，可以使用 help 参数，将打印出格式、参数说明和使用示例。使用方法如下。

```
dmserver help
```

DM 数据库包含以下几种状态。

1）配置状态（MOUNT）：不允许访问数据库对象，只能进行控制文件维护、归档配置、数据库模式修改等操作。

2）打开状态（OPEN）：不能进行控制文件维护、归档配置等操作，可以访问数据库对象，对外提供正常的数据库服务。

3）挂起状态（SUSPEND）：与 OPEN 状态的唯一区别就是，限制磁盘写入功能；一旦修改了数据页，触发 REDO 日志、数据页刷盘，当前用户将被挂起。

OPEN 状态与 MOUNT 和 SUSPEND 能相互转换，但是 MOUNT 和 SUSPEND 之间不能相互转换。

同样，通过命令行方式关闭 DM 数据库时，使用 Exit 命令即可实现。如图 4-27 所示。

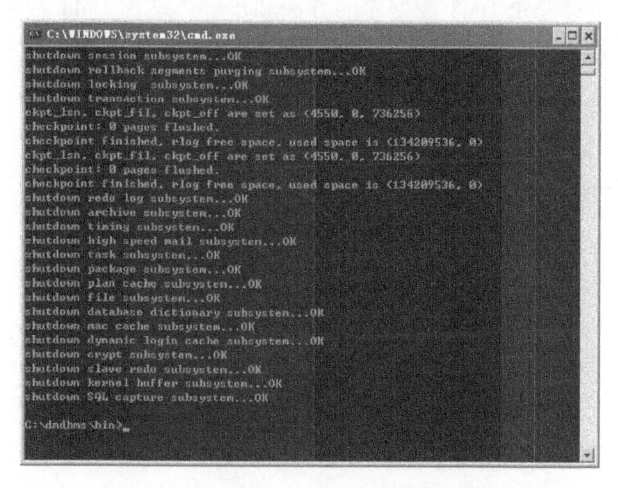

图 4-27　在命令提示符下关闭 DM 数据库

除 help 命令外，Dmserver 还支持其他命令，支持的命令见表 4-3。

表 4-3　Dmserver 控制台支持的命令

命　令	操　作
Exit	退出服务器
Lock	打印锁系统信息
Trx	打印等待事务信息
Ckpt	设置检查点
Buf	打印内存池中缓冲区的信息
Mem	打印服务器占用内存大小
session	打印连接个数
Debug	打开 DEBUG 模式

本章小结

本章对 DM 数据库进行了详细概述，介绍了 DM 数据库的逻辑存储结构和物理存储结构以及 DM 数据库在 Windows 系统的安装与启动。在 DM 数据库内部，所有的数据文件组合在一起被划分到一个或者多个表空间中，所有的数据库内部对象都存放在这些表空间中。同时，表空间被进一步划分为段、簇和页（也称块）。通过这种细分，可以使 DM 数据库能够更加高效地控制磁盘空间，同时提高利用率。

实验 3：DM 数据库安装、实例创建与管理

实验概述：通过本实验，可以掌握在 Windows 平台下安装与创建 DM8 数据库的方法；掌握使用数据库配置助手和命令行 dminit 方式创建数据库的方法；掌握使用数据库配置助手删除数据库的方法；掌握使用命令行 dminit 方式创建数据库的方法和注册数据库实例；掌握启动服务和关闭 DM8 数据库的方法和步骤；掌握登录 DM8 数据库的方法和步骤；掌握 DM8 数据库体系结构的相关概念，相关的物理文件。具体实验内容参见《实验指导书》。

第5章 DM数据库创建与配置

DM数据库是基于客户/服务器方式的数据库管理系统，可以安装在多种计算机操作系统平台上，典型的操作系统有Windows（Windows2000/2003/XP/Vista/7/8/10/Server等）、Linux、HP-UNIX、Solaris、FreeBSD和AIX等。对于不同的系统平台，有不同的安装步骤。下面将以Windows操作系统为例，着重介绍DM数据库以DM数据库模式的创建、修改和删除操作以及对模式对象空间的管理。

5.1 字符集

从本质上说，计算机只能识别二进制代码，因此，不论是计算机程序还是要处理的数据，最终都必须转换成二进制码，计算机才能识别。为了使计算机不仅能做科学计算，还能处理文字信息，人们想出了给每个文字符号编码以便于计算机识别处理的办法，这就是计算机的字符集产生原因。

5.1.1 字符集概述

字符集就是一套文字符号及其编码、比较规则的集合。20世纪60年代初期，美国ANSI发布了第一个计算机字符集ASCII（American Standard Code for Information Interchange），后来进一步变成了国际标准ISO-646。这个字符集采用7位编码，定义了包括大小写英文字母、阿拉伯数字、标点符号，以及33个控制符号等。虽然现在看来，这个字符集很简单，包括的符号很少，但直到今天依然是计算机世界里奠基性的标准，其后制定的各种字符集基本都兼容ASCII字符集。自从ASCII发布后，为了处理不同的语言和文字，很多组织和机构先后创造了几百种字符集，如ISO-8859系列、GBK等。

5.1.2 DM数据库支持的字符集

默认情况下，DM_SQL使用的字符集为GB18030，与UTF-8相同，采用多字节编码，每个字可以由1个、2个或4个字节组成，编码空间庞大，最多可定义161万个字符，支持我国国内少数民族的文字，不需要动用造字区。而且汉字收录范围包含繁体汉字以及日韩汉字。

DM数据库支持Unicode字符集和其他多种字符集。用户在安装DM数据库时，可以指定服务器端使用 UTF-8 字符集。此时在客户端，用户能够以各种字符集存储文本，并使用系统提供的接口设置客户端使用的字符集，默认使用客户端操作系统默认的字符集。客户端和服务器端的字符集由用户指定后，所有字符集都可以透明地使用，系统负责不同字符集之间的自动转换。对 Unicode 的支持使 DM 数据库更加适应国际化的需要，增强了 DM 数据库的通用性。

5.1.3 DM 字符集的选择

DM 数据库目前支持的字符集种类繁多，选择时应该考虑以下几个因素。

1）满足应用支持语言的要求，如果应用要处理的语言种类多，要在使用不同语言的国家发布，就应该选择 Unicode 字符集。就目前对 DM 数据库来说，可以选择 UTF-8。

2）如果应用中涉及已有数据的导入，就要充分考虑数据库字符集对已有数据的兼容性。假若已经有数据是采用 GBK 编码，如果选择 UTF-8 作为数据库字符集，就会出现汉字无法正确导入或显示的问题。

3）如果数据库需要支持我国国内少数民族的文字，范围包含繁体汉字以及其他字符集且编码字节的长度不定，那么选择 GB18030 最好。如果主要处理的是英文字符，只有少量汉字，那么选择 UTF-8 比较好。

4）如果数据库需要做大量的字符运算，如比较、排序等，那么选择定长字符集更好，因为定长字符集的处理速度要比变长字符集的处理速度快。

5）考虑客户端所使用的字符集编码格式，如果所有客户端都支持相同的字符集，则应该优先选择该字符集作为数据库字符集。这样可以避免因字符集转化带来的性能开销和数据损失。

5.2 DM 数据库管理

5.2.1 DM 数据库创建

DM 数据库可以在安装 DM 软件时创建，也可以在安装 DM 软件之后，通过数据库配置工具或 dminit 来手工创建数据库，创建数据库时要使用初始化参数。

DM 数据库创建完成后，在 DM 服务器运行期间，可以通过查询命令 V $DM_INI 动态视图来查看建库参数。

1. 使用数据库配置工具创建 DM 数据库

数据库配置工具提供了一个图形化界面来引导用户创建和配置数据库。使用数据库配置工具来创建数据库是用户的首选，因为数据库配置工具更趋于自动化，当使用数据库配置工具安装完成时，数据库也做好了使用准备工作。数据库配置工具可以在 DM 数据库安装之后作为一个独立的工具来启动。数据库配置工具可以执行以下任务。

1）创建数据库。

2）改变数据库的配置。

3）删除数据库。

4）管理模板。

5）自动存储管理。

6）注册数据库服务。

创建 DM 数据库的具体步骤如下。

（1）启动数据库配置助手

数据库配置工具可以通过 DM 支持的模板或用户自定义的模板来创建数据库。通过下列步骤来启动数据库配置助手（以 Windows 操作系统为例）：使用通过验证的具有管理权限组的成员登录到计算机上，安装 DM 数据库软件，并建立和运行数据库；在 Windows 操作系统中启动数据库配置助手。选择“开始”→“程序”→“达梦数据库”→“客户端”→“DM 数据库配置助手”，双击启动数据库配置助手。如图 5-1 所示。

（2）使用数据库配置工具创建数据库

在数据库配置工具操作窗口中，选择“创建数据库”选项启动能够创建和配置一个数据库的向导，如图 5-2 所示。这个向导引导用户完成以下操作。

图 5-1　启动数据库配置工具

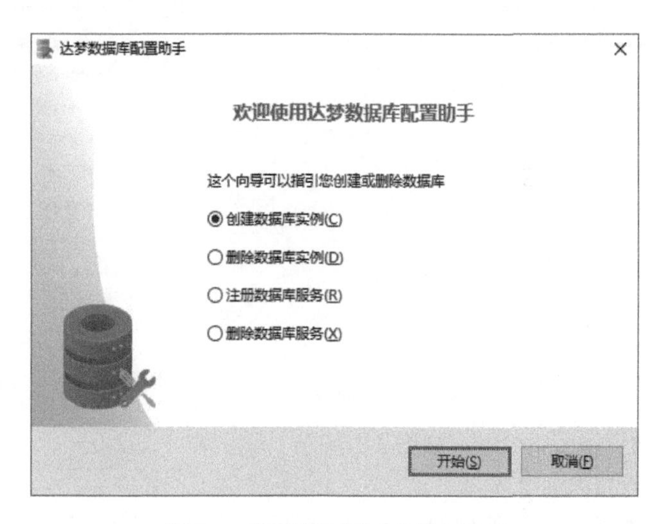

图 5-2　数据库配置工具操作界面

1）创建数据库模板。在这个窗口中可以选择需要创建数据库的类型，DM 预定义了一些模板，如一般用途、联机分析处理模板或联机事务处理模板。如图 5-3 所示。

2）数据库目录。指定数据库目录，如图 5-4 所示。

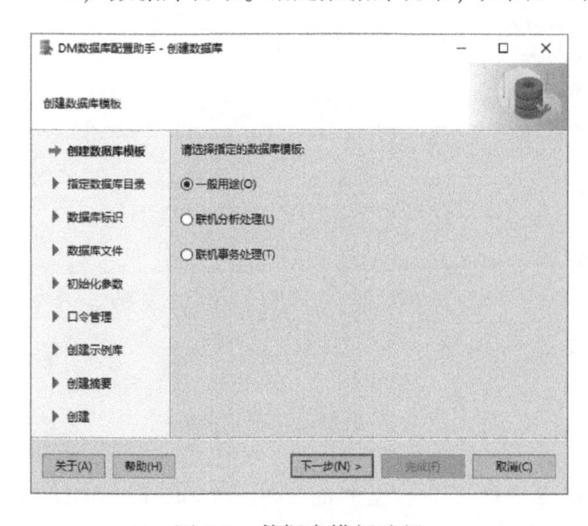

图 5-3　数据库模板选择

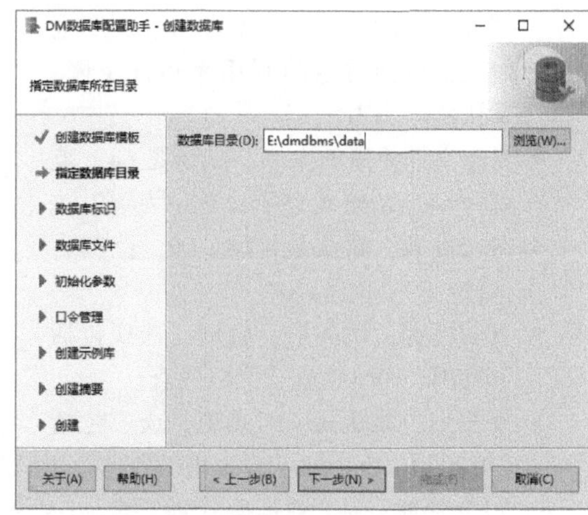

图 5-4　指定数据库目录

3）数据库标识。在“数据库名（D)”文本框中，输入数据库名；在“实例名（I)”文本框中，输入数据库实例名；在“端口号（P)”文本框中，输入端口号。如图5-5所示。

4）数据库文件。如图5-6所示，此界面包含四个选项卡：“控制文件”“数据文件”“日志文件”和“初始化日志”，可以通过双击路径来更改文件路径。

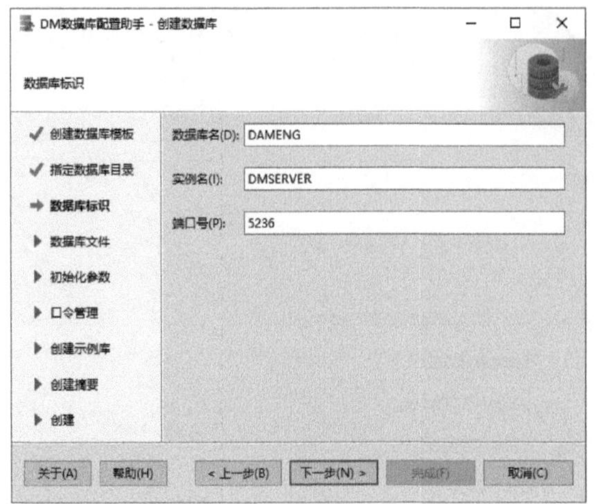

图5-5　设置数据库标识

图5-6　设置数据库文件路径

5）初始化参数。如图5-7所示，这一步用于设定以下参数。

- 数据文件使用的簇大小，即每次分配新段空间时，连续的页数只能是16页或32页，默认使用16页。
- 数据文件使用的页大小，可以为4KB、8KB、16KB或32KB，选择的页大小越大，DM数据库支持的元组长度也越大，但同时空间利用率可能下降，默认使用8KB。
- 日志文件使用的大小，默认是64，范围为64～2048的整数，单位为MB。
- 时区设置，默认是+08：00，范围为-12：59～+14：00。
- 页面检查，默认是不启用，选项包括不启用、简单检查、严格检查。
- 字符集，默认是GB18030，选项包括GB18030、Unicode、EUC-KR。

图5-7　数据库初始化参数

6）口令管理。为了数据库管理安全，DM数据库提供了为数据库的SYSDBA和SYSAUDITOR系统用户指定新口令功能，如果安装版本为安全版，将会增加SYSSSO和SYSDBO用户的密码修改。

用户可以选择为每个系统用户设置不同口令（留空表示使用默认口令），也可以为所有系统用户设置同一口令。口令必须是合法的字符串，不能少于 9 个或多于 48 个字符。如图 5-8 所示。

7）创建示例库。这一步有两种示例库可供用户选择。如图 5-9 所示。

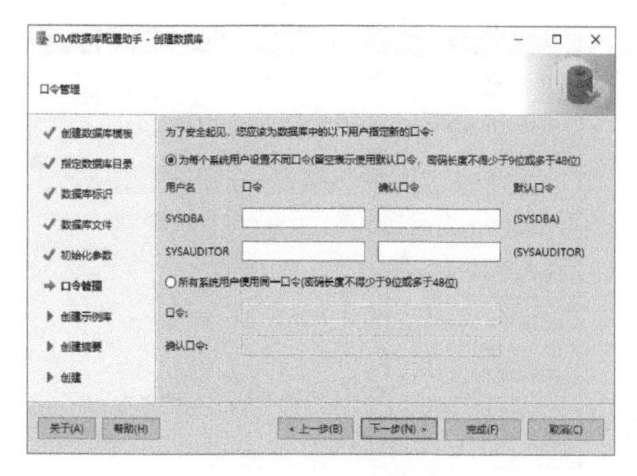

图 5-8　口令管理

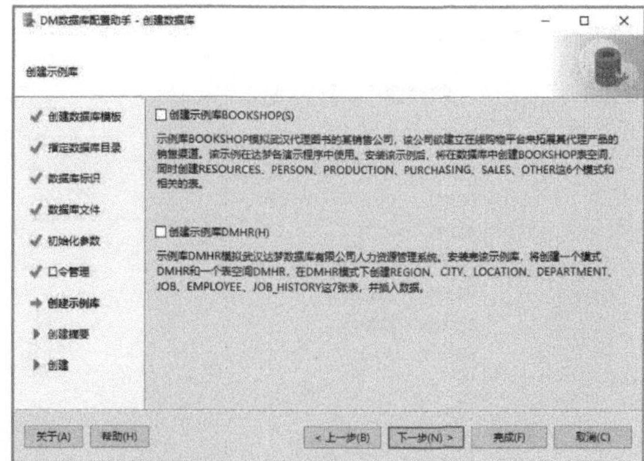

图 5-9　创建示例库

- 示例库 BOOKSHOP：模拟武汉代理图书的某销售公司，该公司欲建立在线购物平台来拓展其代理产品的销售渠道。该示例可以在 DM 各演示程序中使用。安装该示例后，将在数据库中创建 BOOKSHOP 表空间，同时创建 RESOURCES、PERSON、PRODUCTION、PURCHASING、SALES、OTHER 这 6 个模式和相关的表。
- 示例库 DMHR：模拟武汉达梦数据库有限公司人力资源管理系统。安装完该示例库后，将创建一个模式（DMHR）和一个表空间（DMHR），在 DMHR 模式下创建 REGION、CITY、LOCATION、DEPARTMENT、JOB、EMPLOYEE、JOB_HISTORY 这 7 张表，并插入数据。

8）创建摘要。这步会列举创建时指定的数据库名、示例名、数据库目录、端口、控制文件路径、数据文件路径、日志文件路径、簇大小、页大小、日志文件大小、标识符大小写是否敏感、是否使用 Unicode 等信息，方便用户确认创建信息是否符合自己的需求，及时返回修改。如图 5-10 所示。

9）创建数据库。核对完创建的信息后，开始创建数据库、创建并启动实例、创建示例库。如图 5-11 所示。

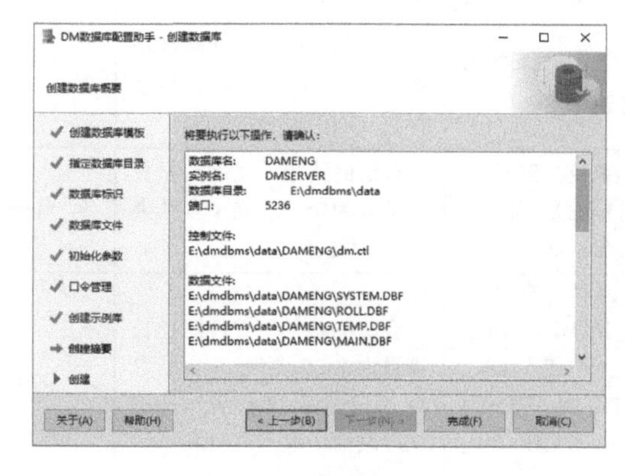

图 5-10　创建摘要

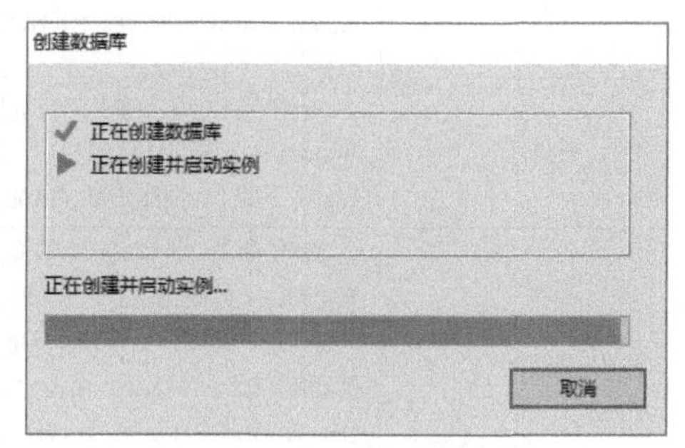

图 5-11　创建数据库

安装完成之后将显示对话框，提示安装完成或错误反馈信息，如图5-12所示。如果数据库配置工具运行在Linux、Solaris、AIX和HP-UNIX系统中，使用非root系统用户在创建数据库完成时，将弹出提示框，提示应以root系统用户执行以下命令来创建数据库的启动服务，如图5-13所示。

图5-12　创建数据库完成

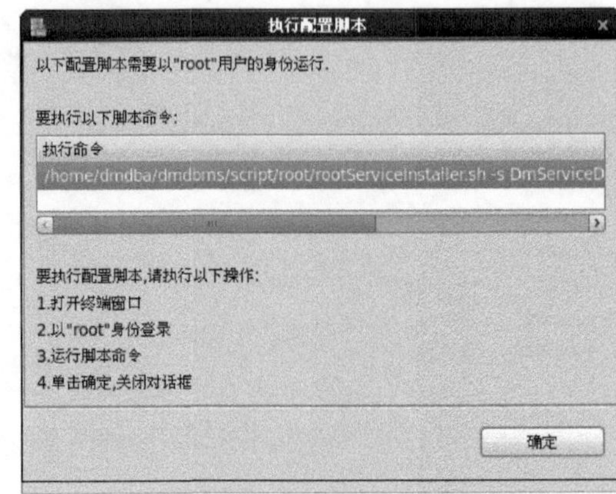

图5-13　执行命令提示

2. 使用dminit创建数据库

在安装DM数据库的过程中，用户可以选择是否创建初始数据库，如果当时没有创建，也可以在完成安装后，利用初始化库工具dminit来创建。系统管理员可以利用该工具提供的各种参数，设置数据库存放路径、段页大小、是否对大小写敏感以及是否使用Unicode，创建出满足用户需要的初始数据库。该工具位于安装目录的bin\目录下。在Windows“命令提示符”窗口中输入带参数的dminit命令启动dminit工具，命令格式为dminit [para = value] [para = value] …，参数说明见表5-1。

表5-1　dminit工具参数说明

参　数	含　义	取　值	备　注
INI_FILE	已有INI文件的路径，此INI文件用于将其所有参数值作为当前新生成INI文件的参数值	合法的路径。文件路径长度最大为257字节（含结束符），不包括文件名	可选
PATH	初始数据库存放的路径，默认路径为dminit.exe当前所在的工作目录	合法的路径。文件路径长度最大为257字节（含结束符），不包括文件名	可选
CTL_PATH	初始数据库控制文件的路径，默认值Windows下是PATH\DB_NAME\dm.ctl，Linux下是/PATH/DM_NAME/dm.ctl	合法的路径。文件路径长度最大为257字节（含结束符），不包括文件名	可选
LOG_PATH	初始数据库日志文件的路径，默认值Windows下是PATH\DB_NAME\DB_NAME01.log和PATH\DB_NAME\DB_NAME02.log，Linux下是PATH/DB_NAME/DB_NAME01.log和PATH/DB_NAME/DB_NAME02.log	合法的路径。文件路径长度最大为257字节（含结束符），不包括文件名。日志文件路径个数不超过10个	可选

（续）

参　数	含　义	取　值	备　注
EXTENT_SIZE	数据文件使用的簇大小，即每次分配新的段空间时连续的页数	只能是 16 页或 32 页或 64 页之一，默认使用 16 页	可选
PAGE_SIZE	数据文件使用的页大小，可以为 4KB、8KB、16KB 或 32KB 之一，选择的页大小越大，则 DM 支持的元组长度也越大，但同时空间利用率可能下降，默认使用 8KB	只能是 4KB、8KB、16KB 或 32KB 之一	可选
LOG_SIZE	日志文件使用的簇大小，以 MB 为单位，每个日志文件大小默认为 256MB	64 ~ 2048 的整数	可选
CASE_SENSITIVE	标识符大小写敏感，默认值为 Y。当大小写敏感时，小写的标识符应用双引号括起，否则被转换为大写；当大小写不敏感时，系统不自动转换标识符的大小写，在标识符比较时也不区分大小写	只能是 Y、y、N、n、1、0 之一	可选
CHARSET/UNICODE_FLAG	字符集选项。0 代表 GB18030，1 代表 UTF-8，2 代表韩文字符集 EUC-KR	取值 0、1 或 2 之一。默认值为 0	可选
AUTO_OVERWRITE	0 表示不覆盖，表示建库目录下如果没有同名文件，直接创建。如果遇到同名文件时，屏幕提示是否需要覆盖，由用户手动输入是与否（Y/N，1/0） 1 表示部分覆盖，表示覆盖建库目录下所有同名文件 2 表示完全覆盖，表示先清理掉建库目录下所有文件再重新创建 默认值为 0	只能是 0、1、2 之一	可选
LENGTH_IN_CHAR	VARCHAR 类型对象的长度是否以字符为单位 1：是，设置为以字符为单位时，定义长度并非真正按照字符长度调整，而是将存储长度值按照理论字符长度进行放大。所以会出现实际可插入字符数超过定义长度的情况，这种情况也是允许的。同时，存储的字节长度 8188 上限仍然不变，也就是说，即使定义列长度为 8188 个字符，其实际能插入的字符串占用总字节长度仍然不能超过 8188 0：否，所有 VARCHAR 类型对象的长度以字节为单位	取值 0 或 1，默认值为 0	可选
USE_NEW_HASH	字符类型在计算 Hash 值时所采用的 Hash 算法类别。0 表示原始 Hash 算法；1 表示改进的 Hash 算法。默认值为 1	取值 0 或 1	可选

（续）

参　数	含　义	取　值	备　注
SYSDBA_PWD	初始化时设置 SYSDBA 的密码，默认为 SYSDBA	合法的字符串，长度为 9～48 个字符	可选
SYSAUDITOR_PWD	初始化时设置 SYSAUDITOR 的密码，默认为 SYSAUDITOR	合法的字符串，长度为 9～48 个字符	可选
DB_NAME	初始化数据库名字，默认是 DAMENG	有效的字符串，不超过 128 个字符	可选
INSTANCE_NAME	初始化数据库实例名字，默认是 DMSERVER	有效的字符串，不超过 128 个字符	可选
PORT_NUM	初始化时设置 dm. ini 中的 PORT_NUM，默认为 5236	取值范围为 1024～65534	可选
BUFFER	初始化时设置系统缓存大小，单位为 MB，默认为 100	取值范围为 8～1024 * 1024	可选
TIME_ZONE	初始化时区，默认是东八区	格式为［正负号］小时［：分钟］（正负号和分钟为可选）。时区设置范围为 −12：59～+14：00	可选
PAGE_CHECK	是否启用页面内容校验，0 表示不启用；1 表示简单校验；2 表示严格校验（使用 CRC16 算法生成校验码）。默认为 0	取值范围为 0～2	可选
DSC_NODE	高性能集群的节点数目	取值范围为 2～16，单站点时不写	可选
EXTERNAL_CIPHER_NAME	设置默认加密算法	有效的字符串，不超过 128 个字符	可选
EXTERNAL_HASH_NAME	设置默认 Hash 算法	有效的字符串，不超过 128 个字符	可选
EXTERNAL_CRYPTO_NAME	设置根密钥加密引擎	有效的字符串，不超过 128 个字符	可选
ENCRYPT_NAME	全库加密密钥使用的算法名。算法可以是 DM 内部支持的加密算法，或者是第三方的加密算法。默认使用“AES256_ECB”算法加密	合法的字符串，最长为 128 个字节	可选
RLOG_ENC_FLAG	设置联机日志文件和归档日志文件是否加密	取值 Y/N、y/n、1/0，默认是 N	可选
USBKEY_PIN	USBKEY PIN，用于加密服务器根密钥	合法的字符串，最长为 48 个字节	可选

（续）

参　数	含　义	取　值	备　注
BLANK_PAD_MODE	设置字符串比较时，结尾空格填充模式是否兼容 ORACLE	取值 0 或 1。0 表示不兼容，1 表示兼容。默认为 0	可选
SYSTEM_MIRROR_PATH	指定 system. dbf 文件的镜像路径	绝对路径，默认为空	可选
MAIN_MIRROR_PATH	指定 main. dbf 文件的镜像路径	绝对路径，默认为空	可选
ROLL_MIRROR_PATH	指定 roll. dbf 文件的镜像路径	绝对路径，默认为空	可选
MAL_FLAG	初始化时设置 dm. ini 中的 MAL_INI，默认为 0	取值 0 或 1	可选
ARCH_FLAG	初始化时设置 dm. ini 中的 ARCH_INI，默认为 0	取值 0 或 1	可选
MPP_FLAG	MPP 系统内的库初始化时设置 dm. ini 中的 MPP_INI，默认为 0	取值 0 或 1	可选
CONTROL	指定初始化配置文件路径。初始化配置文件是一个保存了各数据文件路径设置等信息的文本。使用 CONTROL 初始化时，若文件已存在，系统会屏幕打印提示，然后直接覆盖	主要用于将数据文件放在裸设备或 DSC 环境下	可选
DCP_MODE	是否是 DCP 代理模式	取值：1 表示是；0 表示否。默认值为 0	可选
DCP_PORT_NUM	DCP 代理模式下管理端口	取值范围为 1024 ~ 65534。当 DCP_MODE = 1 时，该参数才有效	可选
SYSSSO_PWD	初始化时设置 SYSSSO 的密码，默认为 SYSSSO，仅在安全版本下可见和可设置	合法的字符串，长度为 6 ~ 48 个字符	可选
SYSDBO_PWD	初始化时设置 SYSDBO 的密码，默认为 SYSDBO，仅在安全版本下可见和可设置	合法的字符串，长度为 6 ~ 48 个字符	可选
PRIV_FLAG	是否是四权分立。默认值为 0（不使用），四权分立的具体权限见《DM8 安全管理》。默认情况下，使用三权分立。 仅在安全版本下可见和可设置	只能是 0 或 1	可选
ELOG_PATH	指定初始化过程中生成的日志文件所在路径	合法的路径。文件路径长度最大为 257（含结束符），不包括文件名	可选
PAGE_ENC_SLICE_SIZE	数据页加密分片大小	可配置大小为 512 或 4096。默认为 0，表示兼容老数据库的页加密	可选
HUGE_WITH_DELTA	是否仅支持创建事务型 HUGE 表	取值：1 表示是；0 表示否。默认值为 1	可选

（续）

参　数	含　义	取　值	备　注
RLOG_GEN_FOR_HUGE	是否生成 HUGE 表 REDO 日志	取值：1 表示是；0 表示否。默认值为 0	可选
PSEG_MGR_FLAG	是否仅使用管理段记录事务信息	取值：1 表示是；0 表示否。默认值为 0	可选
HELP	显示帮助信息		可选

说明：dminit 一般是带参数的，如果没有带参数，系统就会引导用户设置。另外，参数、等号和值之间不能有空格。Help 参数的后面不用添加“=”号。

【例 5-1】 创建 dmdata 数据库文件夹，内容包含初始数据库 DAMENG 的相关文件和初始化文件 dm. ini。

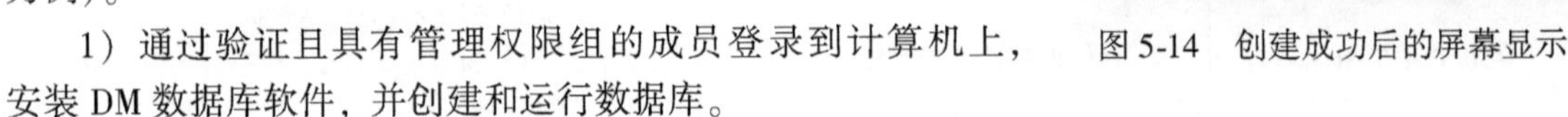

```
dminit PATH=c:\dmdata PAGE_SIZE=16
```

如果创建成功，则屏幕显示如图 5-14 所示。将 dm. ini 文件复制到 DM 安装目录的 bin 下，DM 服务器就可以启动该初始数据库了。

```
initdb V8
db version: 0x7000a
file dm.key not found, use default license!
License will expire on 2021-06-01

 log file path: c:\dmdata\DAMENG\DAMENG01.log


 log file path: c:\dmdata\DAMENG\DAMENG02.log

write to dir [c:\dmdata\DAMENG].
create dm database success. 2020-07-08 16:34:12
```

图 5-14　创建成功后的屏幕显示

5. 2. 2　修改 DM 数据库

通过下列步骤来修改 DM 数据库（以 Windows 操作系统为例）。

1）通过验证且具有管理权限组的成员登录到计算机上，安装 DM 数据库软件，并创建和运行数据库。

2）在 Windows 操作系统中启动 DM 控制台工具。选择“开始”→“程序”→“达梦数据库”→“客户端”→“DM 控制台工具”，双击启动 DM 控制台工具。如图 5-15 所示。

3）在控制导航栏中打开 DMSERVER。依次双击“DM 控制台”→“服务器配置”→“实例配置”→“DMSERVER”。打开数据库的实例配置属性。如图 5-16 所示。

图 5-15　启动 DM 控制台工具

图 5-16　DM 控制台工具

4）可以在如图 5-17 所示的窗口中修改实例名、控制文件相关参数、查询相关参数、数据库相关参数、事务相关参数和安全相关参数等。

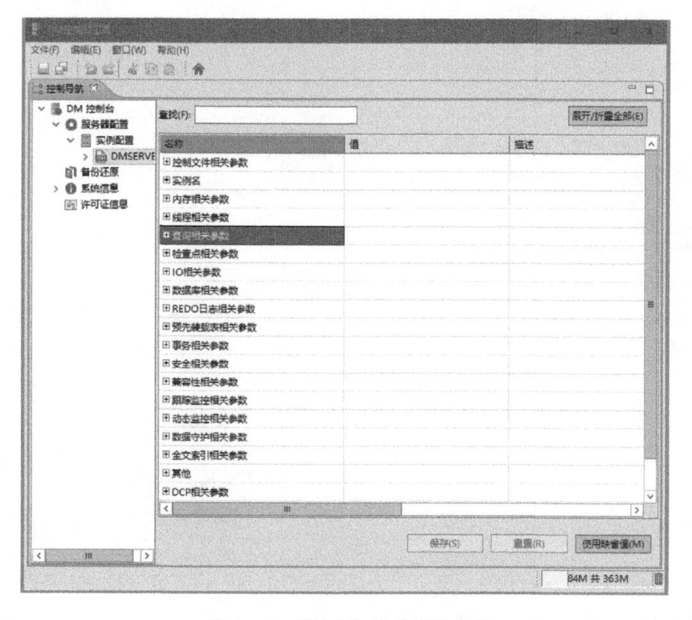

图 5-17 数据库的实例配置

5.2.3 删除 DM 数据库

删除数据库包括删除数据库的数据文件、日志文件、控制文件和初始化参数文件。为了保证删除数据库成功，必须保证 DMSERVER 已关闭。可以使用数据库配置工具来删除数据库。如图 5-18 所示。

根据数据库名称，选择要删除的数据库，也可以通过指定数据库配置文件删除数据库。如图 5-19 所示。

图 5-18 选择操作方式

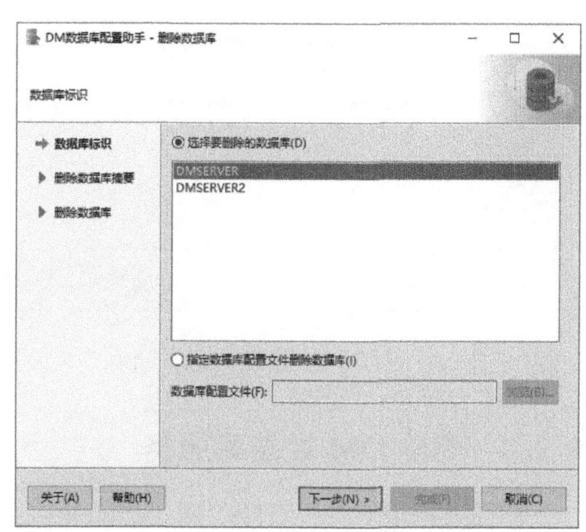

图 5-19 要删除的数据库

确认将删除的数据库名、实例名、数据库目录，如图5-20所示。首先停止实例，然后删除实例，最后删除数据库，如图5-21所示。

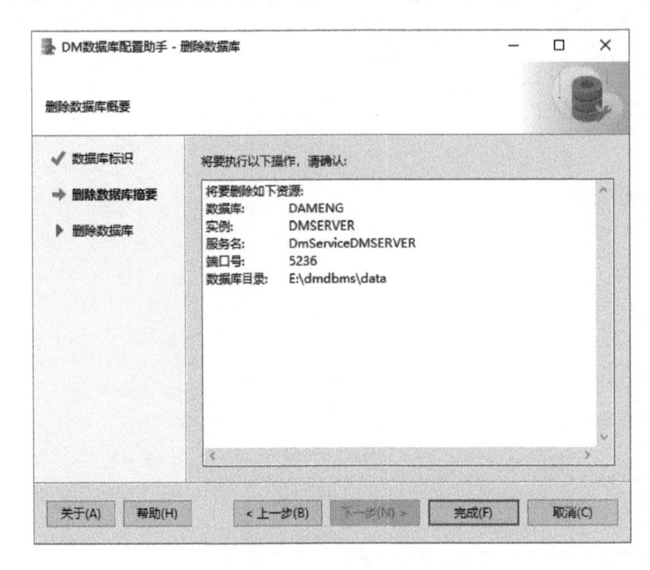

图5-20　删除数据库摘要

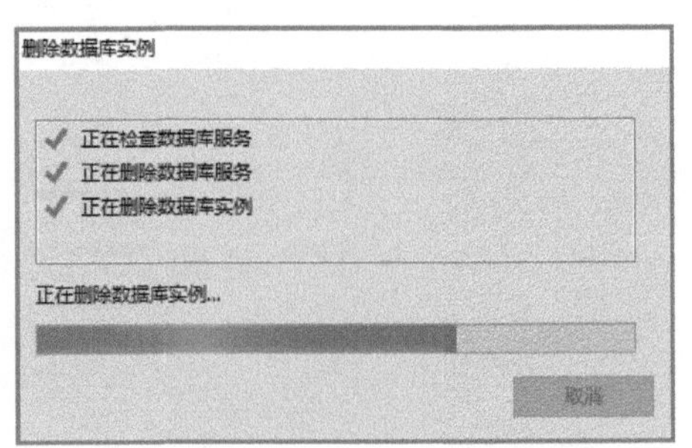

图5-21　删除数据库

删除完成之后将显示对话框，提示完成或错误反馈信息，如图5-22所示。

如果数据库配置工具运行在Linux、Solaris、AIX和HP-UNIX系统中，使用非root系统用户在删除数据库完成时，将弹出提示框，提示应以root系统用户执行以下命令，用来删除数据库的随机启动服务，如图5-23所示。

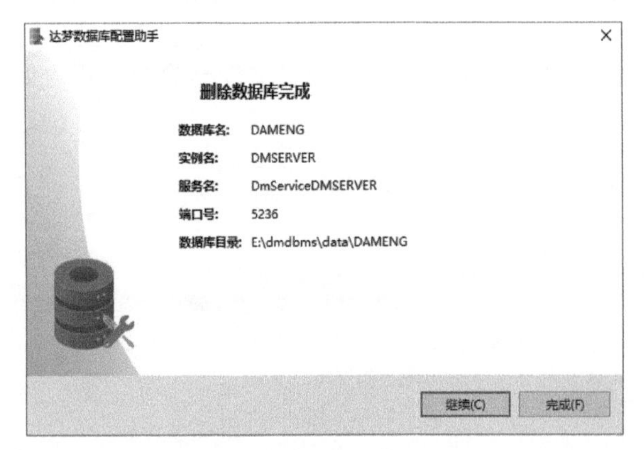

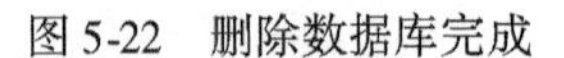
图5-22　删除数据库完成

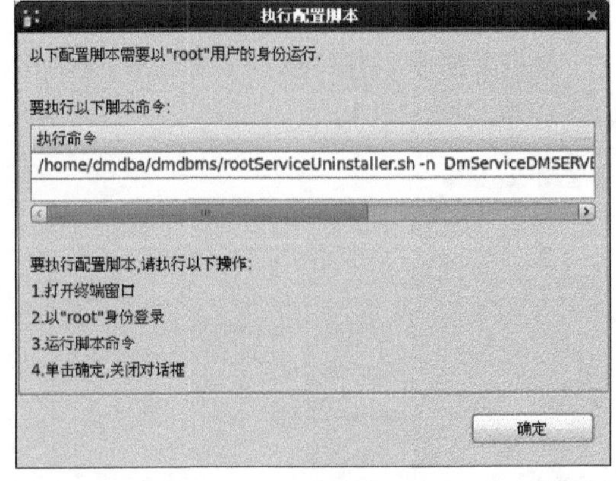

图5-23　执行命令提示

5.2.4　删除DM数据库服务

删除数据库服务，只删除用于启动和停止数据库的服务文件，不会删除数据库的数据文件、日志文件、控制文件和初始化参数文件。

用户删除数据库服务有通过图形化界面和 Shell 脚本两种方式，本节讲述的是通过数据库配置工具（图形化界面）删除数据库服务。如图 5-24 所示。通过 Shell 脚本删除数据库服务的详细操作请参见后续章节。

用户可以根据数据库服务名称，选择要删除的数据库服务，如图 5-25 所示，也可以通过指定数据库配置文件来删除数据库服务。

图 5-24　选择操作方式

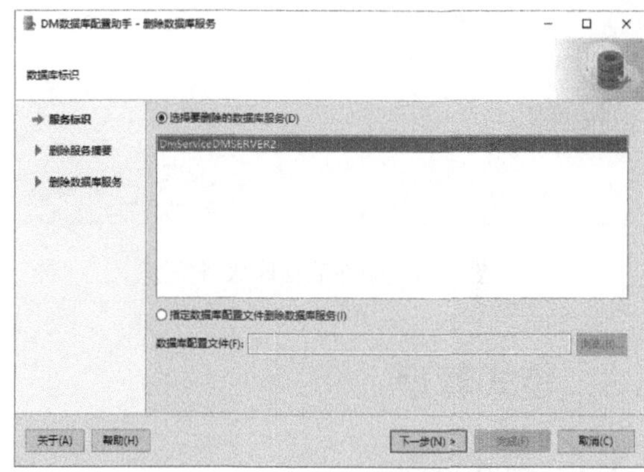

图 5-25　要删除的数据库服务

用户需要确认将要删除的数据库名、实例名、数据库服务名、数据库目录，如图 5-26 所示。首先检查数据库服务，然后删除数据库服务，如图 5-27 所示。删除完成之后会显示对话框，提示完成或错误反馈信息，如图 5-28 所示。

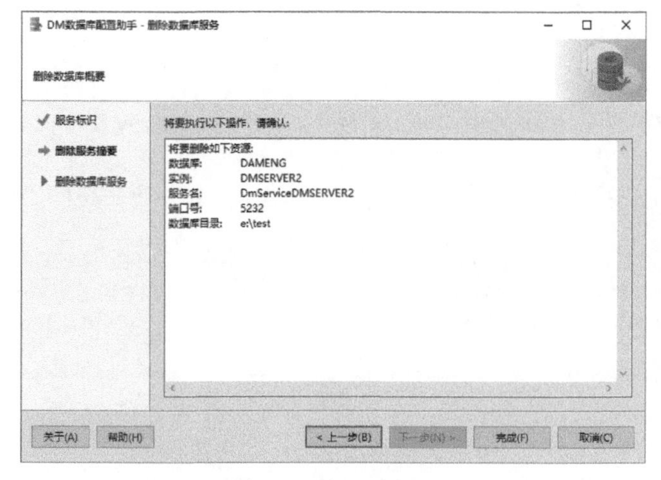

图 5-26　删除数据库概要

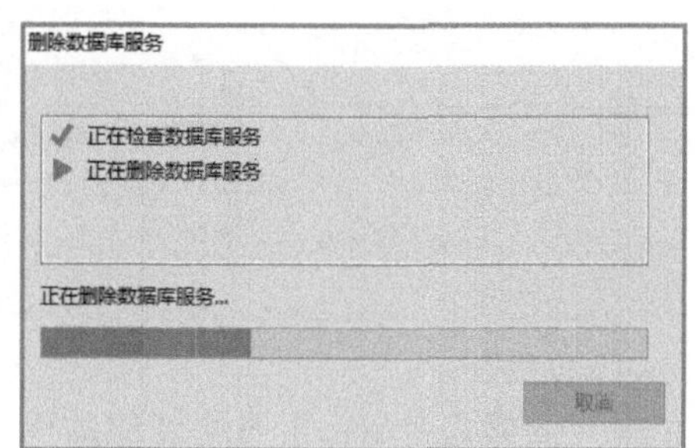

图 5-27　删除数据库服务

如果数据库配置工具运行在 Linux、Solaris、AIX 和 HP-UNIX 系统中，使用非 root 系统用户在删除数据库服务完成时，将弹出提示框，提示应以 root 系统用户执行以下命令，用来删除数据库的随机启动服务，如图 5-29 所示。

图 5-28　删除数据库服务完成

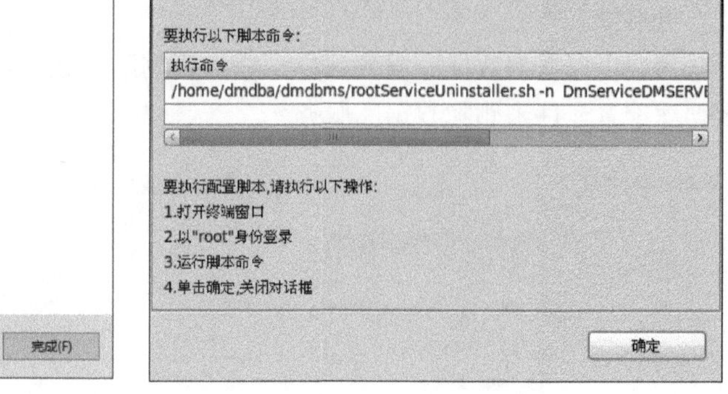

图 5-29　执行命令提示

5.3　模式管理

5.3.1　模式创建

模式定义语句创建一个架构，并且可以在概念上将其看作是包含表、视图和权限定义的对象。在 DM 数据库中，一个用户可以创建多个模式，一个模式中的对象（如表、视图）可以被多个用户使用。

系统为每一个用户自动建立了一个与用户名同名的模式作为默认模式，用户还可以用模式定义语句建立其他模式。

（1）语法格式

```
<模式定义子句1> | <模式定义子句2>
<模式定义子句1> ::= CREATE SCHEMA <模式名> [AUTHORIZATION <用户名>][<DDL_GRANT 子句> {< DDL_GRANT 子句>}];
<模式定义子句2> ::= CREATE SCHEMA AUTHORIZATION <用户名> [<DDL_GRANT 子句> {< DDL_GRANT 子句>}];
<DDL_GRANT 子句> ::= <基表定义> | <域定义> | <基表修改> | <索引定义> | <视图定义> | <序列定义> | <存储过程定义> | <存储函数定义> | <触发器定义> | <特权定义> | <全文索引定义> | <同义词定义> | <包定义> | <包体定义> | <类定义> | <类体定义> | <外部链接定义> | <物化视图定义> | <物化视图日志定义> | <注释定义>
```

（2）参数

1）<模式名>：指明要创建的模式的名字，最大长度为 128 字节。

2）<基表定义>：建表语句。

3）<域定义>：域定义语句。

4）<基表修改>：基表修改语句。

5）<索引定义>：索引定义语句。

6）<视图定义>：建视图语句。

7）<序列定义>：建序列语句。

8）<存储过程定义>：存储过程定义语句。

9）<存储函数定义>：存储函数定义语句。

10）<触发器定义>：建触发器语句。

11）<特权定义>：授权语句。

12）<全文索引定义>：全文索引定义语句。

13）<同义词定义>：同义词定义语句。

14）<包定义>：包定义语句。

15）<包体定义>：包体定义语句。

16）<类定义>：类定义语句。

17）<类体定义>：类体定义语句。

18）<外部链接定义>：外部链接定义语句。

19）<物化视图定义>：物化视图定义语句。

20）<物化视图日志定义>：物化视图日志定义语句。

21）<注释定义>：注释定义语句。

（3）图例

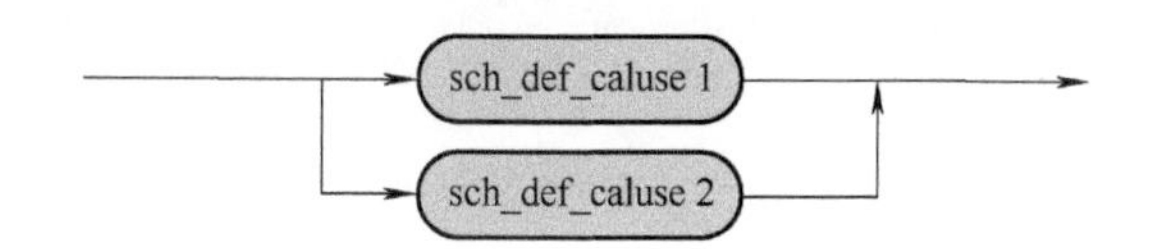

sch_def_clause1 的图例如下。

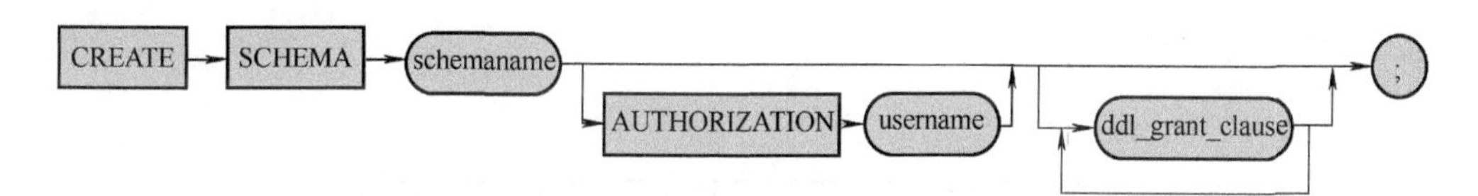

sch_def_clause2 的图例如下。

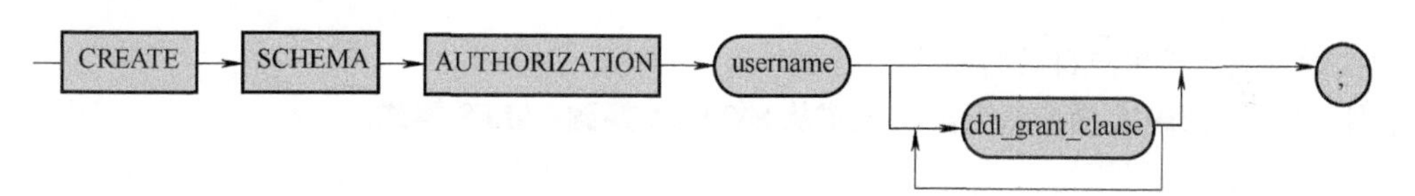

（4）语句功能

供拥有 DBA 或 CREATE SCHEMA 权限的用户在指定数据库中定义模式。

（5）使用说明

1）在创建新的模式时，如果已存在同名的模式，或当存在能够按名字不区分大小写匹配的同名用户时（此时认为模式名为该用户的默认模式），那么创建模式的操作会被跳过，而如果后续还有 DDL 子句，需要根据权限判断是否可在已存在的模式上执行这些 DDL 操作。

2）AUTHORIZATION <用户名>标识了拥有该模式的用户；它是为其他用户创建模式时使用的；默认拥有该模式的用户为 SYSDBA。

3）使用 sch_def_clause2 创建模式时，模式名与用户名相同。

4）使用该语句的用户必须具有 DBA 或 CREATE SCHEMA 权限。

5）DM 数据库使用 DM_SQL 程序模式执行创建模式语句，因此创建模式语句中的标识符不能使用系统的保留字。

6）定义模式时，用户可以用单条语句同时建多个表、视图，同时进行多项授权。

7）模式一旦定义，该用户所建的基表、视图等均属于该模式，其他用户访问该用户所建立的基表、视图等均需在表名、视图名前冠以模式名；而建表者访问自己当前模式所建表或视图时，模式名可以省略；若没有指定当前模式，系统自动以当前用户名作为模式名。

8）模式定义语句中的基表修改子句只允许添加表约束。

9）模式定义语句中的索引定义子句不能定义聚集索引。

10）模式未定义之前，其他用户访问该用户所建的基表、视图等均需在表名前冠以建表者名。

11）模式定义语句不允许与其他 SQL 语句一起执行。

12）在 DISQL 中使用该语句必须以“/”结束。

【例 5-2】 用户 SYSDBA 创建模式 SCHEMA1，建立的模式属于 SYSDBA。

```
CREATE SCHEMA SCHEMA1 AUTHORIZATION SYSDBA;
```

5.3.2 设置当前模式语句

设置当前模式

（1）语法格式语句的说明如下。

```
SET SCHEMA <模式名>;
```

（2）图例

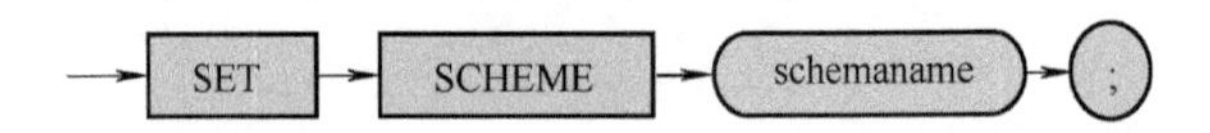

（3）使用说明

只能设置成属于用户自己的模式。

【例 5-3】 SYSDBA 用户将当前的模式从 SYSDBA 换到 SALES 模式。

```
SET SCHEMA SALES;
```

5.3.3 模式删除

在 DM 数据库中，允许用户删除整个模式。

（1）语法格式

```
DROP SCHEMA <模式名> [RESTRICT | CASCADE];
```

（2）参数

<模式名>指要删除的模式名。

（3）图例

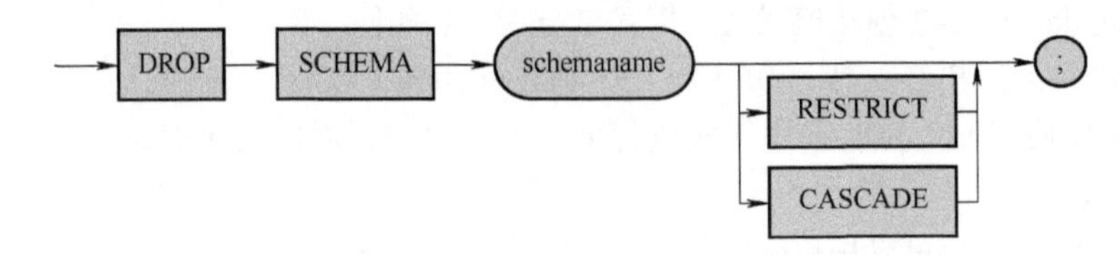

（4）语句功能

供具有 DBA 角色的用户或该模式的拥有者删除模式。

（5）使用说明

1）<模式名>必须是当前数据库中已经存在的模式。

2）用该语句的用户必须具有 DBA 权限或是该模式的所有者。

3）如果使用 RESTRICT 选项，只有当模式为空时才能成功删除，否则，当模式中存在数据库对象时会删除失败。默认选项为 RESTRICT 选项。

4）如果使用 CASCADE 选项，则将整个模式、模式中的对象以及与该模式相关的依赖关系都删除。

【例 5-4】　以 SYSDBA 身份登录数据库后，删除 BOOKSHOP 库中模式 SCHEMA1。

```
DROP SCHEMA SCHEMA1 CASCADE;
```

5.4　表空间管理

表空间的管理操作需要 DM 服务器处于打开状态下。

在 DM 数据库中，表空间由一个或者多个数据文件组成。DM 数据库中的所有对象在逻辑上都存放在表空间中，而物理上都存储在所属表空间的数据文件中。

5.4.1　表空间定义

创建表空间时需要指定表空间名和其拥有的数据文件列表。

（1）创建表空间的语法格式

```
CREATE TABLESPACE <表空间名> <数据文件子句>[<数据页缓冲池子句>][<存储加密子句>][<指定 DFS 副本子句>]
<数据文件子句> ::= DATAFILE <文件说明项>{,<文件说明项>}
<文件说明项> ::= <文件路径>[MIRROR <文件路径>] SIZE <文件大小>[<自动扩展子句>]
<自动扩展子句> ::= AUTOEXTEND <ON [<每次扩展大小子句>][<最大大小子句> |OFF>
<每次扩展大小子句> ::= NEXT <扩展大小>
<最大大小子句> ::= MAXSIZE <文件最大大小>
<数据页缓冲池子句> ::= CACHE = <缓冲池名>
<存储加密子句> ::= ENCRYPT WITH <加密算法> [[BY] <加密密码>]
<指定 DFS 副本子句> ::= [<指定副本数子句>][<副本策略子句>]
<指定副本数子句> ::= COPY <副本数>
<副本策略子句> ::= GREAT |MICRO
```

（2）参数说明

1）<表空间名>：表空间的名称，最大长度为 128 字节。

2）<文件路径>：指明新生成的数据文件在操作系统下的路径和新数据文件名。数据文件的存放路径符合 DM 数据库安装路径的规则，且该路径必须是已经存在的。

3）MIRROR：数据文件镜像，用于在数据文件出现损坏时替代数据文件进行服务；MIRROR 数据文件的<文件路径>必须是绝对路径。要使用数据文件镜像，必须在建库时开启页校验的参数 PAGE_CHECK。

4）<文件大小>：整数值，指明新增数据文件的大小（单位 MB），取值范围为4096～2147483647。

5）<缓冲池名>：系统数据页缓冲池名 NORMAL 或 KEEP。缓冲池名 KEEP 是 DM 数据库的保留关键字，使用时必须加双引号。

6）<加密算法>：可通过查看动态视图命令 V $CIPHERS 获取算法名。

7）<加密密码>：最大长度为 128 字节，若未指定，由 DM 数据库随机生成。

8）<指定 DFS 副本子句>：专门用于指定分布式文件系统 DFS 中副本的属性。

9）<副本数>：表空间文件在 DFS 中的副本数，默认为 DMDFS. INI 中的 DFS_COPY_NUM 的值。

10）<副本策略子句>：指定管理 DFS 副本的区块，即宏区（GREAT）或是微区（MICRO）。

比如创建名为 bookshop 的表空间，并指定该空间上拥有两个数据文件，每个数据文件的大小为 128MB。

```
CREATE TABLESPACE bookshop DATAFILE'd:\bookshop1.dbf'SIZE 128,'d:\bookshop2.dbf'SIZE 128;
```

理论上最多允许有 65535 个表空间，但用户允许创建的表空间 ID 取值范围为 0～32767，超过 32767 的 ID 只允许系统使用，ID 由系统自动分配且不能重复使用，即使删除掉已有表空间，也无法重复使用已用 ID 号，也就是说只要创建 32768 次表空间后，用户将无法再创建表空间。

5.4.2 表空间修改

利用 ALTER 关键字可以修改表空间。

（1）表空间修改的语法格式

```
ALTER TABLESPACE <表空间名>[<数据文件重命名子句>|<增加数据文件子句>|<修改文件大小子句>|<修改文件自动扩展子句>]
  <数据文件重命名子句>::= RENAME DATAFILE <文件路径>{,<文件路径>} TO <文件路径>{,<文件路径>}
  <增加数据文件子句> ::= ADD <数据文件子句>
  <修改文件大小子句> ::= RESIZE DATAFILE <文件路径> TO <文件大小>
  <修改文件自动扩展子句> ::= DATAFILE <文件路径>{,<文件路径>}[<自动扩展子句>]
```

（2）参数说明

1）<表空间名>：表空间的名称。

2）<文件路径>：指明数据文件在操作系统下的路径和新数据文件名。数据文件的存放路径符合 DM 安装路径的规则，且该路径必须是已经存在的。

3）<文件大小>：整数值，指明新增数据文件的大小（单位 MB）。

说明：使用 ALTER 关键字修改表空间时，需要注意以下 5 点。

1）不论 dm.ini 的 DDL_AUTO_COMMIT 设置为自动提交还是非自动提交，ALTER TABLESPACE 操作都会被自动提交。

2）修改表空间数据文件大小时，其大小必须大于自身大小。

3）SYSTEM 表空间不允许关闭自动扩展，且不允许限制空间大小。

4）如果表空间有未提交事务时，表空间不能修改为 OFFLINE 状态。

5）重命名表空间数据文件时，表空间必须处于 OFFLINE 状态，修改成功后再将表空间修改为

ONLINE 状态。

【例 5-5】 **按要求修改表空间。**

1）增加一个路径为 d:\TS1_1. dbf，大小为 128MB 的数据文件到表空间 TS1。

```
ALTER TABLESPACE TS1 ADDDATAFILE  'd:\TS1_1.dbf' SIZE 128;
```

2）修改表空间 TS1 中数据文件 d:\TS1. dbf 的大小为 200MB。

```
ALTER TABLESPACE TS1 RESIZEDATAFILE  'd:\TS1.dbf' TO 200;
```

3）重命名表空间 TS1 的数据文件 d:\TS1. dbf 为 e:\TS1_0. dbf。

```
ALTER TABLESPACE TS1 OFFLINE;
ALTER TABLESPACE TS1 RENAMEDATAFILE'd:\TS1.dbf'TO'e:\TS1_0.dbf';
ALTER TABLESPACE TS1 ONLINE;
```

4）修改表空间 TS1 的数据文件 d:\TS1. dbf 自动扩展属性为每次扩展 10MB，最大文件大小为 1GB。

```
ALTER TABLESPACE TS1DATAFILE  'd:\TS1. dbf' AUTOEXTEND ON NEXT 10 MAXSIZE 1000;
```

（3）修改表空间状态

用户表空间有联机和脱机两种状态。系统表空间、回滚表空间、重做日志表空间和临时文件表空间不允许脱机。设置表空间状态为脱机状态时，如果该表空间有未提交的事务，则脱机失败报错。脱机后可对表空间的数据进行备份。

【例 5-6】 **修改 bookshop 表空间状态为脱机和联机。**

```
ALTER TABLESPACE bookshop OFFLINE;ALTER TABLESPACE bookshop ONLINE;
```

注意：MPP 环境下，可能发现节点间的表空间不一致情况，如 EP01 为 ONLINE 状态，EP02 为 OFFLINE 状态，这个时候，无论执行 ONLINE 还是 OFFLINE 都会报错。需要用户介入才可以解决这个问题。用户 LOCAL 方式登陆实例，并执行 SP_SET_SESSION_LOCAL_TYPE（1），使得该会话可以执行 DDL 操作，再执行 ONLINE 或者 OFFLINE 即可。

（4）修改表空间数据缓冲区

用户表空间可以切换使用数据缓冲区，系统表空间、回滚表空间、重做日志表空间和临时文件表空间不允许修改数据缓冲区，可以使用的数据缓冲区有 NORMAL 和 KEEP。表空间修改成功后并不会立即生效，而是需要服务器重启。缓冲池名 KEEP 是达梦的保留关键字，使用时必须加双引号。

【例 5-7】 **将 bookshop 表空间绑定到 KEEP 缓冲区。**

```
ALTER TABLESPACE bookshop CACHE = "KEEP";
```

5.4.3 表空间删除

只可以删除用户创建的表空间并且只能删除未使用过的表空间。删除表空间时会同时删除其拥有的所有数据文件。

【例 5-8】 **删除 bookshop 表空间。**

```
DROP TABLESPACE bookshop;
```

5.5 模式对象的空间管理

模式对象的空间管理关系到空间的有效使用和数据的合理分布，本节主要介绍模式对象相关的存储参数、多余空间的回收机制、模式对象上的空间限制、如何查看已使用的存储空间以及各种数据类型实际使用的空间大小。

5.5.1 设置存储参数

1. 普通表和索引

对于普通表和索引，DM 数据库提供了以下的存储参数。

1）初始簇数目 INITIAL：指建立表时分配的簇个数，必须为整数，最小值为 1，最大值为 256，默认为 1。

2）下次分配簇数目 NEXT：指当表空间不够时，从数据文件中分配的簇个数，必须为整数，最小值为 1，最大值为 256，默认为 1。

3）最小保留簇数目 MINEXTENTS：当删除表中的记录后，如果表使用的簇数目小于这个值，就不再释放表空间，必须为整数，最小值为 1，最大值为 256，默认为 1。

4）填充比例 FILLFACTOR：指定插入数据时数据页的充满程度，取值范围为 0 ~ 100。默认值为 0。等于 100 时表示全满填充，未充满的空间可供页内的数据更新时使用。插入数据时填充比例的值越低，可由新数据使用的空间就越多；更新数据时填充比例的值越大，更新导致出现的页分裂的概率越大。

5）表空间名：在指定的表空间上建表或索引，表空间必须已存在，为用户默认的表空间。

如表 PERSON 建立在表空间 TS_PERSON 中，初始簇大小为 5，最小保留簇数目为 5，下次分配簇数目为 2，填充比例为 85%。

```
CREATE TABLE PERSON.PERSON
(PERSONID  INT IDENTITY(1,1) CLUSTER PRIMARY KEY,
SEX CHAR(1) NOT NULL,
NAME VARCHAR(50) NOT NULL,
EMAIL VARCHAR(50),
PHONE VARCHAR(25))
STORAGE(INITIAL 5, MINEXTENTS 5,
         NEXT 2, ON TS_PERSON, FILLFACTOR 85);
```

也可以在分区表上指定某个分区的存储参数，如下面的建表语句指定了 PAR2 分区存储在 TS_PAR2 表空间上。

```
CREATE TABLE PARTITION_TABLE
(C1 INT,
C2 INT)
PARTITION BYRANGE (C1)
(PARTITION PAR1 VALUES LESSTHAN (5),
PARTITION PAR2 VALUES LESSTHAN (100) STORAGE (ON TS_PAR2));
```

2. 堆表

对于堆表可以指定并发分支 BRANCH 和非并发分支 NOBRANCH 的数目，其范围是 1≤BRANCH≤64，1≤NOBRANCH≤64，堆表最多支持 128 个链表。

【例 5-9】 创建的 LIST_TABLE 表有并发分支 2 个，非并发分支 4 个。

```
CREATE TABLE LIST_TABLE (C1 INT) STORAGE (BRANCH (2, 4));
```

3. HUGE 表

HUGE 表是建立在自己特有的 HTS 表空间上的。建立 HUGE 表如果不使用默认的表空间，则必须要先创建一个 HUGE TABLESPACE，默认 HTS 表空间为 HMAIN。

【例 5-10】 建立一个名称为 HTS_NAME 的 HTS 表空间，表空间路径为 e:\HTSSPACE。

```
CREATE HUGE TABLESPACE HTS_NAME PATH 'e:\HTSSPACE';
```

对于 HUGE 表可以指定如下参数。

1）区大小（一个区的数据行数）。区大小可以通过设置表的存储属性来指定，区的大小必须是 2^n，如果不是则向上对齐。取值范围为 1024～1024×1024 行。默认值为 65536 行。

2）是否记录区统计信息，即在修改时是否做数据的统计。

3）所属的表空间。创建 HUGE 表，需要通过存储属性指定其所在的表空间，不指定则存储于默认表空间 HMAIN 中。HUGE 表指定的表空间只能是 HTS 表空间。

4）文件大小。创建 HUGE 表时还可以指定单个文件的大小，通过表的存储属性来指定，取值范围为 16～1024×1024MB。不指定则默认为 64MB。文件大小必须是 2^n，如果不是则向上对齐。

5）日志属性。LOG NONE 表示不做镜像；LOG LAST 表示做部分镜像；LOG ALL 表示全部做镜像。

如下面的建表语句：STUDENT 表的区大小为 65536 行，文件大小为 64MB，指定所在的表空间为 HTS_NAME，做完整镜像，S_comment 列指定的区大小为不做统计信息，其他列（默认）都做统计信息。

```
CREATE HUGE TABLE STUDENT
    (
        S_NO INT,
        S_CLASSVARCHAR,
        S_COMMENT VARCHAR(79) STORAGE(STAT NONE)
    )STORAGE(SECTION(65536), FILESIZE(64), ON HTS_NAME) LOG ALL;
```

5.5.2　收回多余的空间

DM 数据库中表和索引对象所占用的簇要么是全满的状态，要么是半满的状态，空闲的簇会被系统自动回收。

5.5.3　用户和表的空间限制

1. 用户的空间限制

用户占用的空间是其下所有用户表对象占用空间的总和。可以限制用户使用空间的大小，当用户创建表、创建索引或者插入更新数据超过了指定的空间限制时，会报空间不足的错误。

【例5-11】 创建用户TEST_USER时可指定该用户使用的最大磁盘空间为50MB。

```
CREATE USER TEST_USER IDENTIFIED BY TEST_PASSWORD DISKSPACE LIMIT 50;
```

【例5-12】 对用户的空间限制也可进行更改，如修改用户TEST_USER的磁盘空间限制为无限制。

```
ALTER USER TEST_USER DISKSPACE UNLIMITED;
```

2. 表对象的空间限制

表对象占用的空间是其上所有索引占用空间的总和。可以限制表对象使用空间的大小，当在表对象上创建索引或者插入更新数据超过了指定的空间限制时，会报空间不足的错误。

【例5-13】 创建表TEST时可指定该表对象可使用的最大磁盘空间为500MB。

```
CREATE TABLE TEST (SNO INT, MYINFO VARCHAR) DISKSPACE LIMIT 500;
```

【例5-14】 对表对象空间的限制也可进行更改，如修改表TEST的磁盘空间限制为50MB。

```
ALTER TABLE TEST MODIFY DISKSPACE LIMIT 50;
```

5.5.4 查看模式对象的空间使用

1. 查看用户占用的空间

可以使用系统函数USER_USED_SPACE得到用户占用空间的大小，函数参数为用户名，返回值为占用的页的数目。

```
SELECT USER_USED_SPACE('TEST_USER');
```

2. 查看表占用的空间

可以使用系统函数TABLE_USED_SPACE得到表对象占用空间的大小，函数参数为模式名和表名，返回值为占用的页的数目。

```
SELECT TABLE_USED_SPACE('SYSDBA','TEST');
```

3. 查看表使用的页数

可以使用系统函数TABLE_USED_PAGES得到表对象实际使用页的数目，函数参数为模式名和表名，返回值为实际使用页的数目。

```
SELECT TABLE_USED_PAGES('SYSDBA','TEST');
```

4. 查看索引占用的空间

可以使用系统函数INDEX_USED_SPACE得到索引占用空间的大小，函数参数为索引ID，返回值为占用的页的数目。

```
SELECT INDEX_USED_SPACE(33555463);
```

5. 查看索引使用的页数

可以使用系统函数INDEX_USED_PAGES得到索引实际使用页的数目，函数参数为索引ID，返回值为实际使用页的数目。

```
SELECT INDEX_USED_PAGES(33555463);
```

5.5.5　数据类型的空间使用

各种数据类型占用的空间是不同的，表 5-2 中列出了主要数据类型所需要的空间。

表 5-2　主要数据类型所需的空间

数据类型	所需空间
CHAR	SIZE 为 1 ~ 8188 字节，具体情况受到页面大小和记录大小的共同限制
VARCHAR	SIZE 为 1 ~ 8188 字节，具体情况受到页面大小和记录大小的共同限制
TINYINT BIT BYTE	需要 1 个字节
SMALLINT	需要 2 个字节
INT	需要 4 个字节
BIGINT	需要 8 个字节
REAL	需要 4 个字节
FLOAT	需要 8 个字节
DOUBLE DOUBLE PRECISION	需要 8 个字节
DEC DECIMAL NUMERIC	SIZE 为 1 ~ 20 个字节
BINARY	SIZE 为 1 ~ 8188 字节，具体情况受到页面大小和记录大小的共同限制
VARBINARY	SIZE 为 1 ~ 8188 字节，具体情况受到页面大小和记录大小的共同限制
DATE	需要 3 个字节
TIME	需要 5 个字节
TIMESTAMP DATETIME	需要 8 个字节
TIME WITH TIME ZONE	需要 7 个字节
TIMESTAMP WITH TIME ZONE	需要 10 个字节
INTERVAL YEAR INTERVALMONTH INTERVAL YEAR TO MONTH	需要 12 个字节

（续）

数据类型	所需空间
INTERVAL DAY INTERVAL HOUR INTERVAL MINUTE INTERVAL SECOND INTERVAL DAY TO HOUR INTERVAL DAY TO MINUTE INTERVAL DAY TO SECOND INTERVAL HOUR TO MINUTE INTERVAL HOUR TO SECOND INTERVAL MINUTE TO SECOND	需要24个字节
BLOB IMAGE LONGVARBINARY	SIZE为1B～2GB字节
CLOB TEXT LONGVARCHAR	SIZE为1B～2GB字节

本章小结

本章节介绍了DM数据库中数据库的创建和配置管理，分别对模式的管理和表空间的定义与管理进行了介绍，并且结合其具体实例说明、图例分析、语句功能说明和使用说明以及相关的参数说明对模式对象和表空间的管理做了进一步的阐述。

实验4：表空间创建与管理

实验概述：通过本实验，可以掌握DM数据库表空间管理的方法，包含新建表空间、添加数据文件、修改数据文件大小、扩展属性、文件路径、删除表空间等。具体内容参见《实验指导书》。

第 6 章
DM 数据库的表定义与完整性约束控制

在数据库中，数据表是数据库中最重要、最基本的操作对象，是数据存储的基本单位。数据表被定义为列的集合，数据在表中是按照行和列的格式来存储的。每一行代表一条唯一的记录，每一列（字段）代表记录中的一个域，每个字段需要有对应的数据类型。

DM 数据库中表的管理包括表的作用、类型，构成、删除和修改等。本章首先介绍了表的基本概念、DM8_SQL 支持的数据类型等一些基础知识；接着介绍表的创建、查看、修改、删除等基本操作；最后介绍 DM 数据库的约束控制，如何定义和修改字段的约束条件。

6.1 表的基本概念

6.1.1 表和表结构

数据库是由各种数据表组成的，数据表是数据库中最重要的对象，用来存储和操作数据的逻辑结构。表由列和行组成，列是表数据的描述，行是表数据的实例，一个表包含若干个字段或记录。表的操作包括创建新表、修改表和删除表。这些操作都是数据库管理中最基本，也是最重要的操作。

6.1.2 表结构设计

1. 建表原则

为减少数据输入错误，并能使数据库高效工作，表设计应按照一定原则对信息进行分类，同时为确保表结构设计的合理性，通常还要对表进行规范化设计，以消除表中存在的冗余，保证一个表只围绕一个主题，并使表容易维护。

2. 数据库表的信息存储分类原则

（1）每个表应该只包含关于一个主题的信息

当每个表只包含关于一个主题的信息时，就可以独立于其他主题来维护该主题的信息。例如，应将教师的基本信息保存在“教师”表中。如果将这些基本信息保存在“授课”表中，则在删除某教师的授课信息时，就会将其基本信息一同删除。

(2) 表中不应包含重复信息

表间也不应有重复信息，每条信息只保存在一个表中，需要时只在一处进行更新，这样效率更高。例如，每个学生的学号、姓名、性别等信息，只在“学生”表中保存，而“成绩”中不再保存这些信息。

6.2 SQL 与 DM_SQL 概述

结构化查询语言（Structured Query Language，SQL）是在 1974 年提出的一种关系数据库语言。此后，SQL 语言发展成为关系数据库的标准语言。SQL 成为国际标准以后，其影响远远超出了数据库领域。在未来相当长的时间里，SQL 仍将是数据库领域以至信息领域中数据处理的主流语言之一。

本节主要介绍 DM 系统所支持的 SQL 语言——DM_SQL 语言。

6.2.1 DM_SQL 语言的特点

DM_SQL 语言符合结构化查询语言（SQL）标准，是标准 SQL 的扩充，它集数据定义、数据查询、数据操纵和数据控制于一体，是一种统一的、综合的关系数据库语言。它功能强大，使用简单方便、容易被用户掌握。DM_SQL 语言具有如下特点。

1. 功能一体化

DM_SQL 的功能一体化表现在以下两个方面。

1）DM_SQL 支持多媒体数据类型，用户在建表时可直接使用。DM 数据库在处理常规数据与多媒体数据时达到了四个一体化，即一体化定义、一体化存储、一体化检索、一体化处理，最大限度地提高了数据库管理系统处理多媒体的能力和速度。

2）DM_SQL 语言集数据库的定义、查询、更新、控制、维护、恢复、安全等一系列操作于一体，每一项操作都只需一种操作符表示，很容易被用户所掌握。

2. 两种用户接口使用统一语法结构的语言

DM_SQL 语言既是自含式语言，又是嵌入式语言。作为自含式语言，它能独立运行于联机交互方式。作为嵌入式语言，DM_SQL 语句能够嵌入到 C 和 C + + 语言程序中，将高级语言（也称主语言）灵活的表达能力、强大的计算功能与 DM_SQL 语言的数据处理功能相结合，完成各种复杂的事务处理。而在这两种不同的使用方式中，DM_SQL 语言的语法结构是一致的，从而为用户使用提供了极大的方便性和灵活性。

3. 高度非过程化

DM_SQL 语言是一种非过程化语言。用户只需指出“做什么”，而不需指出“怎么做”，对数据存取路径的选择以及 DM_SQL 语句功能的实现均由系统自动完成，与用户编制的应用程序和具体的机器及关系 DBMS 的实现细节无关，方便了用户，提高了应用程序的开发效率，也增强了数据独立性和应用系统的可移植性。

4. 面向集合的操作方式

DM_SQL 语言采用了集合操作方式。不仅查询结果可以是元组的集合，而且一次插入、删除、修改操作的对象也可以是元组的集合。相对于面向记录的数据库语言（一次只能操作一条记录）

来说，DM_SQL 语言的使用简化了用户的处理，提高了应用程序的运行效率。

5. 语言简洁，方便易学

DM_SQL 语言功能强大，格式规范，表达简洁，接近英语的语法结构，容易被用户掌握。

6.2.2 保留字与标识符

标识符的语法规则兼容标准 GJB 1382A-9X，标识符分为正规标识符和定界标识符两大类。

正规标识符以字母、_、$、#或汉字开头，后面可以跟随字母、数字、_、$、#或者汉字，正规标识符的最大长度是 128 个英文字符或 64 个汉字，且它不能是保留字。正规标识符的例子有 A、test1、_TABLE_B、表 1。

定界标识符的标识符体用双引号括起来时，标识符体可以包含任意字符，特别地，其中使用连续两个双引号转义为一个双引号。定界标识符的例子："table"，"A"，"！@#$"。

6.2.3 DM_SQL 语言的功能及语句

DM_SQL 语言是一种介于关系代数与关系演算之间的语言，其功能主要包括数据定义、查询、操纵和控制四个方面，通过各种不同的 SQL 语句来实现。按照所实现的功能，DM_SQL 语句分为以下几种。

1）用户、模式、基表、视图、索引、序列、全文索引、存储过程、触发器等数据库对象的定义和删除语句，数据库、用户、基表、视图、索引、全文索引等数据库对象的修改语句。

2）查询（含全文检索）、插入、删除、修改语句。

3）数据库安全语句。包括创建、删除角色语句，授权语句，回收权限语句，修改登录口令语句，审计设置语句，取消审计设置语句等。

在嵌入方式中，为了协调 DM_SQL 语言与主语言不同的数据处理方式，DM_SQL 语言引入了游标的概念。因此在嵌入方式下，除了数据查询语句（一次查询一条记录）外，还有如下几种与游标有关的语句。

1）游标的定义、打开、关闭、拨动语句。

2）游标定位方式的数据修改与删除语句。

为了有效维护数据库的完整性和一致性，支持 DBMS 的并发控制机制，DM_SQL 语言提供了事务的回滚（ROLLBACK）与提交（COMMIT）语句。同时，DM 数据库允许选择实施事务级读一致性，它保证同一事务内的可重复读，为此 DM 数据库为用户提供多种手动上锁语句和设置事务隔离级别语句。

6.3 DM_SQL 支持的数据类型

DM_SQL 提供多种数值数据类型，不同的数据类型提供的取值范围不同，可以存储的值范围越大，其所需要的存储空间也就越大，因此要根据实际需求选择合适的数据类型。合适的数据类型可以有效节省数据库的存储空间（包括内存和外存），同时也可以提升数据的计算性能，节省数据的检索时间。

DM_SQL 支持多种数据类型，主要有常规数据类型、位串数据类型、日期时间数据类型、多媒体数据类型。

6.3.1 常规数据类型

DM_SQL 支持的数字分为整数和小数。其中整数用整数类型表示，小数用浮点数类型和定点数类型表示，如学生的年龄设置为整数类型，学生的成绩设置为浮点数等。

1. 整数类型

整数类型是数据库中最基本的数据类型。标准 SQL 中支持 INTEGER 和 SMALLINT 这两类整数类型。DM_SQL 除了支持这两种类型外，还扩展了 TINYINT、MEDIUMINT 和 BIGINT。详情见表 6-1，其中 INT 与 INTEGER 两个整数类型是同名词，可以互换。

表 6-1 DM_SQL 的整数类型表

整数类型	字节数	无符号数的取值范围	有符号数的取值范围
TINYINT	1	0 ~ 255	-128 ~ 127
SMALLINT	2	0 ~ 65535	-32768 ~ 32767
MEDIUMINT	3	0 ~ 16777215	-8388608 ~ 8388607
INT 或 INTEGER	4	0 ~ 4294967295	-2147483648 ~ 2147483647
BIGINT	8	0 ~ 18446744073709551615	-9223372036854775808 ~ 9223372036854775807

2. 浮点数类型和定点数类型

DM_SQL 中使用浮点数和定点数表示小数。浮点类型有两种：单精度浮点类型（FLOAT）和双精度浮点类型（DOUBLE）。定点数类型有 NUMERIC、DECIMAL、DEC、NUMBER，它们的功能及用法相同。

（1）浮点数

浮点数类型有 FLOUT（M）、DOUBLE（M）类型。浮点数后可用（M）表示精度，即表示的数字位数。由于实际精度在达梦内部是固定的，因此固精度值设置无实际意义，可省略。FLOAT 与 DOUBLE 取值范围相同，为 -1.7 × 10308 ~ 1.7 × 10308。

（2）定点数

定点数类型有 NUMERIC（M，D）、DECIMAL（M，D）、DEC（M，D）、NUMBER（M，D）类型。由于其语法、功能相同，仅以 NUMERIC 为例进行讲解。

NUMERIC 数据类型用于存储零、正负定点数。其中，精度是一个无符号整数，定义了总的数字数，范围是 1 ~ 38。标度定义了小数点右边的数字位数。例如，NUMERIC（4，1）定义了小数点前面 3 位和小数点后面 1 位，共 4 位数字，范围在 -999.9 ~ 999.9。所有 NUMERIC 数据类型，如果其值超过精度，DM 会弹出一个出错信息，如果超过标度，则多余的位会被截断。NUMERIC 的 M 和 D 的值可选，M 默认为 38，D 无要求。

在接下来创建表时，数字类型的选择应遵循如下原则。

1）选择最小的可用类型，如果改字段的值不超过 127，则使用 TINYINT 比 INT 效果好。

2）对于完全都是数字的，即无小数点时，可以选择整数类型，比如年龄。

3）浮点类型用于可能具有小数部分的数，比如学生成绩。

4）在需要表示金额等货币类型时优先选择 DECIMAL 数据类型。

3. 字符数据类型

字符数据类型有 CHAR、VARCHAR/VARCHAR2、CHARACTER，其中 CHARACTER 功能与 CHAR 相同。

CHAR（M）为固定长度字符串，在定义时指定字符串长度为 M，当保存时在右侧填充空格以达到指定的长度。M 表示字符串长度，M 的取值范围最大值由数据库页面大小决定。例如，CHAR（100）定义了一个固定长度的字符串字段，其包含的字符个数最大为 100。如果未指定长度，默认为 1。CHAR 数据类型最大存储长度和页面大小的对应关系见表 6-2。但是，在表达式计算中，该类型的长度上限不受页面大小限制，为 32767。DM 支持按字节存放字符串。

表 6-2　CHAR 数据类型最大存储长度和页面大小的对应关系

数据库页面大小	实际最大长度
4KB	1900
8KB	3900
16KB	8000
32KB	8188

这个限制长度只针对建表的情况，在定义变量的时候不受限制。另外，实际插入表中的列长度要受到记录长度的约束，每条记录总长度不能大于页面大小的一半。

VARCHAR 数据类型指定变长字符串，用法类似于 CHAR 数据类型，可以指定一个不超过 8188 的正整数作为字符长度，如 VARCHAR（100）。如果未指定长度，默认为 8188。

在基表中，当没有指定 USING LONG ROW 存储选项时，插入 VARCHAR 数据类型的实际最大存储长度由数据库页面大小决定，具体最大长度算法见表 6-2；如果指定了 USING LONG ROW 存储选项，则插入 VARCHAR 数据类型的长度不受数据库页面大小限制。VARCHAR 类型在表达式计算中的长度上限不受页面大小限制，为 32767。

CHAR 同 VARCHAR 的区别在于前者长度不足时，系统会自动填充空格，而后者只占用实际的字节空间。另外，实际插入表中的列长度要受到记录长度的约束，每条记录总长度不能大于页面大小的一半。

VARCHAR2 类型和 VARCHAR 类型的用法相同。

6.3.2　位串数据类型

位串数据类型（即 BIT 类型）用于存储整数数据 1、0 或 NULL，只有 0 会转换为假，其他非空、非 0 值都会自动转换为真，可以用来支持 ODBC 和 JDBC 的布尔数据类型。DM 的 BIT 类型与 SQL SERVER2000 的 BIT 数据类型相似。其功能与 ODBC 和 JDBC 的 BOOL 相同。

6.3.3　日期时间数据类型

在人们的日常生活中，时间和日期数据被广泛使用，如新闻发布时间、商场活动的持续时间和职员的出生日期等。

DM8_SQL 主要支持4种一般日期类型：DATE、TIME、DATETIME 和 TIMESTAMP。

DATE 类型用于仅需要存储日期，不需要存储时间，默认格式为‘YYYY-MM-DD’，同时也支持‘YYYY/MM/DD’‘YYYY. MM. DD’。

TIME 类型记录时间的值，默认格式为‘HH:ii:ss’。

DATETIME 与 TIMESTAMP 是日期和时间的混合类型，默认格式为‘YYYY-MM-DD HH:ii:SS’。DATETIME 类型同时包含日期和时间信息，存储需要8个字节，日期格式为‘YYYY-MM-DDHH:MM:SS’，其中 YYYY 表示年，MM 表示月，DD 表示日；HH 表示小时，MM 表示分钟，SS 表示秒。

从形式上来说，DM8_SQL 日期类型的表示方法与字符串的表示方法相同（使用单引号括起来）；本质上，DM8_SQL 日期类型的数据是一个数值类型，可以参与简单的加、减运算。DM8_SQL 的日期类型见表 6-3。

表 6-3　DM8_SQL 日期类型

时间日期类型	字节数	范围	格式	用途
DATE	4	1000-01-01 ~ 9999-12-31	YYYY-MM-DD	日期值
TIME	3	-838：59：59 ~ 838：59：59	HH：MM：SS	时间值
DATETIME	8	1000-01-01 00：00：00 ~ 9999-12-31 23：59：59	YYYY-MM-DD HH：MM：SS	混合日期和时间值
TIMESTAMP	4	19700101080001 ~ 2038 年的某一时刻	YYYYMMDDHHMMSS	时间戳

6.3.4　多媒体数据类型

多媒体数据类型的字值有两种格式，一是字符串，如‘ABCD’；二是 BINARY，如‘0x61626364’。

多媒体数据类型有 TEXT、LONG、LONGVARCHAR（又名 TEXT）、IMAGE、LONGVARBINARY（又名 IMAGE）类型、BLOB、GLOB、BFILE 类型。

1. TEXT 类型

语法：TEXT

功能：TEXT 为变长字符串类型，其字符串类型所能存储的最大长度为 2G-1 个字节，DM 数据库利用它存储长的文本串。

2. LONG、LONGVARCHAR（又名 TEXT）类型

语法：LONG/LONGVARCHAR

功能：与 TEXT 相同。

3. IMAGE 类型

语法：IMAGE

功能：IMAGE 用于指明多媒体信息中的图像类型，图像由不定长的像素点阵组成，长度最大为 2G-1 字节。该类型除了存储图像数据之外，还可用于存储任何其他二进制数据。

4. LONGVARBINARY（又名 IMAGE）类型

语法：LONGVARBINARY

功能：与 IMAGE 相同。

6.4　表的定义与管理

6.4.1　表定义语句

用户数据库建立后，就可以定义基表来保存用户数据的结构。DM 数据库的表可以分为两类，分别为数据库内部表和外部表，数据库内部表由数据库管理系统自行组织管理，而外部表在数据库的外部组织，是操作系统文件。其中，内部表包括数据库基表、HUGE 表和水平分区表，如无明确说明均指数据库基表。下面分别对这几种表的创建与使用进行详细描述。

1. 定义内部表

（1）定义数据库基表

用户数据库建立后，就可以定义基表来保存用户数据的结构，需指定如下信息。

1）表名、表所属的模式名。

2）列定义。

3）完整性约束。

注意：在同一个数据库中，表名不能有重名。

创建数据表可使用 CREATE TABLE 命令，语法格式如下。

```
CREATE [[GLOBAL] TEMPORARY] TABLE [ <模式名>.] <表名>
( [ column_definition ],… | [ index_definition ] )
[table_option] [select_statement];
```

语法说明如下。

1）语法格式中“[ ]”表示可选的。

2）TEMPORARY：使用该关键字表示创建临时表。

3）表名：要创建的表名。

4）column_definition：字段的定义。包括指定字段名、数据类型、是否允许空值、指定默认值、主键约束、唯一性约束、注释字段名、是否为外键，以及字段类型的属性等。语法格式如下。

```
col_name type [NOT NULL | NULL ] [DEFAULT default_value]
[AUTO_INCREMENT][ UNIQUE [KEY] |[PRIMARY] KEY ]
[COMMENT 'String'] [reference_definition]
```

其中：

- col_name：字段名。
- type：声明字段的数据类型。
- NOT NULL|NULL ：表示字段是否可以为空值。
- DEFAULT：指定字段的默认值。
- AUTO_INCREMENT：设置自增属性，只有整型类型才能设置此属性。
- PRIMARY KEY：对字段指定主键约束。
- UNIQUE KEY：对字段指定唯一性约束。
- reference_definition：指定字段外键约束。

5）index_definition：为表的相关字段指定索引。

使用 CREATE TABLE 创建表时，要创建的表的名称，应注意是否区分大小写，不能使用 SQL

语言中的关键字，如DROP、ALTER、INSERT等。

【例6-1】 在jxgl模式中创建student表（学生表），包括字段：学号（sno，非空，CHAR（20）），姓名（sname，非空，VARCHAR（20）），性别（ssex，CHAR（4），非空），出生日期（sbirth，DATE，非空），专业号（zno，CHAR（4），非空），班级（sclass，VARCHAR（20），非空）。

首先创建模式jxgl，在该模式下建立student表。在表名和字段名中加双引号，系统会要求区分大小写，否则不区分大小写。

代码如下所示，执行结果如图6-1所示。

```
CREATE TABLE "jxgl"."student"
(
"sno" CHAR(20) NOT NULL ,
"sname" VARCHAR(20) NOT NULL ,
"ssex" CHAR(4) NOT NULL ,
"sbirth" DATE NOT NULL ,
"zno" CHAR(4) NOT NULL ,
"sclass" VARCHAR(20) NOT NULL ,
PRIMARY KEY ("sno"));

COMMENT ON TABLE "jxgl"."student" IS '学生表';
COMMENT ON COLUMN "jxgl"."student"."sno" IS '学号';
COMMENT ON COLUMN "jxgl"."student"."sname" IS '姓名';
COMMENT ON COLUMN "jxgl"."student"."ssex" IS '性别';
COMMENT ON COLUMN "jxgl"."student"."sbirth" IS '出生日期';
COMMENT ON COLUMN "jxgl"."student"."zno" IS '专业号';
COMMENT ON COLUMN "jxgl"."student"."sclass" IS '班级';
```

```
CREATE TABLE "jxgl"."student"
(
"sno" CHAR(20) NOT NULL,
"sname" VARCHAR(20) NOT NULL,
"ssex" CHAR(4) NOT NULL,
"sbirth" DATE NOT NULL,
"zno" CHAR(4) NOT NULL,
"sclass" VARCHAR(20) NOT NULL,
PRIMARY KEY("sno"));

COMMENT ON TABLE "jxgl"."student" IS '学生表';
COMMENT ON COLUMN "jxgl"."student"."sno" IS '学号';
COMMENT ON COLUMN "jxgl"."student"."sname" IS '姓名';
COMMENT ON COLUMN "jxgl"."student"."ssex" IS '性别';
COMMENT ON COLUMN "jxgl"."student"."sbirth" IS '出生日期';
COMMENT ON COLUMN "jxgl"."student"."zno" IS '专业号';
COMMENT ON COLUMN "jxgl"."student"."sclass" IS '班级';

消息
[执行]语句8]:
COMMENT ON COLUMN "jxgl"."student"."sclass" IS '班级';
执行成功，执行耗时15毫秒. 执行号:2416
影响了0条记录

8条语句执行成功
```

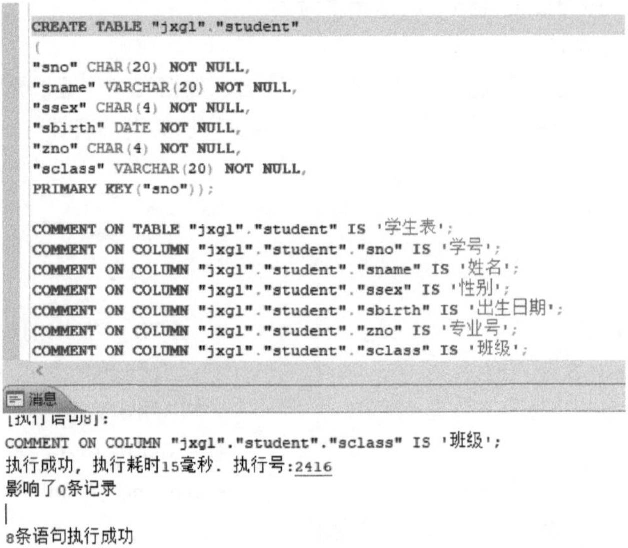

图6-1 创建student表

(2) 定义HUGE表

创建HUGE表可使用CREATE HUGE命令。语法格式如下。

```
CREATE HUGE TABLE <表名定义> <表结构定义>[<PARTITION子句>][<STORAGE子句1>][<压缩子句>]
[<日志属性>][<DISTRIBUTE子句>];
<表名定义> ::= [<模式名>.] <表名>
<表结构定义> ::= <表结构定义1> | <表结构定义2>
<表结构定义1> ::= (<列定义> {,<列定义>} [,<表级约束定义>{,<表级约束定义>}])
<表结构定义2> ::= AS <不带INTO的SELECT语句>[<DISTRIBUTE子句>]
<列定义> ::= <列名> <数据类型>[DEFAULT<列默认值表达式>][<列级约束定义>][<STORAGE子句2>]
<表级约束定义> ::= [CONSTRAINT <约束名>] <表级完整性约束>
<表级完整性约束> ::=
<唯一性约束选项> (<列名>) [USING INDEX TABLESPACE <表空间名> |DEFAULT]|
FOREIGN KEY (<列名>) <引用约束> |
CHECK (<检验条件>)
<列级约束定义> ::= <列级完整性约束>
<列级完整性约束> ::= [CONSTRAINT <约束名>] [NOT] NULL |<唯一性约束选项> [USING INDEX TA-
BLESPACE <表空间名> |DEFAULT]
<唯一性约束选项> ::= [PRIMARY KEY] |UNIQUE
```

【例6-2】 以SYSDBA身份登录数据库后，创建HUGE表orders。

```
CREATE HUGE TABLE orders
(
    o_orderkey          INT,
    o_custkey           INT,
    o_orderstatus           CHAR(1),
    o_totalprice            FLOAT,
    o_orderdate         DATE,
    o_orderpriority         CHAR(15),
    o_clerk             CHAR(15),
    o_shippriority          INT,
    o_comment           VARCHAR(79) STORAGE(stat none)
)STORAGE(SECTION(65536), FILESIZE(64), WITH DELTA, ON HTS_NAME) COMPRESS LEVEL 9 FOR'QUERY HIGH'
(o_comment);
```

这个例子创建了一个名为orders的事务型HUGE表，orders表的区大小为65536行，文件大小为64MB，指定所在的表空间为HTS_NAME，o_comment列指定的区大小为不做统计信息，其他列（默认）都做统计信息，指定列o_comment列压缩类型为查询高压缩率，压缩级别为9。

(3) 定义水平分区表

水平分区包括范围分区、哈希分区和列表分区三种。水平分区表的创建需要通过<PARTITION子句>指定。

1）范围（RANGE）分区，按照分区列的数据范围，确定实际数据存放位置的划分方式。

2）列表（LIST）分区，通过指定表中的某一个列的离散值集来确定应当存储在一起的数据。范围分区是按照某个列上的数据范围进行分区的，如果某个列上的数据无法通过划分范围的方法进行分区，并且该列上的数据是相对固定的一些值，可以考虑使用LIST分区。一般来说，对于数字型或者日期型的数据，适合采用范围分区的方法；而对于字符型数据，取值比较固定的，则适合采用LIST分区的方法。

3）哈希（HASH）分区，对分区列值进行HASH运算后，确定实际数据存放位置的划分方式，主要用来确保数据在预先确定数目的分区中平均分布，允许只建立一个HASH分区。在很多情况下，用户无法预测某个列上的数据变化范围，因而无法实现创建固定数量的范围分区或LIST分区。在这种情况下，DM哈希分区提供了一种在指定数量的分区中均等地划分数据的方法，基于分区键的散列值（HASH值）将行映射到分区中。当用户向表中写入数据时，数据库服务器将根据一个哈希函数对数据进行计算，把数据均匀地分布在各个分区中。在哈希分区中，用户无法预测数据将被写入哪个分区中。

在很多情况下，经过一次分区并不能精确地对数据进行分类，这时需要多级分区表。在进行多级分区的时候，三种分区类型还可以交叉使用。

定义水平分区表的命令为CREATE TABLE，语法格式如下。

```
CREATE TABLE <表名定义> <表结构定义>;
<表名定义> ::= [<模式名>.] <表名>
<表结构定义>::= (<列定义> {,<列定义>} [,<表级约束定义>{,<表级约束定义>}])
```

【例6-3】 创建一个范围分区表callinfo，用来记录用户2021年的电话通信信息，包括主叫号码、被叫号码、通话时间和时长，并且根据季度进行分区。

```
CREATE  TABLE  callinfo(
caller CHAR(15),
callee CHAR(15),
timeDATETIME,
durationINT
)
PARTITION BYRANGE(time)(
PARTITION p1 VALUES LESS THAN ('2021-04-01'),
PARTITION p2 VALUES LESS THAN ('2021-07-01'),
PARTITION p3 VALUES LESS THAN ('2021-10-01'),
PARTITION p4 VALUES EQU OR LESS THAN ('2021-12-31'));
                                        --'2021-12-31'也可替换为MAXVALUE
```

表中的每个分区都可以通过“PARTITION”子句指定一个名称。并且每一个分区都有一个范围，通过“VALUES LESS THAN”子句可以指定上界，而它的下界是前一个分区的上界。如分区p2的time字段取值范围是['2021-04-01','2021-07-01']。如果通过“VALUES EQU OR LESS THAN”指定上界，即该分区包含上界值，如分区p4的time字段取值范围是['2021-10-01','2021-12-31']。另外，可以对每一个分区指定STORAGE子句，不同分区可存储在不同表空间中。

2. 定义外部表

定义外部表时需指定如下信息。

1）表名、表所属的模式名。

2）列定义。

3）控制文件路径。

定义外部表可用 CREATE EXTERNAL TABLE 命令，语法格式如下。

```
CREATE EXTERNAL TABLE [ <模式名>.] <表名>
(<列定义>) <FROM 子句>;
<列定义> ::= <列名> <数据类型>
<FROM 子句> = <FROM 子句 1> | <FROM 子句 2> | <FROM 子句 3> | <FROM 子句 4>
<FROM 子句 1> ::= FROM'<控制文件路径>'
<FROM 子句 2> ::= FROM DATAFILE '<数据文件路径>' [ <数据文件参数列表>]
```

【例 6-4】　指定操作系统的一个文本文件作为数据文件（d:\data.txt），数据如下。

```
10 |9 |7
4 |3 |2 |5
```

建表语句如下。

```
CREATE EXTERNAL TABLE ext_table2 (c1 INT,c2 INT,c3 INT) FROM datafile'd:\data.txt'parms(fields de-
limited by '|', records delimited by 0x0d0a);
```

使用“SELECT ＊ FROM ext_table2;”语句查询该表，结果如下。

```
行号       C1          C2          C3
---------- ----------- ----------- -----------
1          10          9           7
2          4           3           2
```

6.4.2　表修改语句

为了满足用户在建立应用系统的过程中需要调整数据库结构的要求，DM 数据库提供表修改语句。可对表的结构进行全面的修改，包括修改表名、列名、增加列、删除列、修改列类型、增加表级约束、删除表级约束、设置列默认值、设置触发器状态等一系列修改。系统只提供外部表的文件（控制文件或数据文件）路径修改功能，如果想更改外部表的表结构，可以通过重建外部表来实现。

修改表的语法格式如下。

```
ALTER TABLE [ <模式名>.] <表名> <修改表定义子句>
<修改表定义子句> ::=
MODIFY <列定义> |
ADD [COLUMN] <列定义> |
ADD [COLUMN] (<列定义> {,<列定义>}) |
REBUILD COLUMNS |
DROP [COLUMN] <列名> [RESTRICT | CASCADE] |
ADD [CONSTRAINT [ <约束名>] ] <表级约束子句> [ <CHECK 选项>] [ <失效生效选项>] |
DROP CONSTRAINT <约束名> [RESTRICT | CASCADE] |
ALTER [COLUMN] <列名> SET DEFAULT <列默认值表达式> |
ALTER [COLUMN] <列名> DROP DEFAULT |
ALTER [COLUMN] <列名> RENAME TO <列名> |
```

```
    ALTER [COLUMN] <列名> SET <NULL |NOT NULL> |
    ALTER [COLUMN] <列名> SET [NOT] VISIBLE |
    RENAME TO <表名> |
    ENABLE ALL TRIGGERS |
    DISABLE ALL TRIGGERS |
    MODIFY <空间限制子句> |
    MODIFY CONSTRAINT <约束名> TO <表级约束子句> [<CHECK 选项>][RESTRICT |CASCADE] |
    MODIFY CONSTRAINT <约束名> ENABLE [<CHECK 选项>] |
    MODIFY CONSTRAINT <约束名> DISABLE [RESTRICT |CASCADE] |
    WITH COUNTER |
    WITHOUT COUNTER |
    MODIFY PATH <外部表文件路径> |
    DROP IDENTITY |
    ADD [COLUMN] <列名>[<IDENTITY 子句>] |
    ENABLE CONSTRAINT <约束名> [<CHECK 选项>] |
    DISABLE CONSTRAINT <约束名> [RESTRICT |CASCADE] |
    DEFAULT DIRECTORY <目录名> |
    LOCATION ('<文件名>') |
    ENABLE USING LONG ROW |
    ADD LOGIC LOG |
    DROP LOGIC LOG |
    WITHOUT ADVANCED LOG |
    TRUNCATE ADVANCED LOG
    <空间限制子句>
    <表级约束子句>
    <列定义> <IDENTITY 子句>
    <CHECK 选项>::=[NOT]CHECK
```

参数说明如下。

1）<模式名>：指明被操作的基表属于哪个模式，默认为当前模式。

2）<表名>：指明被操作的基表的名称。

3）<列名>：指明修改、增加或被删除列的名称。

4）<数据类型>：指明修改或新增列的数据类型。

5）<列默认值>：指明新增/修改列的默认值，其数据类型与新增/修改列的数据类型一致。

6）<空间限制子句>：分区表不支持修改空间限制。

7）<CHECK 选项>：设置在添加外键约束的时候，是否对表中的数据进行约束检查；在添加约束、修改约束和使约束生效时，不指明 CHECK 属性，默认为 CHECK。

8）<外部表文件路径>指明新的文件在操作系统下的路径和新文件名。数据文件的存放路径符合 DM 安装路径的规则，且该路径必须是已经存在的。

1. 修改数据库表

（1）修改数据表名

具体语法规则如下

```
ALTER TABLE [ <模式名>. ] <表名> RENAME TO <新表名>
```

【例 6-5】　把 student 表的名称改为 stu 代码运行情况，如图 6-2 所示。

```
ALTER TABLE "jxgl". "student" RENAME TO "stu"
```

（2）修改字段名

DM 数据库中修改表字段名的语法规则如下。

```
ALTER TABLE [ <模式名>. ] <表名> ALTER [ COLUMN] <旧列名> RENAME TO <新列名>
```

其中，“旧列名”指修改前的字段名；“新列名”指修改后的字段名。

【例 6-6】　将 student 表的 sbirth 字段名变为 sdate。

代码执行情况如图 6-3 所示。

```
ALTER TABLE "jxgl". "stu" ALTER "sbirth" RENAME TO "sdate"
```

```
ALTER TABLE "jxgl"."student" RENAME TO "stu"
消息
总共1个语句正依次执行...

[执行语句1]:
ALTER TABLE "jxgl"."student" RENAME TO "stu"
执行成功, 执行耗时131毫秒. 执行号:2417
影响了0条记录

1条语句执行成功
```

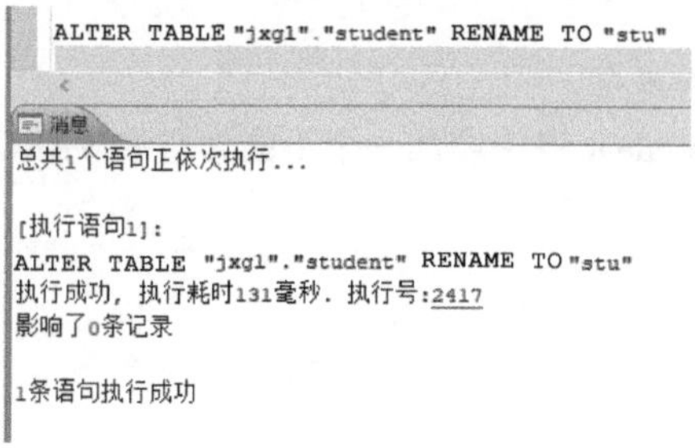

图 6-2　student 表重命名

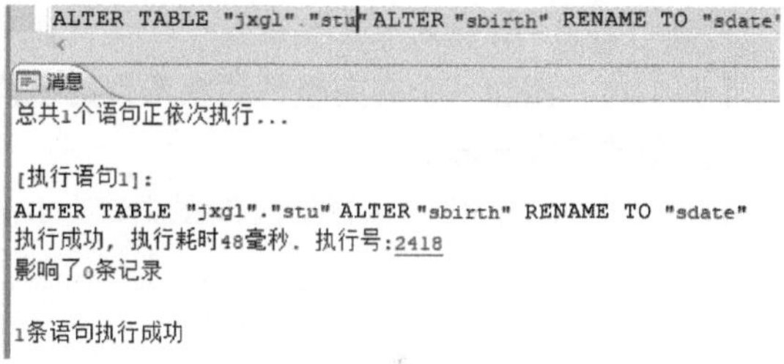

```
ALTER TABLE "jxgl"."stu" ALTER "sbirth" RENAME TO "sdate"
消息
总共1个语句正依次执行...

[执行语句1]:
ALTER TABLE "jxgl"."stu" ALTER "sbirth" RENAME TO "sdate"
执行成功, 执行耗时48毫秒. 执行号:2418
影响了0条记录

1条语句执行成功
```

图 6-3　student 表字段名修改

（3）修改字段数据类型

修改字段的数据类型，就是把字段的数据类型转换成另一种数据类型。在 DM 数据库中修改字段数据类型的语法规则如下。

```
ALTER TABLE [ <模式名>. ] <表名> MODIFY <字段名> <数据类型>;
```

其中，“表名”指需要修改数据类型的字段所在表的名称；“字段名”指需要修改的字段；“数据类型”指修改后字段的新数据类型。

【例 6-7】　将 student 表的 sname 的长度 VARCHAR（20）变为 VARCHAR（30）。

代码如下所示，代码运行情况如图 6-4 所示。

```
ALTER TABLE "jxgl". "stu" MODIFY "sname" VARCHAR(30)
```

（4）增加数据表字段

随着业务需求的变化，可能需要在已经存在的表中添加新的字段。一个完整字段包括字段名、数据类型、完整性约束。添加字段的语法格式如下。

```
ALTER TABLE [ <模式名>. ] <表名> ADD <列名> <数据类型> [列级约束条件]
```

【例 6-8】　添加无完整性约束条件的字段。在 student 表中增加一个没有完整性约束的 INT 类型的字段 snoID，一个 INT 类型的 testid，一个 INT 类型的 markid。

代码如下所示，代码执行情况如图 6-5 所示。

```
ALTER TABLE "jxgl". "stu" ADD "snoID" INT;
ALTER TABLE "jxgl". "stu" ADD "testid" INT;
ALTER TABLE "jxgl". "stu" ADD "markid" INT;
```

```
ALTER TABLE "jxgl"."stu" MODIFY"sname" VARCHAR(30)

消息
总共1个语句正依次执行...

[执行语句1]:
ALTER TABLE "jxgl"."stu" MODIFY "sname" VARCHAR(30)
执行成功, 执行耗时88毫秒. 执行号:2419
影响了0条记录

1条语句执行成功
```

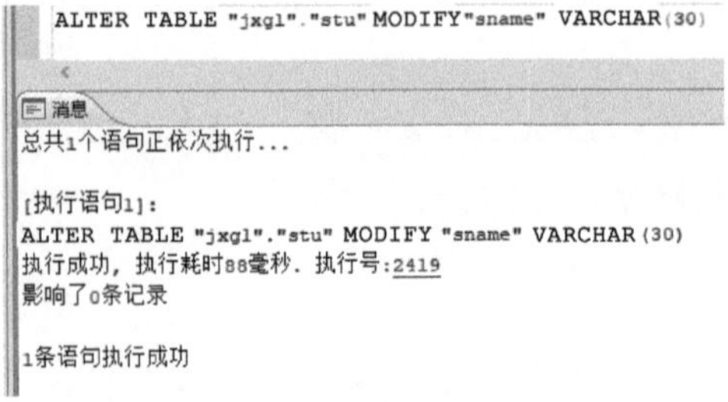

图 6-4　student 表数据类型修改

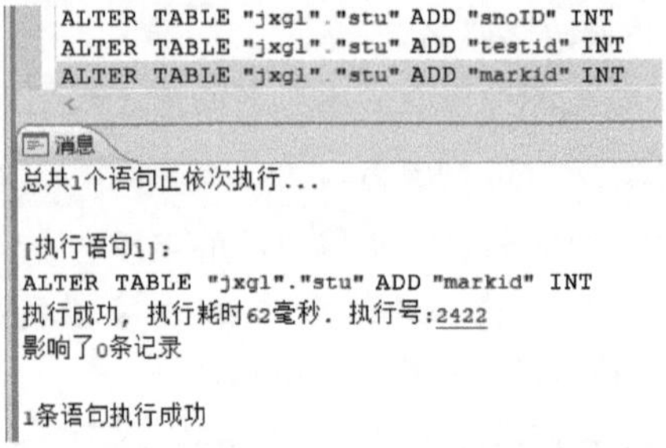

```
ALTER TABLE "jxgl"."stu" ADD "snoID" INT
ALTER TABLE "jxgl"."stu" ADD "testid" INT
ALTER TABLE "jxgl"."stu" ADD "markid" INT

消息
总共1个语句正依次执行...

[执行语句1]:
ALTER TABLE "jxgl"."stu" ADD "markid" INT
执行成功, 执行耗时62毫秒. 执行号:2422
影响了0条记录

1条语句执行成功
```

图 6-5　student 表添加字段

注意：使用 DM 语句添加字段时，一次只能执行一条语句。

【例 6-9】　**添加一个有完整性约束条件的字段。在 student 表中增加一个不能为空的 VARCHAR(50) 类型的字段 mark。**

代码如下所示，代码执行情况如图 6-6 所示。

```
ALTER TABLE "jxgl". "stu" ADD "mark" VARCHAR(50) NOT NULL;
```

（5）删除字段

删除字段是将数据表中的某一个字段从表中移除，语法格式如下。

```
ALTER TABLE [<模式名>.]<表名> DROP [COLUMN] <列名>
```

其中，“列名”指需要从表中删除的字段的名称。

【例 6-10】　**删除 student 表中的 testid 字段。**

代码如下所示，代码运行情况如图 6-7 所示。

```
ALTER TABLE "jxgl". "stu" DROP "testid";
```

```
ALTER TABLE "jxgl"."stu" ADD "mail" VARCHAR(50) NOT NULL;

消息
总共1个语句正依次执行...

[执行语句1]:
ALTER TABLE "jxgl"."stu" ADD "mail" VARCHAR(50) NOT NULL;
执行成功, 执行耗时12毫秒. 执行号:180
影响了0条记录

1条语句执行成功
```

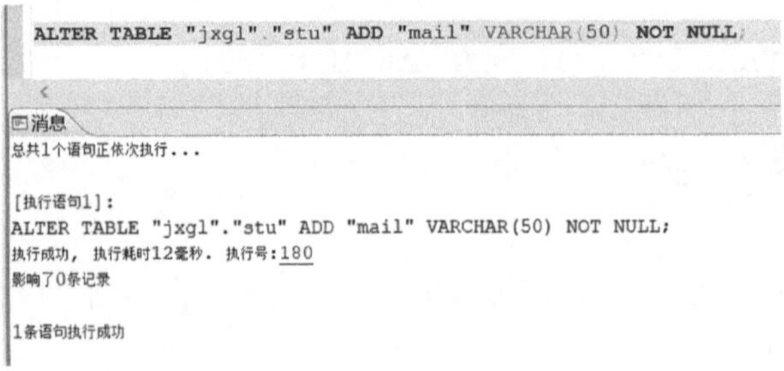

图 6-6　student 表添加有约束的字段

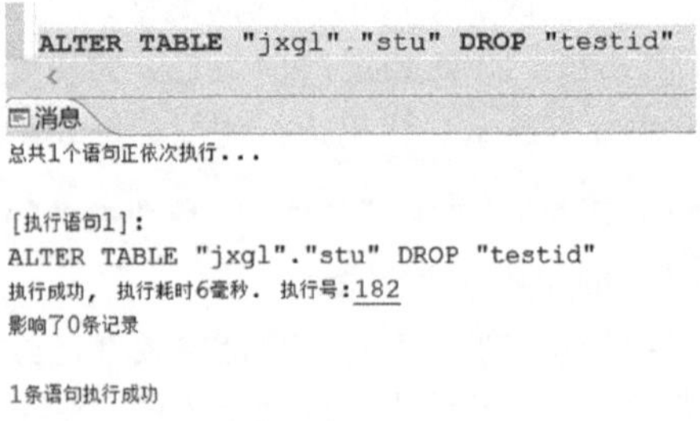

```
ALTER TABLE "jxgl"."stu" DROP "testid"

消息
总共1个语句正依次执行...

[执行语句1]:
ALTER TABLE "jxgl"."stu" DROP "testid"
执行成功, 执行耗时6毫秒. 执行号:182
影响了0条记录

1条语句执行成功
```

图 6-7　删除 student 表中的 testid 字段

2. 修改水平分区表

这里专门介绍水平分区表在分区方面的修改。其他方面的常规修改和普通表一样，普通表的修改方法在水平分区表上完全适用。语法格式如下。

```
ALTER TABLE [ <模式名>. ] <表名> <修改表定义子句>
<修改表定义子句> ::=
MODIFY <增加多级分区子表> |
<删除多级分区子表> |
MODIFY <修改 LIST 分区子表> |
ADD <水平分区项> |
DROP PARTITION <分区名> |
EXCHANGE <PARTITION | SUBPARTITION > <分区名> WITH TABLE [ <模式名. > ] <表名> |
SPLIT PARTITION <分区名> AT (<表达式>{, <表达式>}) INTO ({PARTITION <分区名> <STORAGE 子句>}, {PARTITION <分区名> <STORAGE 子句>}) |
MERGE PARTITIONS <分区编号>, <分区编号> INTO PARTITION <分区名> |
MERGE PARTITIONS <分区名>, <分区名> INTO PARTITION <分区名> |
SET SUBPARTITION TEMPLATE <分区模板描述项> |
TRUNCATE PARTITION [ (] <分区名> [ ) ] |
TRUNCATE SUBPARTITION [ (] <子分区名> [ ) ] |
ENABLE ROW MOVEMENT |
DISABLE ROW MOVEMENT |
```

参数说明如下。

1）<模式名>：指明被操作的分区表属于哪个模式，默认为当前模式。

2）<表名>：指明被操作的分区表的名称。

3）<分区编号>：从 1 开始，2，3，4，…以此类推，编号最大值为实际分区数。

【例 6-11】 **合并分区表，修改分区表。**

```
ALTER TABLE PRODUCTION.PRODUCT_INVENTORY MERGE PARTITIONS P1,P2 INTO PARTITION P5;
```

执行后，分区结构见表 6-4。

表 6-4　合并分区表到 P5 的分区信息

PARTITIONNO	P5	P3	P4
VALUES	QUANTITY≤100	100 < QUANTITY≤10000	QUANTITY <99999

【例 6-12】 **在【例 6-11】合并分区表的基础上，重新拆分分区表，修改分区表。**

```
ALTER TABLE PRODUCTION.PRODUCT_INVENTORY SPLIT PARTITION P3AT(666) INTO(PARTITION P6,PARTITION P7);
```

执行后，分区结构见表 6-5。

表 6-5　合并分区表的基础上，重新拆分分区表后的分区信息

PARTITIONNO	P5	P6	P7	P4
VALUES	QUANTITY≤100	100 < QUANTITY≤666	666 < QUANTITY≤10000	10000 < QUANTITY

3. 修改 HUGE 表

HUGE 表的修改操作如下。

语法格式如下。

```
ALTER TABLE [ <模式名>. ] <表名> <修改表定义子句>
<修改表定义子句> ::=
ALTER [COLUMN] <列名> SET DEFAULT <列默认值表达式> |
ALTER [COLUMN] <列名> DROP DEFAULT |
ALTER [COLUMN] <列名> RENAME TO <列名> |
RENAME TO <表名> |
ENABLE CONSTRAINT <约束名> [ <CHECK 选项> ] |
DISABLE CONSTRAINT <约束名> [RESTRICT |CASCADE]
ALTER [COLUMN] <列名> SET STAT NONE
ALTER [COLUMN] (<列名>{,<列名>})SET STAT [NONE] |
```

【例6-13】 创建一个HUGE表STUDENT，数据区大小为65536行，文件大小为64MB，S_COMMENT列指定的数据区大小为不做统计信息，其他列（默认）都做统计信息。

```
CREATE HUGE TABLE STUDENT
(
    S_NO                INT,
    S_CLASS             VARCHAR,
    S_COMMENT           VARCHAR(79) STORAGE(STAT NONE)
)STORAGE(SECTION(65536), WITH DELTA, FILESIZE(64));
```

重新设置列S_COMMENT，打开S_COMMENT的统计开关，对该列做统计信息。

```
ALTER TABLE STUDENT ALTER COLUMN (S_COMMENT)  SET STAT;
```

修改表STUDENT的统计状态为关闭，即所有列都不做统计信息。

```
ALTER TABLE STUDENT SET STAT NONE;
```

修改表STUDENT的统计状态为SYNCHRONOUS，并打开S_NO、S_CLASS、S_COMMENT三列的统计开关，打开之后，列的统计状态和表的统计状态一致。

```
ALTER TABLE STUDENT SET STAT SYNCHRONOUS ON (S_NO, S_CLASS, S_COMMENT);
```

6.4.3 基表复制语句

可以通过CREATE TABLE命令复制表的结构和数据。

语法格式如下。

```
CREATE [TEMPORARY] TABLE [IF NOT EXISTS] table_name
[LIKE old_table_name ]
|[AS (select_statement)];
```

基表复制有两种方式。

1）CREATE TABLE T_A LIKE T_B；此种方式在将表T_B复制到T_A时会将表T_B完整的字段结构和数据复制到表T_A中。

2）CREATE TABLE T_A AS SELECT sn，sname，sage FROM T_B；此种方式只会将表T_B的字段结构复制到表T_A中，但不会将表T_B中的索引复制到表T_A中。这种方式比较灵活，可以在复制原表表结构的同时指定要复制哪些字段，并且自身复制表也可以根据需要增加字段结构。

两种方式在复制表的时候均不会复制权限对表的设置。比如说，原本对表 B 做了权限设置，复制后，表 A 不具备类似于表 B 的权限。

【例 6-14】 **复制 stu 表到 stu2 表中。**

代码如下所示，代码运行情况如图 6-8 所示。

```
CREATE TABLE "jxgl"."stu2" LIKE "jxgl"."stu"
```

【例 6-15】 **复制 stu 表中的学号（sno）、姓名（sname）到新的表 stu3。**

代码如下所示，代码运行结果如图 6-9 所示。

```
CREATE TABLE "jxgl"."stu3" AS SELECT sno, sname FROM "jxgl"."stu";
```

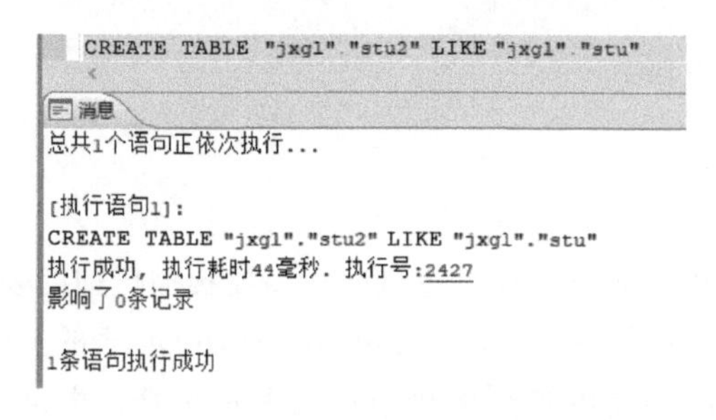

图 6-8　基于已有表结构创建新表

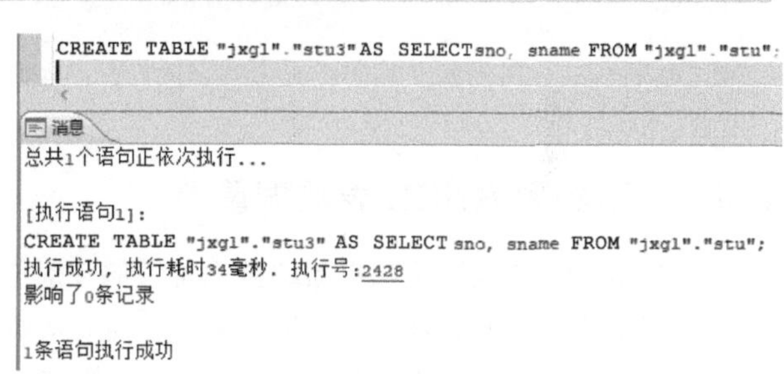

图 6-9　基于已有表结构创建新表并复制数据

6.4.4　基表删除语句

删除数据表就是将数据库中已经存在的表从数据库中删除。注意，在删除表的同时，表的定义和表中所有的数据均会被删除。因此，在进行删除操作前，最好对表中的数据做一个备份，以免造成无法挽回的后果。

删除表可以用 DROP TABLE 命令。语法格式如下。

```
DROP TABLE [IF EXISTS] [<模式名>.]<表名> [RESTRICT |CASCADE]
```

模式名为被删除表所属的模式，默认为当前模式；表名为要删除的表的名称。

在 DM 数据库中，使用 DROP TABLE 一条语句只能删除一个表。如果要删除的数据表不存在，则 DM 数据库会提示一条错误信息“无效的表或视图名［表名］　1 条语句执行失败”。参数“IF EXISTS”用于在删除前判断删除的表是否存在，加上该参数后，再删除表的时候，如果表不存在，SQL 语句便可以顺利执行。

表删除有两种方式：RESTRICT 和 CASCADE 方式（外部基表除外）。其中，RESTRICT 为默认值。如果以 CASCADE 方式删除该表，将删除表中唯一列上和主关键字上的引用完整性约束，当设置 INI 参数 DROP_CASCADE_VIEW 值为 1 时，还可以删除所有建立在该基表上的视图。如果以 RESTRICT 方式删除该表，要求该表上已不存在任何视图以及引用完整性约束，否则 DM 数据库返回错误信息，而不删除该表；该表删除后，表上索引同时被删除，用户在表上的权限也会自动取消。删除外部基表无须指定 RESTRICT 和 CASCADE 关键字。

【例 6-16】 **删除 stu3 表。**

代码如下所示，代码运行结果如图 6-10 所示。

```
DROP TABLE IF EXISTS "jxgl". "stu3"
```

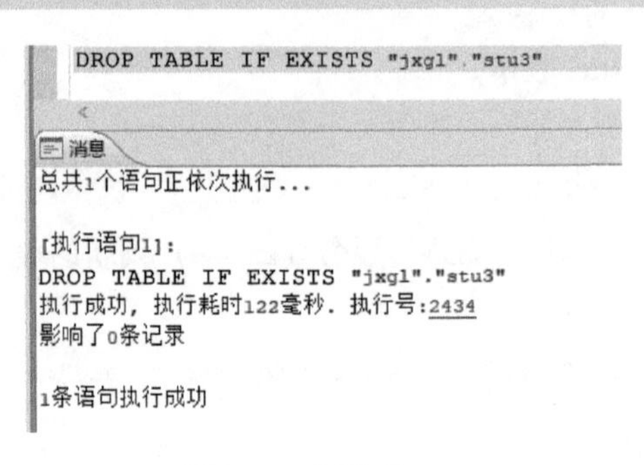

图 6-10　删除表 stu3

6.4.5　事务型 HUGE 表数据重整

事务型 HUGE 表删除和更新的数据都存储在对应的行辅助表中，查询时还需要扫描行辅助表。随着时间推移，行辅助表中数据量较大时，需要对数据进行重整，以免影响事务型 HUGE 表的查询效率。数据重整将事务型 HUGE 表中涉及更新和删除操作的数据区进行区内数据重整，重整后 HUGE 表中每个数据区内的数据紧密排列，但数据不会跨区移动。需要注意的是，数据重整会导致 ROWID 发生变化。

语法格式如下。

```
ALTER TABLE [ <模式名 > .] <表名 > REBUILD SECTION;
```

【例 6-17】　对事务型 HUGE 表 ORDERS 进行重整。

```
ALTER TABLE ORDERS REBUILD SECTION;
```

6.5　约束控制定义与管理

6.5.1　数据完整性约束

在 DM 数据库中，各种完整性约束是作为数据库关系模式定义中的一部分，可通过 CREATE TABLE 或 ALTER TABLE 语句来定义。一旦定义了完整性约束，DM 服务器会随时检测处于更新状态的数据库内容是否符合相关的完整性约束，从而保证数据的一致性与正确性。如此，既能有效防止对数据库的意外破坏，又能提高完整性检测的效率，还能减轻数据库编程人员的工作负担。

数据的完整性总体来说可分为以下 4 类，即实体完整性、参照完整性、域完整性和用户自定义完整性。

- 实体完整性：实体的完整性强制表的标识符列或主键的完整性（通过约束、唯一约束、主键约束或标识列属性）。
- 参照完整性：在删除和输入记录时，引用完整性保持表之间已定义的关系，引用完整性确保键值在所有表中一致。这样的一致性要求不能引用不存在的值。如果一个键值更改了，那么在整个数据库中，对该键值的引用要进行一致的更改。

- 域完整性：限制类型（数据类型）、格式（检查约束和规则）、可能值范围（外键约束、检查约束、默认值定义、非空约束和规则）。
- 用户自定义完整性：用户自己定义的业务规则。

6.5.2　字段的约束

设计数据库时，可以对数据库表中的一些字段设置约束条件，由数据库管理系统自动检测输入的数据是否满足约束条件，不满足约束条件的数据数据库管理系统会拒绝录入。DM_SQL 支持的常用约束条件有 7 种：主键（PRIMARY KEY）约束、外键（FOREIGN KEY）约束、非空（NOT NULL）约束、唯一性（UNIQUE）约束、默认值（DEFAULT）约束、自增约束（AUTO_INCREMENT）以及检查（CHECK）约束。

1. 主键约束（PRIMARY KEY Constraint）

设计数据库时，建议所有的数据库表都只定义一个主键，用于保证数据库表中记录的唯一性。一张表中只允许设置一个主键，当然这个主键可以是一个字段，也可以是一个字段组（不建议使用复合主键）。在录入数据的过程中，必须在所有主键字段中输入数据，即任何主键字段的值不允许为 NULL。

可以在创建表的时候创建主键，也可以对表已有的主键进行修改或者增加新的主键。设置主键通常有两种方式：表级完整性约束和列级完整性约束。

若一个表的主键是单个字段 ID，如果用表级完整性约束，就是用 PRIMARY KEY 命令单独设置主键为 ID 列。

语法规则为 PRIMARY KEY（字段名）。

【例 6-18】　创建学生 student 表，用表的完整性设置学号 sno 字段为主键。

代码及代码运行情况如图 6-11 所示。

```
CREATE TABLE "jxgl"."student"
(
"sno" CHAR(20) NOT NULL,
"sname" VARCHAR(20) NOT NULL,
"ssex" CHAR(4) NOT NULL,
"sbirth" DATE NOT NULL,
"zno" CHAR(4) NOT NULL,
"sclass" VARCHAR(20) NOT NULL,
PRIMARY KEY("sno"));

COMMENT ON TABLE "jxgl"."student" IS '学生表';
COMMENT ON COLUMN "jxgl"."student"."sno" IS '学号';
COMMENT ON COLUMN "jxgl"."student"."sname" IS '姓名';
COMMENT ON COLUMN "jxgl"."student"."ssex" IS '性别';
COMMENT ON COLUMN "jxgl"."student"."sbirth" IS '出生日期';
COMMENT ON COLUMN "jxgl"."student"."zno" IS '专业号';
COMMENT ON COLUMN "jxgl"."student"."sclass" IS '班级';

消息
执行成功，执行耗时3毫秒. 执行号:2444
影响了0条记录

[执行语句8]:
COMMENT ON COLUMN "jxgl"."student"."sclass" IS '班级';
执行成功，执行耗时2毫秒. 执行号:2445
影响了0条记录

8条语句执行成功
```

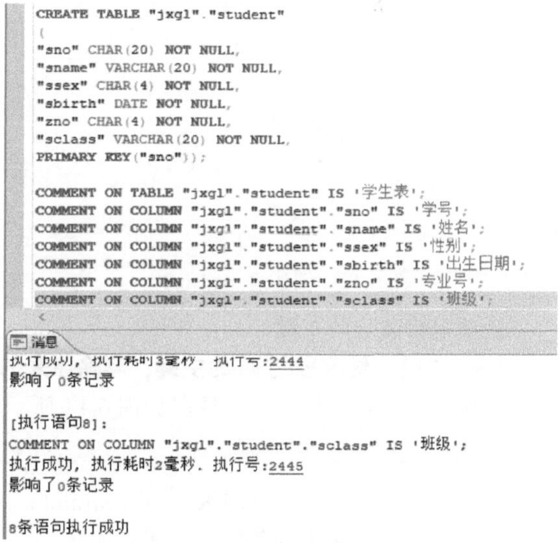

图 6-11　创建表 student

如果用列级完整性约束，就是直接在该字段的数据类型或者其他约束条件后加上“PRIMARY KEY”关键字，即可将该字段设置为主键约束。

语法规则为字段名 数据类型 [其他约束条件]　PRIMARY KEY。

【例 6-19】　创建学生 student1 表，用列的完整性设置学号 sno 字段为主键。

代码及代码运行情况如图 6-12 所示。

如果一个表的主键是多个字段的组合（例如，字段名 1 与字段名 2 共同组成主键），定义完所有的字段后，使用下面的语法规则设置复合主键。

```
PRIMARY KEY(字段名1,字段名2)
```

【例6-20】 使用下面的SQL语句在jxgl数据库中创建SC表，并将（sno，cno）的字段组合设置为SC表的主键。

代码如下所示，代码运行情况如图6-13所示。

```
CREATE TABLE "jxgl"."sc"
(
"sno" CHAR(20) NOT NULL,
"cno" CHAR(10) NOT NULL,
"grade" NUMBER(4,1),
primary key(sno, cno)
);

COMMENT ON TABLE "jxgl"."sc" IS '选课表';
COMMENT ON COLUMN "jxgl"."sc"."sno" IS '学号';
COMMENT ON COLUMN "jxgl"."sc"."cno" IS '课程号';
COMMENT ON COLUMN "jxgl"."sc"."grade" IS '成绩';
```

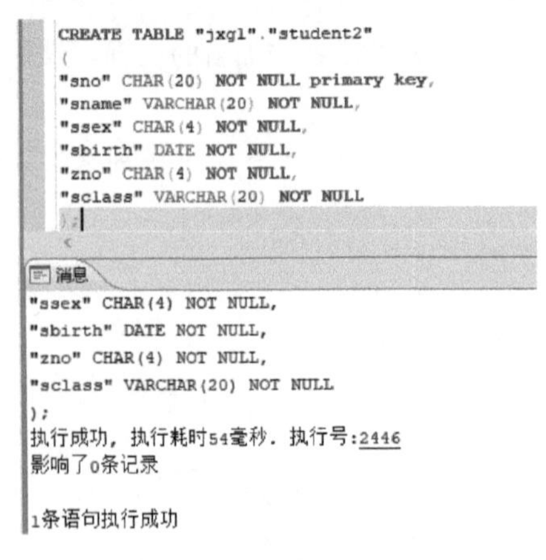

图6-12 创建表student2

```
CREATE TABLE "jxgl"."sc"
(
"sno" CHAR(20) NOT NULL,
"cno" CHAR(10) NOT NULL,
"grade" NUMBER(4,1),
primary key(sno, cno)
);

COMMENT ON TABLE "jxgl"."sc" IS '选课表';
COMMENT ON COLUMN "jxgl"."sc"."sno" IS '学号';
COMMENT ON COLUMN "jxgl"."sc"."cno" IS '课程号';
COMMENT ON COLUMN "jxgl"."sc"."grade" IS '成绩';

消息
[执行语句5]:
COMMENT ON COLUMN "jxgl"."sc"."grade" IS '成绩';
执行成功，执行耗时2毫秒. 执行号:2713
影响了0条记录

5条语句执行成功
```

图6-13 创建表sc并指定联合主键

还可以修改表的主键。

【例6-21】 修改表的sc的主键，删除原来的主键，增加sno、cno为主键。

代码如下所示，代码运行情况如图6-14所示。

```
ALTER TABLE sc DROP PRIMARY KEY,ADD PRIMARY KEY(sno,cno)
```

2. 外键约束（FOREIGN KEY Constraint）

外键用来在两个表的数据之间建立连接，它可以是一列或者多列。一个表可以有一个或者多个外键。表A外键字段的取值，要么是NULL，要么是来自于表B主键字段的取值（此时将表A称为表B的子表，表B称为表A的父表）。

外键是表中的一个字段，它可以不是本表的主键，但对应另外一个表的主键。主键的主要作用是保证数据引用的完整性，定义外键后，不允许删除在另一个表中具有关联关系的行。其中，对于两个具有关联关系的表而言，相关联字段中主键所在的那个表即是主表（父表），相关联字段中外键所在的那个表即是从表（子表）。

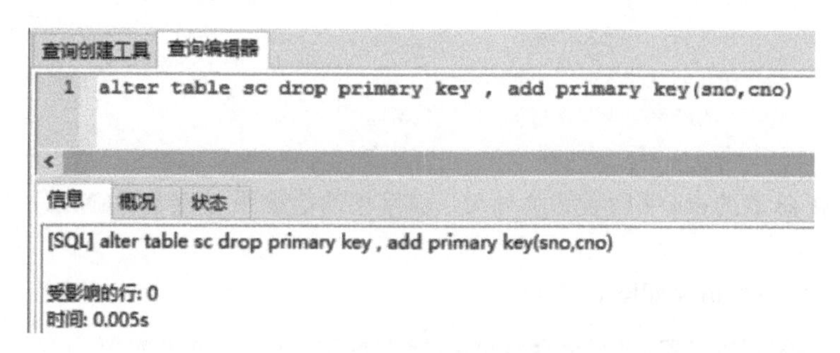

图 6-14　修改表的 sc 的主键，删除原来的主键，增加 sno、cno 为主键

在关系型数据库中，主表（父表）与从表（子表）之间，以关联值为关键字来建立相关表之间的联系，它是通过相容或相同的属性或属性组来表示的。子表的外键必须关联父表的主键，且关联字段的数据类型必须匹配，如果类型不一样，则创建子表时，就会出现错误提示。

子表和父表之间的外键约束关系会导致如下情况。

1）如果子表的记录“参照”了父表的某条记录，那么父表这一条记录的删除（DELETE）或修改（UPDATE）操作可能以失败告终。

2）如果试图直接插入（INSERT）或者修改（UPDATE）子表的“外键值”，子表中的“外键值”要么是父表中的“主键值”，要么是 NULL，否则插入（INSERT）或者修改（UPDATE）操作将失败。

例如，学生 student 表的专业号字段 zno 的取值要么是 NULL，要么是来自于专业表 specialty 的 zno 字段的取值。也可以这样说，学生 student 表的 zno 字段的取值必须参照（REFERENCE）专业表 specialty 的 zno 字段的取值。

在表 A 中设置外键也有两种方式，一种是在表级完整性下定义外键约束，另一种是在列级完整性下定义外键约束。

表级完整性语法规则如下。

FOREIGN KEY（表 A 的字段名列表）REFERENCES 表 B（字段名列表）

```
[ON DELETE {CASCADE | RESTRICT |SET NULL  | NO ACTION} ]
[ON UPDATE {CASCADE | RESTRICT |SET NULL  | NO ACTION} ]
```

级联选项有 4 种取值，其意义如下。

1）CASCADE：父表记录的删除（DELETE）或修改（UPDATE）操作，会自动删除或修改子表中与之对应的记录。

2）SET NULL：父表记录的删除（DELETE）或修改（UPDATE）操作，会将子表中与之对应记录的外键值自动设置为 NULL 值。

3）NO ACTION：父表记录的删除（DELETE）或修改（UPDATE）操作，如果子表存在与之对应的记录，那么删除或修改操作将失败。

4）RESTRICT：与 NO ACTION 功能相同，且为级联选项的默认值。

如果表已经建好，那么可以通过 ALTER TABLE 命令添加外键约束。语法如下。

```
ALTER TABLE table_name
    ADD [ CONSTRAINT 外键名] FOREIGN KEY [id] (index_col_name, ……)
    REFERENCES table_name(index_col_name,……)
    [ ON DELETE {CASCADE | RESTRICT |SET NULL  | NO ACTION} ]
    [ON UPDATE {CASCADE | RESTRICT |SET NULL  | NO ACTION} ]
```

【例 6-22】 将 sc 表的 sno 字段设置为外键，该字段的值参照（REFERENCE）班级 student 表的 sno 字段的取值。

代码如下，代码运行情况如图 6-15 所示。

```
ALTER TABLE "jxgl"."sc" ADD FOREIGN KEY(sno) REFERENCES "jxgl"."student"(sno)
ON UPDATE RESTRICT
ON DELETE RESTRICT;
```

```
ALTER TABLE "jxgl"."sc" ADD FOREIGN KEY(sno) REFERENCES "jxgl"."student"(sno)
ON UPDATE RESTRICT
ON DELETE RESTRICT;
```

消息

```
[执行语句1]:
ALTER TABLE "jxgl"."sc" ADD FOREIGN KEY(sno) REFERENCES "jxgl"."student"(sno)
ON UPDATE RESTRICT
ON DELETE RESTRICT;
执行成功, 执行耗时151毫秒. 执行号:2447
影响了0条记录

1条语句执行成功
```

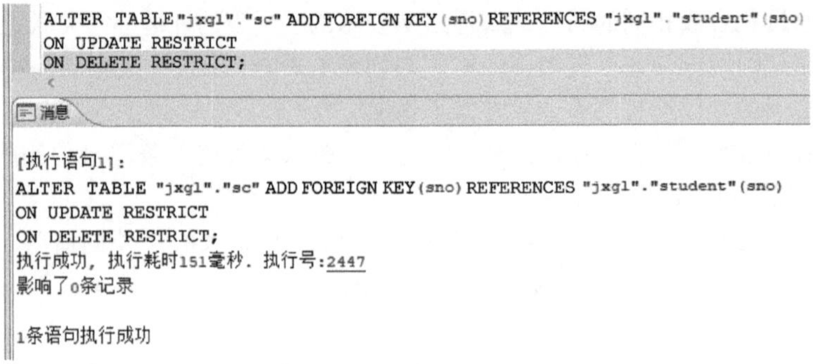

图 6-15 增加外键约束

如果表还没建立，那么可以在 CREATE TABLE 中指定。

【例 6-23】 在创建 sc 表时使用下面的 SQL 代码指定外键 sno。

代码如下，代码运行情况如图 6-16 所示。

```
DROP TABLE IF EXISTS "jxgl". "sc";
CREATE TABLE "jxgl". "sc"
(
"sno" CHAR(20) NOT NULL,
"cno" CHAR(10) NOT NULL,
"grade" NUMBER(4,1),
PRIMARY KEY(sno, cno),
FOREIGN KEY(sno) REFERENCES "jxgl". "student"(sno)
);
COMMENT ON TABLE "jxgl". "sc" IS '选课表';
COMMENT ON COLUMN "jxgl". "sc". "sno" IS '学号';
COMMENT ON COLUMN "jxgl". "sc". "cno" IS '课程号';
COMMENT ON COLUMN "jxgl". "sc". "grade" IS '成绩';
```

在列级完整性上定义外键约束，就是直接在列的后面添加 REFERENCES 命令。代码如下，代码运行情况如图 6-17 所示。

```
DROP TABLE IF EXISTS "jxgl"."sc";
CREATE TABLE "jxgl"."sc"
(
"sno" CHAR(20) NOT NULL REFERENCES "jxgl"."student"(sno),
"cno" CHAR(10) NOT NULL ,
"grade" NUMBER(4,1),
PRIMARY KEY (sno, cno)
);

COMMENT ON TABLE "jxgl"."sc" IS'选课表';
COMMENT ON COLUMN "jxgl"."sc"."sno" IS'学号';
COMMENT ON COLUMN "jxgl"."sc"."cno" IS'课程号';
COMMENT ON COLUMN "jxgl"."sc"."grade" IS'成绩';
```

```
DROP TABLE IF EXISTS "jxgl"."sc";
CREATE TABLE "jxgl"."sc"
(
"sno" CHAR(20) NOT NULL,
"cno" CHAR(10) NOT NULL,
"grade" NUMBER(4,1),
PRIMARY KEY(sno, cno),
FOREIGN KEY(sno) REFERENCES "jxgl"."student"(sno)
);

COMMENT ON TABLE "jxgl"."sc" IS '选课表';
COMMENT ON COLUMN "jxgl"."sc"."sno" IS '学号';
COMMENT ON COLUMN "jxgl"."sc"."cno" IS '课程号';
COMMENT ON COLUMN "jxgl"."sc"."grade" IS '成绩';

消息
执行成功，执行耗时17毫秒. 执行号:2453
影响了0条记录

[执行语句5]:
COMMENT ON COLUMN "jxgl"."sc"."grade" IS '成绩';
执行成功，执行耗时2毫秒. 执行号:2454
影响了0条记录

5条语句执行成功
```

图 6-16　建表时指定外键信息

```
DROP TABLE IF EXISTS "jxgl"."sc";
CREATE TABLE "jxgl"."sc"
(
"sno" CHAR(20) NOT NULL REFERENCES "jxgl"."student"(sno),
"cno" CHAR(10) NOT NULL,
"grade" NUMBER(4,1),
PRIMARY KEY (sno, cno)
);

COMMENT ON TABLE "jxgl"."sc" IS '选课表';
COMMENT ON COLUMN "jxgl"."sc"."sno" IS '学号';
COMMENT ON COLUMN "jxgl"."sc"."cno" IS '课程号';
COMMENT ON COLUMN "jxgl"."sc"."grade" IS '成绩';

消息
执行成功，执行耗时21毫秒. 执行号:2459
影响了0条记录

[执行语句5]:
COMMENT ON COLUMN "jxgl"."sc"."grade" IS '成绩';
执行成功，执行耗时23毫秒. 执行号:2460
影响了0条记录

5条语句执行成功
```

图 6-17　修改表已有主键信息

表级完整性约束和列级完整性约束都是在 CREATE TABLE 语句中定义的。还有另外一种方式，就是使用完整性约束命名字句 CONSTRAINT，用来对完整性约束条件命名，从而可以灵活地增加、删除一个完整性约束条件。

完整性约束命名字句格式如下。

```
CONSTRAINT <完整性约束条件名> [PRIMARY KEY 短语 | FOREIGN KEY 短语 | CHECK 短语]
```

【例 6-24】　创建 sc 表，将 sno 字段设置为外键。

代码如下所示，代码运行情况如图 6-18 所示。

```
DROP TABLE IF EXISTS "jxgl". "sc";
CREATE TABLE "jxgl". "sc"
(
"sno" CHAR(20) NOT NULL ,
"cno" CHAR(10) NOT NULL ,
"grade" NUMBER(4,1),
PRIMARY KEY (sno, cno),
CONSTRAINT sc_student_fk FOREIGN KEY (sno) REFERENCES
" jxgl" . " student" (sno)
);
```

```
DROP TABLE IF EXISTS "jxgl"."sc";
CREATE TABLE "jxgl"."sc"
(
"sno" CHAR(20) NOT NULL,
"cno" CHAR(10) NOT NULL,
"grade" NUMBER(4,1),
PRIMARY KEY (sno, cno),
CONSTRAINT sc_student_fk FOREIGN KEY(sno) REFERENCES "jxgl"."student"(sno)
) ;

消息
"cno" CHAR(10) NOT NULL,
"grade" NUMBER(4,1),
PRIMARY KEY(sno, cno),
CONSTRAINT sc_student_fk FOREIGN KEY(sno) REFERENCES "jxgl"."student"(sno)
) ;
执行成功, 执行耗时16毫秒. 执行号:2463
影响了0条记录

2条语句执行成功
```

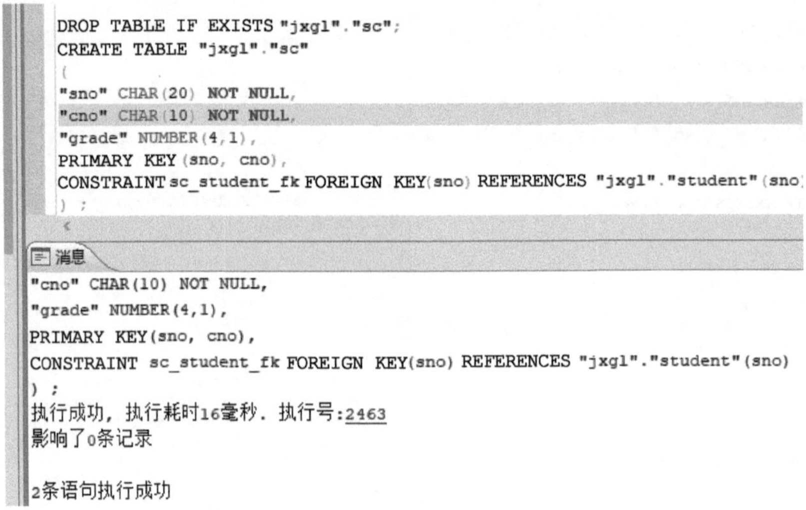

图 6-18　给外键命名

创建表时，建议先创建父表，然后创建子表，并且建议子表的外键字段与父表的主键字的数据类型（包括长度）相似或者可以相互转换（建议外键字段与主键字数据类型相同）。

例如，选课 sc 表中 sno 字段的数据类型与学生 student 表中 sno 字段的数据类型完全相同，选课 sc 表中 sno 字段的值要么是 NULL，要么是来自于学生 student 表中 sno 字段的值。选课 sc 表为学生 student 表的子表，学生 student 表为选课 sc 表的父表。

3. 其他类型约束

除了外键约束外，主键约束以及唯一性约束也可以使用“CONSTRAINT 约束名约束条件”格式进行设置。

（1）非空约束（NOT NULL Constraint）

如果某个字段满足非空约束的要求（如学生的姓名不能取 NULL 值），则可以向该字段添加非空约束。若设置某个字段的非空约束，直接在该字段的数据类型后加上“NOT NULL”关键字即可。非空约束限制该字段的内容不能为空，但可以是空白。对于使用了非空约束的字段，如果用户在添加数据时没有指定值，数据库系统会报错。

语法格式为：字段名 数据类型 NOT NULL。

【例6-25】 将学生 student 表的姓名 sname 字段设置为空约束。

代码如下所示，代码运行情况如图6-19所示。

```
ALTER TABLE"jxgl"."student" MODIFY "sname" VARCHAR(20) NULL
```

（2）唯一约束（UNIQUE Constraint）

如果某个字段满足唯一性约束要求，则可以向该字段添加唯一性约束。与主键约束不同，一张表中可以存在多个唯一性约束，并且满足唯一性约束的字段可以取 NULL 值。

例如，班级 classes 表的班级名 class_name 字段的值不能重复，class_name 字段满足唯一性约束条件。若设置某个字段为唯一性约束，直接在该字段数据类型后加上“UNIQUE”关键字即可。

语法规则为：字段名 数据类型 UNIQUE。

【例6-26】 创建课程 course 表，班级名 cname 字段设置为非空约束以及唯一性约束。

代码如下所示，代码运行情况如图6-20所示。

```
CREATE TABLE "jxgl"."course"
(
"cno" VARCHAR(10) NOT NULL,
"cname" VARCHAR(50),
"ccredit" INT NOT NULL,
"cdept" VARCHAR(20) NOT NULL,
PRIMARY KEY("cno"));
```

```
ALTER TABLE "jxgl"."student" MODIFY "sname" VARCHAR(20) NULL

消息
总共1个语句正依次执行...

[执行语句1]:
ALTER TABLE "jxgl"."student" MODIFY "sname" VARCHAR(20) NULL
执行成功，执行耗时27毫秒．执行号:2464
影响了0条记录

1条语句执行成功
```

图6-19　设置空约束

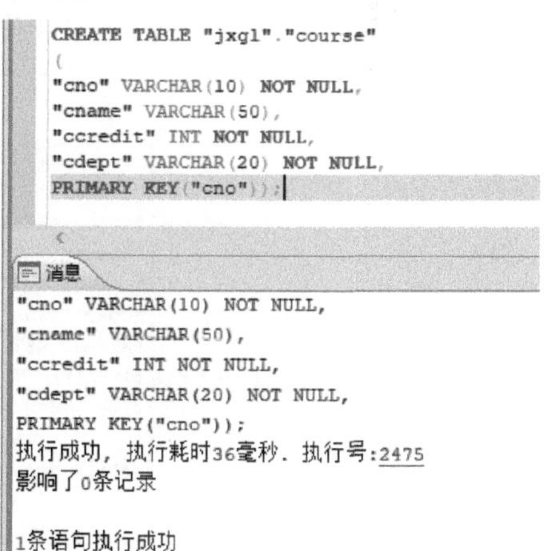

图6-20　建表时建立唯一约束

如果表已经存在，那么可以通过下面的语句命令进行操作。

ALTER TABLE "jxgl"."course" MODIFY "cname" VARCHAR(50) NOT NULL UNIQUE

如果某个字段存在多种约束条件，约束条件的顺序是随意的。唯一性约束实质上是通过唯一性索引实现的，因此唯一性约束的字段一旦创建，那么该字段将自动创建唯一性索引。如果要删除唯一性约束，只需删除对应的唯一性索引即可。

UNIQUE 和 PRIMARY KEY 的区别是，一个表中可以有多个字段声明为 UNIQUE，但只能有一个 PRIMARY KEY 声明；声明为 PRIMARY KEY 的列不允许有空值，但是声明为 UNIQUE 的字段允许空值的存在。

(3) 默认约束（DEFAULT Constraint）

如果某个字段满足默认值约束要求，可以向该字段添加默认值约束，例如，可以将课程 course 表的学分 ccredit 字段设置默认值 4。若设置某个字段的默认值约束，直接在该字段数据类型及约束条件后加上“DEFAULT 默认值” 即可。

语法规则：字段名 数据类型 [其他约束条件] DEFAULT 默认值。

【例 6-27】 **创建课程 course 表，其 ccredit 字段设置默认值约束，且默认值为整数 4。**

代码如下所示，代码运行情况如图 6-21 所示。

```
CREATE TABLE "jxgl"."course"
(
"cno" VARCHAR(10) NOT NULL,
"cname" VARCHAR(50),
"ccredit" INT NOT NULL,
"cdept" VARCHAR(20) NOT NULL default 4,
PRIMARY KEY("cno"));
```

```
CREATE TABLE "jxgl"."course"
(
"cno" VARCHAR(10) NOT NULL,
"cname" VARCHAR(50),
"ccredit" INT NOT NULL,
"cdept" VARCHAR(20) NOT NULL default 4,
PRIMARY KEY("cno"));

消息
"cno" VARCHAR(10) NOT NULL,
"cname" VARCHAR(50),
"ccredit" INT NOT NULL,
"cdept" VARCHAR(20) NOT NULL default 4,
PRIMARY KEY("cno"));
执行成功，执行耗时117毫秒. 执行号:2478
影响了0条记录

1条语句执行成功
```

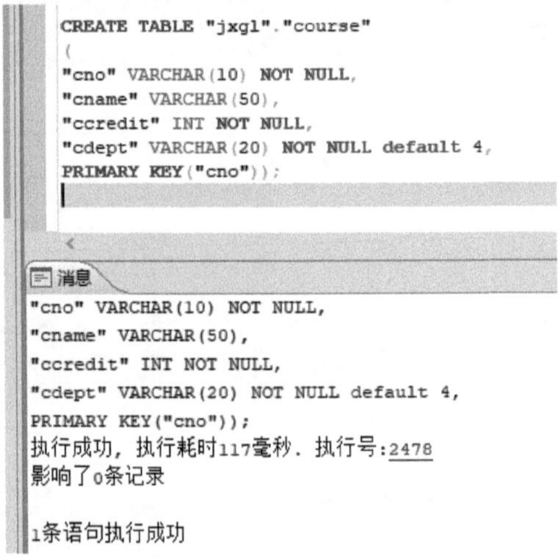

图 6-21 建表时指定默认值

(4) 检查约束（CHECK Constraint）

检查约束是用来检查数据表中字段值的有效性的一个手段，例如，学生信息表中的年龄字段是没有负数的，并且数值也是有限制的，当前大学生的年龄一般为 15 ~ 30 岁。其中，前面讲述的默认值约束和非空约束可以看作是特殊的检查约束。

在创建表时设置列的检查约束有两种：设置列级约束和表级约束。

【例 6-28】 **修改学生表 student，令 ccredit 设置为正数检查约束。**

代码如下所示，代码运行情况如图 6-22 所示。

```
ALTER TABLE "jxgl". "course" MODIFY "ccredit" INT NOT NULL CHECK(ccredit > = 0)
```

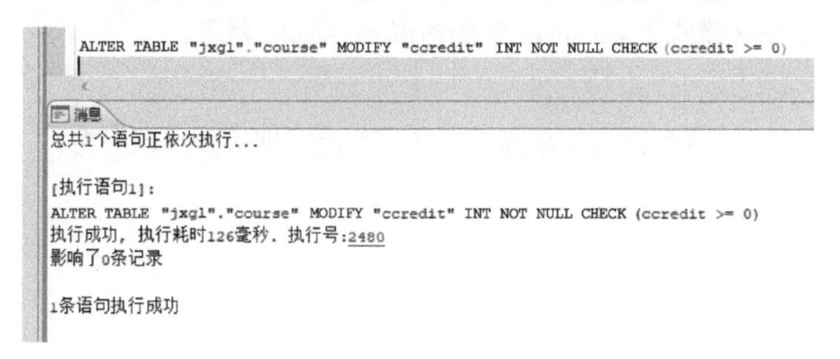

图6-22　检查约束

6.5.3　删除约束

在DM数据库中，一个字段的所有约束都可以用ALTER TABLE命令删除。语法格式如下。

```
ALTER TABLE [ <式名>. ] <表名> <修改表定义子句>
DROP CONSTRAINT <约束名> [RESTRICT | CASCADE]
```

【例6-29】 **删除表sc中名称为student_sc_fk的约束。**

代码如下所示，代码运行情况如图6-23所示。

```
ALTER TABLE "jxgl". "sc" DROP CONSTRAINT sc_student_fk;
```

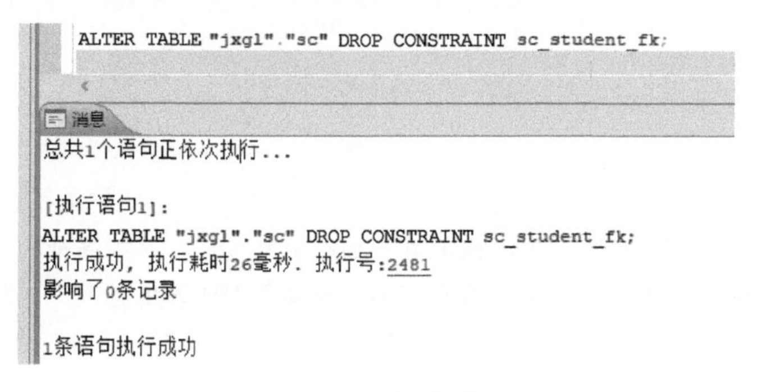

图6-23　删除约束

6.5.4　禁止和允许约束

约束创建成功后都自动处于允许状态（ENABLE），对基表的DML数据操作，都会进行约束的校验。但是在某些情况下，用户可能希望约束暂时不生效，但是又不想删除这个约束。这时，可将其设置为禁止状态（DISABLE）。

当约束处于允许状态时，只要执行相应的DML语句，都会进行相关约束条件的校验；当约束处于禁止状态时，则不会进行数据的校验。根据不同的应用需要，用户可以将约束的状态设置为允许或禁止状态，其语法如下。

```
ALTER TABLE [ <模式名>.] <表名> <DISABLE |ENABLE> CONSTRAINT <约束名>;
```

【例6-30】 将DMHR模式下employee表的约束pk_empid禁用。

```
ALTER TABLE dmhr.employee disable constraint EMP_DEPT_FK;
```

也可以在DM管理工具右击该约束名称，选择“禁用”即可禁用该约束。

图6-24 禁止和允许约束

本章小结

本章首先介绍了表的基本概念。DM_SQL支持的数据类型等一些基础性知识，接着介绍了表的基本操作，包括表的创建、修改、复制、删除。最后介绍了DM_SQL的约束控制，如何定义和修改字段的约束条件。

实验5：DM数据库定义创建与完整性约束

实验概述：通过本实验，可以掌握表的基础知识；掌握使用DM管理工具和DM_SQL语句创建表的方法；掌握表的修改、查看、删除等基本操作方法；掌握表中完整性约束的定义；掌握完整性约束的作用。具体实验内容参见《实验指导书》。

第 7 章 数据的插入、修改与删除

DM 数据库的数据更新语句包括数据插入、数据修改和数据删除三种，其中数据插入和修改两种语句使用的格式要求比较严格，在使用时要求对相应基表的定义，如列的个数、各列的排列顺序、数据类型及关键约束、唯一性约束、引用约束、检查约束的内容均要了解得很清楚，否则就很容易出错。本章将分别对这三种语句进行讨论。

7.1 数据插入语句

数据插入语句用于向已定义好的表中插入单个或成批的数据。

数据插入是向表中插入新的记录，通过这种方式可以为表中增加新的数据。在 DM 数据库中，通过 INSERT 语句来插入新的数据。使用 INSERT 语句可以同时为表的所有字段插入数据，也可以为表的指定字段插入数据，INSERT 语句还可以同时插入多条记录。

INSERT 语句有两种形式。一种形式是值插入，即构造一行或者多行，并将它们插入到表中；另一种形式为查询插入，它通过 <查询表达式> 返回一个查询结果集以构造要插入表的一行或多行。

7.1.1 为表的所有字段插入数据

通常情况下，插入的新记录要包含表的所有字段。INSERT 语句有两种方式可以同时为表的所有字段插入数据，第一种方式是不指定具体的字段名；第二种方式是列出表的所有字段。下面详细讲解这两种方法。

1. INSERT 语句中不指定具体的字段名

在 DM_SQL 中，可以通过不指定字段名的方式为表插入记录。语法格式如下。

```
INSERT INTO 模式名.表名 VALUES(值1,值2,…,值n);
```

其中，“表名”参数指定记录插入到哪个表中；“值 n”参数表示要插入的数据。“值 1”…“值 n”分别对应着表中的每个字段。表中定义了几个字段，INSERT 语句中就应该对应有几个值，插入的顺序与表中字段的顺序相同。而且，取值的数据类型要与表中对应字段的数据类型一致。

【例 7-1】 在 course 表中插入一条课程信息。

代码如下所示，代码运行结果如图 7-1 所示。

```
INSERT INTO jxgl.course VALUES ('11110140','大数据管理','3','人工智能学院');
```

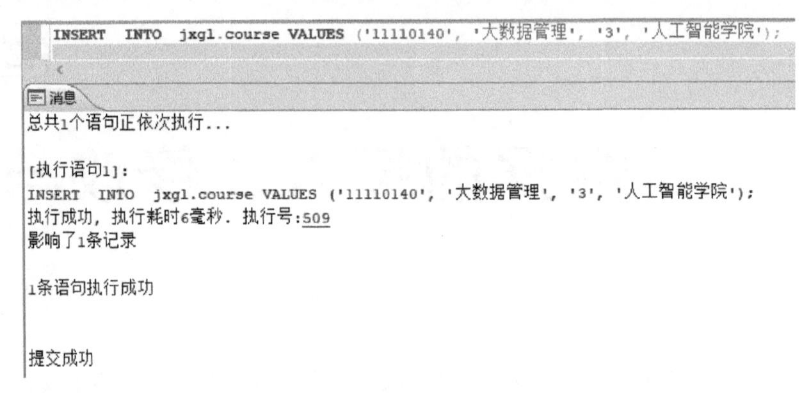

图 7-1　插入数据时不指定字段

其中，course 表包含 4 个字段，那么 INSERT 语句中的值也应该是 4 个。而且数据类型也应该与字段的数据类型一致。cno、cname、ccredit 和 cdept 这 4 个字段是字符串类型，取值必须加上引号，如果不加上引号，数据库系统会报错。

2. INSERT 语句中列出所有字段

INSERT 语句中可以列出表的所有字段，为这些字段来插入数据。语法格式如下。

```
INSERT INTO 表名(字段名 1,字段名 2,…,字段名 n)VALUES(值 1,值 2,…,值 n);
```

其中，“字段名 n”参数表示表中的字段名称，此处必须列出表的所有字段的名称；“值 n”参数表示每个字段的值，每个值与相应的字段对应。

【例 7-2】　在 course 表中插入一条课程信息。

代码如下所示，代码运行结果如图 7-2 所示。

```
INSERT INTO jxgl.course(cno, cname, ccredit, cdept)VALUES ('11110140','大数据管理','3','人工智能学院');
```

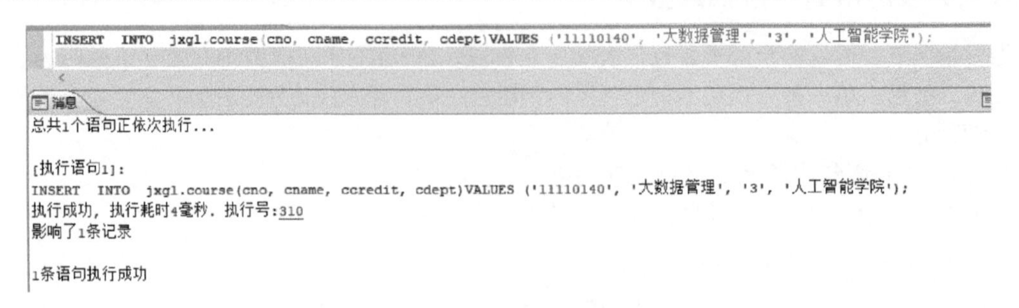

图 7-2　插入数据时指定字段

如果表的字段比较多，用第二种方法就比较麻烦。但是，第二种方法比较灵活，可以随意地设置字段的顺序，而不需要按照表定义时的顺序。值的顺序也必须随着字段顺序的改变而改变。

【例 7-3】　**向 course 表中插入一条新记录。INSERT 语句中字段的顺序与表定义时的顺序不同。**

代码如下所示，代码运行结果如图 7-3 所示。

```
INSERT INTO jxgl.course(cno, cdept, ccredit, cname)VALUES ('11110140','人工智能学院','3','大数据管理');
```

```
INSERT  INTO  jxgl.course(cno, cdept, ccredit, cname)VALUES ('11110140', '人工智能学院', '3', '大数据管理' );
消息
总共1个语句正依次执行...

[执行语句1]:
INSERT  INTO  jxgl.course(cno, cdept, ccredit, cname)VALUES ('11110140', '人工智能学院', '3', '大数据管理' );
执行成功, 执行耗时1毫秒. 执行号:511
影响了1条记录

1条语句执行成功
```

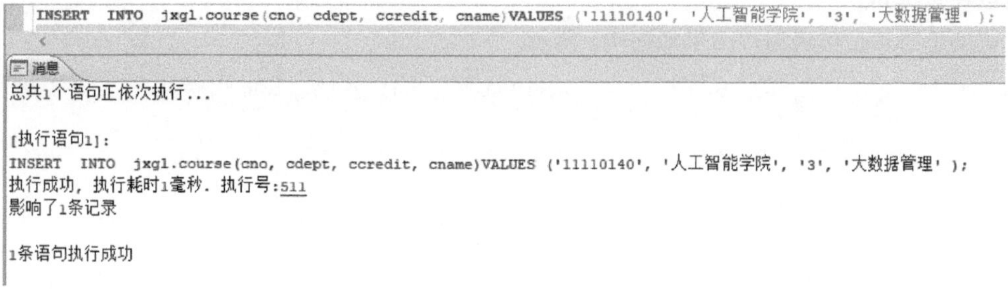

图 7-3　插入数据时打乱字段顺序

cdept 字段和 cname 字段的顺序发生了改变，其对应值的位置也跟着发生了改变。

7.1.2　为表的指定字段插入数据

上一小节讲解的 INSERT 语句只是指定全部字段，下面通过 INSERT 语句为表中的部分字段插入数据。语法格式如下。

```
INSERT INTO 模式名.表名(字段名 1,字段名 2,…,字段名 n)
VALUES(值 1,值 2,…,值 n)
```

其中，“字段名 n”参数表示表中的字段名称，此处指定表的部分字段的名称；“值 n”参数表示指定字段的值，每个值与相应的字段对应。

【例 7-4】　**向 course 表的 cno、cname 这 2 个字段插入数据。**

代码如下所示，代码运行结果如图 7-4 所示。

```
INSERT INTO jxgl.course(cno, cname)  VALUES('11110470',  '数据分析与可视');
```

```
INSERT INTO  jxgl.course(cno, cname)  VALUES('11110470',  '数据分析与可视');
消息
总共1个语句正依次执行...

[执行语句1]:
INSERT INTO  jxgl.course(cno, cname)  VALUES('11110470',  '数据分析与可视');
执行成功, 执行耗时2毫秒. 执行号:512
影响了1条记录

1条语句执行成功
```

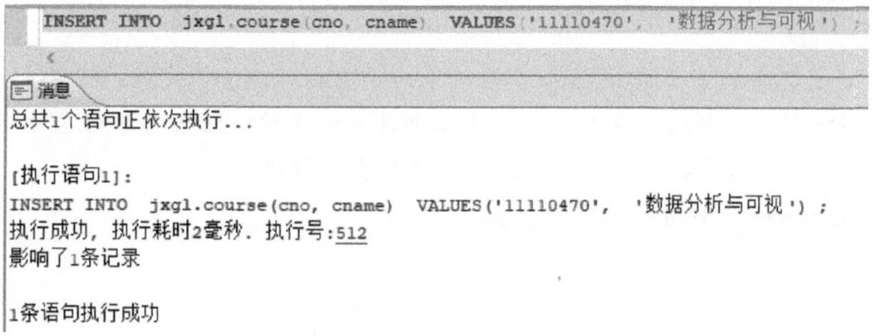

图 7-4　向指定字段插入数据

没有赋值的字段，数据库系统会为其插入默认值，这个默认值是在创建表的时候定义的，如上面 ccredit 字段和 cdept 字段的默认值为 NULL。如果某个字段没有设置默认值，而且是非空，这就必须为其赋值。不然数据库系统会提示“Field 'name' doesn't have a default value”这样的错误。

这种方式也可以随意地设置字段的顺序，而不需要按照表定义时的顺序。

【例 7-5】 向 course 表的 cno、cname 和 ccredit 字段插入数据。INSERT 语句中，这 3 个字段的顺序可以任意排列。

代码如下所示，代码运行结果如图 7-5 所示。

```
INSERT INTO jxgl.course (cno, ccredit, cname) VALUES('11110930','2','电子商务');
```

```
INSERT INTO jxgl.course (cno, ccredit, cname) VALUES('11110930','2','电子商务');
消息
总共1个语句正依次执行...

[执行语句1]:
INSERT INTO jxgl.course (cno, ccredit, cname) VALUES('11110930','2','电子商务');
执行成功, 执行耗时4毫秒. 执行号:513
影响了1条记录

1条语句执行成功
```

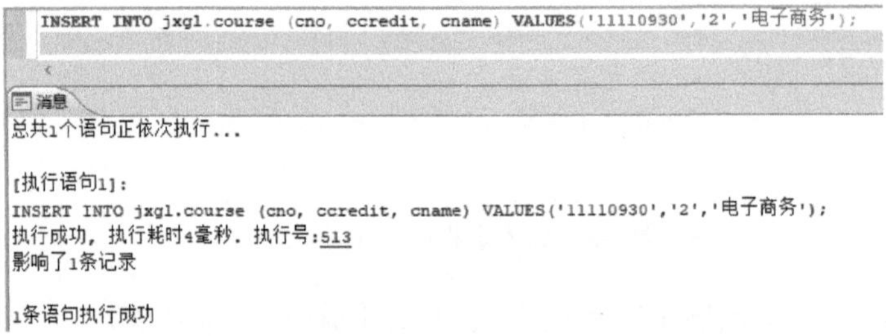

图 7-5 往指定字段插入数据时字段顺序可以任意排列

7.1.3 同时插入多条记录

同时插入多条记录，是指一个 INSERT 语句插入多条记录。当需要插入多条记录时，用户可以使用 7.1.1 节、7.1.2 节中的方法逐条插入记录。但是，每次都要写一个新的 INSERT 语句，这样比较麻烦。在 DM 数据库中，一个 INSERT 语句可以同时插入多条记录。

语法格式如下所示：

```
INSERT INTO 模式名.表名[(字段名列表)]
VALUES(取值列表 1),(取值列表 2),…(取值列表 n)
```

其中，“表名”参数指明向哪个表中插入数据；“字段名列表”参数是可选参数，指定向哪些字段插入数据，没有指定字段时向所有字段插入数据；“取值列表 n”参数表示要插入的记录，每条记录之间用逗号隔开。

说明：向 DM 数据库的某个表中插入多条记录时，可以使用多个 INSERT 语句逐条插入记录，也可以使用一个 INSERT 语句插入多条记录。选择哪种方式通常根据个人喜好来决定。如果插入的记录很多，一个 INSERT 语句插入多条记录的方式速度会比较快。

【例 7-6】 向 course 表中插入 3 条新记录。

代码如下所示，代码运行结果如图 7-6 所示。

```
INSERT INTO
jxgl.course(cno, cname, ccredit, cdept)VALUES
('11110140','大数据管理','3','人工智能学院'),
('11111260','机器学习','2','人工智能学院'),
('11110470','数据分析与可视化','3','人工智能学院');
```

不指定字段时，必须为每个字段都插入数据。如果指定字段，就只需要为指定的字段插入数据。

【例 7-7】　向 course 表的 cno、cname 和 cdept 这 3 个字段插入数据。总共插入 3 条记录。

代码如下所示，代码运行结果如图 7-7 所示。

```
INSERT INTO
jxgl.course(cno, cname, cdept)VALUES
('11110140','大数据管理','人工智能学院'),
('11111260','机器学习','人工智能学院'),
('11110470','数据分析与可视化','人工智能学院');
```

```
INSERT INTO
jxgl.course(cno, cname, ccredit, cdept)VALUES
('11110140','大数据管理','3','人工智能学院'),
('11111260','机器学习','2','人工智能学院'),
(' 11110470','数据分析与可视化', '3','人工智能学院');
消息
总共1个语句正依次执行...

[执行语句1]:
INSERT INTO
jxgl.course(cno, cname, ccredit, cdept)VALUES
('11110140','大数据管理','3','人工智能学院'),
('11111260','机器学习','2','人工智能学院'),
(' 11110470','数据分析与可视化', '3','人工智能学院');
执行成功, 执行耗时5毫秒. 执行号:709
影响了3条记录

1条语句执行成功
```

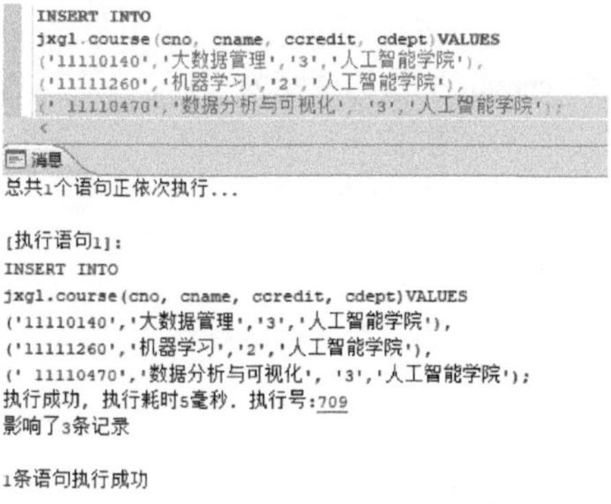

图 7-6　同时插入多条记录

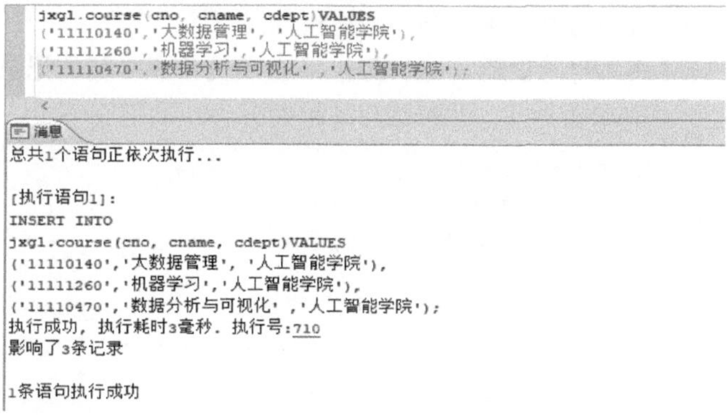

```
jxgl.course(cno, cname, cdept)VALUES
('11110140','大数据管理', '人工智能学院'),
('11111260','机器学习','人工智能学院'),
('11110470','数据分析与可视化' ,'人工智能学院');
消息
总共1个语句正依次执行...

[执行语句1]:
INSERT INTO
jxgl.course(cno, cname, cdept)VALUES
('11110140','大数据管理', '人工智能学院'),
('11111260','机器学习','人工智能学院'),
('11110470','数据分析与可视化' ,'人工智能学院');
执行成功, 执行耗时3毫秒. 执行号:710
影响了3条记录

1条语句执行成功
```

图 7-7　同时插入多条记录并指定字段

7.1.4　从目标表中插入值

使用 INSERT INTO … SELECT…语句可以从一个表或者多个表向目标表中插入记录。SELECT 语句中返回的是一个查询到的结果集，INSERT 语句将这个结果插入到目标表中，结果集中记录的字段数和字段类型要与目标表完全一致。

语法结构如下。

```
INSERT INTO 模式名.表名[列名列表] SELECT 列名列表 FROM 模式名.表名
```

7.2　数据修改语句

修改数据是更新表中已经存在的记录，通过这种方式可以改变表中已经存在的数据。例如，学生表中某个学生的家庭住址改变了，这就需要在学生表中修改该同学的家庭地址。在 DM 数据库中，通过 UPDATE 语句来修改数据。本小节将详细讲解这些内容。

在 DM 数据库中，UPDATE 语句的基本语法形式如下。

```
UPDATE 模式名.表名
SET 字段名 1 = 取值 1,字段名 2 = 取值 2,… 字段名 n = 取值 n
WHERE 条件表达式
```

其中，“字段名 n”参数表示需要更新的字段的名称；“取值 n”参数表示字段更新的新数据；“条件表达式”参数指定更新满足条件的记录。

【例 7-8】 更新 course 表中 cno 值为 11140260 的记录。将 cname 字段的值变为‘大数据分析’。将 cdept 字段的值变为‘人工智能学院’。

代码如下所示，代码运行结果如图 7-8 所示。

```
UPDATE jxgl.course
SET cname ='大数据分析', cdept ='人工智能学院'
WHERE cno ='11140260';
```

表中满足条件表达式的记录可能不止一条，使用 UPDATE 语句会更新所有满足条件的记录，但在 DM 数据库中需要一条一条地执行。

【例 7-9】 更新 course 表中 cdept 值为信息学院的记录，将 ccredit 字段的值变为“1”。

代码如下所示，代码运行结果如图 7-9 所示。

```
UPDATE jxgl.course
SET ccredit = '1'
WHERE cdept = '信息学院';
```

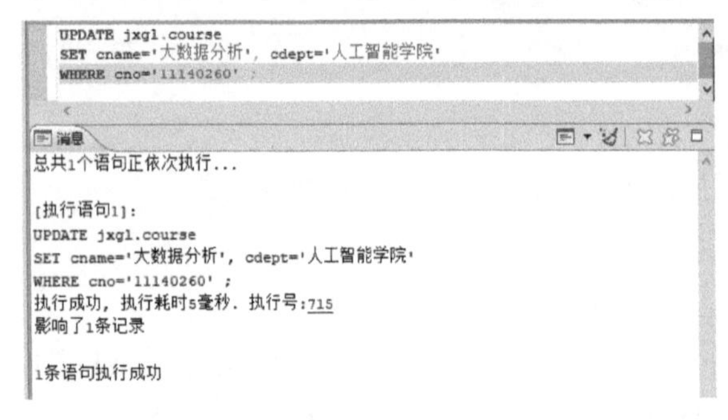

图 7-8 更新记录

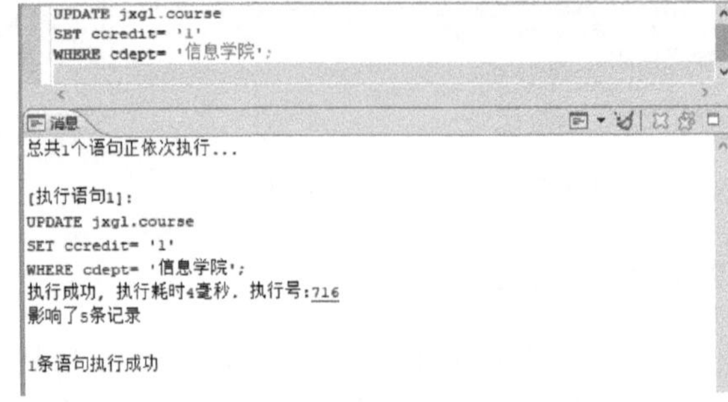

图 7-9 同时更新多条记录

结果显示更新了 5 条记录。

7.3 数据删除语句

删除数据是删除表中已经存在的记录，通过这种方式可以删除表中不再使用的记录。例如，学生表中某个学生退学了，这就需要从学生表中删除该同学的信息。DM 数据库中，通过 DELETE 语句来删除数据。如果完全清除某一个表可以使用 TRUNCATE 语句。

7.3.1 使用 DELETE 删除表数据

DM 数据库中，DELETE 语句的基本语法形式如下。

```
DELETE FROM 模式名.表名 [WHERE 条件表达式]
```

其中，“表名”参数指明从哪个表中删除数据；“WHERE 条件表达式”指定删除表中的哪些数据。如果没有该条件表达式，数据库系统就会删除表中的所有数据。

【例 7-10】　删除 course 表中 cno 值为 11140260 的记录。

代码如下所示，代码运行结果如图 7-10 所示。

```
DELETE FROM jxgl.course
WHERE cno ='11140260';
```

DELETE 语句可以同时删除多条记录。

【例 7-11】　删除 course 表中 cdept 的值为‘信息学院’的记录。

代码如下所示，代码运行结果如图 7-11 所示。

```
DELETE FROM jxgl.course
WHERE cdept ='信息学院';
```

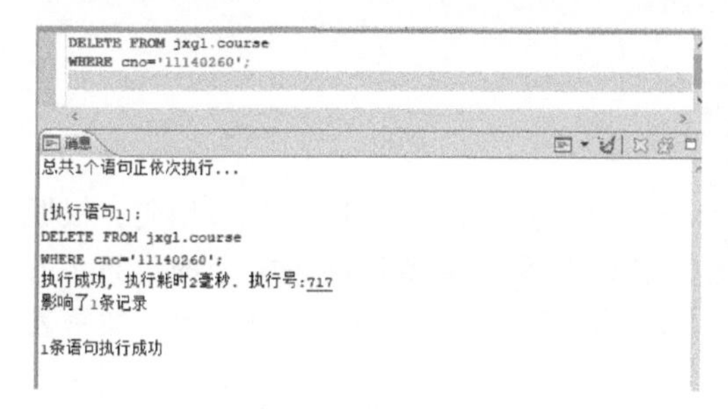

图 7-10　删除记录

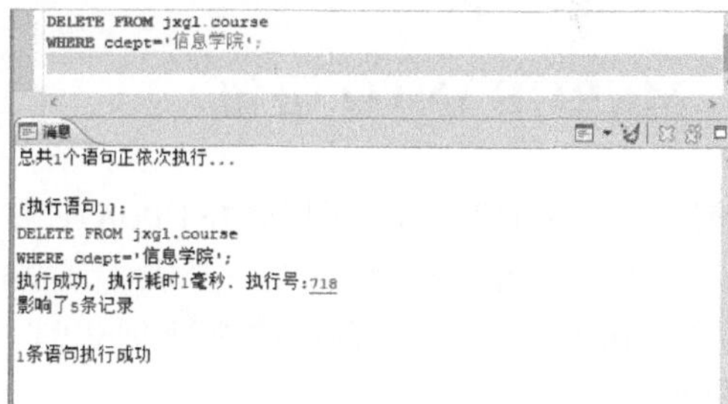

图 7-11　同时删除多条记录

DELETE 语句中如果不加上“WHERE 条件表达式”，数据库系统便会删除指定表中的所有数据，请谨慎使用。

7.3.2　使用 TRUNCATE 清空表数据

TRUNCATE TABLE 用于完全清空一个表，基本语法形式如下。

```
TRUNCATE [TABLE]模式名.表名
```

【例 7-12】　清除 sc 表。

代码如下所示，代码运行结果如图 7-12 所示。

```
TRUNCATE TABLE jxgl.sc;
```

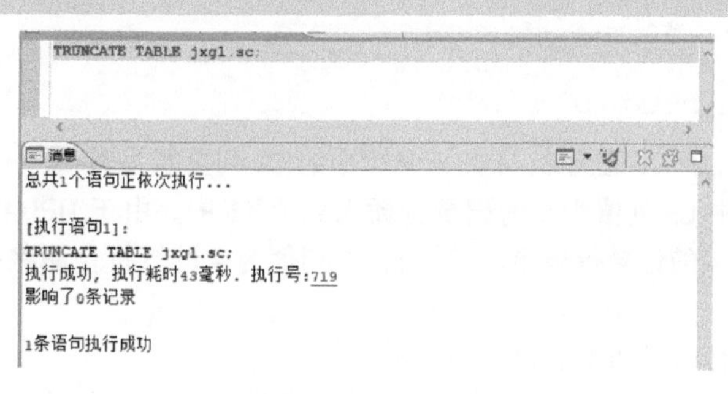

图 7-12　清空数据表

TRUNCATE TABLE 与 DELETE 的区别为：TRUNCATE TABLE 在功能上与不带 WHERE 子句的 DELETE 语句相同，二者均删除表中的全部行。但 TRUNCATE TABLE 比 DELETE 速度快，且使用的系统和事务日志资源少。DELETE 语句每次删除一行，就在事务日志中为所删除的每行记录一项。TRUNCATE TABLE 语句清空表记录后会重新设置自增型字段的计数起始值为 1；而使用 DELETE 语句删除记录后自增字段的值并没有设置为起始值，而是依次递增。

TRUNCATE TABLE 通过释放存储表数据所用的数据页来删除数据，并且只在事务日志中记录页的释放。

TRUNCATE、DELETE、DROP 三者差异如下。

1）TRUNCATE TABLE：删除内容、释放空间但不删除定义。

2）DELETETABLE：删除内容但不删除定义，不释放空间。

3）DROP TABLE：删除内容和定义，释放空间。

7.4 MERGE INTO 语句

使用 MERGE INTO 语句可以合并 UPDATE 和 INSERT 语句。通过 MERGE INTO 语句，根据一张表（或视图）的连接条件对另外一张表（或视图）进行查询，连接条件匹配上的进行 UPDATE（可能含有 DELETE），无法匹配的执行 INSERT。其中，数据表包括普通表、分区表、加密表、压缩表和堆表。

【例 7-13】 把 T1 表中 C1 值为 2 的记录行中的 C2 列更新为表 T2 中 C3 值为 2 的记录中 C4 列的值，同时把 T2 中 C3 列为 4 的记录行插入到 T1 中。

代码如下所示，代码运行结果如图 7-13 所示。

```
CREATE TABLE T1 (C1 INT,  C2 VARCHAR(20));
CREATE TABLE T2 (C3 INT,  C4 VARCHAR(20));
INSERT INTO T1 VALUES(1,'T1_1');
INSERT INTO T1 VALUES(2,'T1_2');
INSERT INTO T1 VALUES(3,'T1_3');
INSERT INTO T2 VALUES(2,'T2_2');
INSERT INTO T2 VALUES(4,'T2_4');
COMMIT;

MERGE INTO T1 USING T2 ON (T1.C1 = T2.C3)
WHEN MATCHED THEN UPDATE SET T1.C2 = T2.C4
WHEN NOT MATCHED THEN INSERT (C1,C2) VALUES(T2.C3, T2.C4);
```

【例 7-14】 把 T1 表中 C1 值为 2、4 的记录行中的 C2 列更新为表 T2 中 C3 值为 2、4 的记录中 C4 列的值，同时把 T2 中 C3 列值为 5 的记录行插入到了 T1 中。由于 UPDATE 带了 DELETE 子句，且 T1 中 C1 列值为 2 和 4 的记录行被更新过，而 C1 列值为 4 的行符合删除条件，最终该行会被删除掉。

代码如下，代码运行结果如图 7-14 所示。

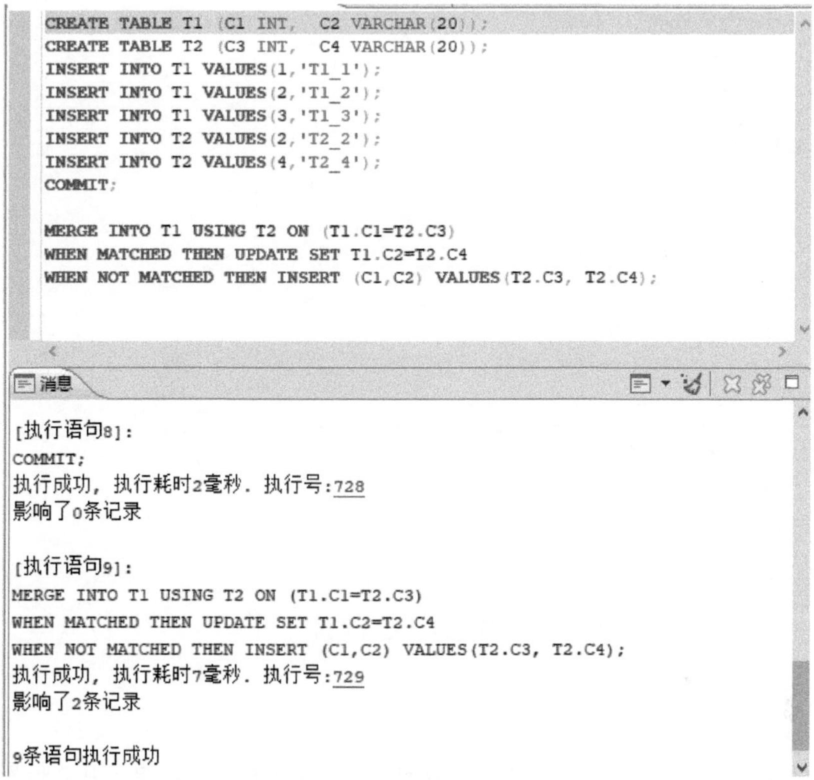

```
CREATE TABLE T1 (C1 INT,  C2 VARCHAR(20));
CREATE TABLE T2 (C3 INT,  C4 VARCHAR(20));
INSERT INTO T1 VALUES(1,'T1_1');
INSERT INTO T1 VALUES(2,'T1_2');
INSERT INTO T1 VALUES(3,'T1_3');
INSERT INTO T2 VALUES(2,'T2_2');
INSERT INTO T2 VALUES(4,'T2_4');
COMMIT;

MERGE INTO T1 USING T2 ON (T1.C1=T2.C3)
WHEN MATCHED THEN UPDATE SET T1.C2=T2.C4
WHEN NOT MATCHED THEN INSERT (C1,C2) VALUES(T2.C3, T2.C4);
```

```
消息
[执行语句8]:
COMMIT;
执行成功, 执行耗时2毫秒. 执行号:728
影响了0条记录

[执行语句9]:
MERGE INTO T1 USING T2 ON (T1.C1=T2.C3)
WHEN MATCHED THEN UPDATE SET T1.C2=T2.C4
WHEN NOT MATCHED THEN INSERT (C1,C2) VALUES(T2.C3, T2.C4);
执行成功, 执行耗时7毫秒. 执行号:729
影响了2条记录

9条语句执行成功
```

图 7-13　更新数据

```
DROP TABLE T1;
DROP TABLE T2;
CREATE TABLE T1 (C1 INT,  C2 VARCHAR(20));
CREATE TABLE T2 (C3 INT,  C4 VARCHAR(20));
INSERT INTO T1 VALUES(1,'T1_1');
INSERT INTO T1 VALUES(2,'T1_2');
INSERT INTO T1 VALUES(3,'T1_3');
INSERT INTO T1 VALUES(4,'T1_4');
INSERT INTO T2 VALUES(2,'T2_2');
INSERT INTO T2 VALUES(4,'T2_4');
INSERT INTO T2 VALUES(5,'T2_5');
COMMIT;

MERGE INTO T1 USING T2 ON (T1.C1 = T2.C3)
WHEN MATCHED THEN UPDATE SET T1.C2 = T2.C4 WHERE T1.C1 > = 2 DELETE WHERE T1.C1 = 4
WHEN NOT MATCHED THEN INSERT (C1,C2) VALUES(T2.C3, T2.C4);
```

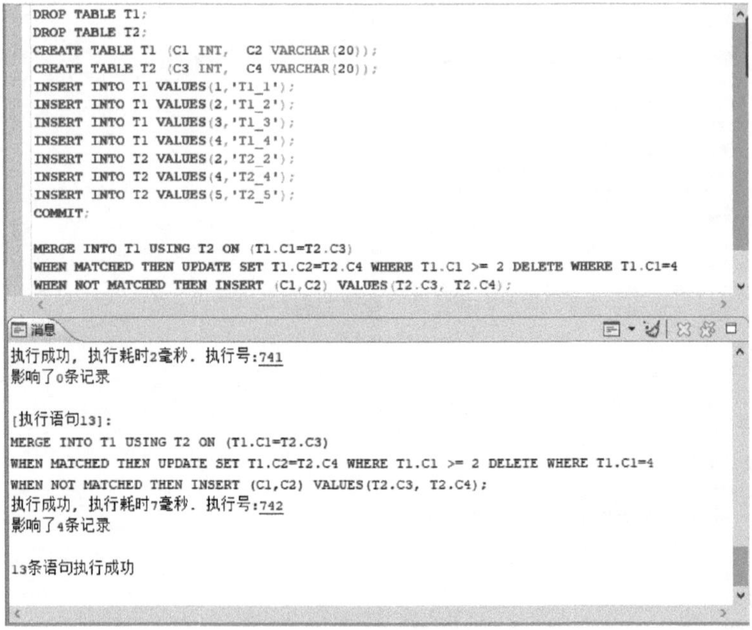

```
DROP TABLE T1;
DROP TABLE T2;
CREATE TABLE T1 (C1 INT,  C2 VARCHAR(20));
CREATE TABLE T2 (C3 INT,  C4 VARCHAR(20));
INSERT INTO T1 VALUES(1,'T1_1');
INSERT INTO T1 VALUES(2,'T1_2');
INSERT INTO T1 VALUES(3,'T1_3');
INSERT INTO T1 VALUES(4,'T1_4');
INSERT INTO T2 VALUES(2,'T2_2');
INSERT INTO T2 VALUES(4,'T2_4');
INSERT INTO T2 VALUES(5,'T2_5');
COMMIT;

MERGE INTO T1 USING T2 ON (T1.C1=T2.C3)
WHEN MATCHED THEN UPDATE SET T1.C2=T2.C4 WHERE T1.C1 >= 2 DELETE WHERE T1.C1=4
WHEN NOT MATCHED THEN INSERT (C1,C2) VALUES(T2.C3, T2.C4);
```

```
消息
执行成功, 执行耗时2毫秒. 执行号:741
影响了0条记录

[执行语句13]:
MERGE INTO T1 USING T2 ON (T1.C1=T2.C3)
WHEN MATCHED THEN UPDATE SET T1.C2=T2.C4 WHERE T1.C1 >= 2 DELETE WHERE T1.C1=4
WHEN NOT MATCHED THEN INSERT (C1,C2) VALUES(T2.C3, T2.C4);
执行成功, 执行耗时7毫秒. 执行号:742
影响了4条记录

13条语句执行成功
```

图 7-14　更新数据

本章小结

本章介绍了 DM 数据库对数据的插入、修改与删除。在 DM 数据库中，对数据库插入使用 INSERT 语句，修改使用 UPDATE 语句，删除使用 DELETE 语句。本章主要介绍了 INSERT、UPDATE、DELETE 语句的使用方法及语法要素，其中灵活运用多行插入、对数据插入的不同形式、数据修改的使用条件以及数据删除的基本用法是学习重点。除此之外，本章还介绍了 MERGE INTO 语句。要结合例题对 DM 数据库加以理解。

实验 6：数据库数据操作管理

实验概述：通过本实验可以掌握 DM 数据库表的数据插入、修改、删除操作 SQL 语法格式，掌握数据表的数据的录入、增加和删除的方法。具体实验内容参见《实验指导书》。

第 8 章 DM 数据库单表与多表查询

数据库查询是数据库的核心操作，DM_SQL 语言提供了功能丰富的查询方式，可以满足使用者的实际应用需求。几乎所有的数据库操作均涉及查询，因此查询语句的使用方法是数据库从业人员必须掌握的技能。

数据库查询是指数据库管理系统按照数据用户指定的条件，从数据库相关表中找到满足条件的记录过程。查询数据库中的记录有多种方式，用户可以查询所有的数据，也可以根据自己的需要进行查询，可以从一个表/视图中进行查询，也可以从多个表/视图中进行查询，本章将详细介绍数据库的单表与多表查询操作。

8.1 单表查询

SELECT 语句仅从一个表/视图中检索数据，称为单表查询。其语法结构如下。

```
SELECT [字段或其他查询表达式]
    <FROM 子句>
    [<WHERE 子句>]
[<层次查询子句>]
    [<GROUP BY 子句>]
    [<HAVING 子句>]
```

8.1.1 简单查询

为了验证数据的查询，需要创建 4 张数据表，见表 8-1 ~ 表 8-4。

表 8-1 专业表（Specialty）结构信息

	专 业 号	专 业 名
列名	zno	zname
数据类型	VARCHAR	VARCHAR
长度	4	50

（续）

	专 业 号	专 业 名
是否为空	NOT NULL	NOT NULL
是否主键	是	
是否外键		

表8-2 课程表（course）结构信息

	课 程 号	课 程 名	学 分	开课院系
列名	cno	cname	Ccredit	cdept
数据类型	VARCHAR	VARCHAR	INT	VARCHAR
长度	8	50	11	20
是否为空	NOT NULL	NOT NULL	NOT NULL	NOT NULL
是否主键	是			
是否外键				

表8-3 学生表（student）结构信息

	学 号	姓 名	性 别	出生日期	班 级	专 业 号
列名	sno	sname	ssex	sbirth	sclass	zno
数据类型	VARCHAR	VARCHAR	enum	DATE	VARCHAR	VARCHAR
长度	10	20	{男，女}		10	4
是否为空	NOT NULL	NOT NULL	NOT NULL	NOT NULL	NOT NULL	
是否主键	是					
是否外键						是

表8-4 选修表（sc）结构信息

	学 号	课 程 号	成 绩
列名	sno	cno	grade
数据类型	VARCHAR	VARCHAR	float
长度	10	8	4
是否为空	NOT NULL	NOT NULL	NOT NULL
是否主键	是	是	
是否外键	是	是	

1. 查询所有字段

查询所有字段是指查询表中的所有字段的数据，有两种方式：一种是列出表中的所有字段，不同字段之间用“,”分隔，最后一列后面不需要加逗号；另一种是使用通配符“*”来查询。

【例 8-1】　**查询学生的所有信息**

方式 1：列出表中所有字段，不同字段之间使用“,”分隔，语句如下。

```
SELECT zno,sclass,sno,sname,ssex,sbirth FROM "jxgl". "student";
```

返回的结果字段的顺序和 SELECT 语句中指定的顺序一致，结果如图 8-1 所示。

方式 2：使用通配符“ * ”来查询，语句如下。

```
SELECT *  FROM "jxgl". "student";
```

返回的结果字段的顺序是固定的，和建立表时指定的顺序一致，结果如图 8-2 所示。

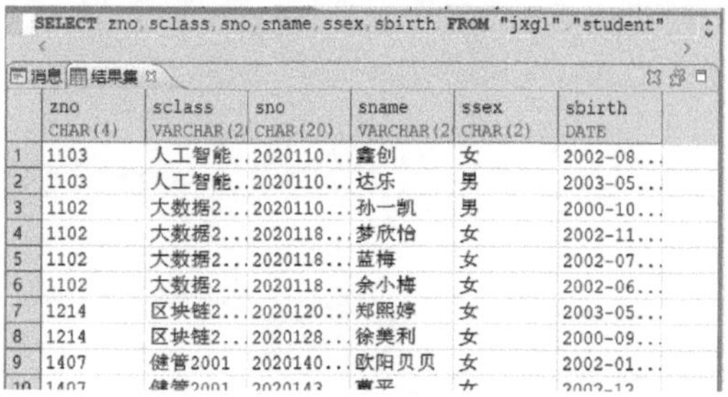

SELECT zno,sclass,sno,sname,ssex,sbirth FROM "jxgl"."student"

消息　结果集

	zno CHAR(4)	sclass VARCHAR(2	sno CHAR(20)	sname VARCHAR(2	ssex CHAR(2)	sbirth DATE
1	1103	人工智能..	2020110...	鑫创	女	2002-08...
2	1103	人工智能..	2020110...	达乐	男	2003-05...
3	1102	大数据2...	2020110...	孙一凯	男	2000-10...
4	1102	大数据2...	2020118...	梦欣怡	女	2002-11...
5	1102	大数据2...	2020118...	蓝梅	女	2002-07...
6	1102	大数据2...	2020118...	余小梅	女	2002-06...
7	1214	区块链2...	2020120...	郑熙婷	女	2003-05...
8	1214	区块链2...	2020128...	徐美利	女	2000-09...
9	1407	健管2001	2020140...	欧阳贝贝	女	2002-01...
10	1407	健管2001	2020143...	曹平	女	2002-12...

图 8-1　查询时指定所有字段

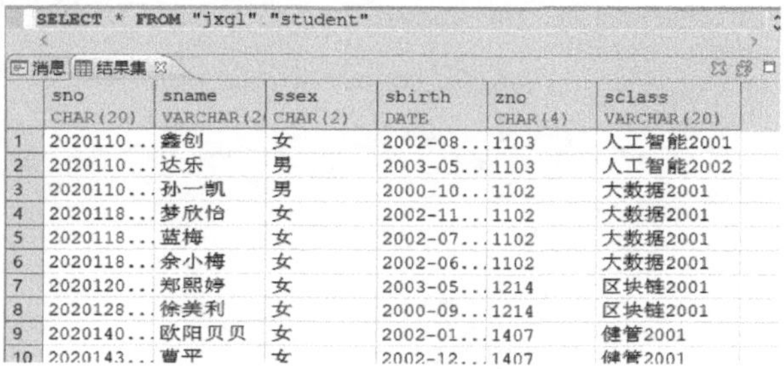

SELECT * FROM "jxgl"."student"

消息　结果集

	sno CHAR(20)	sname VARCHAR(2	ssex CHAR(2)	sbirth DATE	zno CHAR(4)	sclass VARCHAR(20)
1	2020110...	鑫创	女	2002-08...	1103	人工智能2001
2	2020110...	达乐	男	2003-05...	1103	人工智能2002
3	2020110...	孙一凯	男	2000-10...	1102	大数据2001
4	2020118...	梦欣怡	女	2002-11...	1102	大数据2001
5	2020118...	蓝梅	女	2002-07...	1102	大数据2001
6	2020118...	余小梅	女	2002-06...	1102	大数据2001
7	2020120...	郑熙婷	女	2003-05...	1214	区块链2001
8	2020128...	徐美利	女	2000-09...	1214	区块链2001
9	2020140...	欧阳贝贝	女	2002-01...	1407	健管2001
10	2020143...	曹平	女	2002-12...	1407	健管2001

图 8-2　通过通配符查询所有字段

从上述结果可以知道通过使用通配符“ * ”，能够查询表中所有字段的数据，这种方式比较简单，尤其是数据库表中的字段很多时，这种方式的优势更加明显。但是从显示结果顺序的角度来讲，使用通配符“ * ”不够灵活。如果要改变显示字段的顺序，可以选择使用第一种方式。

2. 指定字段查询

虽然通过 SELECT 语句可以查询所有字段，但有些时候，并不需要将表中的所有字段都显示出来，只需要查询需要的字段就可以了，这就需要在 SELECT 语句中指定需要的字段。当表中所有的字段都需要时，那命令就和查询所有字段中的第一种方式一样。

【例 8-2】　**查询学生的学号和姓名。只需要在 SELECT 语句中指定学号和姓名两个字段就可以了。**

语句如下，结果如图 8-3 所示。

```
SELECT sno,sname FROM "jxgl". "student";
```

3. 避免重复数据查询

DISTINCT 关键字可以去除重复的查询记录。和 DISTINCT 相对的是 ALL 关键字，即显示所有的记录（包括重复的），而 ALL 关键字是系统默认的，可以省略不写。

【例 8-3】　**查询在 student 表中的班级。**

语句如下。

```
SELECT sclass FROM "jxgl". "student";
SELECT DISTINCT sclass FROM "jxgl". "student";
```

如果使用 ALL、DISTINCT 两种关键字查询，结果如图 8-4 所示。

```
SELECT sno, sname FROM "jxgl"."student"
```

消息 结果集

	sno CHAR(20)	sname VARCHAR(2(
1	2020110...	鑫创
2	2020110...	达乐
3	2020110...	孙一凯
4	2020118...	梦欣怡
5	2020118...	蓝梅
6	2020118...	余小梅
7	2020120...	郑熙婷
8	2020128...	徐美利
9	2020140...	欧阳贝贝

图 8-3　查询学生的学号和姓名

```
SELECT sclass FROM "jxgl"."student"
```

消息 结果集

	sclass VARCHAR(20)
1	人工智能2001
2	人工智能2002
3	大数据2001
4	大数据2001
5	大数据2001
6	大数据2001
7	区块链2001
8	区块链2001
9	健管2001
10	健管2001
11	智能医学2001
12	智能医学2001
13	健管2001
14	智能医学2001
15	供应链2001
16	供应链2001
17	智能感知2001
18	智能感知2001

a) ALL关键字查询

```
SELECT DISTINCT sclass FROM "jxgl"."student"
```

消息 结果集

	sclass VARCHAR(20)
1	人工智能2001
2	人工智能2002
3	大数据2001
4	区块链2001
5	健管2001
6	智能医学2001
7	供应链2001
8	智能感知2001

b) DISTINCT关键字查询

图 8-4　DISTINCT 返回结果

从上面的结果可以看出，用 DISTINCT 关键字后，结果中重复的记录只保留一条。

查询的字段必须包含在表中。如果查询的字段不在表中，系统会报错。例如，在 student 表中查询 weight 字段，系统会出现错误提示信息，如图 8-5 所示。

```
SELECT weight FROM "jxgl"."student"
```

消息

```
总共1个语句正依次执行...

[执行语句1]:
SELECT weight FROM "jxgl"."student"
执行失败(语句1)
第1 行附近出现错误[-2111]:
无效的列名[weight]

1条语句执行失败
```

图 8-5　错误提示信息

4. 为表和字段取别名

当查询数据时，DM_SQL 会显示每个输出列的名称。默认的情况下，显示的列名是创建表时定义的列名。例如，student 表的列名分别是 sno、sname、ssex、sbirth、zno 和 sclass。当查询 student 表时，就会相应显示这几个列名。有时为了显示结果更加直观，需要一个更加直观的名字来表示这一列，而不是用数据库中的列的名字。这时可以参照的格式如下。

```
SELECT [ ALL | DISTINCT]  <目标列表达式>  [AS][别名][, <目标列表达式>  [AS][别名]]...
FROM <表名或视图名>  [别名]
```

【例 8-4】 查询学生的学号和成绩，并指定返回的结果中的列名为学号、成绩。

语句如下，结果如图 8-6 所示。

```
SELECT sno,grade FROM "jxgl". "sc";
```

在使用 SELECT 语句对列进行查询时，在结果集中可以输出该列计算后的值。

【例 8-5】　查询 sc 表中学生的成绩提高 10%，修改后的成绩列名为“修改后成绩”。

具体语句如下，结果如图 8-7 所示。

```
SELECT sno,grade,grade* 1.1 "修改后的成绩" FROM "jxgl". "sc";
```

SELECT sno, grade FROM "jxgl" "sc"

消息　结果集

	sno CHAR(20)	grade NUMERIC(4
1	202011030102	56.0
2	202011030201	NULL
3	202011855228	96.0
4	202011855321	69.0
5	202012855223	60.0
6	202012855223	77.0
7	202014070116	65.0
8	202014070116	90.0
9	202014855302	90.0
10	202014855328	96.0
11	202014855328	85.0
12	202014855406	86.0
13	202014855406	75.0
14	202014855406	84.0
15	202018855232	87.0
16	202018855232	91.0

图 8-6　更改结果列名

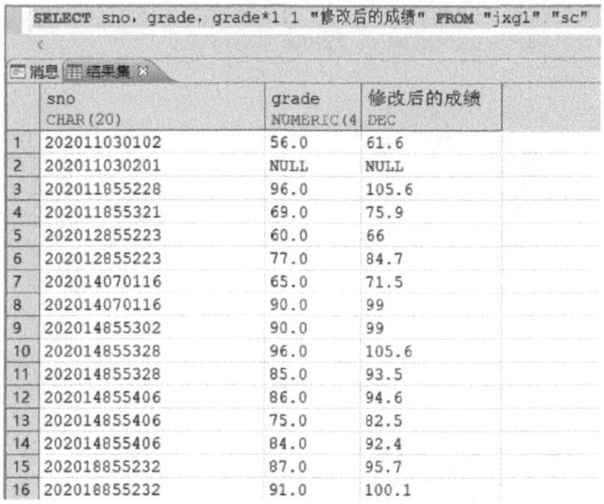

SELECT sno, grade, grade*1.1 "修改后的成绩" FROM "jxgl" "sc"

消息　结果集

	sno CHAR(20)	grade NUMERIC(4	修改后的成绩 DEC
1	202011030102	56.0	61.6
2	202011030201	NULL	NULL
3	202011855228	96.0	105.6
4	202011855321	69.0	75.9
5	202012855223	60.0	66
6	202012855223	77.0	84.7
7	202014070116	65.0	71.5
8	202014070116	90.0	99
9	202014855302	90.0	99
10	202014855328	96.0	105.6
11	202014855328	85.0	93.5
12	202014855406	86.0	94.6
13	202014855406	75.0	82.5
14	202014855406	84.0	92.4
15	202018855232	87.0	95.7
16	202018855232	91.0	100.1

图 8-7　对返回结果进行动态计算

8.1.2　带条件查询

条件查询主要使用关键字 WHERE，WHERE 语句常用的查询条件有很多种，见表 8-5。

表 8-5　WHERE 中的查询条件

查 询 条 件	符号或关键字
比较	=、<、< =、>、> =、!=、< >
匹配字符	LIKE、NOT LIKE
指定范围	BETWEEN AND、NOT BETWEEN AND
是否为空值	IS NULL、IS NOT NULL

表 8-5 中，“< >”表示不等于，其作用等价于“! =”；“BETWEEN AND”指定了某字段的取值范围；“IS NULL”用来判断某字段的取值是否为空。AND 和 OR 用来连接多个查询条件。

说明：条件表达式中设置的条件越多，查询出来的记录就会越少。因为设置的条件越多，查询语句的限制就越多，能够满足所有条件的记录就越少。为了使查询出来的记录正是自己想要查询的记录，可以在 WHERE 语句中将查询条件设置得更加具体。

1. 带关系运算符和逻辑运算符的查询

DM 数据库中，可以通过关系运算符和逻辑运算符来编写“条件表达式”。DM 数据库支持的比

较运算符有 >、<、! =、=(<>)、>=、<=;支持的逻辑运算符有 AND(&&)、OR(||)、NOT(!)。

【例 8-6】 **查询成绩大于 90 分的学生的学号和成绩。**

具体语句如下，结果如图 8-8 所示。

```
SELECT sno,grade FROM "jxgl"."sc" WHERE grade > 90;
```

【例 8-7】 **查询成绩在 70 分到 80 分之间(包含 70 分和 80 分)学生的学号和成绩。**

具体语句如下，结果如图 8-9 所示。

```
SELECT sno,grade FROM sc WHERE grade > =70 AND grade < =80;
```

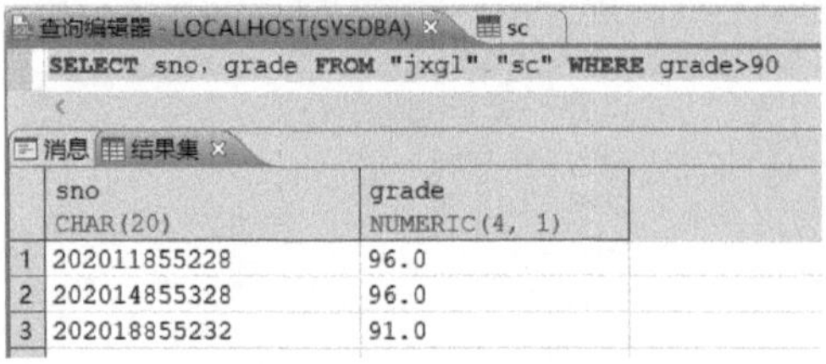
查询编辑器 - LOCALHOST(SYSDBA)
sc
SELECT sno, grade FROM "jxgl"."sc" WHERE grade>90
消息
结果集
sno CHAR(20)
grade NUMERIC(4, 1)
1 202011855228 96.0
2 202014855328 96.0
3 202018855232 91.0

图 8-8 指定查询条件

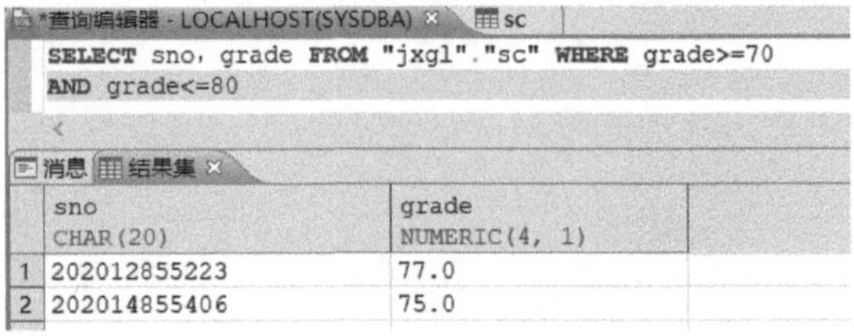
*查询编辑器 - LOCALHOST(SYSDBA)
sc
SELECT sno, grade FROM "jxgl"."sc" WHERE grade>=70
AND grade<=80
消息
结果集
sno CHAR(20)
grade NUMERIC(4, 1)
1 202012855223 77.0
2 202014855406 75.0

图 8-9 指定多个查询条件

2. 带 IN 关键字的查询

IN 关键字可以判断某个字段的值是否在指定的集合中，如果字段的值在集合中，则满足查询条件，该记录将被查询出来；如果不在集合中，则不满足查询条件。

语法格式为

```
[NOT] IN (元素 1,元素 2, 元素 3,...);
```

其中，NOT 是可选参数，加上 NOT 表示不在集合内满足条件；字符型元素要加上单引号。

【例 8-8】 **查询成绩在集合(65,75,85,95)中的学生的学号和成绩。**

具体语句如下，结果如图 8-10 所示。

```
SELECT sno,grade FROM "jxgl"."sc" WHERE grade IN(65,75,85,95)
```

3. 带 BETWEEN AND 关键字的查询

BETWEEN AND 关键字可以判断某个字段的值是否在指定的范围内，如果在，则满足条件，否则不满足条件。

语法规则为 [NOT] BETWEEN 取值 1 AND 取值 2;

其中，NOT 是可选参数，加上 NOT 表示不在指定范围内满足条件；“取值 1”表示范围的起始值；“取值 2”表示范围的终止值。

【例 8-9】 **查询成绩在 75 分到 80 分之间(包含 75 分和 80 分)学生的学号和成绩。**

具体语句如下，结果如图 8-11 所示。

```
SELECT sno,grade FROM "jxgl"."sc" WHERE grade BETWEEN 75 AND 80;
```

从结果中可以知道 BETWEEN 75 AND 80 的返回值是在 75 到 80 之间该条件语句等价于 grade > = 75 AND grade < =80;

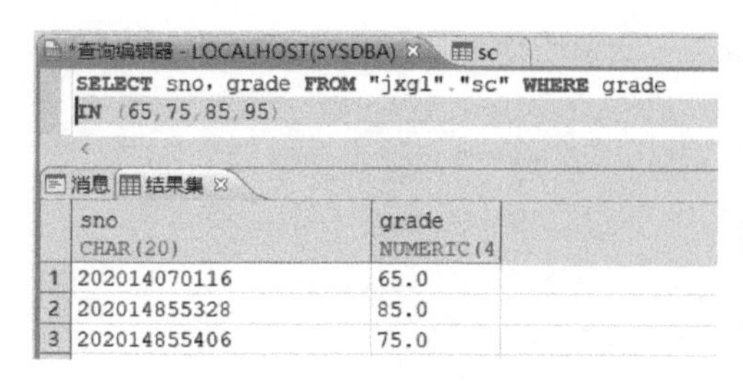

```
SELECT sno, grade FROM "jxgl"."sc" WHERE grade
IN (65,75,85,95)
```

	sno CHAR(20)	grade NUMERIC(4
1	202014070116	65.0
2	202014855328	85.0
3	202014855406	75.0

图8-10　IN查询条件

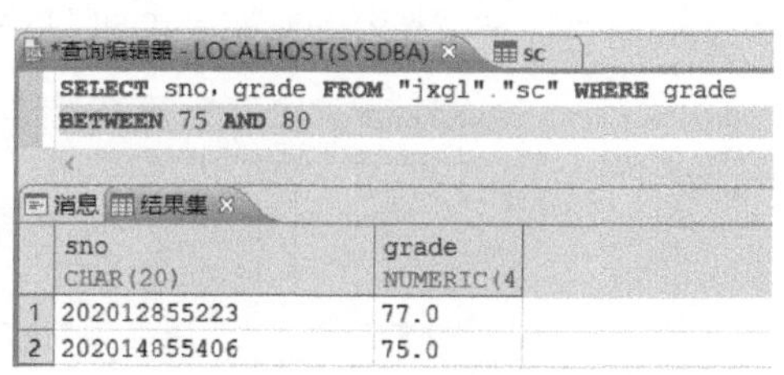

```
SELECT sno, grade FROM "jxgl"."sc" WHERE grade
BETWEEN 75 AND 80
```

	sno CHAR(20)	grade NUMERIC(4
1	202012855223	77.0
2	202014855406	75.0

图8-11　BETWEEN查询条件

【例8-10】　使用BETWEEN AND关键字进行查询，查询条件是sno字段的取值从202011030102～202014855406。

具体语句如下，结果如图8-12所示。

```
SELECT *  FROM "jxgl". "student" WHERE sno BETWEEN 202011030102 AND 202014855406;
```

NOT BETWEEN AND的取值范围是小于“取值1”，而大于“取值2”。

【例8-11】　使用NOT BETWEEN AND关键字查询student表。查询条件是sno字段的取值不在202011030102～202014855406。

具体语句如下。

```
SELECT *  FROM "jxgl". "student" WHERE sno NOT BETWEEN 202011030102 AND 202014855406;
```

```
SELECT * FROM "jxgl"."student" WHERE sno BETWEEN 202011030102 AND 202014855406
```

	sno CHAR(20)	sname VARCHAR(2	ssex CHAR(2)	sbirth DATE	zno CHAR(4)	sclass VARCHAR(20)
1	202011030102	鑫创	女	2002-08...	1103	人工智能2001
2	202011030201	达乐	男	2003-05...	1103	人工智能2002
3	202011070338	孙一凯	男	2000-10...	1102	大数据2001
4	202011855228	梦欣怡	女	2002-11...	1102	大数据2001
5	202011855321	蓝梅	女	2002-07...	1102	大数据2001
6	202011855426	余小梅	女	2002-06...	1102	大数据2001
7	202012040137	郑熙婷	女	2003-05...	1214	区块链2001
8	202012855223	徐美利	女	2000-09...	1214	区块链2001
9	202014070116	欧阳贝贝	女	2002-01...	1407	健管2001
10	202014320425	曹平	女	2002-12...	1407	健管2001
11	202014855302	李壮	男	2003-01...	1409	智能医学2001
12	202014855308	马琦	男	2003-06...	1409	智能医学2001
13	202014855328	刘梅红	女	2000-06...	1407	健管2001
14	202014855406	王松	男	2003-10...	1409	智能医学2001

图8-12　查询sno字段从202011030102～202014855406

	sno CHAR(20)	sname VARCHAR(2	ssex CHAR(2)	sbirth DATE	zno CHAR(4)	sclass VARCHAR(20)
1	202016855305	聂鹏飞	男	2002-08-25	1601	供应链2001
2	202016855313	郭爽	女	2001-02-14	1601	供应链2001
3	202018855212	李冬旭	男	2003-06-08	1805	智能感知2001
4	202018855232	王琴雪	女	2002-07-20	1805	智能感知2001

图8-13　NOT BETWEEN查询条件

说明：BETWEEN AND和NOT BETWEEN AND关键字在查询指定范围的记录时很有用。例如，查询学生成绩表的年龄段、分数段等。此外，查询员工的工资水平时也可以使用这两个关键字。

4. 带IS NULL关键字的空值查询

IS NULL关键字可以用来判断字段的值是否为空值（NULL）。如果字段值为空值，则满足查询条件，否则不满足。

语法规则为IS［ NOT ］NULL;

【例8-12】　查询没有分好专业的学生的学号和姓名。

查询条件：因为某同学没分专业，其专业号为空。本例中查询分好专业学生的学号和姓名判断条件为即zno IS NOT NULL，语句如下，结果如图8-14所示。

```sql
SELECT sno,sname,zno FROM "jxgl"."student" WHERE zno IS NOT NULL;
```

*查询编辑器 - LOCALHOST(SYSDBA) | sc | student

SELECT sno,sname,zno FROM "jxgl"."student" WHERE zno IS NOT NULL

消息 | 结果集

	sno CHAR(20)	sname VARCHAR(2(	zno CHAR(4)
1	202011030102	鑫创	1103
2	202011030201	达乐	1103
3	202011070338	孙一凯	1102
4	202011855228	梦欣怡	1102
5	202011855321	蓝梅	1102
6	202011855426	余小梅	1102
7	202012040137	郑熙婷	1214
8	202012855223	徐美利	1214
9	202014070116	欧阳贝贝	1407
10	202014320425	曹平	1407
11	202014855302	李壮	1409
12	202014855308	马琦	1409
13	202014855328	刘梅红	1407
14	202014855406	王松	1409
15	202016855305	聂鹏飞	1601
16	202016855313	郭爽	1601
17	202018855212	李冬旭	1805
18	202018855232	王琴雪	1805

图 8-14　NULL 查询条件

IS NULL 是一个整体，不能将 IS 换成“=”。如果将 IS 换成“=”，将查询不到想要的结果，会出现语法错误，结果如图 8-15 所示。

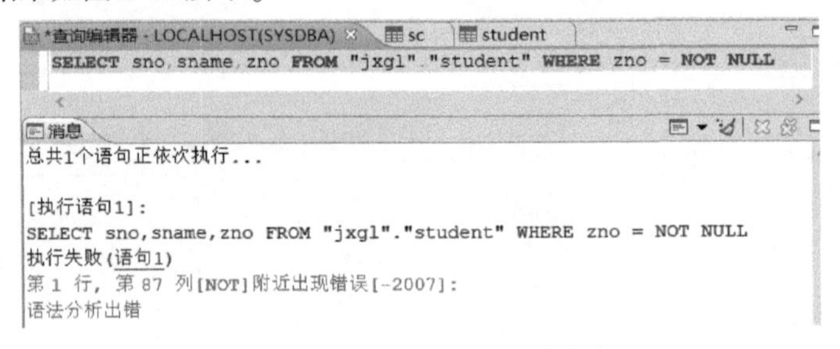

图 8-15　错误的 NULL 查询条件

zno = NULL 表示要查询的 zno 的值是字符串“NULL”，而不是空值。当然 IS NOT NULL 中的 IS NOT 也不可以换成“!=”或者“<>”。

5. 带 LIKE 关键字的查询

LIKE 关键字可以匹配字符串是否相等。如果字段的值与指定的字符串相匹配，则满足条件，否则不满足。

语法规则为［NOT］LIKE“字符串”。

其中，NOT 是可选参数，加上 NOT 表示与指定的字符串不匹配时满足条件；“字符串”表示指定用来匹配的字符串，该字符串必须加单引号或者双引号。“字符串”参数的值可以是一个完整的字符串，也可以是包含百分号（%）或者下画线（_）的通配字符。但是“%”和“_”有很大的差别，具体如下。

1）“%”可以代表任意长度的字符串，长度可以为0。例如，b%k 表示以字母 b 开头，以字母 k 结尾的任意长度的字符串。该字符串可以代表 bk、buk、book、break、bedrock 等字符串。

2）“_”只能表示单个字符。例如，b_k 表示以字母 b 开头，以字母 k 结尾的 3 个字符，中间的“_”可以代表任意一个字符，该字符串可以代表 bok、bak 和 buk 等字符串。

3）正则表达式是用某种模式去匹配一类字符串的一种方式，其查询能力远高于通配字符，而且相对更加灵活。在 DM 数据库中使用 REGEXP 关键字来匹配查询正则表达式，基本形式见表 8-6。

表 8-6　属性名 REGEXP‘匹配方式’

模　式	描　述
^	匹配以特定字符或者字符串开头的记录
$	匹配以特定字符或者字符串结尾的记录
.	匹配字符串中任意一个字符，包括 Enter 或者换行等
a*	匹配多个该字符之前的字符，包括 0 和 1 个
a+	匹配多个该字符之前的字符，包括 1 个
a?	匹配 0 个或 1 个字符 a
de | abc	匹配序列 de 或 abc
[]	匹配字符集合中任意一个字符
字符串 {N}	匹配方式中的 N 表示前面的字符串至少要出现 N 次
字符串 {M，N}	匹配方式中的 M 和 N 表示前面的字符串出现至少 M 次，最多 N 次

注意：LIKE 和 REGEXP 有区别，LIKE 匹配整个列，如果被匹配的文本仅在列值中出现，LIKE 并不会找到它，相应的行也不会返回；而 REGEXP 在列值内进行匹配，如果被匹配的文本在列值中出现，REGEXP 将会找到它，相应的行将被返回。

【例 8-13】　使用 LIKE 关键字来匹配一个完整的字符串‘王松’。

具体语句如下，结果如图 8-16 所示。

```
SELECT * FROM "jxgl"."student" WHERE sname LIKE '王松';
```

此处的 LIKE 与等号（=）是等价的。可以直接换成“=”，查询结果是一样的，具体语句如下。

```
SELECT * FROM "jxgl"."student" WHERE sname = '王松';
```

使用 LIKE 关键字和使用“=”的效果是一样的。但是，这只对匹配一个完整的字符串这种情况有效。如果字符串中包含了通配符，就不能这样替换了。

【例 8-14】　使用 LIKE 关键字来匹配带有通配符‘%’的字符串‘李%’。

具体语句如下，结果如图 8-17 所示。

```
SELECT * FROM student WHERE sname LIKE '李% ';
```

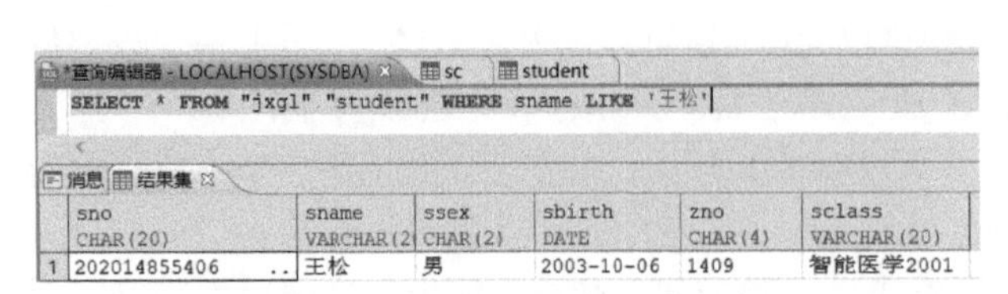

```
SELECT * FROM "jxgl"."student" WHERE sname LIKE '王松'
```

	sno CHAR(20)	sname VARCHAR(20)	ssex CHAR(2)	sbirth DATE	zno CHAR(4)	sclass VARCHAR(20)
1	202014855406 ...	王松	男	2003-10-06	1409	智能医学2001

图 8-16　字符串 LIKE 查询条件

```
SELECT * FROM student WHERE sname LIKE '李%';
```

sno	sname	ssex	sbirth	zno	sclass
1414855302	李壮	男	1996-01-17	1409	会计1401
1418855212	李冬旭	男	1996-06-08	1805	计算1401

图 8-17　字符串‘李%’模糊匹配条件

【例 8-15】　使用 LIKE 关键字来匹配带有通配符‘%’的字符串‘王%’。

具体语句如下，结果如图 8-18 所示。

```
SELECT * FROM "jxgl"."student" WHERE sname LIKE '王%';
```

NOT LIKE 表示字符串不匹配的情况下满足条件。

【例 8-16】　使用 NOT LIKE 关键字来查询不是姓王的所有人的记录。

具体语句如下，结果如图 8-19 所示。

```
SELECT * FROM "jxgl"."student" WHERE sname NOT LIKE '王%';
```

```
SELECT * FROM "jxgl"."student" WHERE sname LIKE '王%'
```

	sno CHAR(20)	sname VARCHAR(20)	ssex CHAR(2)	sbirth DATE	zno CHAR(4)	sclass VARCHAR(20)
1	202014855406 ...	王松	男	2003-10-06	1409	智能医学2001
2	202018855232 ...	王琴雪	女	2002-07-20	1805	智能感知2001

图 8-18　字符串‘王%’模糊匹配条件

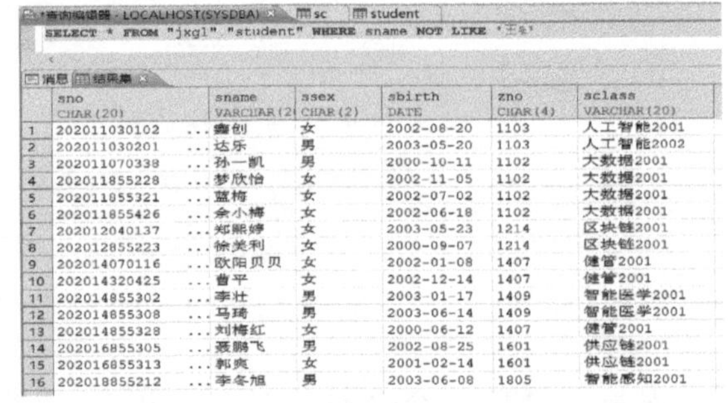

```
SELECT * FROM "jxgl"."student" WHERE sname NOT LIKE '王%'
```

	sno CHAR(20)	sname VARCHAR(20)	ssex CHAR(2)	sbirth DATE	zno CHAR(4)	sclass VARCHAR(20)
1	202011030102 ...	鑫创	女	2002-08-20	1103	人工智能2001
2	202011030201 ...	达乐	男	2003-05-20	1103	人工智能2002
3	202011070338 ...	孙一凯	男	2000-10-11	1102	大数据2001
4	202011855228 ...	梦欣怡	女	2002-11-05	1102	大数据2001
5	202011855321 ...	蓝梅	女	2002-07-02	1102	大数据2001
6	202011855426 ...	余小梅	女	2002-06-18	1102	大数据2001
7	202012040137 ...	郑熙婷	女	2003-05-23	1214	区块链2001
8	202012855223 ...	徐美利	女	2000-09-07	1214	区块链2001
9	202014070116 ...	欧阳贝贝	女	2002-01-08	1407	健管2001
10	202014320425 ...	曾平	女	2002-12-14	1407	健管2001
11	202014855302 ...	李壮	男	2003-01-17	1409	智能医学2001
12	202014855308 ...	马琦	男	2003-06-14	1409	智能医学2001
13	202014855328 ...	刘梅红	女	2000-06-12	1407	健管2001
14	202016855305 ...	聂鹏飞	男	2002-08-25	1601	供应链2001
15	202016855313 ...	郭爽	女	2001-02-14	1601	供应链2001
16	202018855212 ...	李冬旭	男	2003-06-08	1805	智能感知2001

图 8-19　字符串 NOT LIKE‘王%’查询条件

使用 LIKE 和 NOT LIKE 关键字可以很好地匹配字符串。而且，可以使用“%”和“_”这两个通配字符来简化查询。

8.1.3　集函数

为了进一步方便用户的使用，提高查询能力，DM_SQL 语言提供了多种内部集函数。集函数又称为库函数，当根据某一限制条件从表中导出一组行集时，使用集函数可对该行集做统计操作。

1. 分组查询

GROUP BY 关键字可以将查询结果按某个字段或多个字段进行分组，字段中值相等的为一组。语法格式为 GROUP BY 字段名［HAVING 条件表达式］［ WITH ROLLUP］。

其中，“字段名”是指按照该字段的值进行分组；“HAVING 条件表达式”用来限制分组后的显示，满足条件表达式的结果将被显示；WITH ROLLUP 关键字可以在所有记录的最后加上一条记录，该记录是上面所有记录的总和。

如果单独使用 GROUP BY 关键字，则无法查询。

【例8-17】 **按student表的ssex字段进行分组查询。**

单独使用GROUP BY关键字的语句如下，查询失败的结果如图8-20所示。

```
SELECT * FROM "jxgl". "student" GROUP BY ssex;
```

GROUP BY关键字加上“HAVING条件表达式”，可以限制输出的结果。只有满足条件表达式的结果才会显示。

【例8-18】 **按student表的ssex字段进行分组查询。然后显示记录数大于等于10的分组(COUNT()，用来统计记录的条数)。**

具体语句如下，结果如图8-21所示。

```
SELECT ssex,COUNT (ssex)
FROM "jxgl". "student"
GROUP BY ssex
HAVING COUNT (ssex) > =10;
```

```
SELECT * FROM "jxgl"."student" GROUP BY ssex
消息
总共1个语句正依次执行...

[执行语句1]:
SELECT * FROM "jxgl"."student" GROUP BY ssex
执行失败(语句1)
第1 行附近出现错误[-4080]:
不是 GROUP BY 表达式

1条语句执行失败
```

图8-20 分组查询条件失败

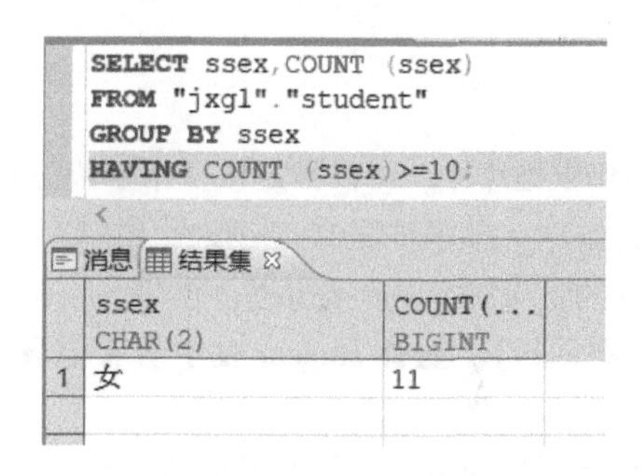

图8-21 having过滤条件

说明：“HAVING条件表达式”与“WHERE条件表达式”都是用来限制显示的。但是，两者作用的对象不一样。“WHERE条件表达式”作用于表或者视图，是表和视图的查询条件。“HAVING条件表达式”作用于分组后的记录，用于选择满足条件的组。

2. 对查询结果排序

从表中查询出来的数据可能是无序的，或者其排列顺序不是用户所期望的顺序。为了使查询结果的顺序满足用户的要求，可以使用ORDER BY关键字对记录进行排序。

语法格式为ORDER BY字段名 [ASC | DESC];

其中，“字段名”参数表示按照该字段进行排序；ASC参数表示按升序的递增进行排序；DESC参数表示按递减的顺序进行排序。默认的情况下，按照ASC方式进行排序。

【例8-19】 **查询student表中所有记录，按照zno字段进行排序。**

具体语句如下，结果如图8-22所示。

```
SELECT * FROM "jxgl". "student" ORDER BY zno;
```

注意：如果存在一条记录zno字段的值为空值（NULL）时，这条记录将显示为第一条记录。因为，按升序排序时，含空值的记录将最先显示，可以理解为空值是该字段的最小值。而按降序排列时，zno字段为空值的记录将最后显示。

```
SELECT * FROM "jxgl"."student" ORDER BY zno
```

	sno CHAR(20)	sname VARCHAR(2(	ssex CHAR(2)	sbirth DATE	zno CHAR(4)	sclass VARCHAR(20)
1	202011855228	梦欣怡	女	2002-11-05	1102	大数据2001
2	202011855426	余小梅	女	2002-06-18	1102	大数据2001
3	202011855321	蓝梅	女	2002-07-02	1102	大数据2001
4	202011070338	孙一凯	男	2000-10-11	1102	大数据2001
5	202011030102	鑫创	女	2002-08-20	1103	人工智能2001
6	202011030201	达乐	男	2003-05-20	1103	人工智能2002
7	202012855223	徐美利	女	2000-09-07	1214	区块链2001
8	202012040137	郑熙婷	女	2003-05-23	1214	区块链2001
9	202014855328	刘梅红	女	2000-06-12	1407	健管2001
10	202014320425	曹平	女	2002-12-14	1407	健管2001
11	202014070116	欧阳贝贝	女	2002-01-08	1407	健管2001
12	202014855406	王松	男	2003-10-06	1409	智能医学2001
13	202014855308	马琦	男	2003-06-14	1409	智能医学2001
14	202014855302	李壮	男	2003-01-17	1409	智能医学2001
15	202016855305	聂鹏飞	男	2002-08-25	1601	供应链2001
16	202016855313	郭爽	女	2001-02-14	1601	供应链2001
17	202018855232	王琴雪	女	2002-07-20	1805	智能感知2001
18	202018855212	李冬旭	男	2003-06-08	1805	智能感知2001

图 8-22　结果集排序

DM 数据库中，可以指定按多个字段进行排序。例如，可以使 student 表按照 zno 字段和 sno 字段进行排序。排序过程中，先按照 zno 字段进行排序。遇到 zno 字段的值相等的情况时，再把 zno 值相等的记录按照 sno 字段进行排序。

【例 8-20】　查询 student 表中所有记录，按照 zno 字段的升序方式和 sno 字段的降序方式进行排序。

具体语句如下，结果如图 8-23 所示。

```
SELECT *  FROM "jxgl". "student" ORDER BY zno ASC , sno DESC ;
```

```
SELECT * FROM "jxgl"."student" ORDER BY zno ASC, sno DESC
```

	sno CHAR(20)	sname VARCHAR(2(	ssex	sbirth DATE	zno CHAR(4)	sclass VARCHAR(20)
1	202011855426	余小梅	ssex CHAR(2)	2002-06-18	1102	大数据2001
2	202011855321	蓝梅	女	2002-07-02	1102	大数据2001
3	202011855228	梦欣怡	女	2002-11-05	1102	大数据2001
4	202011070338	孙一凯	男	2000-10-11	1102	大数据2001
5	202011030201	达乐	男	2003-05-20	1103	人工智能2002
6	202011030102	鑫创	女	2002-08-20	1103	人工智能2001
7	202012855223	徐美利	女	2000-09-07	1214	区块链2001
8	202012040137	郑熙婷	女	2003-05-23	1214	区块链2001
9	202014855328	刘梅红	女	2000-06-12	1407	健管2001
10	202014320425	曹平	女	2002-12-14	1407	健管2001
11	202014070116	欧阳贝贝	女	2002-01-08	1407	健管2001
12	202014855406	王松	男	2003-10-06	1409	智能医学2001
13	202014855308	马琦	男	2003-06-14	1409	智能医学2001
14	202014855302	李壮	男	2003-01-17	1409	智能医学2001
15	202016855313	郭爽	女	2001-02-14	1601	供应链2001
16	202016855305	聂鹏飞	男	2002-08-25	1601	供应链2001
17	202018855232	王琴雪	女	2002-07-20	1805	智能感知2001
18	202018855212	李冬旭	男	2003-06-08	1805	智能感知2001

图 8-23　结果集多条件排序

3. 限制查询结果数量

当使用 SELECT 语句返回的结果集中行数很多时，为了便于用户对结果数据的浏览和操作，可以使用 LIMIT 子句来限制被 SELECT 语句返回的行数。

语法格式为 LIMIT { [offset,] row_COUNT | row_COUNT OFFSET offset};

其中，offset 为可选项，默认为数字 0，用于指定返回数据的第一行在 SELECT 语句结果集中的偏移量，其必须是非负的整数常量。注意，SELECT 语句结果集中第一行（初始行）的偏移量为 0，而不是 1。row_COUNT 用于指定返回数据的行数，其也必须是非负的整数常量。若这个指定行数大于实际能返回的行数时，DM 数据库将只返回它能返回的数据行。

【例 8-21】 在 student 表中查找从第 3 名同学开始的 3 位学生的信息。

具体语句如下，结果如图 8-24 所示。

```
SELECT *  FROM "jxgl". "student" ORDER BY sno LIMIT 3,3;
```

*查询编辑器 - LOCALHOST(SYSDBA)　sc　student

SELECT * FROM "jxgl"."student" ORDER BY sno LIMIT 3,3

消息　结果集

	sno CHAR(20)	sname VARCHAR(2	ssex CHAR(2)	sbirth DATE	zno CHAR(4)	sclass VARCHAR(20)
1	202011855228	梦欣怡	女	2002-11-05	1102	大数据2001
2	202011855321	蓝梅	女	2002-07-02	1102	大数据2001
3	202011855426	余小梅	女	2002-06-18	1102	大数据2001

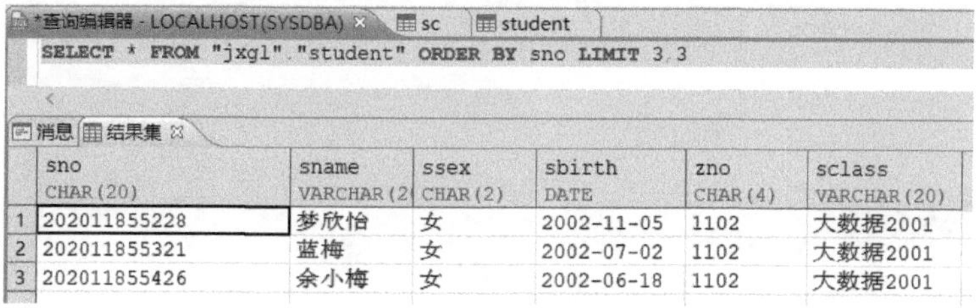

图 8-24　LIMIT 返回结果集

4. 聚合函数

集合函数包括 COUNT()、SUM()、AVG()、MAX()和 MIN()，其作用如下。

- COUNT()用来统计记录的条数。
- SUM()用来计算字段的值的总和。
- AVG()用来计算字段的值的平均值。
- MAX()用来查询字段的最大值。
- MIN()用来查询字段的最小值。

当需要对表中的记录求和、求平均值、查询最大值和查询最小值等操作时，可以使用集合函数。例如，需要计算学生成绩表中的平均成绩，可以使用 AVG()函数。GROUP BY 关键字通常需要与集合函数一起使用。

SUM、AVG、MAX 和 MIN 都适用以下规则：

- 如果某个给定行中的一列仅包含 NULL 值，则函数的值等于 NULL 值。
- 如果一列中的某些值为 NULL 值，则函数的值等于所有非 NULL 值的平均值除以非 NULL 值的数量（不是除以所有值）。
- 对于必须计算的 SUM 函数和 AVG 函数，如果中间结果为空，则函数的值等于 NULL 值。

(1) COUNT()函数

COUNT 用于统计组中满足条件的行数或总行数，语法格式如下。

```
COUNT({[ ALL I DISTINCT] <表达式>}I* )
```

ALL、DISTINCT的含义及默认值与SUM /AVG函数相同。选择*时将统计总行数。COUNT用于计算列中非NULL值的数量。如果要统计student表中有多少条记录，可以使用COUNT( )函数。

【例8-22】 使用COUNT( )函数统计student表的记录数。

具体语句如下，结果如图8-25所示。

```
SELECT COUNT( * )AS“学生总人数” FROM"jxgl". "student";
```

【例8-23】 使用COUNT( )函数统计student表不同zno值的记录数。COUNT( )函数与GROUP BY关键字一起使用。

具体语句如下，结果如图8-26所示。

```
SELECT zno,COUNT( * )AS“学生总人数”
FROM"jxgl". "student"
GROUP BY zno;
```

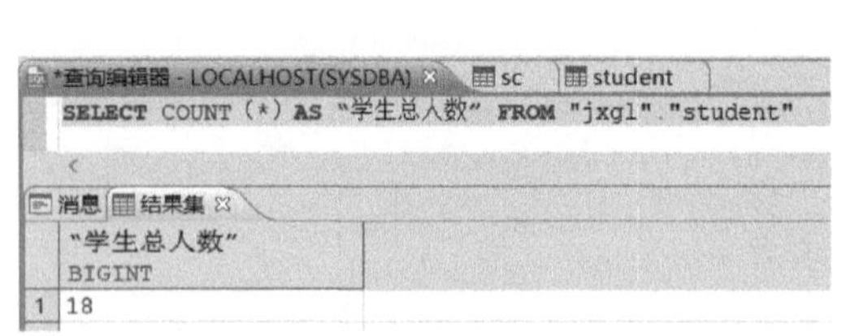

图8-25 COUNT统计函数

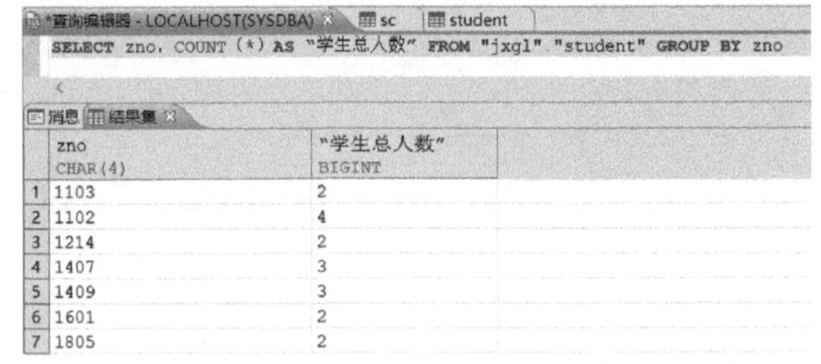

图8-26 COUNT( )函数结合GROUP BY

（2）SUM( )函数

SUM( )函数是求和函数，使用SUM( )函数可以求表中某个字段取值的总和。例如，可以用SUM( )函数来求学生的总成绩。

【例8-24】 使用SUM( )函数统计sc表中学号为202011030102的学生的总成绩。

具体语句如下，结果如图8-27所示。

```
SELECT sno,SUM(grade)
FROM"jxgl"."sc"
GROUP BY sno
HAVING sno =202011030102;
```

SUM( )函数通常和GROUP BY关键字一起使用。这样可以计算出不同分组中某个字段取值的总和。

【例8-25】 将sc表按照sno字段进行分组，然后，使用SUM( )函数统计各分组的总成绩。

具体语句如下，结果如图8-28所示。

```
SELECT sno,SUM(grade)
FROM"jxgl". "sc"
GROUP BY sno;
```

```
SELECT sno,SUM(grade)
FROM "jxgl"."sc"
GROUP BY sno
HAVING sno=202011030102
```

消息　结果集

	sno CHAR(20)	SUM(grade) DEC
1	202011030102	56

图 8-27　SUM 统计函数

```
SELECT sno,SUM(grade)
FRON "jxgl"."sc"
GROUP BY sno
```

消息　结果集

	sno CHAR(20)	SUM(grade) DEC
1	202011030102	56
2	202011030201	NULL
3	202011855228	96
4	202011855321	69
5	202012855223	137
6	202014070116	155
7	202014855302	90
8	202014855328	181
9	202014855406	245
10	202018855232	178

图 8-28　SUM 统计函数结合 GROUP BY

注意：SUM( )函数只能计算数值类型的字段，包括 INT 类型、FLOAT 类型、DOUBLE 类型、DECIMAL 类型等，字符类型的字段不能使用 SUM( )函数计算。使用 SUM( )函数计算字符类型字段时，计算结果都为 0。

（3）AVG( )函数

AVG( )函数是求平均值的函数，使用 AVG( )函数可以求出表中某个字段取值的平均值。例如，可以用 AVG( )函数来求平均年龄，也可以使用 AVG( )函数来求学生的平均成绩。

【例 8-26】　使用 AVG( )函数计算 sc 表中平均成绩。

具体语句如下，结果如图 8-29 所示。

```
SELECT AVG(grade) FROM "jxgl"."sc";
```

【例 8-27】　使用 AVG( )函数计算 sc 表中不同科目的平均成绩。

具体语句如下，结果如图 8-30 所示。

```
SELECT cno,AVG(grade)
FROM "jxgl"."sc"
GROUP BY cno;
```

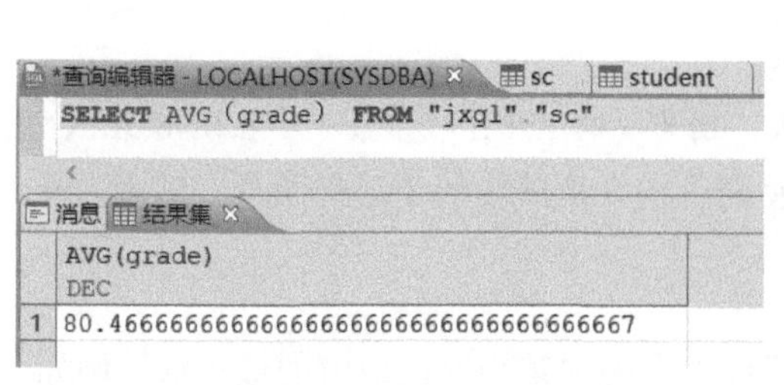

```
SELECT AVG(grade) FROM "jxgl"."sc"
```

	AVG(grade) DEC
1	80.466666666666666666666666666666667

图 8-29　AVG 统计函数

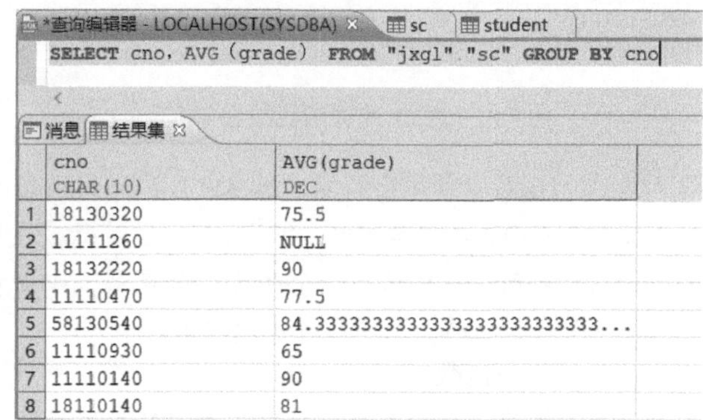

```
SELECT cno, AVG(grade) FROM "jxgl"."sc" GROUP BY cno
```

	cno CHAR(10)	AVG(grade) DEC
1	18130320	75.5
2	11111260	NULL
3	18132220	90
4	11110470	77.5
5	58130540	84.3333333333333333333333333...
6	11110930	65
7	11110140	90
8	18110140	81

图 8-30　AVG 统计函数结合 GROUP BY

使用 GROUP BY 关键字将 sc 表的记录按照 cno 字段进行分组，然后计算出每组的平均成绩。从本例可以看出，AVG( ) 函数与 GROUP BY 关键字结合后可以灵活地计算平均值。通过这种方式可以计算各个科目的平均分数，还可以计算每个人的平均分数。如果按照班级和科目两个字段进行分组，还可以计算出每个班级不同科目的平均分数。

（4） MAX( ) 函数

MAX( ) 函数是求最大值的函数，使用 MAX( ) 函数可以求出表中某个字段取值的最大值。例如，可以使用 MAX( ) 函数来查询最大年龄，也可以使用 MAX( ) 函数来求各科的最高成绩。

【例 8-28】 使用 MAX( ) 函数查询 sc 表中不同科目的最高成绩。

具体语句如下，结果如图 8-31 所示。

```
SELECT  cno,MAX(grade)
FROM  "jxgl"."sc"
GROUP BY  cno;
```

本例先将 sc 表的记录按照 cno 字段进行分组，然后查询出每组的最高成绩。从本例可以看出，MAX( ) 函数与 GROUP BY 关键字结合后可以查询出不同分组的最大值。通过这种方式可以计算各个科目的最高分。如果按照班级和科目两个字段进行分组，还可以计算出每个班级不同科目的最高分。

MAX( ) 不仅仅适用于数值类型，也适用于字符类型。

【例 8-29】 使用 MAX( ) 函数查询 student 表中 sname 字段的最大值。

具体语句如下，结果如图 8-32 所示。

```
SELECT MAX(sname) FROM "jxgl"."student";
```

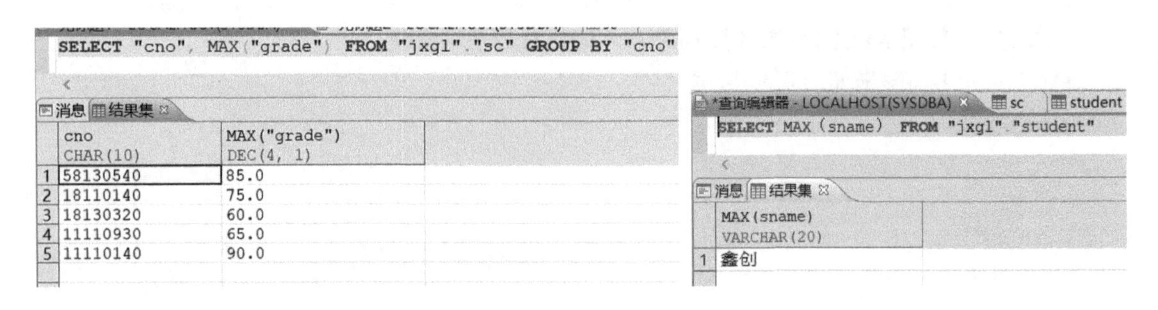

图 8-31 MAX 统计函数结合 GROUP BY　　　图 8-32 MAX 统计函数作用于字符类型

MAX( ) 函数是使用字符对应的 ASCII 码进行计算的。

说明：在 DM 数据库表中，字母 a 最小，字母 z 最大。因为 a 的 ASCII 码值最小。在使用 MAX( ) 函数进行比较时，先比较第一个字母。如果第一个字母相等，再继续比较下一个字母。例如，hhc 和 hhz 只有比较到第 3 个字母时才能比出大小。

（5） MIN( ) 函数

MIN( ) 函数是求最小值的函数，使用 MIN( ) 函数可以求出表中某个字段取值的最小值。例如，可以使用 MIN( ) 函数来查询最小年龄，也可以使用 MIN( ) 函数来求各科的最低成绩。

【例 8-30】　使用 MIN( ) 函数查询 sc 表中不同科目的最低成绩。

具体语句如下，结果如图 8-33 所示。

```
SELECT cno,MIN(grade)
FROM "jxgl"."sc"
GROUP BY cno;
```

先将 sc 表的记录按照 cno 字段进行分组，然后查询出每组的最低成绩。MIN( ) 函数也可以用来查询字符类型的数据，其基本方法与 MAX( ) 函数相似。

5. 合并查询结果

DM 数据库中使用 UNION 关键字可以将多个 SELECT 结果集合并为一个结果集，但要求参与合并的结果集对应的列数和数据类型必须相同。在第一个 SELECT 语句中被使用的列名称也被用于结果的列名称，语法格式如下。

```
SELECT …
UNION [ALL | DISTINCT]
SELECT …
[UNION [ALL | DISTINCT]
SELECT…
```

语法中不使用关键词 ALL，则所有返回的行都是唯一的，就好像对整个结果集使用了 DISTINCT 一样。如果使用了关键词 ALL，SELECT 语句中得到所有匹配的行都会出现。DISTINCT 关键词是一个自选词，不起任何作用，但是根据 SQL 标准的要求，在语法中允许采用。

【例 8-31】　查询女生的信息或在“1997-01-08”之后出生的学生信息。

具体语句如下，结果如图 8-34 所示。

```
SELECT * FROM "jxgl". "student"
WHERE ssex ='女'
UNION
SELECT * FROM "jxgl". "student"
WHERE sbirth >'1997-01-08';
```

*查询编辑器 - LOCALHOST(SYSDBA)　sc　student

```
SELECT cno, MIN(grade) FROM "jxgl"."sc" GROUP BY cno
```

消息　结果集

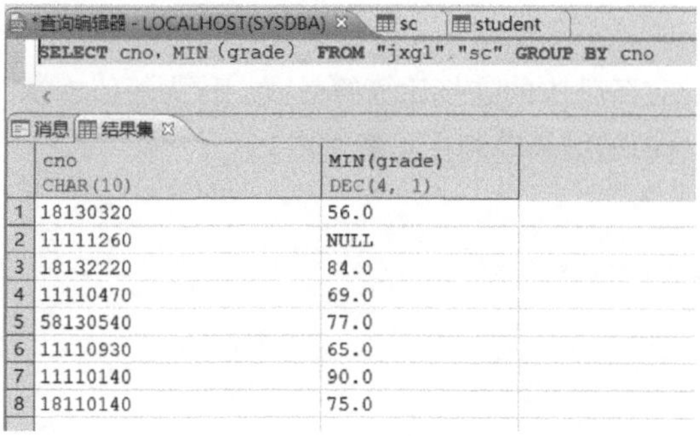

	cno CHAR(10)	MIN(grade) DEC(4, 1)
1	18130320	56.0
2	11111260	NULL
3	18132220	84.0
4	11110470	69.0
5	58130540	77.0
6	11110930	65.0
7	11110140	90.0
8	18110140	75.0

图 8-33　MIN 统计函数集合 GROUP BY

*查询编辑器 - LOCALHOST(SYSDBA)　sc　student

```
SELECT * FROM "jxgl"."student"
WHERE ssex='女'
UNION
SELECT * FROM "jxgl"."student"
WHERE sbirth>'1997-01-08'
```

消息　结果集

	sno CHAR(20)	sname VARCHAR(2	ssex CHAR(2)	sbirth DATE	zno CHAR(4)	sclass VARCHAR(20)
1	202011030102	鑫创	女	2002-08-20	1103	人工智能2001
2	202011855228	梦欣怡	女	2002-11-05	1102	大数据2001
3	202011855321	蓝梅	女	2002-07-02	1102	大数据2001
4	202011855426	余小梅	女	2002-06-18	1102	大数据2001
5	202012040137	郑熙婷	女	2003-05-23	1214	区块链2001
6	202012855223	徐美利	女	2000-09-07	1214	区块链2001
7	202014070116	欧阳贝贝	女	2002-01-08	1407	健管2001
8	202014320425	曹平	女	2002-12-14	1407	健管2001
9	202014855328	刘梅红	女	2000-06-12	1407	健管2001
10	202016855313	郭爽	女	2001-02-14	1601	供应链2001
11	202018855232	王琴雪	女	2002-07-20	1805	智能感知2001
12	202011030201	达乐	男	2003-05-20	1103	人工智能2002
13	202011070338	孙一凯	男	2000-10-11	1102	大数据2001
14	202014855302	李壮	男	2003-01-17	1409	智能医学2001
15	202014855308	马琦	男	2003-06-14	1409	智能医学2001
16	202014855406	王松	男	2003-10-06	1409	智能医学2001
17	202016855305	聂鹏飞	男	2002-08-25	1601	供应链2001
18	202018855212	李冬旭	男	2003-06-08	1805	智能感知2001

图 8-34　查询女生的信息或在“1997-01-08”之后出生的学生信息

8.2 多表查询

8.1 节介绍了单表查询，即在关键字 WHERE 语句中只涉及一张表。在具体应用中，经常需要实现一个查询语句中显示多张表的数据，这就是所谓的多表数据记录连接查询，简称连接查询。连接查询分为内连接查询和外连接查询。内连接查询和外连接查询的主要区别在于，内连接查询仅选出两张表中互相匹配的记录，而外连接查询会选出其他不匹配的记录，最常用的是内连接。常见的三种连接操作如下。

1. INNER JOIN 操作

INNER JOIN 操作用于组合两个表中的记录，只要在连接字段之中有相符的值即可使用。可以在任何 FROM 子句中使用 INNER JOIN 运算，它是最普通的连接类型。只要在这两个表的连接字段之中有相符的值，内部连接便可以组合两个表中的记录。

2. LEFT JOIN 操作

LEFT JOIN 操作用于在任何 FROM 子句中组合来源表的记录。使用 LEFT JOIN 运算可以创建一个左边外部连接，左边外部连接包含从第一个（左边）开始的两个表中的全部记录（即使在第二个（右边）表中并没有相符值的记录）。

3. RIGHT JOIN 操作

RIGHT JOIN 操作用于在任何 FROM 子句中组合来源表的记录。使用 RIGHT JOIN 运算可以创建一个右边外部连接，右边外部连接包含从第二个（右边）表开始的两个表中的全部记录（即使在第一个（左边）表中并没有匹配值的记录）。

在具体应用中，如果需要实现多表数据记录查询，一般不使用连接查询，因为该操作效率比较低，因此，DM 数据库提供了连接查询的替代操作——子查询操作。

8.2.1 内连接查询

内连接查询是最常用的一种查询，也称为等同查询，就是在表关系的笛卡儿积数据记录中，保留表关系中所有相匹配的数据，而舍弃不匹配的数据。

按照匹配条件可以分为等值连接、自然连接和不等值连接。

1. 等值连接（INNER JOIN）

用来连接两个表的条件称为连接条件，如果连接条件中的连接运算符是 =，称为等值连接。

【例 8-32】 对选修表和课程表做等值连接（返回的结果限制在 4 条以内）。

具体语句如下，结果如图 8-35 所示。

```
SELECT sno,sc.cno,grade,course.cno,cname,ccredit,cdept
FROM "jxgl"."sc"
INNER JOIN "jxgl"."course" on trim(sc.cno) = trim(course.cno)
LIMIT 4 ;
```

从结果中可以看出，前三个字段来自 sc 选修表，后面的 4 个字段来自 course 表，并且选修表的课程号字段 cno 和 course 表的课程号字段的值是相等的。

2. 自然连接（NATURAL JOIN）

自然连接操作就是在表关系的笛卡儿积中选取满足连接条件的行。具体过程是，首先根据表关系中相同名称的字段进行记录匹配，然后去掉重复的字段。还可以理解为在等值连接中把目标列中重复的属性列去掉。

【例 8-33】 **对选修表和课程表做自然连接（返回的结果限制在 4 条以内）。**

具体语句如下，结果如图 8-36 所示。

```
SELECT * FROM "jxgl"."sc"
NATURAL JOIN "jxgl"."course"
LIMIT 4;
```

```
SELECT sno, sc.cno, grade, course.cno,cname,ccredit,cdept FROM "jxgl"."sc"
INNER JOIN "jxgl"."course" on trim(sc.cno)=trim(course.cno) LIMIT 4;
```

	sno CHAR(20)	cno CHAR(10)	grade NUMERIC	cno CHAR(10)	cname VARCHAR(50)	ccredit INT	cdept VARCHAR(20)
1	202011030102	18130320	56.0	18130320	Internet技术及应用	2	信息学院
2	202018855232	58130540	91.0	58130540	大数据技术及应用	3	大数据学院
3	202018855232	18110140	87.0	18110140	Python程序设计	3	信息学院
4	202014855406	18132220	84.0	18132220	数据库技术及应用	2	大数据学院

图 8-35　等值连接查询

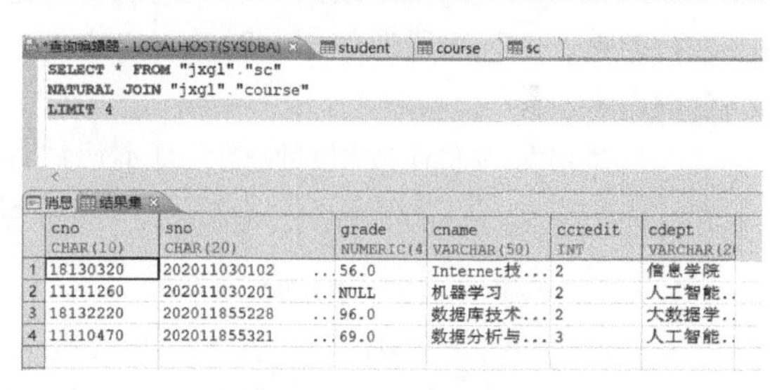
*查询编辑器 - LOCALHOST(SYSDBA)　student　course　sc

```
SELECT * FROM "jxgl"."sc"
NATURAL JOIN "jxgl"."course"
LIMIT 4
```

	cno CHAR(10)	sno CHAR(20)	grade NUMERIC(4	cname VARCHAR(50)	ccredit INT	cdept VARCHAR(2
1	18130320	202011030102 ...	56.0	Internet技...	2	信息学院
2	11111260	202011030201 ...	NULL	机器学习	2	人工智能..
3	18132220	202011855228 ...	96.0	数据库技术...	2	大数据学..
4	11110470	202011855321 ...	69.0	数据分析与...	3	人工智能..

图 8-36　自然连接查询

从结果可以知道，cno 课程号列只出现一次。

在自然连接时，会自动判别相同名称的字段，然后进行数据的匹配。在执行完自然连接的新关系中，虽然可以指定包含哪些字段，但是不能指定执行过程中的匹配条件，即哪些字段的值进行匹配。在执行完自然连接的新关系中，执行过程中所有匹配的字段名只有一个，即会去掉重复字段。

3. 不等值连接（INNER JOIN）

在 WHERE 语句中用来连接两个表的条件称为连接条件。如果连接条件中的连接运算符是“=”，称为等值连接。如果是其他的运算符，则是不等值连接。

【例 8-34】 **对选修表和课程表做不等值连接（返回的结果限制在 4 条以内）。**

具体语句如下，结果如图 8-37 所示。

```
SELECT * FROM "jxgl"."student"
INNER JOIN "jxgl"."course"
```

```
SELECT * FROM "jxgl"."student" INNER JOIN "jxgl"."course" ON 'sc.cno'!='course.cno' LIMIT 4;
```

	sno CHAR(20)	sname VARCHAI	ssex CHAR(	sbirth DATE	zno CHAR(	sclass VARCHAR(20)	cno VARCHAR(	cname VARCHAR(50)	ccredit INT	cdept VARCHAR(20)
1	202011030102	鑫创	女	2002-08-20	1103	人工智能2001	11110140	大数据管理	3	人工智能学院
2	202011030201	达乐	男	2003-05-20	1103	人工智能2002	11110140	大数据管理	3	人工智能学院
3	202011070338	孙一凯	男	2000-10-11	1102	大数据2001	11110140	大数据管理	3	人工智能学院
4	202011855228	梦欣怡	女	2002-11-05	1102	大数据2001	11110140	大数据管理	3	人工智能学院

图 8-37　不等值连接查询

```
ON sc.cno!=course.cno
LIMIT 4;
```

可以看出前三个字段来自sc选修表，后面的4个字段来自course表，并且选修表的课程号字段cno和course表的课程号字段的值是不相等的。本操作返回的结果数量较多，所以在这里限制了返回结果的数量。

8.2.2 外连接查询

外连接可以查询两个或两个以上的表，外连接查询和内连接查询非常相似，也需要通过指定字段进行连接，当该字段取值相等时，可以查询出该表的记录。而且，该字段取值不相等的记录也可以查询出来。

外连接可分为左连接和右连接，基本语法如下。

```
SELECT 字段表 FROM 表1 LEFT |RIGHT [ OUTER ] JOIN 表2 ON 表1.字段=表2.字段
```

1. 左外连接（LEFT JOIN）

左外连接的结果集中包含左表（JOIN关键字左边的表）中所有的记录，然后左表按照连接条件与右表进行连接。如果右表中没有满足连接条件的记录，则结果集中右表中的相应行数据填充为NULL。

【例8-35】 利用左连接方式查询课程表和选修表。

具体语句如下，结果如图8-38所示。

```
SELECT course.cno,course.cname,sc.cno,sc.sno
FROM "jxgl"."course"
LEFT JOIN "jxgl"."sc"
on sc.cno=course.cno
LIMIT 10;
```

从结果可以看出，系统查询的时候会扫描course表中的每一条记录。每扫描一个记录T，就开始扫描sc表中的每一个记录S，查找到S的cno与T的cno相等的记录，就把S和T合并成一条记录，输出。如果对于记录T，没找到记录S与之对应，则输出T，并把S的所有字段用NULL表示。就像图8-38中的倒数第二条和倒数第三条记录一样。

2. 右外连接（RIGHT JOIN）

右外连接的结果集包含满足连接条件的所有数据，以及右表（JOIN关键字右边的表）中不满足条件的数据（左表中的相应行数据为NULL）。

【例8-36】 利用右连接方式查询课程表和选修表。

具体语句如下，结果如图8-39所示。

```
SELECT course.cno,course.cname,sc.cno,sc.sno
FROM "jxgl"."course"
RIGHT JOIN "jxgl"."sc"
on sc.cno=course.cno
LIMIT 10;
```

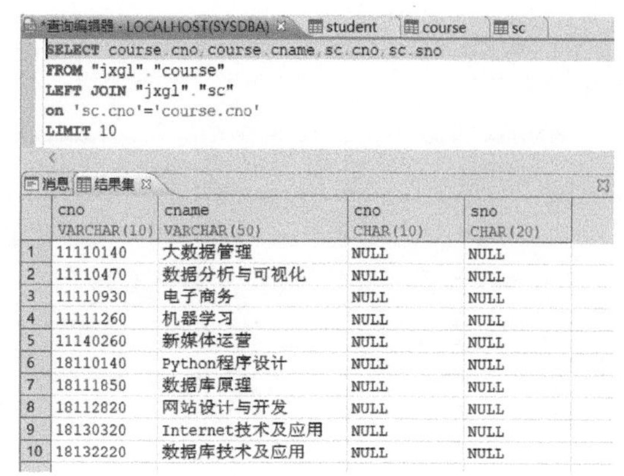

	cno VARCHAR(10)	cname VARCHAR(50)	cno CHAR(10)	sno CHAR(20)
1	11110140	大数据管理	NULL	NULL
2	11110470	数据分析与可视化	NULL	NULL
3	11110930	电子商务	NULL	NULL
4	11111260	机器学习	NULL	NULL
5	11140260	新媒体运营	NULL	NULL
6	18110140	Python程序设计	NULL	NULL
7	18111850	数据库原理	NULL	NULL
8	18112820	网站设计与开发	NULL	NULL
9	18130320	Internet技术及应用	NULL	NULL
10	18132220	数据库技术及应用	NULL	NULL

图 8-38　LEFT JOIN 查询

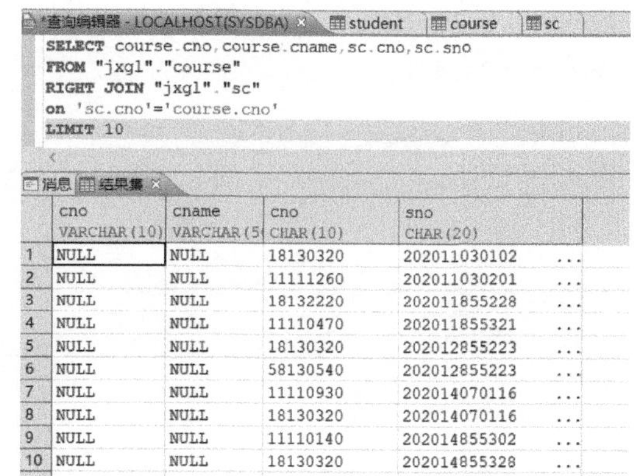

	cno VARCHAR(10)	cname VARCHAR(5	cno CHAR(10)	sno CHAR(20)
1	NULL	NULL	18130320	202011030102
2	NULL	NULL	11111260	202011030201
3	NULL	NULL	18132220	202011855228
4	NULL	NULL	11110470	202011855321
5	NULL	NULL	18130320	202012855223
6	NULL	NULL	58130540	202012855223
7	NULL	NULL	11110930	202014070116
8	NULL	NULL	18130320	202014070116
9	NULL	NULL	11110140	202014855302
10	NULL	NULL	18130320	202014855328

图 8-39　RIGHT JOIN 查询

8.2.3　子查询

当进行查询的时候，若需要的条件是另外一个 SELECT 语句的结果，这时就要用到子查询。例如，现在需要从学生成绩表中查询计算机系学生的各科成绩。那么，首先就必须知道哪些课程是计算机系学生选修的。因此，必须先查询计算机系学生选修的课程，然后根据此课程来查询计算机系学生的各科成绩。通过子查询，可以实现多表之间的查询。子查询中可能包括 IN、NOT IN、ANY、EXISTS 和 NOT EXISTS 等关键字。子查询中还可能包含比较运算符，如 “=” “!=” “>” 和 “<” 等。

1. 带 IN 关键字的子查询

一个查询语句的条件可能在另一个 SELECT 语句的查询结果中，这可以通过 IN 关键字来判断。例如，要查询哪些同学选择了计算机系开设的课程，必须先从课程表中查询出计算机系开设了哪些课程，然后从学生表中查询。如果学生选修的课程在前面查询出来的课程中，则查询该同学的信息。这可以用带 IN 关键字的子查询来实现。

IN 关键字可以判断某个字段的值是否在指定的集合中，如果字段的值在集合中，则满足查询条件，该记录将被查询出来；如果不在集合中，则不满足查询条件。

语法格式为 [NOT] IN (元素 1, 元素 2, 元素 3, …);

其中，NOT 是可选参数，加上 NOT 表示不在集合内满足条件。字符型元素要加上单引号。

【例 8-37】 **查询成绩在集合（65,75,85,95）中的学生的学号和成绩。**

查询条件就是 IN(65,75,85,95)，具体语句如下，结果如图 8-40 所示。

```
SELECT sno,grade
FROM "jxgl"."sc"
WHERE grade IN (65,75,85,95);
```

【例 8-38】 **查询还没选修过任何课程的 student 的记录。**

即 student 符合条件记录的 sno 字段的值没有在 sc 表中出现过。具体语句如下，结果如图 8-41 所示。

```
SELECT *
FROM "jxgl"."student"
```

```
WHERE sno NOT IN (SELECT sno
FROM "jxgl"."sc");
```

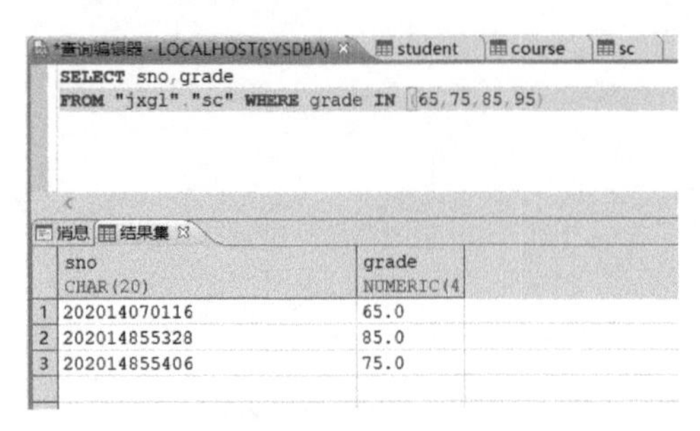

	sno CHAR(20)	grade NUMERIC(4
1	202014070116	65.0
2	202014855328	85.0
3	202014855406	75.0

图 8-40　含有 IN 的子查询

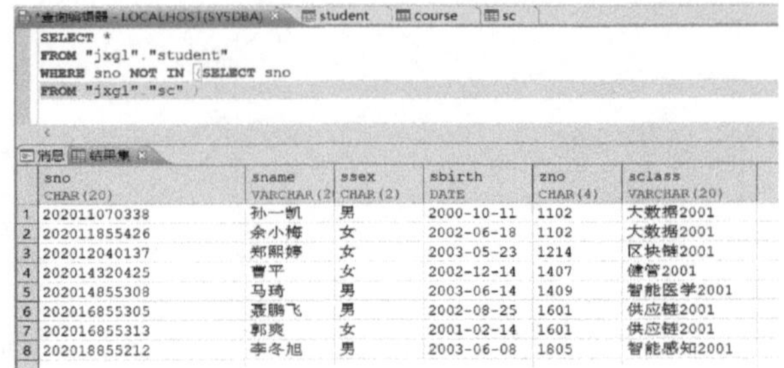

	sno CHAR(20)	sname VARCHAR(2	ssex CHAR(2)	sbirth DATE	zno CHAR(4)	sclass VARCHAR(20)
1	202011070338	孙一凯	男	2000-10-11	1102	大数据2001
2	202011855426	余小梅	女	2002-06-18	1102	大数据2001
3	202012040137	郑熙婷	女	2003-05-23	1214	区块链2001
4	202014320425	曹平	女	2002-12-14	1407	健管2001
5	202014855308	马琦	男	2003-06-14	1409	智能医学2001
6	202016855305	聂鹏飞	男	2002-08-25	1601	供应链2001
7	202016855313	郭爽	女	2001-02-14	1601	供应链2001
8	202018855212	李冬旭	男	2003-06-08	1805	智能感知2001

图 8-41　含有 NOT IN 的子查询

【例 8-39】　查询选修过课程的 student 的记录。

也就是 student 符合条件记录的 sno 字段的值在 sc 表中出现过，具体语句如下，结果如图 8-42 所示。

```
SELECT *
FROM "jxgl"."student"
WHERE sno IN (SELECT sno
FROM "jxgl"."sc");
```

2. 带 EXISTS 关键字的子查询

EXISTS 关键字表示存在，使用 EXISTS 关键字时，内查询语句不会返回查询的记录，而是返回一个真假值。如果内查询语句查询到满足条件的记录，就会返回真值“True”，否则返回“False”。当返回“True”时，外查询进行查询，否则外查询不进行查询。

【例 8-40】　如果存在“金融”这个专业，就查询所有的课程信息。

本例涉及 specialty 专业表和 course 课程表。

```
SELECT *
FROM "jxgl". "course"
WHERE EXISTS
(SELECT *  FROM "jxgl". "specialty"
WHERE zname ='金融');
```

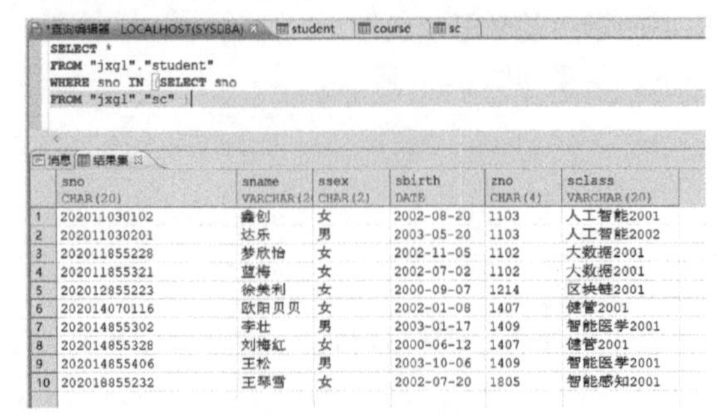

	sno CHAR(20)	sname VARCHAR(2	ssex CHAR(2)	sbirth DATE	zno CHAR(4)	sclass VARCHAR(20)
1	202011030102	鑫创	女	2002-08-20	1103	人工智能2001
2	202011030201	达乐	男	2003-05-20	1103	人工智能2002
3	202011855228	梦欣怡	女	2002-11-05	1102	大数据2001
4	202011855321	蓝梅	女	2002-07-02	1102	大数据2001
5	202012855223	徐美利	女	2000-09-07	1214	区块链2001
6	202014070116	欧阳贝贝	女	2002-01-08	1407	健管2001
7	202014855302	李壮	男	2003-01-17	1409	智能医学2001
8	202014855328	刘梅红	女	2000-06-12	1407	健管2001
9	202014855406	王松	男	2003-10-06	1409	智能医学2001
10	202018855232	王琴雪	女	2002-07-20	1805	智能感知2001

图 8-42　查询选修过课程的 student 的记录

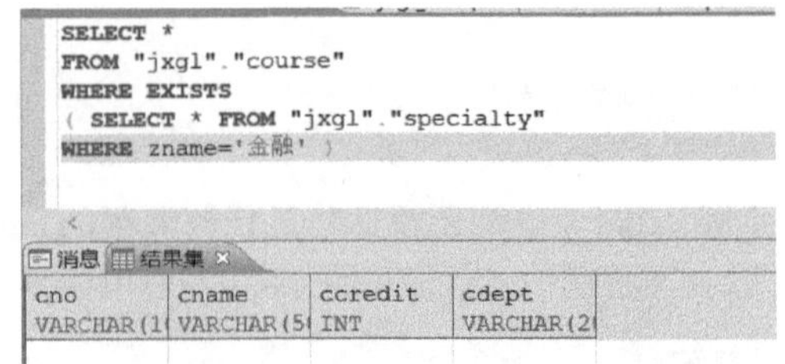

cno VARCHAR(1	cname VARCHAR(5	ccredit INT	cdept VARCHAR(2

图 8-43　存在“金融”这个专业便查询所有的课程信息

结果返回空，说明不存在金融这个专业，即 **EXISTS**（**SELECT** ＊ **FROM** "jxgl"."specialty" **WHERE** zname ='金融'）；返回的值是 False，所以不指定外循环的查询操作。

【例 8-41】　如果存在“人工智能”这个专业，就查询所有的课程信息。

本例涉及 specialty 专业表和 course 课程表，具体语句如下，结果如图 8-44 所示。

```
SELECT * FROM "jxgl". "course"WHERE EXISTS (SELECT *  FROM "jxgl". "specialty"
WHERE zname = ‘人工智能’)
```

```
SELECT *
FROM "jxgl"."course"
WHERE EXISTS
( SELECT * FROM "jxgl"."specialty"
WHERE zname='人工智能' )
```

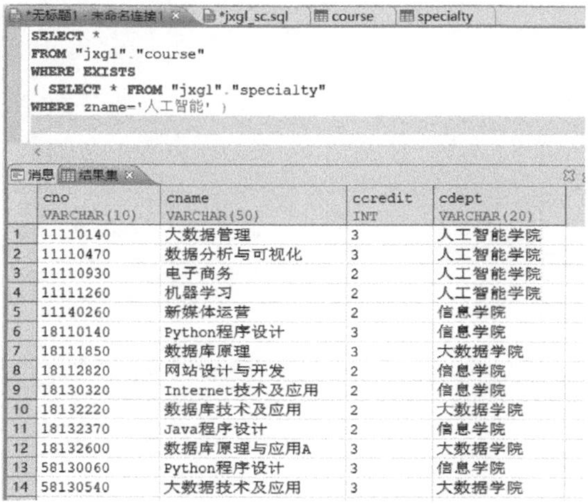

	cno VARCHAR(10)	cname VARCHAR(50)	ccredit INT	cdept VARCHAR(20)
1	11110140	大数据管理	3	人工智能学院
2	11110470	数据分析与可视化	3	人工智能学院
3	11110930	电子商务	2	人工智能学院
4	11111260	机器学习	2	人工智能学院
5	11140260	新媒体运营	2	信息学院
6	18110140	Python程序设计	3	信息学院
7	18111850	数据库原理	3	大数据学院
8	18112820	网站设计与开发	2	信息学院
9	18130320	Internet技术及应用	2	信息学院
10	18132220	数据库技术及应用	2	大数据学院
11	18132370	Java程序设计	2	信息学院
12	18132600	数据库原理与应用A	3	大数据学院
13	58130060	Python程序设计	3	信息学院
14	58130540	大数据技术及应用	3	大数据学院

图 8-44　存在“人工智能”这个专业便查询所有的课程信息

3. 带 ANY 关键字的子查询

ANY 关键字表示满足其中任何一个条件。使用 ANY 关键字时，只要满足内查询语句返回结果中的一个，就可以通过该条件来执行外层查询语句。

【例 8-42】　查询在学号为“202011030102 ”的学生之后出生的学生的姓名和出生日期。

具体语句如下，查询结果如图 8-46 所示。

```
SELECT sname,sbirth
FROM "jxgl". "student"
WHERE sbirth > ANY (SELECT sbirth
FROM "jxgl". "student"
WHERE sno = 202011030102);
```

4. 带 ALL 关键字的子查询

ALL 关键字表示满足所有的条件。使用 ALL 关键字时，只有满足内层查询语句返回的所有结果，才能执行外层的查询语句。> ALL 表示大于所有的值，< ALL 表示小于所有的值。

ALL 关键字和 ANY 关键字的使用方式一样，但两者的差距很大，前者是满足所有的内层查询语句返回的所有结果，才执行外查询；后者是只需要满足其中一条记录，就执行外查询。

【例 8-43】　查询比学号“202011030102”的学生成绩高的学生的学号和姓名。

具体语句如下，查询结果如图8-46所示。

```
SELECT sno,grade
FROM "jxgl"."sc"
WHERE grade > ALL (SELECT grade
FROM "jxgl"."sc"
WHERE sno = 202011030102);
```

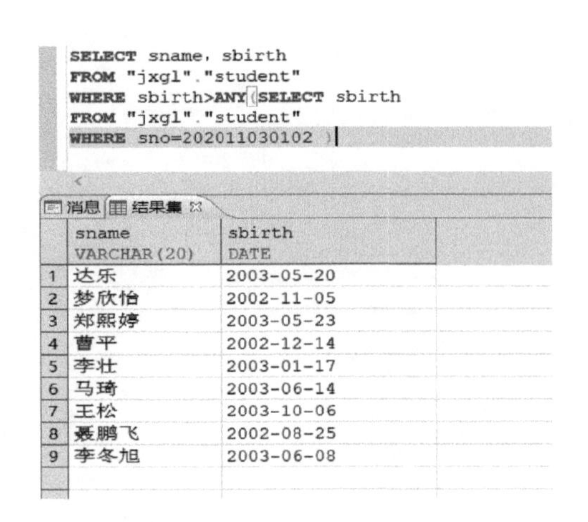

	sname VARCHAR(20)	sbirth DATE
1	达乐	2003-05-20
2	梦欣怡	2002-11-05
3	郑熙婷	2003-05-23
4	曹平	2002-12-14
5	李壮	2003-01-17
6	马琦	2003-06-14
7	王松	2003-10-06
8	聂鹏飞	2002-08-25
9	李冬旭	2003-06-08

图8-45　查询在学号为“202011030102”的学生之后出生的学生的姓名和出生日期

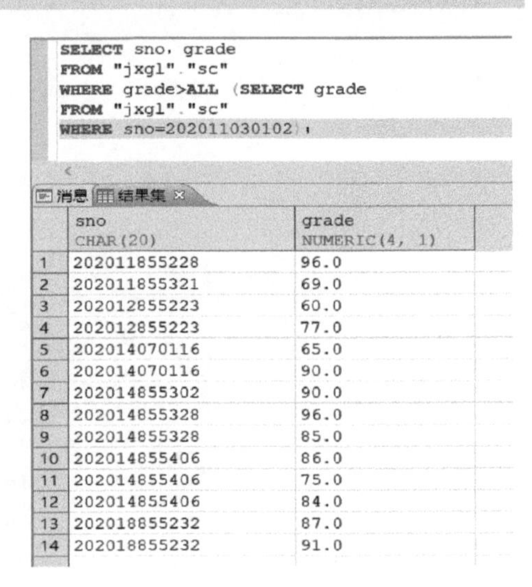

	sno CHAR(20)	grade NUMERIC(4, 1)
1	202011855228	96.0
2	202011855321	69.0
3	202012855223	60.0
4	202012855223	77.0
5	202014070116	65.0
6	202014070116	90.0
7	202014855302	90.0
8	202014855328	96.0
9	202014855328	85.0
10	202014855406	86.0
11	202014855406	75.0
12	202014855406	84.0
13	202018855232	87.0
14	202018855232	91.0

图8-46　查询比学号“202011030102”的学生成绩高的学生的学号和姓名

本章小结

本章介绍了对数据的单表查询和多表查询。在DM_SQL中，对数据库的查询是使用SELECT语句。本章主要介绍了SELECT语句的使用方法及语法要素，其中，灵活运用SELECT语句对DM数据库进行各种方式的查询是学习重点。

实验7：数据库数据表查询管理

实验概述：通过本实验可以掌握SELECT语句的基本语法格式、执行方法，掌握SELECT语句的GROUP BY和ORDER BY子句的作用，掌握内连接、外连接的用法和区别。具体内容参见《实验指导书》。

第 9 章 视图和索引定义与管理

视图是从一个或多个表中导出的表，是一种虚拟的表。视图就像一个窗口，通过这个窗口可以看到系统专门提供的数据。这样，用户可以不用看到整个数据表中的数据，而只用关心对自己有用的数据。视图可以使用户的操作更方便，而且可以保障数据库系统安全性。

本章将介绍视图的含义和作用、视图定义的原则和创建视图的方法以及修改视图、查看视图和删除视图的方法。

9.1 视图概述

作为常用的数据库对象，视图（View）为数据查询提供了一条捷径；视图是一个虚拟表，其内容由查询定义，即视图中的数据并不像表、索引那样需要占用存储空间，视图中保存的仅是一条 SELECT 语句，其数据源来自数据库表，或者其他视图。不过，同真实的表一样，视图中包含一系列带有名称的列和行数据。但是，视图并不在数据库中以存储的数据的形式存在。行和列数据来自定义视图的查询所引用的表，并且在引用视图时动态生成。当基表发生变化时，视图的数据也会随之变化。

视图是存储在数据库中的 SQL 查询语句，使用它主要出于两种原因：第一是安全原因，视图可以隐藏一些数据，例如，学生信息表可以用视图只显示学号、姓名、性别、班级，而不显示年龄和家庭住址信息等；第二是可使复杂的查询易于理解和使用。

9.1.1 视图的优势

对其中所引用的基础表来说，视图的作用类似于筛选。定义视图的筛选可以来自当前或其他数据库的一个或多个表，或者其他视图。通过视图进行查询没有任何限制，通过它们进行数据修改时的限制也很少。视图的优势体现在如下几点。

1. 增强数据安全性

同一个数据库表可以创建不同的视图，为不同的用户分配不同的视图，这样就可以使不同的用户只能查询或修改与之对应的数据，继而增强数据的安全访问控制，即用户可以通过视图查看数据库中的数据，但又不用考虑数据库表的结构关系，而且就算是对数据表做了修改，也不用修改前端程序代码，而只需要修改视图即可。

2. 提高灵活性，操作变简单

如果用户的功能需求比较灵活，那么需要改动表的结构会较多，从而导致工作量比较大。这种情况下，可以使用虚拟表的形式达到少修改的效果。例如：假如因为某种需要，T_A 表与 T_B 表需要合并起来组成一个新的表 T_C。最后，T_A 表与 T_B 表都不会存在了。而由于原来程序中编写的 SQL 语句分别是基于 T_A 表与 T_B 表的，这就意味着需要重新编写大量的 SQL 语句（改成向 T_C 表去操作数据）。而通过视图就可以做到不修改。定义两个视图，其名字还是原来的基表名 T_A 和 T_B，使用 T_A 和 T_B 视图便可以从 T_C 表中取出内容。

使用视图可以简化数据查询操作，对于经常使用但结构复杂的 SELECT 语句，建议将其封装为一个视图。

3. 提高数据的逻辑独立性

如果没有视图，应用程序便一定是建立在数据库表上的；有了视图之后，应用程序就可以建立在视图之上，从而使应用程序和数据库表结构在一定程度上逻辑分离。视图在以下两个方面使应用程序与数据逻辑独立。

1）使用视图可以向应用程序屏蔽表结构，此时即便表结构发生变化（如表的字段名发生变化），只需重新定义视图或者修改视图的定义，无须修改应用程序即可使应用程序正常运行。

2）使用视图可以向数据库表屏蔽应用程序，此时即便应用程序发生变化，只需重新定义视图或者修改视图的定义，无须修改数据库表结构即可使应用程序正常运行。

9.1.2 视图的工作机制

当调用视图的时候，才会执行视图中的 SQL 语句，进行取数据操作。视图的内容没有存储，而是在视图被引用的时候才派生出数据。这样不会占用空间，由于是即时引用，视图的内容总是和真实表的内容是一致的。视图这样的设计最主要的好处就是节省空间，当数据内容总是不变时，就不需要维护视图的内容，维护好真实表的内容，就可以保证视图的完整性。

9.2 视图创建、查询、修改和删除

9.2.1 创建视图

视图是一个从单张或多张基础数据表或其他视图中构建出来的虚拟表，所以视图的作用类似于对数据表进行筛选，因此除了使用创建视图的关键字 CREATE VIEW 外，还必须使用 SQL 语句中的 SELECT 语句来实现视图的创建。创建视图的 SQL 语法如下。

```
CREATE [OR REPLACE] VIEW
[<模式名>.]<视图名>[(<列名> {,<列名>})]
AS <查询说明>
[WITH [LOCAL|CASCADED] CHECK OPTION]|[WITH READ ONLY];
```

其中：

1）“视图名”参数表示要创建的视图名称。表和视图共享数据库中相同的名称空间，因此，

数据库不能包含具有相同名称的表和视图。视图必须具有唯一的列名，不得有重复，与基表类似。在默认情况下，由 SELECT 语句检索的列名将作为视图列名。要想为视图列定义明确的名称，可以使用可选的查询语句的字段列表。查询语句的字段列表中的名称数据必须等于 SELECT 语句检索的列数。

2）CASCADED 是可选参数，表示更新视图时要满足所有相关视图和表的条件，该参数为默认值；LOCAL 表示更新视图时，要满足该视图本身的定义条件。

3）WITH CHECK OPTION 是可选参数，表示更新视图时要保证在该视图的权限范围之内。虽然它是可选属性，但为了数据安全性建议大家使用。

【例 9-1】　在 student 表上创建一个简单的视图，视图名为 student_view1。

```
CREATE VIEW "jxgl"."student_view1"
AS SELECT *  FROM " jxgl"." student"
```

【例 9-2】　在 student 表上创建一个名为 student_view2 的视图，包含学生的姓名、课程名以及对应的成绩。

```
CREATE VIEW "jxgl"."student_view2" (sname, cname, grade)
AS SELECT sname, cname, grade FROM " jxgl"." student" s, " jxgl"." course" c, " jxgl"." sc" sc
WHERE s. sno =sc. sno AND sc. cno = c. cno
```

创建视图时需要注意以下几点。

1）运行创建视图的语句需要用户具有创建视图（CREATE VIEW）的权限，若加了［OR REPLACE］，则还需要用户具有删除视图（DROP VIEW）的权限。

2）SELECT 语句不能包含 FROM 子句中的子查询。

3）SELECT 语句不能引用系统或用户变量。

4）SELECT 语句不能引用预处理语句参数。

5）在存储子程序内，定义不能引用子程序参数或局部变量。

6）在定义中引用的表或视图必须存在，但是创建了视图后，能够舍弃定义引用的表或视图。要想检查视图定义是否存在这类问题，可使用 CHECK TABLE 语句。对于 SELECT 语句名，视图能够引用表或其他数据库中的视图。

7）在定义中不能引用 TEMPORARY 表，不能创建 TEMPORATY 视图。

8）在视图定义中命名的表必须已存在。

9）不能将触发器与视图关联在一起。

10）在视图定义中允许使用 ORDER BY 语句，但是，如果从特定视图进行了选择，而该视图使用了 ORDER BY 语句，它将被忽略。

注意：使用视图查询时，若其关联的基表中添加了新字段，则该视图将不包含新字段。如果与视图相关联的表或视图被删除，则该视图将不能使用。

9.2.2　查询视图

视图一旦定义成功，对基表的所有查询操作都可用于视图。对于用户来说，视图和基表在进行查询操作时没有区别。

查询 user_views 或 dba_views 表，其语法格式如下。

```
SELECT * FROM user_views WHERE table_name ='视图名'
```

【例9-3】 在查询欧阳贝贝的信息时，就可以借助视图很方便地完成查询。

```
SELECT * FROM "jxgl"."student_view1"
WHERE "student_view1"."sname" = "欧阳贝贝"
```

9.2.3 视图的编译

一个视图依赖于其基表或视图，如果基表定义发生改变，如增删一列，或者视图的相关权限发生改变，可能导致视图无法使用。在这种情况下，可对视图重新编译，检查视图的合法性。

DM数据库中可以通过CREATE OR REPLACE VIEW语句或者ALTER语句来修改视图。

1. CREATE OR REPLACE VIEW语句

CREATE OR REPLACE VIEW语句的语法格式如下。

```
CREATE OR REPLACE [ALGORITHM = {UNDEFINED |MERGE |TEMPTABLE}]
VIEW视图名[{属性清单}]
AS SELECT语句
[WITH [CASCADED |LOCAL] CHECK OPTION];
```

这里的所有参数都与创建视图的参数一样。

【例9-4】 使用CREATE OR REPLACE VIEW将视图student_view2的列名修改为姓名、选修课、成绩。

具体语句如下，运行结果如图9-1所示。

```
CREATE OR REPLACE VIEW
"jxgl"."student_view2"("姓名","选修课","成绩")
AS SELECT "sname", "cname", "grade"
FROM "jxgl"."student" s, "jxgl"."course" c, "jxgl"."sc" sc
WHERE s."sno" = sc."sno" AND c."cno"=sc."cno";
```

*无标题1 - LOCALHOST(SYSDBA)　student_view1

```
CREATE OR REPLACE VIEW
"jxgl"."student_view2"("姓名","选修课","成绩")
AS SELECT "sname", "cname", "grade"
FROM "jxgl"."student" s, "jxgl"."course" c, "jxgl"."sc" sc
WHERE s."sno" = sc."sno" AND c."cno"=sc."cno";

select * from "jxgl"."student_view2"
```

消息　结果集

	姓名 VARCHAR(	选修课 VARCHAR(	成绩 NUMBER(4
1	鑫创	Inter...	56.0
2	王琴雪	大数据..	91.0
3	王琴雪	Pytho...	87.0
4	王松	数据库..	84.0
5	王松	数据分..	86.0
6	王松	Pytho...	75.0
7	刘梅红	大数据..	85.0
8	刘梅红	Inter...	96.0
9	李壮	大数据..	90.0
10	欧阳贝..	Inter...	90.0
11	欧阳贝..	电子商..	65.0
12	徐美利	大数据..	77.0
13	徐美利	Inter...	60.0
14	蓝梅	数据分..	69.0
15	梦欣怡	数据库..	96.0
16	达乐	机器学..	NULL

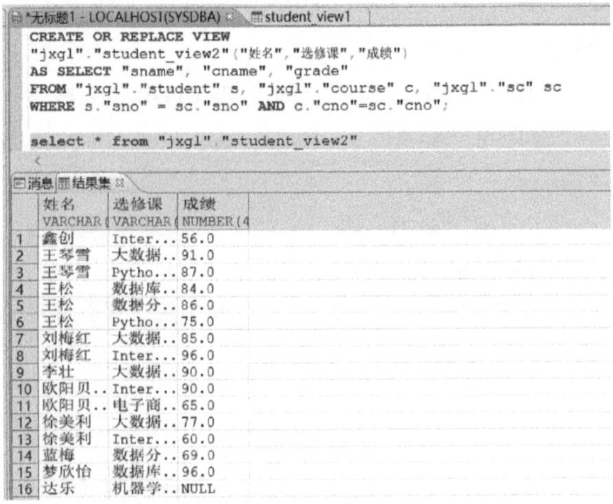

图9-1　将视图的列名修改为姓名、选修课、成绩

2. ALTER 语句

ALTER 语句的语法格式如下。

```
ALTER VIEW [ <模式名>.] <视图名> COMPILE;
ALTER [ALGORITHM = {UNDEFINED |MERGE |TEMPTABLE}]
VIEW 视图名[ (属性清单) ]
AS SELECT 语句
[WITH [CASCADED |LOCAL] CHECK OPTION];
```

这里的所有参数都与创建视图的参数一样。

【例 9-5】　使用 ALTER 命令把 student_view2 的列名再改为 sname、cname、grade。

具体语句如下，结果同图 9-1 所示。

```
ALTER VIEW
"jxgl"."student_view2"
(sname, cname, grade)
AS SELECT "姓名", "选修课", "成绩"
FROM "jxgl"."student" s, "jxgl"."course" c, "jxgl"."sc" sc
WHERE s."sno" = sc."sno" AND c."cno" = sc."cno";
```

9.2.4　删除视图

删除视图时，只能删除视图的定义，不会删除数据。其次，在删除视图时用户必须拥有 DROP 权限。语法格式如下。

```
DROP VIEW[IF EXISTS][ <模式名>.] <视图名> [RESTRICT |CASCADE];
```

语法说明如下。

1）删除不存在的视图会报错。若指定 IF EXISTS 关键字，删除不存在的视图则不会报错。

2）删除视图有两种方式：RESTRICT/CASCADE 方式。其中，RESTRICT 为默认值。当 dm.ini 中的参数 DROP_CASCADE_VIEW 值设置为 1 时，如果在该视图上建有其他视图，必须使用 CASCADE 参数才可以删除所有建立在该视图上的视图，否则删除视图的操作不会成功；当 dm.ini 中的参数 DROP_CASCADE_VIEW 值设置为 0 时，RESTRICT 和 CASCADE 方式都会成功，且只会删除当前视图，不会删除建立在该视图上的视图。

3）使用 DROP VIEW 可以一次删除多个视图。

4）当该视图对象被其他对象依赖时，用户在删除视图时必须带 CASCADE 参数，系统会将依赖于该视图的其他数据库对象一并删除，以保证数据库的完整性。

【例 9-6】　删除视图 student_view1。

具体语句如下，运行结果如图 9-2 所示。

```
DROP VIEW IF EXISTS "jxgl"."student_view1"
```

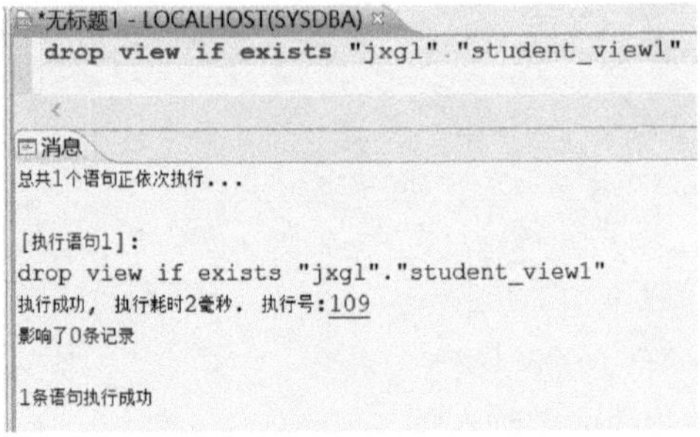

```
*无标题1 - LOCALHOST(SYSDBA)
drop view if exists "jxgl"."student_view1"

消息
总共1个语句正依次执行...

[执行语句1]:
drop view if exists "jxgl"."student_view1"
执行成功, 执行耗时2毫秒. 执行号:109
影响了0条记录

1条语句执行成功
```

图 9-2　删除视图 student_view1

9.3　视图更新

在前边的章节中，使用视图进行了查询操作，其实视图还可以进行更新操作，这些更新视图的操作包括插入（INSERT）、更新（UPDATE）和删除（DELETE）数据。但是视图是一张虚拟表，保存的只是视图的定义，并不保存数据，所以所做的更新视图的操作实际上是对基表的插入、删除和更新操作。下面将针对视图的三种更新操作以及更新视图时的限制条件进行详细介绍。

9.3.1　插入数据

使用 SQL 语句创建 student_view3 视图。通过 student_view3 视图向 student 表中添加一条新的数据记录，“sno”“sname”“ssex”“sbirth”“zno”“sclass” 字段的值分别为' 2021061001 ', '刘青新', '男', ' 2021-6-10 ', ' 1520 ', '小二班'。其 SQL 语句如例 9-7 所示。

【例 9-7】　使用 INSERT 语句插入数据。

具体语句如下，运行结果如图 9-3 所示。

```
CREATE VIEW "jxgl"."student_view3"
AS
SELECT * FROM "jxgl"."student"
INSERT INTO "jxgl"."student_view3" VALUES(' 2021061001 ', '刘青新', '男', ' 2021-6-10 ', ' 1520 ', '小二班')
```

```
*无标题1 - LOCALHOST(SYSDBA)    student_view3
CREATE VIEW "jxgl"."student_view3"
AS
SELECT * FROM "jxgl"."student"

INSERT INTO "jxgl"."student_view3" VALUES('2021061001', '刘青新', '男', '2021-6-10', '1520', '小二班')

消息
总共1个语句正依次执行...

[执行语句1]:
INSERT INTO "jxgl"."student_view3" VALUES('2021061001', '刘青新', '男', '2021-6-10', '1520', '小二班')
执行成功, 执行耗时1毫秒. 执行号:1550
影响了1条记录

1条语句执行成功
```

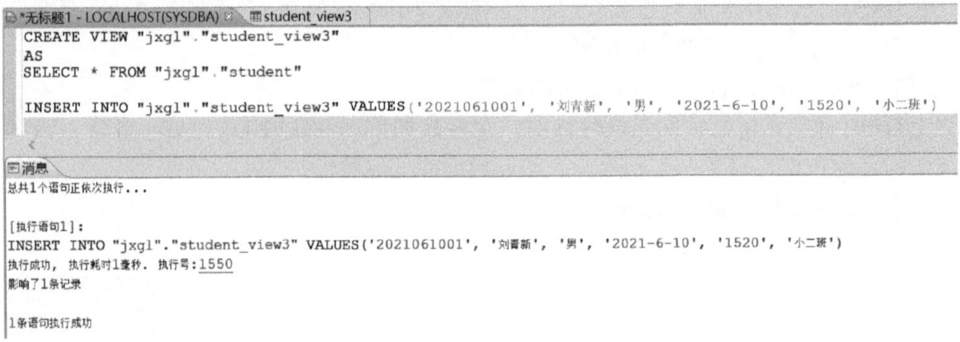

图 9-3　通过视图添加数据

从图9-3可以看到，使用INSERT语句向视图中插入新的数据记录的SQL语句已经执行成功，下面使用SELECT语句查看student_view3视图中学号sno为' 2021061001 '的学生记录，看是否添加成功。其SQL语句如例9-8所示。

【例9-8】 **使用SELECT语句查看student_view3视图中是否存在添加的数据。**

具体语句如下，运行结果如图9-4所示。

```
SELECT* FROM "jxgl". "student_view3"
```

从图9-4可以看到，在查询结果中多了一条在例9-7中插入的新数据记录。接下来查询student表中sno为' 2021061001 '的学生记录，看表中是否添加了新记录。其SQL语句如例9-9所示。

【例9-9】 **使用SELECT语句查看student表中sno为' 2021061001 '的学生记录。**

具体语句如下，运行结果如图9-5所示。

```
SELECT *  FROM "jxgl". "student" WHERE "sno" = '2021061001'
```

SELECT * FROM "jxgl"."student_view3"

消息 结果集

	sno CHAR(20)	sname VARCHAR(	ssex CHAR(4)	sbirth DATE	zno CHAR(4)	sclass VARCHAR(
1	20201...	鑫创	女	2002-...	1103	人工智..
2	20201...	达乐	男	2002-...	1103	人工智..
3	20201...	孙一凯	男	2002-...	1102	大数据..
4	20201...	梦欣怡	女	2002-...	1102	大数据..
5	20201...	蓝梅	女	2002-...	1102	大数据..
6	20201...	余小梅	女	2002-...	1102	大数据..
7	20201...	郑熙婷	女	2002-...	1214	区块链..
8	20201...	徐美利	女	2002-...	1214	区块链..
9	20201...	欧阳贝..	女	2002-...	1407	健管2...
10	20201...	曹平	女	2002-...	1407	健管2...
11	20201...	李壮	男	2002-...	1409	智能医..
12	20201...	马琦	男	2002-...	1409	智能医..
13	20201...	刘梅红	女	2002-...	1407	健管2...
14	20201...	王松	男	2002-...	1409	智能医..
15	20201...	聂鹏飞	男	2002-...	1601	供应链..
16	20201...	郭爽	女	2002-...	1601	供应链..
17	20201...	李冬旭	男	2002-...	1805	智能感..
18	20201...	王琴雪	女	2002-...	1805	智能感..
19	20210...	刘青新	男	2021-...	1520	小二班

图9-4　查看视图中是否存在添加的数据

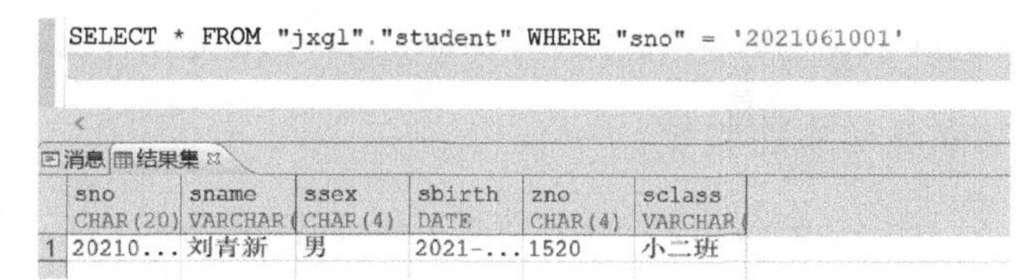

SELECT * FROM "jxgl"."student" WHERE "sno" = '2021061001'

消息 结果集

	sno CHAR(20)	sname VARCHAR(	ssex CHAR(4)	sbirth DATE	zno CHAR(4)	sclass VARCHAR(
1	20210...	刘青新	男	2021-...	1520	小二班

图9-5　查看基表数据

从图9-5可以看到，在student表的查询结果中也多了一条在例9-7中插入的新数据记录（注意：没有插入数据的字段要允许NULL值），说明使用INSERT语句更新视图的操作实际上影响的是创建视图的基表。

9.3.2　更新数据

通过student_view3视图将student表中sname为“刘青新”的ssex修改为“女”（“刘青新”原性别为“男”）。其SQL语句如例9-10所示。

【例9-10】 **使用UPDATE语句将student表中sname为“文情新”的ssex修改为“女”。**

具体语句如下，运行结果如图9-6所示。

```
UPDATE "jxgl"."student_view3" SET "ssex" = '女' WHERE "sname" = '刘青新'
```

从图9-6可以看到，使用UPDATE语句修改视图中数据记录的SQL语句已经执行成功，下面使用SELECT语句查看student_view3视图中sname为“刘青新”的记录，看是否修改成功。其SQL语句如例9-11所示。

【例 9-11】 使用 SELECT 语句查看 student_view3 视图中 sname 为“刘青新”的记录。

具体语句如下，运行结果如图 9-7 所示。

```
SELECT *  FROM "jxgl". "student_view3" WHERE "sname" = '刘青新'
```

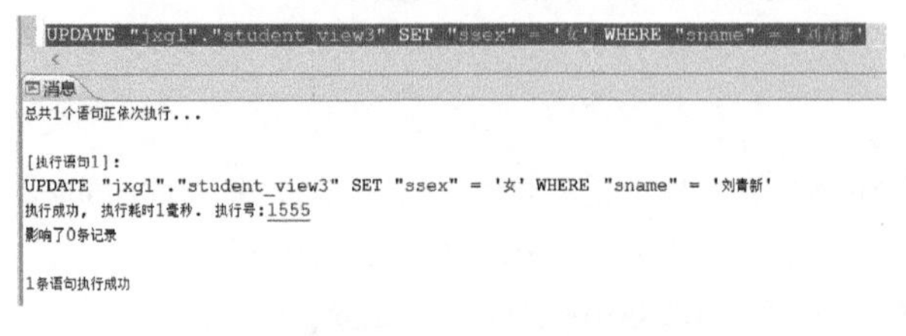

图 9-6 使用 UPDATE 语句更新视图

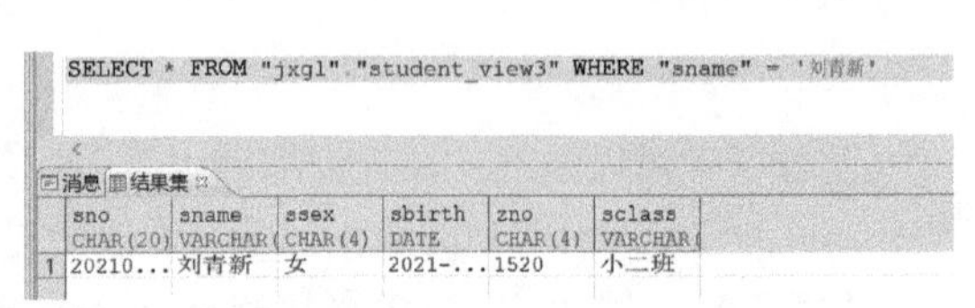

sno	sname	ssex	sbirth	zno	sclass
CHAR(20)	VARCHAR(	CHAR(4)	DATE	CHAR(4)	VARCHAR(
20210...	刘青新	女	2021-...	1520	小二班

图 9-7 查看视图中 sname 为“刘青新”的记录

从图 9-7 可以看到，在 student_view3 视图中 sname 为“刘青新”的 ssex 已经被修改为“女”，说明视图中的该数据已经修改成功。接下来可以查询 student 表中 sname 为“刘青新”的记录，看 student 表中是否对该记录进行了修改。其 SQL 语句如例 9-12 所示。

【例 9-12】 使用 SELECT 语句查看 student 表中 sname 为“刘青新”的记录。

具体语句如下，运行结果如图 9-8 所示。

```
SELECT *  FROM "jxgl". "student" WHERE "sname" = '刘青新'
```

从图 9-8 可以看到，student 表中 sname 为“刘青新”的 ssex 已经被修改为“女”，说明使用 UPDATE 语句更新视图的操作实际上影响的也是创建视图的基表。

9.3.3 删除数据

通过 student_view 视图删除 student 表中 sname 为“刘青新”的信息，其 SQL 语句如例 9-13 所示。

【例 9-13】 使用 DELETE 语句通过视图删除 sname 为“刘青新”的信息。

具体语句如下，运行结果如图 9-9 所示。

```
DELETE FROM "jxgl". "student_view3" WHERE "sname" = '刘青新'
```

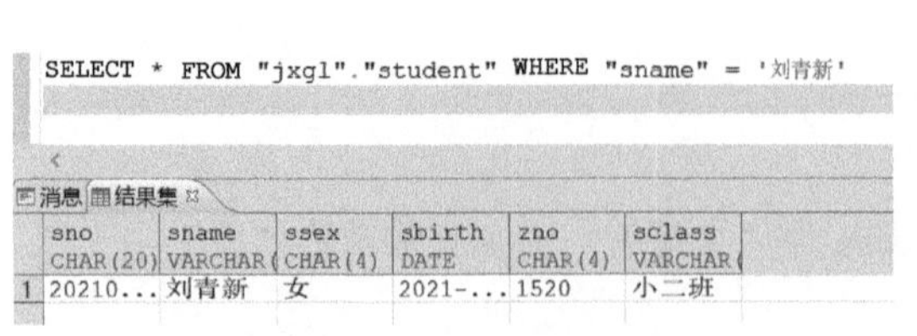

sno	sname	ssex	sbirth	zno	sclass
CHAR(20)	VARCHAR(	CHAR(4)	DATE	CHAR(4)	VARCHAR(
20210...	刘青新	女	2021-...	1520	小二班

图 9-8 查看基表中 sname 为“刘青新”的记录

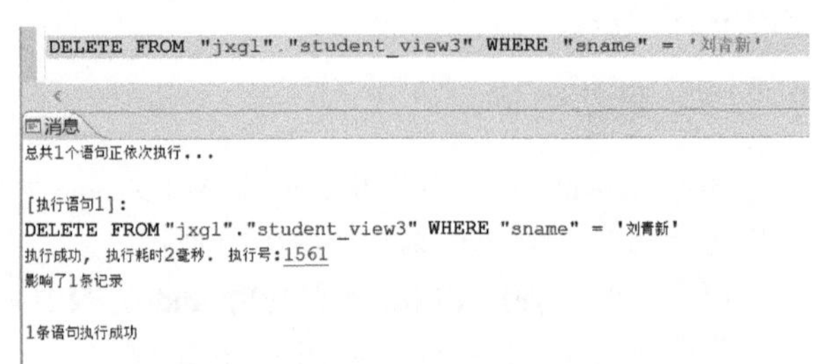

图 9-9 通过视图删除 sname 为“刘青新”的信息

从图 9-9 可以看到，使用 DELETE 语句从视图中删除数据记录的 SQL 语句已经执行成功，下面使用 SELECT 语句查看 student_view3 视图中 sname 为“刘青新”的记录，看是否删除成功。

【例 9-14】 使用 SELECT 语句查看 student_view3 视图中 sname 为“刘青新”的信息。

具体语句如下，运行结果如图 9-10 所示。

```
SELECT *  FROM "jxgl". "student_view3" WHERE "sname" = '刘青新'
```

由图 9-10 与图 9-9 对比可知，在 student_view3 视图的查询结果中少了一条 sname 为“刘青新”的数据记录，说明视图中的该数据已经删除成功。接下来查询 student 表中 sname 为“刘青新”的记录，看 student 表中是否删除了该记录。其 SQL 语句如例 9-15 所示。

【例 9-15】 使用 SELECT 语句查看 student 表中是否已经删除 sname 为“刘青新”的记录。

具体语句如下，运行结果如图 9-11 所示。

```
SELECT *  FROM "jxgl". "student" WHERE "sname" = '刘青新'
```

图 9-10　查看视图中是否有 sname 为“刘青新”的记录

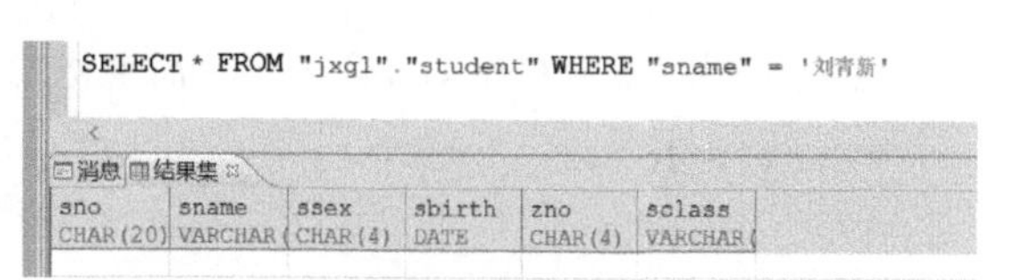

图 9-11　查看基表中是否存在 sname 为“刘青新”的记录

由图 9-11 与图 9-9 对比可知，在 student 表的查询结果中也少了 sname 为“刘青新”的数据记录，说明使用 DELETE 语句更新视图的操作实际上影响的也是创建视图的基表。

9.4　索引概述

在 DM 数据库中，索引其实与图书的目录非常相似，由数据表中一列或者多列组合而成，创建索引的目的是优化数据库的查询速度，其是提高性能的最常用的工具。其中，用户创建的索引指向数据库中具体数据所在位置。当用户通过索引查询数据库中的数据时，不需要遍历所有数据库中的所有数据，这样会提高查询效率。

DM 数据库中所有列类型都可以被索引，对相关列使用索引是提高 SELECT 操作性能的最佳途径。不同的存储引擎定义了每一个表的最大索引数量和最大索引长度，所有存储引擎对每个表至少支持 16 个索引，总索引长度至少为 256Byte。

DM 数据库提供了 6 种最常见类型的索引，对不同场景有不同的功能如下。

1）聚集索引：每一个普通表有且只有一个聚集索引。

2）唯一索引：索引数据根据索引键唯一。

3）函数索引：包含函数/表达式的预先计算的值。

4）位图索引：对低基数的列创建位图索引。

5）位图连接索引：针对两个或多个表连接的位图索引，主要在数据仓库中使用。

6）全文索引：通过建立索引，可以极大地提升检索效率，解决是否包含字段的问题，一般是在表的文本列上的索引。

索引需要存储空间。创建或删除一个索引，不会影响基表、数据库应用或其他索引。一个索引可以对应数据表的一个或多个字段，对每个字段设置索引结果排序方式，默认为按字段值递增排序

(ASC)，也可以指定为递减排序（DESC）。

当插入、更改或删除相关表的行时，DM 数据库会自动管理索引。如果删除索引，所有的应用仍继续工作，但访问数据的速度会变慢。

索引可以提高数据的查询效率，但也需要注意，索引会降低某些命令的执行效率，如 INSERT、UPDATA、DELETE 的性能，因为 DM 数据库不但要维护基表数据，还要维护索引数据。

9.5 创建索引、修改索引和删除索引

9.5.1 创建索引

创建索引时使用 CREATE 命令，其命令格式如下。

```
CREATE [OR REPLACE] [CLUSTER |NOT PARTIAL][UNIQUE | BITMAP | SPATIAL] INDEX <索引名>
ON [<模式名>.]<表名>(<索引列定义>{,<索引列定义>}) [GLOBAL] [<STORAGE 子句>] [NOSORT] [ON-
LINE];
```

这是创建索引的通用语法格式，可以创建普通索引、聚簇索引、唯一索引、位图索引等。

1）ON 关键字表示在哪个表的哪个字段上建立索引，字段的类型不能是多媒体类型。在字段后面指定索引排序方式，ASC 表示递增排序，DESC 表示递减排序，默认为递增排序。

2）STORAGE 关键字用来设置索引存储的表空间，默认与对应表的表空间相同。

在创建索引时注意事项如下。

1）位图连接索引名称的长度限制为：事实表名的长度 + 索引名称长度 +6 < 128 字节。

2）仅支持普通表、LIST 表和 HFS 表。

3）WHERE 条件只能是列与列之间的等值连接，并且必须包含所有表。

4）位图连接索引表（命名为 BMJ $_索引名）仅支持 SELECT 操作，不支持 INSERT、DELETE、UPDATE、ALTER、DROP 等操作。

【例 9-16】 索引创建举例。

（1）在单个字段上建立普通索引

为 student 表的 sname 字段建立普通索引，索引名为 s1，具体语句如下。

```
CREATE INDEX s1 ON "jxgl"."student"("sname")
```

（2）在多个字段上建立唯一索引

为 student 表的 sno、sbirth 字段建立唯一索引，索引名为 s2，具体语句如下。

```
CREATE UNIQUE INDEX s2 ON "jxgl"."student"("sno", "sbirth").
```

（3）在单个字段上建立函数索引

COURSE 表的 cname 字段建立 LOWER( ) 函数索引，索引名为 course_lower，具体语句如下。

```
CREATE INDEX course_lower ON "jxgl"."course"(lower("cname"))
```

（4）在低基数字段上建立位图索引

为 course 表的 cdept 字段建立位图索引，具体语句如下。

```
CREATE BITMAP INDEX bitmap_course ON "jxgl"."course"("cdept")
```

低基数字段指字段取值比较少，即该字段值相同的记录有很多条，该字段值对全表记录的区分度不大，基于该字段的查询效率低。

9.5.2　修改索引

为了满足用户在建立索引后还可以随时修改索引的要求，DM 数据库提供索引修改命令 ALTER，可以修改索引名称、设置索引的查询计划可见性、改变索引有效性、重建索引和索引监控的功能。ALTER 命令的语法格式如下。

```
ALTER  INDEX [ <模式名>. ] <索引名>  <修改索引定义子句>
```

语法说明如下。

1）修改索引名称：RENAME TO [<模式名>.] <索引名>。

2）索引的查询计划可见使用 VISIBLE，不可见使用 INVISIBLE，默认为 VISIBLE。<INVISIBLE | VISIBLE>仅支持表的二级索引修改，对聚集索引不起作用。

3）索引无效性：UNSABLE，可用 REBUILD 来重建有效性。<UNSABLE>仅支持对二级索引的修改，不支持位图索引、聚集索引、虚索引、水平分区子表和临时表上索引的修改。

4）NOSORT 指定重建时不需要排序，ONLINE 子句表示重建时使用异步创建逻辑，在过程中可以对索引依赖的表做增、删、改操作。

5）MONITORING USAGE 对指定索引进行监控。

【例 9-17】　将具有 DBA 权限用户的 S2 索引重命名为 S3。

具体语句如下。

```
ALTER INDEX "jxgl"."S2" RENAME TO "jxgl"."S3"
```

【例 9-18】　当索引为 VISIBLE 时，查询语句执行计划。

具体语句如下，结果如图 9-12 所示。

```
CREATE TABLE "jxgl"."test"("C1" INT, "C2" INT);
CREATE INDEX INDEX_C1 ON "jxgl"."test"(C1);
EXPLAIN SELECT C1 FROM "jxgl"."test";
```

```
CREATE TABLE "jxgl"."test"("C1" INT, "C2" INT);
CREATE INDEX INDEX_C1 ON "jxgl"."test"(C1)
EXPLAIN SELECT C1 FROM "jxgl"."test"
```

名称	附加信息	代价	结果集	行数...度	描述
NSET2		0	1	12	RESULT SET
PRJT2	exp_num(2), is_atom(FALSE)	0	1	12	PROJECT OPERATION
SSCN	INDEX C1(test)	0	1	12	SECOND INDEX SCAN

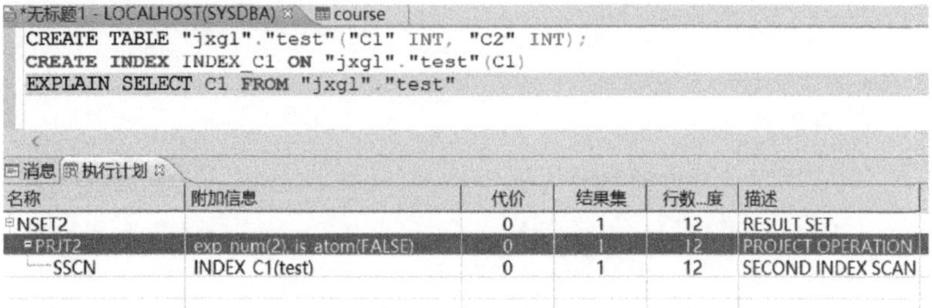

图 9-12　查询语句执行计划结果

9.5.3　删除索引

索引是数据表的外在部分，删除索引不会删除表的任何数据，也不会改变表的使用方式，只是会影响表数据的查询速度。

删除索引的SQL命令格式如下。

```
DROP INDEX [ <模式名>.] <索引名>;
```

删除索引的用户应拥有DBA权限或是该索引所属基表的拥有者。

【例9-19】 删除jxgl模式下的S1索引。

SQL命令如下。

```
DROP INDEX "jxgl"."S1"
```

本章小结

本章介绍了DM数据库中视图的含义和作用，并且讲解了创建视图、修改视图和删除视图的方法。其中，创建视图、修改视图和创建索引是本章的重点。读者需要根据本章介绍的基本原则，结合表的实际情况，重点掌握创建视图的方法。尤其是在创建视图和修改视图后，一定要查看视图的结构，以确保创建和修改的操作正确。

实验8：数据库视图创建与管理

实验概述：通过本实验可以理解视图的概念，掌握创建、更改、删除视图的方法，掌握使用视图来访问数据的方法。具体内容可参考《实验指导书》。

实验9：数据库索引创建与管理

实验概述：通过本实验可以理解事务概念和ACID特性，理解DM数据库事务的锁机制，掌握DM数据库事务隔离级别和事务操作语句。具体内容可参考《实验指导书》。

第 10 章 DM 数据库用户、权限与角色管理

在前面的章节中，都是通过 SYSDBA（超级用户系统管理员）登录数据库进行相关的操作。在正常的工作环境中，为了保证数据库的安全，数据库管理员会对需要操作数据库的人员分配用户名、密码以及可操作的权限范围，让其仅能在自己权限范围内操作。本章将详细讲解 DM 数据库中的权限表、如何管理 DM 数据库用户以及如何进行权限管理的内容。

10.1 用户管理

用户在数据库中具有双重意义，从安全角度看，只有在数据库内部建立用户以后，使用者才能以该用户名登录和使用数据库，从管理角度看，数据库的对象（除全局同义词外）都是按照用户的模式名来进行组织管理，或者说数据库对象都被组织到用户的模式下，因此用户管理是 DM 数据库对象管理的基础。

10.1.1 创建用户

创建用户时要指定相关的要素，通常包括用户登录数据库时的身份验证模式与口令、用户拥有对象存储的默认表空间、对用户访问数据库资源的各项限制等。可以通过 SQL 命令和 DM 数据库管理工具来创建用户。

1. 用 SQL 命令创建用户

（1）语法格式

创建用户的 SQL 命令格式如下。

```
CREATE USER <用户名> IDENTIFIED <身份验证模式> [PASSWORD_POLICY <口令策略>][<
锁定子句>][<存储加密密钥>][<空间限制子句>][<只读标志>][<资源限制子句>][<允许 IP 子句>][<
禁止 IP 子句>][<允许时间子句>][<禁止时间子句>][< TABLESPACE 子句>]
```

其中，各子句说明如下。

```
<身份验证模式> ::= <数据库身份验证模式> | <外部身份验证模式>
<数据库身份验证模式> ::= BY <口令>
<外部身份验证模式> ::= EXTERNALLY
```

```
<口令策略> ::= 口令策略项的任意组合
<锁定子句> ::= ACCOUNT LOCK | ACCOUNT UNLOCK
<存储加密密钥> ::= ENCRYPT BY <口令>
<空间限制子句> ::= DISKSPACE LIMIT <空间大小> | DISKSPACE UNLIMITED
<只读标志> ::= READ ONLY | NOT READ ONLY
<资源限制子句> ::= LIMIT <资源设置项>{,<资源设置项>}
<资源设置项> ::= SESSION_PER_USER <参数设置> |
        CONNECT_IDLE_TIME <参数设置> |
        CONNECT_TIME <参数设置> |
        CPU_PER_CALL <参数设置> |
        CPU_PER_SESSION <参数设置> |
        MEM_SPACE <参数设置> |
        READ_PER_CALL <参数设置> |
        READ_PER_SESSION <参数设置> |
        FAILED_LOGIN_ATTEMPS <参数设置> |
        PASSWORD_LIFE_TIME <参数设置> |
        PASSWORD_REUSE_TIME <参数设置> |
        PASSWORD_REUSE_MAX <参数设置> |
        PASSWORD_LOCK_TIME <参数设置> |
        PASSWORD_GRACE_TIME <参数设置>
<参数设置> ::= <参数值> | UNLIMITED
<允许 IP 子句> ::= ALLOW_IP <IP 项>{,<IP 项>}
<禁止 IP 子句> ::= NOT_ALLOW_IP <IP 项>{,<IP 项>}
<IP 项> ::= <具体 IP> |<网段>
<允许时间子句> ::= ALLOW_DATETIME <时间项>{,<时间项>}
<禁止时间子句> ::= NOT_ALLOW_DATETIME <时间项>{,<时间项>}
<时间项> ::= <具体时间段> | <规则时间段>
<具体时间段> ::= <具体日期> <具体时间> TO <具体日期> <具体时间>
<规则时间段> ::= <规则时间标志> <具体时间> TO <规则时间标志> <具体时间>
<规则时间标志> ::= MON | TUE | WED | THURS | FRI | SAT | SUN
<TABLESPACE 子句> ::=DEFAULT TABLESPACE <表空间名>
```

语法格式中的参数说明见表 10-1、表 10-2。

表 10-1 参数说明

参 数	说 明
用户名	用户名称最大长度为 128Byte
身份验证模式	<数据库身份验证模式>格式为 IDENTIFIED BY 密码 <外部身份验证模式>格式为 IDENTIFIED EXTERNALLY 基于 OS 的身份验证分为本机验证和远程验证，本机验证在任何情况下都可以使用，而远程验证则需要将配置文件 dm. ini 的 ENABLE_REMOTE_OSAUTH 项设置为 1（默认为 0），表示支持远程验证，同时还要将配置文件 dm. ini 的 ENABLE_ENCRYPT 项设置为 1，表示采用 SSL 安全连接

（续）

参　数	说　明
口令策略	可以为以下值，或其任何组合 0：表示无策略 1：表示禁止与用户名相同 2：表示口令长度不小于 6 4：表示至少包含一个大写字母（A-Z） 8：表示至少包含一个数字（0-10） 16：表示至少包含一个标点符号 其他：表示以上设置值的和，如 3 = 1 + 2，表示同时启用第 1 项和第 2 项策略。当设置为 0 时，表示设置口令没有限制，但总长度不得超过 48Byte。另外，若不指定该项，则默认采用系统配置文件中 PWD_POLICY 所设值
存储加密密钥	存储加密密钥用于与半透明加密配合使用，默认情况下系统自动生成一个密钥
只读标志	只读标志表示该登录是否只能对数据库作只读操作，默认为可读写
资源限制子句	资源设置项的各参数设置说明见表 10-2
允许 IP 子句、禁止 IP 子句	允许 IP 子句和禁止 IP 子句用于控制此登录是否可以从某个 IP 访问数据库，其中禁止 IP 子句优先。在设置 IP 时，可以利用 * 来设置网段，如 102. 168. 0. *
允许时间子句、禁止时间子句	允许时间段和禁止时间段用于控制此登录是否可以在某个时间段访问数据库，其中禁止时间段优先。在设置时间段时，有两种方式 1）具体时间段，如 2006 年 1 月 1 日 8：30—2006 年 2 月 1 日 17：00 2）规则时间段，如每周一 8：30 至每周五 17：00 口令策略、允许 IP、禁止 IP、允许时间段、禁止时间段和外部身份验证功能只在安全版本中提供
TABLESPACE 子句	TABLESPACE 子句格式为：DEFAULT TABLESPACE <表空间名> 用户默认表空间不能使用 RLOG、ROLL、TEMP 表空间

表 10-2　资源设置项说明

资源设置项	说　明	最大值	最小值	默认值
SESSION_PER_USER	在一个实例中，一个用户可以同时拥有的会话数量	32768	1	系统所能提供的最大值
CONNECT_TIME	一个会话连接、访问和操作数据库服务器的时间上限（单位：10min）	144（1 天）	1	无限制
CONNECT_IDLE_TIME	会话最大空闲时间（单位：10min）	144（1 天）	1	无限制
FAILED_LOGIN_ATTEMPS	将引起一个账户被锁定的连续注册失败的次数	100	1	3
CPU_PER_SESSION	一个会话允许使用的 CPU 时间上限（单位：s）	31536000（365 天）	1	无限制
CPU_PER_CALL	用户的一个请求能够使用的 CPU 时间上限（单位：s）	86400（1 天）	1	无限制

（续）

资源设置项	说　明	最大值	最小值	默认值
READ_PER_SESSION	会话能够读取的总数据页数上限	2147483646	1	无限制
READ_PER_CALL	每个请求能够读取的数据页数	2147483646	1	无限制
MEM_SPACE	会话占有的私有内存空间上限（单位：MB）	2147483647	1	无限制
PASSWORD_LIFE_TIME	一个口令在其终止前可以使用的天数	365	1	无限制
PASSWORD_REUSE_TIME	一个口令在可以重新使用前必须经过的天数	365	1	无限制
PASSWORD_REUSE_MAX	一个口令在可以重新使用前必须改变的次数	32768	1	无限制
PASSWORD_LOCK_TIME	如果超过 FAILED_LOGIN_ATTEMPS 设置值，一个账户将被锁定的分钟数	1440（1 天）	1	1
PASSWORD_GRACE_TIME	以天为单位的口令过期宽限时间	30	1	10

（2）应用举例

【例 10-1】　创建 USER0 用户，口令为 dameng123。

具体语句如下。

```
SQL > CREATE USER USER0 IDENTIFIED BY "dameng123";
```

由于这个例子的口令中要求小写字母，所以口令要加双引号，如果不加双引号，口令自动转换为大写。

【例 10-2】　创建 USER1 用户，口令为 DAMENG123，会话超时为 3min，默认表空间为 MAIN。

具体语句如下。

```
SQL > CREATE USER USER1 IDENTIFIED BY dameng123 LIMIT CONNECT_TIME 3 DEFAULT TABLESPACE main;
```

这个例子中口令 dameng123 虽然使用小写字母，在库中实际上它是大写字母，在使用 user1 或 USER1 登录时，口令一定要用大写，即 DAMENG123。如果确实需要使用小写或大小写混合密码，则密码一定要加西文双引号。注意表空间子句放在最后面。

（3）附加说明

1）用户名在服务器中必须唯一。

2）用户口令以密文形式存储。

3）系统预先设置了三个用户，分别为 SYSDBA、SYSAUDITOR 和 SYSSSO，其中，SYSDBA 具备 DBA 角色，SYSAUDITOR 具备 DB_AUDIT_ADMIN 角色，而 SYSSSO 具备 DB_POLICY_ADMIN 系统角色。

4）DM 数据库提供三种身份验证模式来保护对服务器访问的安全，即数据库身份验证模式、外部身份验证模式和混合身份验证模式。数据库身份验证模式需要利用数据库口令；外部身份验证模式既支持基于操作系统（OS）的身份验证又提供口令管理策略；混合身份验证模式是同时支持数字证书和数据库身份的双重验证。

2. 用管理工具创建用户

【例 10-3】　创建 USER3 用户，采用密码验证方式，口令为 DMUSER123，使用表空间为 TS1，

会话持续期（会话超时）为 3min。

操作步骤如下。

1）在图 10-1 中，右键单击“管理用户”，在弹出菜单中选择“新建用户（N）...”，打开新建用户对话框，如图 10-2 所示。

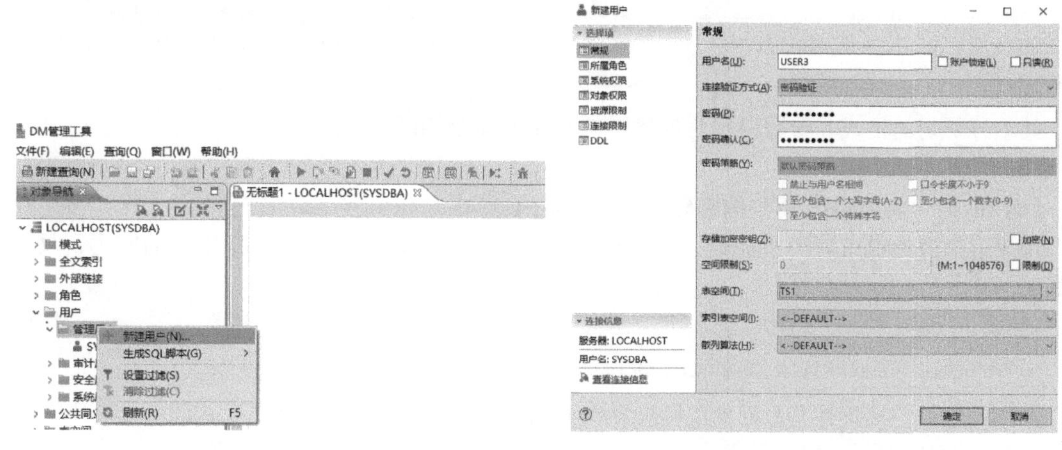

图 10-1　新建用户　　　　图 10-2　设置常规参数

2）在图 10-2 中，用户名设置为 USER3，连接验证方式选择密码验证，密码为 DMUSER123，表空间为 TS1。

3）选择“资源限制”页面，如图 10-3 所示，选择“会话持续期”限制，限制为 3 分钟。其他参数忽略，不选择。

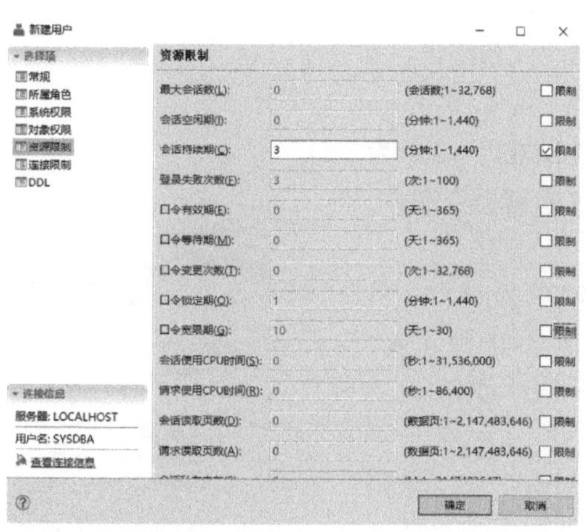

图 10-3　设置资源限制参数

4）单击“确定”按钮，完成新建用户过程。

10.1.2　修改用户

在数据库使用过程中，可能需要修改用户的登录密码、修改用户默认使用的表空间等，这些都是修改用户的操作。可以采用SQL命令或DM数据库管理工具来修改用户。

1. 用SQL命令修改用户

(1) 语法格式

修改用户的SQL命令格式如下。

```
ALTER USER <用户名> [IDENTIFIED <身份验证模式>] [PASSWORD_POLICY <口令策略>] [<锁定子句>] [<存储加密密钥>] [<空间限制子句>] [<只读标志>][<资源限制子句>][<允许IP子句>][<禁止IP子句>][<允许时间子句>][<禁止时间子句>][< TABLESPACE 子句>]
```

其中各子句的格式和参数说明与创建用户的SQL命令相同。

(2) 应用举例

【例10-4】 **将DMHR用户的密码修改为DMHR12345。**

如果不知道DMHR用户的密码，可以以SYSDBA用户登录来修改DMHR用户的密码，具体语句如下。

```
SQL>CONN SYSDBA/SYSDBA
SQL>ALTER USER DMHR IDENTIFIED BY DMHR12345;
```

这个例子的前提条件是数据库中已经存在DMHR用户。

(3) 附加说明

1) 每个用户均可修改自身的口令，SYSDBA用户可以强制修改非系统预设用户的口令（在数据库验证方式下）。

2) 只有具备ALTER USER权限的用户才能修改其身份验证模式、系统角色及资源限制项。

3) 不论dm.ini的DDL_AUTO_COMMIT设置为自动提交还是非自动提交，ALTER USER操作都会被自动提交。

4) 系统预设用户不能修改其系统角色和资源限制项。

2. 用管理工具修改用户

【例10-5】 **修改用户USER3，口令为USER33333，口令登录错误5次就锁定账户。**

操作步骤如下。

1) 在图10-4中，右键单击用户USER3，在弹出的菜单中选择“修改(M)...”，打开修改用户对话框，如图10-5所示。

2) 在图10-5中，将“密码”和“密码确认”修改为USER33333。

3) 选择“资源限制”页面，如图10-6所示，选择登录失败次数，并将登录失败次数修改为5。

4) 单击“确定”按钮，完成修改用户过程。

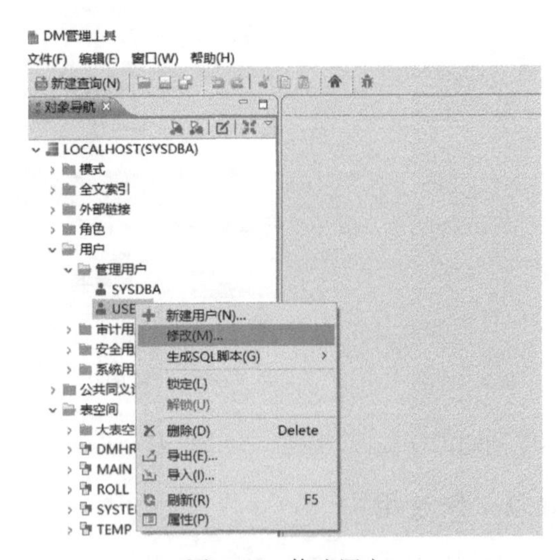

图10-4 修改用户

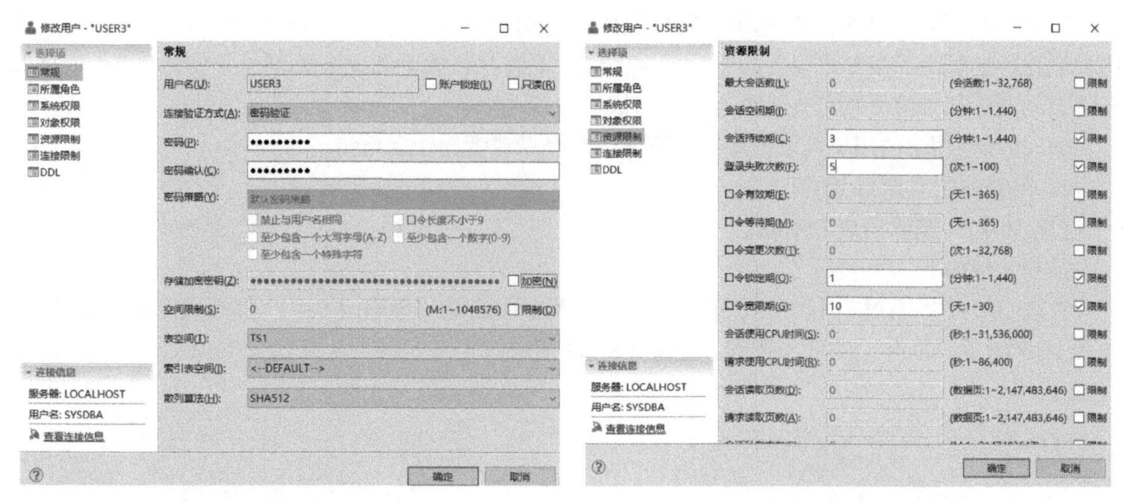

图 10-5　修改用户密码

图 10-6　修改登录失败次数

10.1.3　删除用户

数据库的对象都是组织在用户的模式下面，如果删除用户，那么用户模式下的数据对象都会被删除，并且对该用户模式下的数据对象的依赖也都会被删除。因此，删除用户应当慎重，可以使用 SQL 命令或 DM 数据库管理工具来删除用户。

1. 用 SQL 命令删除用户

（1）语法格式

删除用户的 SQL 命令格式如下。

```
DROP USER <用户名> [RESTRICT | CASCADE];
```

用户名是指要删除的用户名称。

（2）应用举例

【例 10-6】　以用户 SYSDBA 登录，删除用户 USER0。

具体语句如下。

```
SQL>DROP USER USER0;
```

如果用户存在数据对象，则不能删除该用户。

（3）附加说明

1）系统自动创建的三个系统用户 SYSDBA、SYSAUDITOR 和 SYSSSO 不能被删除。

2）具有相应的 DROP USER 权限的用户即可进行删除用户操作。

3）删除用户会删除该用户建立的所有对象，且不可恢复。如果要保存这些实体，请参考 REVOKE 语句。

4）如果未使用 CASCADE 选项，若该用户建立了数据库对象（如表、视图、过程或函数），或其他用户对象引用了该用户的对象，或在该用户的表上存在其他用户建立的视图，DM 数据库将返回错误信息，而不删除此用户。

5）如果使用了 CASCADE 选项，除数据库中该用户及其创建的所有对象被删除外，如果其他用户创建的表引用了该用户表上的主关键字或唯一关键字，或者在该表上创建了视图，DM 数据库还将自动删除相应的参照完整性约束及视图依赖关系。

6）正在使用中的用户可以被删除，删除后重登录或者操作会报错。

2. 用管理工具删除用户

【例 10-7】 删除用户 USER3。

操作步骤如下。

在图 10-7 中，右键单击用户 USER3，在弹出菜单中选择“删除（D）”，打开删除对象对话框，如图 10-8 所示。单击“确定”按钮，删除 USER3 用户。

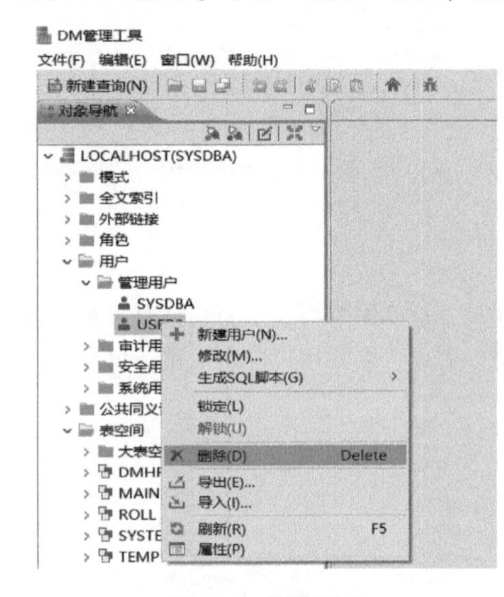

图 10-7 删除用户

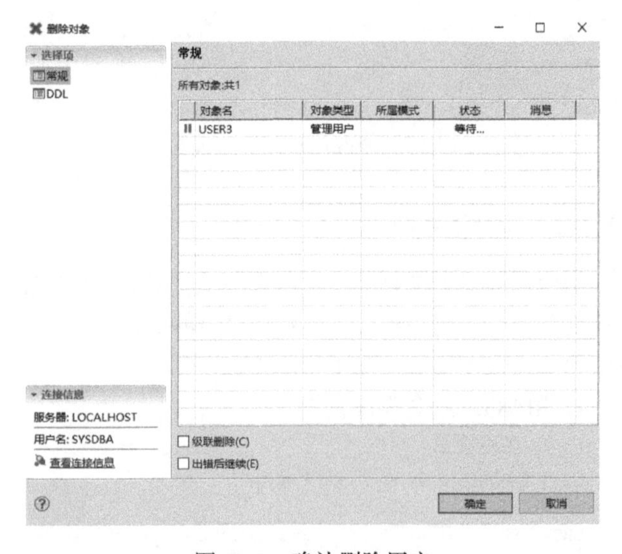

图 10-8 确认删除用户

10.2 权限管理

DM 数据库对用户的权限有着严格的规定，如果没有权限，用户将无法完成任何操作。用户权限有两类，即数据库权限和对象权限。数据库权限主要是指针对数据库对象的创建、删除、修改的权限，以及对数据库备份等权限。而对象权限主要是指对数据库对象中的数据的访问权限。数据库权限一般由 SYSDBA、SYSAUDITOR 和 SYSSSO 指定，也可以由具有特权的其他用户授予。对象权限一般由数据库对象的所有者授予用户，也可由 SYSDBA 用户指定，或者由具有该对象权限的其他用户授权。

10.2.1 权限分类

1. 数据库权限

数据库权限是与数据库安全有关的最重要的权限，这类权限一般是针对数据库管理员的。数据库权限的管理主要包括权限的分配、回收和查询等操作。DM 数据库提供了 100 余种数据库权限，表 10-3 列出了与用户有关的最重要的几种数据库权限。

表 10-3　常用数据库权限

数据库权限	说　明
CREATE TABLE	在自己的模式中创建表的权限
CREATE VIEW	在自己的模式中创建视图的权限
CREATE USER	创建用户的权限
CREATE TRIGGER	在自己的模式中创建触发器的权限
ALTER USER	修改用户的权限
ALTER DATABASE	修改数据库的权限
CREATE PROCEDURE	在自己模式中创建存储过程的权限

对于表、视图、用户、触发器这些数据库对象，有关的数据库权限包括创建、删除和修改他们的权限，相关的命令分别是 CREATE、DROP 和 ALTER。表、视图、触发器、存储程序等对象是与用户有关的，在默认情况下对这些对象的操作都是在当前用户自己的模式下进行的。如果要在其他用户的模式下操作这些类型的对象，需要具有相应的 ANY 权限。例如，要能够在其他用户的模式下创建表，当前用户必须具有 CREATE ANY TABLE 数据库权限，如果希望能够在其他用户的模式下删除表，必须具有 DROP ANY TABLE 数据库权限。

数据库权限的授予者一般是数据库管理员。普通用户被授予了某种数据库权限及其转授权时，系统允许它把所拥有的数据库权限再授予其他用户。

2. 对象权限

对象权限主要是对数据库对象中的数据的访问权限，这类权限主要是针对普通用户的。表 10-4 列出了主要的对象权限。

表 10-4　常用对象权限

数据库对象类型 对象权限	表	视图	存储程序	包	类	类型	序列	目录	域
SELECT	✓	✓					✓		
INSERT	✓	✓							
DELETE	✓	✓							
UPDATE	✓	✓							
REFERENCES	✓								
DUMP	✓								
EXECUTE			✓	✓	✓	✓		✓	
READ								✓	
WRITE								✓	
USAGE									✓

SELECT、INSERT、DELETE 和 UPDATE 权限分别是针对数据库对象中的数据的查询、插入、删除和修改的权限。对于表和视图来说，删除操作是整行进行的，而查询、插入和修改却可以在一行的某个列上进行，所以在指定权限时，DELETE 权限只需要指定所要访问的表，而 SELECT、IN-

SERT 和 UPDATE 权限还可以进一步指定是对哪个列的权限。

REFERENCES 权限是指可以与一个表建立关联关系的权限，如果具有了这个权限，当前用户就可以通过自己的一个表中的外键，与对方的表建立关联。关联关系是通过主键和外键进行的，所以在授予这个权限时，可以指定表中的列，也可以不指定。

EXECUTE 权限是指可以执行存储函数、存储过程的权限。有了这个权限，一个用户就可以执行另一个用户的存储程序。

当一个用户获得另一个用户的某个对象的访问权限后，便可以以“模式名.对象名”的形式访问这个数据库对象。一个用户所拥有的对象和可以访问的对象是不同的，这一点在数据字典视图中有所反映。在默认情况下用户可以直接访问自己模式中的数据库对象，但是要访问其他用户所拥有的对象，就必须具有相应的对象权限。

10.2.2 授予权限

1. 授予数据库权限

(1) 语法格式

授予数据库权限的 SQL 命令格式如下。

```
GRANT <权限 1 > {, <权限 2 > }
TO <用户 1 > {, <用户 2 > }
[WITH ADMIN OPTION];
```

数据库权限通常是针对表、视图、用户、触发器等类型的对象具有 CREATE、ALTER、DROP 等操作能力。如果使用 ANY 修饰词，则表示对所有用户模式下的这些类型对象具有相应操作权限。如果使用 WITH ADMIN OPTION 选项，表示用户 1（用户 2，…）获得权限后，还可以把这个权限再次授予其他用户。

(2) 应用举例

【例 10-8】 将创建表的权限授予一个用户，即 SYSDBA 用户将 CREATE TABLE 权限授予用户 USER1。

1）给 USER1 授予创建表权限，具体语句如下。

```
SQL > CONN SYSDBA/SYSDBA;
SQL > GRANT CREATE TABLE TO USER1;
```

2）USER1 创建 U1T1 表，具体语句如下。

```
SQL > CONN USER1 / DAMENG123;
CREATE TABLE U1T1
(
    id INT,
    text VARCHAR(30)
);
```

执行这些语句后，USER1 成功创建 U1T1 表。

【例 10-9】 将创建表的权限授予一个用户并使用 WITH ADMIN OPTION 选项。如 SYSDBA 用户将 CREATE TABLE 权限授予用户 USER1，USER1 又将创建表的权限授予 USER2。

1）使用 WITH ADMIN OPTION 选项给 USER1 授予 CREATE TABLE 权限，具体语句如下。

```
SQL > CONN SYSDBA/SYSDBA;
SQL > GRANT CREATE TABLE TO USER1 WITH ADMIN OPTION;
```

2）USER1 将 CREATE TABLE 权限授予 USER2，具体语句如下。

```
SQL > CONN USER1/ DAMENG123;
SQL > GRANT CREATE TABLE TO USER2;
```

3）USER2 创建 U2T1 表，具体语句如下。

```
SQL > CONN USER2/DAMENG123;
CREATE TABLE U2T1
(
    id INT,
    text VARCHAR(30)
);
```

USER2 成功创建 U2T1 表，这个例子说明了 WITH ADMIN OPTION 选项的作用。

2. 授予对象权限

（1）语法格式

授予对象权限的 SQL 命令格式如下。

```
GRANT <对象权限 1(列名)>{,<对象权限 2(列名)>}
ON <对象>
TO <用户 1>{,<用户 2>}
[WITH  GRANT  OPTION];
```

对象权限通常是 SELECT、INSERT、UPDATE、DELETE、EXECUTE、REFERENCES 等。对象通常是表、存储过程等。WITH GRANT OPTION 表示用户 1（用户 2，…）获得权限后，还可以把这个权限再次授予其他用户。既可以将整个表的某项权限授予其他用户，也可以只将表的某个字段的权限授予其他用户。

在授予对象权限时，不仅要说明是什么权限，还要指定是对哪个对象的访问权限，这是与数据库权限的授予不同的地方。

（2）应用举例

【例 10-10】 将一个用户的表的 SELECT 权限授予另一个用户，并可再次授权。以用户 SYSDBA 将 DMHR 模式下的 CITY 表的 SELECT 权限授予用户 USER1 为例。

1）授权前用户 USER1 尝试查询 CITY 表，具体语句如下。

```
SQL > CONN user1/DAMENG123;
SQL > SELECT *  FROM DMHR.CITY WHERE CITY_ID ='BJ';
```

查询结果如下。

```
SELECT *  FROM DMHR.CITY WHERE CITY_ID ='BJ';
[-5504]:没有[CITY]对象的查询权限.
```

2）给用户 USER1 授予 CITY 表查询权限，具体语句如下。

```
SQL > CONN SYSDBA/SYSDBA;
SQL > GRANT SELECT ON DMHR.CITY TO USER1 WITH GRANT OPTION;
```

3）授权后用户 USER1 尝试查询 CITY 表，具体语句如下。

```
SQL > CONN USER1/DAMENG123;
SQL > SELECT * FROM DMHR.CITY WHERE CITY_ID ='BJ';
```

查询结果为：

```
行号        CITY_ID CITY_NAME REGION_ID
----------  -------  ---------  ---------
1           BJ       中国北京    1
```

【例 10-11】 将一个用户的表的 SELECT 权限授予所有用户。以用户 SYSDBA 将 DMHR 模式下的 CITY 表的 SELECT 权限授予所有用户为例。

具体语句如下。

```
SQL > GRANT SELECT ON DMHR.city TO PUBLIC;
```

【例 10-12】 将一个用户的表的某个字段的 INSERT 和 UPDATE 权限授予另一个用户。例如，用户 SYSDBA 将 DMHR 模式下的 CITY 表的 CITY_ID 字段的 INSERT 权限和 CITY_NAME 字段的 UPDATE 权限授予用户 USER1。

1）授权前用户 USER1 尝试查询修改 CITY 表数据，具体语句如下。

```
SQL > CONN USER1/DAMENG123;
SQL > UPDATE DMHR.CITY SET CITY_NAME ='北京' WHERE CITY_ID ='BJ';
```

修改结果为：

```
UPDATE DMHR.CITY SET CITY_NAME ='北京' WHERE CITY_ID ='BJ';
[-5503]:没有[CITY]对象的更新权限.
```

2）授予用户 USER1 修改 CITY 表数据权限，具体语句如下。

```
SQL > CONN SYSDBA/SYSDBA;
SQL > GRANT INSERT(CITY_ID),UPDATE(CITY_NAME) ON DMHR.CITY TO USER1;
```

3）授权后用户 USER1 尝试修改 CITY 表 CITY_NAME 字段值，具体语句如下。

```
SQL > CONN USER1/DAMENG123;
SQL > UPDATE DMHR.CITY SET CITY_NAME ='北京' WHERE CITY_ID ='BJ';
SQL > SELECT * FROM DMHR.CITY WHERE CITY_ID ='BJ';
```

查询结果为：

```
行号      CITY_ID CITY_NAME REGION_ID
---------- -------  ---------  ---------
1          BJ       北京       1
```

这样 USER1 对 CITY 表的 CITY_ID 字段有插入权限，对 CITY_NAME 字段有修改权限，对其他字段就没有这些权限，这是安全控制的有效举措。对于 SELECT、INSERT 和 UPDATE 三个对象权限，还可以指定是在表中的哪个列上具有访问权限，也就是说，可以规定其他用户可以对表中的哪个列进行查询、插入和修改操作。

【例 10-13】 **将一个用户的存储过程的执行权限授予另一个用户。例如，用户 SYSDBA 在 DMHR 模式下创建一个 SETBJNULL 存储过程并将其执行权限授予 USER1。**

1）创建 SETBJNULL 存储过程，具体语句如下。

```
SQL > CONN SYSDBA/SYSDBA;
SQL > CREATE OR REPLACE PROCEDURE DMHR.SETBJNULL AS
BEGIN
  UPDATE DMHR.CITY SET CITY_NAME = NULL WHERE CITY_ID = 'BJ';
  COMMIT;
END;
```

该存储过程将 CITY_ID 为' BJ '的 CITY_NAME 置为空。

2）将 SETBJNULL 的执行权限授予 USER1，具体语句如下。

```
SQL > GRANT EXECUTE ON dmhr.setbjnull TO user1;
```

3）USER1 执行 SETBJNULL 存储过程，具体语句如下。

```
SQL > CONN USER1/DAMENG123;
SQL > EXECUTE DMHR.SETBJNULL;
SQL > SELECT *  FROM DMHR.CITY WHERE CITY_ID = 'BJ';
```

查询结果如下。

```
行号      CITY_ID  CITY_NAME  REGION_ID
----------  -------      ---------      ---------
1           BJ          NULL          1
```

【例 10-14】 **将一张表的 REFERENCES 权限授予另一个用户。例如，用户 SYSDBA 将 DMHR 模式下的 CITY 表的 REFERENCES 权限授予 USER1。**

1）将 CITY 表的 REFERENCES 权限授予 USER1，具体语句如下。

```
SQL > CONN SYSDBA/SYSDBA;
SQL > GRANT REFERENCES (CITY_ID) ON DMHR.CITY TO USER1;
```

由于 CITY_ID 是 CITY 表的主键，所以授予权限时要指定 CITY_ID 字段。

2）测试授权效果，在 USER1 创建 U1TAB1 表，该表参照 DMHR. CITY 表，具体语句如下。

```
SQL > CONN USER1/DAMENG123;
SQL > CREATE TABLE U1TAB1
(
id INT PRIMARY KEY,
CITYID CHAR(2) FOREIGN KEY REFERENCES DMHR.CITY(CITY_ID),
note VARCHAR(300)
);
SQL > INSERT INTO U1TAB1 VALUES(1, 'BJ', '测试');
SQL > SELECT *  FROM U1TAB1;
```

查询结果为：

```
行号        ID          CITYID NOTE
----------  ----------- ------ ----
1           1           BJ     测试
```

【例 10-15】 一个用户将获得的权限再次授予另一个用户。例如，用户 USER1 把获得的查询 DMHR. CITY 表权限再次授予用户 USER2。

1）USER1 把获得的查询 DMHR. CITY 表权限再次授予用户 USER2，具体语句如下。

```
SQL > CONN USER1/DAMENG123;
SQL > GRANT SELECT ON DMHR.CITY TO USER2;
```

2）USER2 尝试查询 DMHR. CITY 表的数据，具体语句如下。

```
SQL > CONN USER2/DAMENG123;
SQL > SELECT *  FROM DMHR.CITY WHERE CITY_ID ='BJ';
```

查询结果为：

```
行号       CITY_ID CITY_NAME REGION_ID
---------- ------- --------- ---------
1          BJ      NULL      1
```

10. 2. 3 回收权限

1. 回收数据库权限

(1) 语法格式

回收数据库权限的 SQL 命令格式如下。

```
REVOKE <数据库权限 1 >{, <数据库权限 2 >}
FROM <用户 1 >{, <用户 2 >}
```

这条命令一般由 SYSDBA 执行。如果一个用户在接受某个数据库权限时是以 WITH ADMIN OPTION 方式接受的，该用户随后又将这个数据库权限授予了其他用户，那么他也可以将这个数据库权限从其他用户回收。

(2) 应用举例

【例 10-16】 从用户回收用 WITH ADMIN OPTION 方式授予的权限。例如，用户 SYSDBA 从用户 USER1 回收 CREATE TABLE 权限。

1）从 USER1 回收 CREATE TABLE 权限，具体语句如下。

```
SQL > CONN SYSDBA/SYSDBA;
REVOKE CREATE TABLE FROM USER1;
```

2）USER1 尝试创建 U1T2 表，具体语句如下。

```
SQL >CONN USER1/DAMENG123;
CREATE TABLE U1T2
(
    id INT,
    text VARCHAR(30)
);
```

USER1 创建 U1T2 表失败，因为 USER1 没有创建表权限。

3）USER2 尝试创建 U2T2 表，具体语句如下。

```
SQL > CONN USER2/DAMENG123;
CREATE TABLE U2T2
(
    id INT,
    text VARCHAR(30)
);
```

USER2 创建 U2T2 表成功，这个例子说明，数据库权限可以转授，但是回收时不能间接回收。也就是说，SYSDBA 将某权限授予 USER1，USER1 又将该权限授予 USER2，当 SYSDBA 从用户 USER1 中回收该权限时，USER2 仍然拥有这个权限。

2. 回收对象权限

（1）语法格式

回收对象权限的 SQL 命令格式如下。

```
REVOKE <对象权限 1 > {, <对象权限 2 > } ON <对象 >
FROM <用户 1 > {, <用户 2 > }
[RESTRICT | CASCADE]
```

回收对象权限的操作由一般权限的授予者完成。如果某个对象权限是以"WITH GRANT OPTION"方式授予用户甲，用户甲可以将这个权限再授予用户乙。从用户甲回收对象权限时，需要指定为 CASCADE，进行级联回收，如果不指定，默认为 RESTRICT，则无法进行回收。

（2）应用举例

【例 10-17】 从一个用户回收以 WITH GRANT OPTION 方式授予的权限。例如，从 USER1 回收对 DMHR 模式 CITY 表的查询权限。

1）采用默认 RESTRICT 模式从 USER1 回收查询 CITY 表的权限，具体语句如下。

```
SQL > REVOKE SELECT ON DMHR.CITY FROM USER1;
```

结果为：

```
REVOKE SELECT ON DMHR.CITY FROM USER1;
第 1 行附近出现错误[ -5582]:回收权限无效.
```

由于先前采用 WITH GRAND OPTION 模式授予权限，所以不能以默认的 RESTRICT 模式回收权限。

2）采用 CASCADE 模式回收权限，具体语句如下。

```
SQL > REVOKE SELECT ON DMHR.CITY FROM USER1 CASCADE;
```

USER2 用户尝试查询 DMHR. CITY 表的数据，具体语句如下。

```
SQL > CONN USER2/DAMENG123;
SELECT *  FROM DMHR.CITY WHERE CITY_ID ='BJ';
```

查询结果为：

```
SELECT *  FROM DMHR.CITY WHERE CITY_ID ='BJ';
[ -5504]: 没有 [CITY] 对象的查询权限.
```

这个例子说明采用级联（CASCADE）模式从USER1回收查询权限后，USER2也没有查询CITY表的权限了。

3）测试USER1的CITY表更新操作，具体语句如下。

```
SQL > CONN USER1/DAMENG123;
SQL >UPDATE DMHR.CITY SET CITY_NAME ='北京' WHERE CITY_ID ='BJ';
```

执行结果为：

```
UPDATE DMHR.CITY SET CITY_NAME ='北京' WHERE CITY_ID ='BJ';
[-5508]:没有[CITY]对象的[CITY_ID]列的查询权限.
```

由于USER1没有CITY_ID字段的查询权限，所以不能进行条件更新，只能全表更新，具体语句如下。

```
SQL > UPDATE DMHR.CITY SET CITY_NAME =NULL;
SQL > COMMIT;
SQL > CONN DMHR/DMHR12345;
SQL > SELECT COUNT(* ) FROM DMHR.CITY WHERE CITY_NAME IS NULL;
```

查询结果为：

```
行号        COUNT(* )
----------  --------------------
1           11
```

结果表明USER1对CITY表的更新是有效的，这个例子说明，虽然回收了USER1对CITY表的查询权限，但是由于没有回收修改数据权限，因此USER1还是能够对USER1表的数据进行修改。

为了后面内容的学习，这里把数据恢复到修改前的状态，具体语句如下。

```
C:\dmdbms\bin >RESTORE TABLE FROM 'C:\BAK\TAB_CITY.BAK';
```

10.3 角色管理

角色是一组权限的组合，使用角色的目的是使权限管理更加方便。假设有10个用户，这些用户为了访问数据库，至少拥有CREATE TABLE、CREATE VIEW等权限。如果将这些权限分别授予这些用户，那么需要进行的授权次数是比较多的。但是如果把这些权限事先放在一起，然后作为一个整体授予这些用户，那么每个用户只需一次授权，授权的次数将大大减少，而且用户数越多，需要指定的权限越多，这种授权方式的优越性就越明显。这些事先组合在一起的一组权限就是角色，角色中的权限既可以是数据库权限，也可以是对象权限。

为了使用角色，首先在数据库中创建一个角色，这时角色中没有任何权限。然后向角色中添加权限。最后将这个角色授予用户，这个用户就拥有了角色中的所有权限。在使用角色的过程中，可以随时向角色中添加权限，也可以随时从角色中删除权限，用户的权限也随之改变。如果要回收所有权限，只需将角色从用户回收即可。

在数据库中有两类角色，一类是DM数据库预定义的角色，另一类是用户自定义的角色。DM数据库预定义的角色在数据库被创建之后即存在，并且已经包含了一些权限，数据库管理员可以将这些角色直接授予用户。

为了保证数据库系统的安全性，DM 数据库采用“三权分立”或“四权分立”的安全机制。“三权分立”时系统内置三种系统管理员，包括数据库管理员、数据库安全员和数据库审计员，表 10-5 列出了“三权分立”常见的系统角色及其包含的部分权限；“四权分立”是新增了一类用户，称为数据库对象操作员。它们各司其职，互相制约，有效地避免了将所有权限集中于一人的风险，保证了系统的安全性。

表 10-5　“三权分立”下数据库常见预设角色

角色名称	所包含的权限
DBA	ALTER DATABASE
	BACKUP DATABASE
	CREATE USER
	CREATE ROLE
	SELECT ANY TABLE
	CREATE ANY TABLE
RESOURCE	CREATE ROLE
	CREATE SCHEMA
	CREATE TABLE
	CREATE VIEW
	CREATE SEQUENCE
PUBLIC	SELECT TABLE
	UPDATE TABLE
	SELECT USER
DB_AUDIT_ADMIN	CREATE USER
	AUDIT DATABASE
DB_AUDIT_OPER	AUDIT DATABASE
DB_POLICY_ADMIN	CREATE USER
	LABEL DATABASE
DB_POLICY_OPER	LABEL DATABASE

10.3.1　创建角色

除了 DM 预定义的角色以外，用户还可以自己定义角色。一般情况下创建角色的操作只能由 SYSDBA 完成，如果普通用户要定义角色，必须具有 CREATE ROLE 数据库权限。

1. 语法格式

创建角色的 SQL 命令格式如下。

```
CREATE ROLE 角色名;
```

2. 应用举例

【例 10-18】 创建名为 ROLE1 的角色。

具体语句如下。

```
SQL > CONN SYSDBA/SYSDBA;
SQL > CREATE ROLE ROLE1;
```

10.3.2 管理角色权限

角色刚被创建时，没有包含任何权限，用户可以将权限授予该角色，使这个角色成为一个权限的集合。

1. 授予权限

向角色授权的方法与向用户授权的方法是相同的，只需将用户名用角色名代替。需要注意的是，如果向角色授予数据库权限，可以使用 WITH ADMIN OPTION 选项，但是向角色授予对象权限时，WITH GRANT OPTION 将无意义。

【例 10-19】 给角色授予数据库权限。例如，给 ROLE1 角色授予 ALTER USER 和 CREATE VIEW 权限。

具体语句如下。

```
SQL >GRANT ALTER USER,CREATE VIEW TO ROLE1;
```

【例 10-20】 给角色授予对象权限。例如，给 ROLE1 角色授予查询和更新 DMHR. CITY 表权限。

```
SQL >GRANT SELECT,UPDATE ON DMHR.CITY TO ROLE1;
```

2. 回收权限

如果要从角色中删除权限，可以执行 REVOKE 命令。权限回收的方法与从用户回收权限的方法相同，只是用角色名代替用户名就可以了。

【例 10-21】 从角色回收权限。例如，从角色 ROLE1 回收更新 DMHR. CITY 表权限。

具体语句如下。

```
SQL >REVOKE UPDATE ON dmhr.city FROM role1;
```

10.3.3 分配与回收角色

1. 分配角色

只有将角色授予用户，用户才会拥有角色中的权限。可以一次将角色授予多个用户，这样这些用户就都拥有了这个角色中包含的权限。将角色授予用户的命令是 GRANT，授予角色的方法与授予权限的方法相同，只是将权限名用角色名代替。在一般情况下，将角色授予用户的操作是由 DBA 用户完成，普通用户如果要完成这样的操作，必须具有 ADMIN ANY ROLE 的数据库权限，或者具有相应的角色及其转授权。

【例 10-22】 给用户分配角色。例如，将 ROLE1 角色分配 USER1 和 USER2 用户。

1）分配角色前，USER2 查询 DMHR. CITY 表数据，具体语句如下。

```
SQL >CONN USER2/DAMENG123;
SQL >SELECT *  FROM DMHR.CITY;
```

查询结果为

```
SELECT *  FROM DMHR.CITY;
[-5504]:没有[CITY]对象的查询权限.
```

2）给用户 USER1 和 USER2 分配 ROLE1 角色，具体语句如下。

```
SQL>CONN SYSDBA/SYSDBA;
SQL>GRANT ROLE1 TO USER1,USER2;
```

3）USER2 再次查询 DMHR. CITY 表数据，具体语句如下。

```
SQL>CONN USER2/DAMENG123;
SQL> SELECT *  FROM DMHR.CITY WHERE CITY_ID='BJ';
```

查询结果为：

```
行号        CITY_ID CITY_NAME REGION_ID
----------  -------   ---------  ---------
1            BJ         中国北京   1
```

这个例子说明给用户分配角色与直接给用户授予权限具有相同的效果。

2. 回收角色

要将角色从用户回收，需要执行 REVOKE 命令。角色被回收后，用户所具有的属于这个角色的权限都将被回收。从用户回收角色与回收权限的方法是相同的，这样的操作一般也有 DBA 用户完成。

【例 10-23】　从用户回收角色。例如，从用户 USER2 中回收 ROLE1 角色。

1）从用户 USER2 中回收 ROLE1 角色，具体语句如下。

```
SQL>CONN SYSDBA/SYSDBA;
SQL>REVOKE ROLE1 FROM USER2;
```

2）USER2 再次查询 DMHR. CITY 表数据，具体语句如下。

```
SQL>CONN USER2/DAMENG123;
SQL>SELECT *  FROM DMHR.CITY WHERE CITY_ID='BJ';
```

查询结果为：

```
SELECT *  FROM DMHR.CITY WHERE CITY_ID='BJ';
[-5504]: 没有 [CITY] 对象的查询权限.
```

这个例子说明从用户回收角色与直接从用户回收权限具有相同的效果。

10.3.4　启用与停用角色

1. 停用角色

某些时候，管理员不愿意删除一个角色，但是却希望这个角色失效，此时可以使用 SP_SET_ROLE 来设置这个角色为不可用，语法格式如下。

```
SP_SET_ROLE('角色名', 0);
```

只有拥有 ADMIN_ANY_ROLE 权限的用户才能停用角色，并且设置后立即生效；系统预设的角色是不能设置停用的，如 DBA、PUBLIC、RESOURCE。

【例 10-24】 **停用 ROLE1 角色。**

1）停用角色前，用户 USER1 查询 DMHR. CITY 表数据，具体语句如下。

```
SQL >CONN USER1/DAMENG123;
SQL >SELECT *  FROM DMHR. CITY WHERE CITY_ID ='BJ';
```

查询结果为：

```
行号        CITY_ID CITY_NAME REGION_ID
----------   -------  ---------        ---------
1            BJ       中国北京   1
```

2）停用角色，具体语句如下。

```
SQL >CONN SYSDBA/SYSDBA;
SQL >SP_SET_ROLE('ROLE1',0);
```

注意：单引号中的角色名区分大小写。

3）停用角色后，用户 USER1 查询 DMHR. CITY 表数据，具体语句如下。

```
SQL >CONN USER1/DAMENG123;
SQL >SELECT *  FROM DMHR. CITY WHERE CITY_ID ='BJ';
```

查询结果为：

```
SELECT *  FROM DMHR.CITY WHERE CITY_ID ='BJ';
[-5508]:没有[CITY]对象的[CITY_ID]列的查询权限.
```

这个例子说明，当停用角色后，用户就没有角色中的权限，无法进行相关操作。

2. 启用角色

根据需要，随时可以启用被停用的角色，语法格式如下。

```
SP_SET_ROLE('角色名',1);
```

只有拥有 ADMIN_ANY_ROLE 权限的用户才能启用角色，并且设置后立即生效。

【例 10-25】 **启用 ROLE1 角色。**

1）启用 ROLE1 角色的具体语句如下。

```
SQL> CONN SYSDBA/SYSDBA;
SQL> SP_SET_ROLE('ROLE1',1);
```

2）启用角色后，用户 USER1 查询 DMHR. CITY 表数据，具体语句如下。

```
SQL >CONN USER1/DAMENG123;
SQL >SELECT *  FROM DMHR. CITY WHERE CITY_ID ='BJ';
```

查询结果为：

```
行号        CITY_ID CITY_NAME REGION_ID
----------   -------  ---------        ---------
1            BJ       中国北京     1
```

这个例子说明当启用角色后，用户立即就具有角色中的权限。

10.3.5　删除角色

有时需要彻底删除角色而不是停用角色，角色被删除时，角色中的权限都间接地被从用户回收，效果与停用角色相同。删除角色的语法格式如下。

```
DROP ROLE 角色名;
```

【例 10-26】　**删除 ROLE1 角色。**

1）删除角色，具体语句如下。

```
SQL > DROP ROLE ROLE1;
```

2）删除角色后，用户 USER1 查询 DMHR. CITY 表数据，具体语句如下。

```
SQL > CONN USER1/DAMENG123;
SQL > SELECT *  FROM DMHR.CITY WHERE CITY_ID = 'BJ';
```

查询结果如下。

```
SELECT *  FROM DMHR.CITYWHERE CITY_ID = 'BJ';
[ -5508]:没有[CITY]对象的[CITY_ID]列的查询权限.
```

这个例子说明删除角色后，用户依赖于该角色的权限就没有了。

本章小结

本章介绍了 DM 数据库中数据访问的安全控制机制，主要包括支持 DM 数据库访问控制的用户账号管理和角色权限管理。介绍了创建用户、管理用户、删除用户的方法以及权限的分类、权限的授予和回收等内容。对于角色管理，主要从创建角色、管理角色权限、分配与收回角色、启用与停用角色、删除角色五个方面展开介绍。对于用户、权限、角色三种形式的掌握要在实际操作中进一步理解。

实验 10：数据库安全管理

实验概述：通过本实验可以理解用户和角色的概念，掌握创建用户、管理用户及权限管理的方法，掌握创建角色、角色权限授予和回收方法。具体内容可参考《实验指导书》。

第 11 章 DM 数据库的事务管理

数据库是共享资源，可以被多个应用程序共享，因此多个应用程序不可避免会并发地访问数据库，这就是数据库的并发操作。此时，如果不对并发操作进行控制，则会存取不正确的数据，或破坏数据库数据的一致性。DM 数据库通过事务管理相关技术，有效解决了上述问题。本章将对事务的概念进一步介绍，包括事务的 ACID 特性及其隔离级别。

11.1 事务简介

数据库事务是指作为单个逻辑工作单元的一系列操作的集合。一个典型的事务由应用程序中的一组操作序列组成，对于 DM 数据库来说，在第一次执行 SQL 语句时隐式地启动一个事务，以 COMMIT 或 ROLLBACK 语句显式地结束事务。另外，在执行 DDL 前，DM 数据库会自动提交前面的操作，DDL 前面的操作作为一个完整的事务结束，DDL 语句本身所属事务则根据“DDL_AUTO_COMMIT”配置参数决定是否隐式地提交。COMMIT 操作会将该语句所对应事务对数据库的所有更新持久化（即写入磁盘），数据库此时进入一个新的一致性状态，同时该事务成功地结束。ROLLBACK 操作可以将该语句所对应事务对数据库的所有更新全部撤销，把数据库恢复到该事务启动前的一致性状态。以一个模拟的银行转账业务为例，假设一个银行客户 A 需要转 5000 元给 B，其具体业务步骤如下。

1）从 A（ID 为 5236）的储蓄账户扣除 5000 元，具体语句如下。

```
UPDATE account SET balance = balance-5000 WHERE id = 5236;
```

2）将 B（ID 为 5237）的储蓄账户增加 5000 元，具体语句如下。

```
UPDATE account SET balance = balance +5000 WHERE id = 5237;
```

3）在业务日志中记录此次业务，具体语句如下。

```
INSERT INTO trans_logVALUES(log_seq.NEXTVAL, 5236, 5237, 5000);
```

4）提交事务，具体语句如下。

```
COMMIT;
```

在上面的例子中，需要考虑两种情况：如果三条 SQL 语句全部正常执行，使账户间的平衡得以保证，那么此事务中对数据的修改就可以应用到数据库中；如果发生诸如资金不足、账户错误、硬件故障等问题，导致事务中一条或多条 SQL 语句不能执行，那么整个事务必须回滚才能保证账户间的平衡。一个有效的事务处理必须满足原子性、一致性、隔离性和持久性 4 个原则。

1. 原子性

事务的原子性保证事务包含的一组更新操作是原子不可分的，也就是说这些更新操作是一个整体，对数据库而言全做或者全不做，不能部分地完成。这一性质即使在系统崩溃之后仍能得到保证，在系统崩溃之后将进行数据库恢复，用来恢复和撤销系统崩溃时处于活动状态的事务对数据库的影响，从而保证事务的原子性。系统对磁盘上的任何实际数据做修改之前都会将修改操作本身的信息记录到磁盘上。当发生崩溃时，系统能根据这些操作记录当时该事务处于何种状态，以此确定是撤销该事务所做出的所有修改操作，还是将修改的操作重新执行。

2. 一致性

数据一致性是指表示客观世界同一事物状态的数据，不管出现在何时何处都是一致的、正确的、完整的。换句话说，数据一致性是任何点上保证数据以及内部数据结构的完整性，如 B 树索引的正确性。一致性要求事务执行完成后，将数据库从一个一致状态转变到另一个一致状态。它是一种以一致性规则为基础的逻辑属性，例如在转账的操作中，各账户金额必须平衡，这一条规则对于程序员而言是一个强制的规定。事务的一致性属性要求事务在并发执行的情况下仍然满足事务的一致性。

3. 隔离性

事务是隔离的，意味着每个事务的执行效果与系统中只有该事务的执行效果一样，也就是说，某个并发事务所做的修改必须与任何其他的并发事务所做的修改相互隔离。这样，只有当某个值被一个事务修改完并提交后才会影响另一个事务。事务只会识别另一并发事务修改之前或者修改完成之后的数据，不会识别处于中间状态的数据。事务的隔离行为依赖于指定的隔离级别。

4. 持久性

持久性是指一个事务一旦被提交，它对数据库中数据的改变就是永久性的，接下来的其他操作和数据库故障不应该对其有任何影响。即一旦一个事务提交，DBMS 保证它对数据库中数据的改变应该是永久性的。如果 DM 数据库或者操作系统出现故障，那么在 DM 数据库重启的时候，数据库会自动恢复。如果某个数据驱动器出现故障，并且数据丢失或者被损坏，可以通过备份和联机重做日志来恢复数据库。需要注意的是，如果备份驱动器也出现故障，且系统没有准备其他的可靠性解决措施，备份就会丢失，那么就无法恢复数据库了。

DM 数据库提供了足够的事务管理机制来保证事务要么成功执行，所有的更新都写入磁盘；要么所有的更新都被回滚，数据恢复到执行该事务前的状态。无论是提交还是回滚，DM 数据库保证数据在每个事务开始前、结束后是一致的。为了提高事务管理的灵活性，DM 数据库还提供了设置保存点（SAVEPOINT）和回滚到保存点的功能。保存点提供了一种灵活的回滚，事务在执行中可以回滚到某个保存点，在该保存点以前的操作有效，而以后的操作被回滚掉。可以使用 SAVEPOINT SAVEPOINT_NAME 命令创建保存点，使用 ROLLBACK TO SAVEPOINT SAVEPOINT_NAME 命令来回滚到保存点 SAVEPOINT_NAME。

11.2　事务提交

提交事务就是提交事务对数据库所做的修改，将从事务开始的所有更新保存到数据库中，任何更改的记录都被写入日志文件并最终写入到数据文件中，同时提交事务还会释放由事务占用的资源，如锁。如果提交时数据还没有写入到数据文件，DM 数据库后台线程会在适当时机（如检查点、缓冲区满）将它们写入。具体来说，在一个修改了数据的事务被提交之前，DM 数据库会进行以下操作。

- 生成回滚记录，回滚记录包含事务中各 SQL 语句所修改的数据的原始值。
- 在系统的重做日志缓冲区中生成重做日志记录，重做日志记录包含对数据页和回滚页所进行的修改，这些记录可能在事务提交之前被写入磁盘。
- 对数据的修改已经被写入数据缓冲区，这些修改也可能在事务提交之前被写入磁盘。

已提交事务中对数据的修改被存储在数据库的缓冲区中，它们不一定被立即写入数据文件内。DM 数据库自动选择适当的时机进行写操作以保证系统的效率。因此写操作既可能发生在事务提交之前，也可能发生在提交之后。当事务被提交之后，DM 数据库会进行以下操作。

- 将事务任何更改的记录写入日志文件并最终写入到数据文件。
- 释放事务上的所有锁，将事务标记为完成。
- 返回提交成功消息给请求者。

在 DM 数据库中还存在三种事务模式：自动提交模式、手动提交模式和隐式提交模式。

1. 自动提交模式

除了命令行交互式工具 DISQL 外，DM 数据库默认采用自动提交模式。用户通过 DM 数据库的其他管理工具、编程接口访问 DM 数据库时，如果不手动/编程设置提交模式，所有的 SQL 语句都会在执行结束后提交，或者在执行失败时回滚，此时每个事务都只有一条 SQL 语句。在 DISQL 中，用户也可以通过执行如下语句来设置当前会话为自动提交模式。

```
SET AUTOCOMMIT ON;
```

2. 手动提交模式

在手动提交模式下，DM 数据库用户或者应用开发人员明确定义事务的开始和结束，这些事务也被称为显式事务。在 DISQL 中，没有设置自动提交时，就是处于手动提交模式，此时 DISQL 连接到服务器后第一条 SQL 语句或者事务结束后的第一条语句就标记着事务的开始，可以执行 COMMIT 或者 ROLLBACK 来提交或者回滚事务，使当前事务工作单元中的所有操作“永久化”，并结束该事务。手动提交语法格式如下。

```
COMMIT [WORK];
```

其中，WORK 支持与标准 SQL 语句的兼容性，COMMIT 和 COMMIT WORK 等价。

【例 11-1】　插入数据到 city 表并提交。

具体语句如下。

```
INSERT INTO city VALUES('HF','合肥',2);
COMMIT WORK;
```

3. 隐式提交模式

在手动提交模式下，当遇到 DDL 语句时，DM 数据库会自动提交前面的事务，然后开始一个新的事务执行 DDL 语句，这种提交模式被称为隐式提交模式，相应的事务被称为隐式事务。DM 数据库在遇到以下 SQL 语句时自动提交前面的事务。

- CREATE。
- ALTER。
- TRUNCATE。
- DROP。
- GRANT。
- REVOKE。
- 审计设置语句。

11.3　事务回滚

事务回滚是撤销该事务所做的任何更改。回滚有两种形式，即 DM 数据库自动回滚或通过程序/ROLLBACK 命令手动回滚。除此之外，与回滚相关的还有回滚到保存点和语句级回滚，下面分别进行介绍。

1. 自动回滚

若事务运行期间出现连接断开，DM 数据库都会自动回滚该连接所产生的事务。回滚会撤销事务执行的所有数据库更改，并释放此事务使用的所有数据库资源。DM 数据库在恢复时也会使用自动回滚。例如，在运行事务时服务器突然断电，接着系统重新启动，DM 数据库就会在重启时执行自动恢复。自动恢复要从事务重做日志中读取信息以重新执行没有写入磁盘的已提交事务，或者回滚断电时还没有来得及提交的事务。

2. 手动回滚

一般来说，在实际应用中，当某条 SQL 语句执行失败时，用户会主动使用 ROLLBACK 语句或者编程接口提供的回滚函数来回滚整个事务，避免不合逻辑的事务污染数据库，导致数据不一致。如果发生错误后只用回滚事务中的一部分，则需要用到回滚到保存点的功能。

3. 回滚到保存点

除了回滚整个事务之外，DM 数据库的用户还可以部分回滚未提交事务，即从事务的最末端回滚到事务中任意一个被称为保存点的标记处。用户在事务内可以声明多个被称为保存点的标记，将一个大事务划分为几个较小的片断。之后用户在对事务进行回滚操作时，就可以选择从当前执行位置回滚到事务内的任意一个保存点。例如，用户可以在一系列复杂的更新操作之间插入保存点，如果执行过程中一个语句出现错误，用户可以回滚到错误之前的某个保存点，而不必重新提交所有的语句。当事务被回滚到某个保存点后，DM 数据库将释放被回滚语句中使用的锁。其他等待“被锁资源”的事务就可以继续执行，需要更新“被锁数据行”的事务也可以继续执行。将事务回滚到某个保存点的过程如下。

- 只回滚保存点之后的语句。
- 保留该保存点，其后创建的保存点都被清除。
- 释放此保存点之后获得的所有锁，保留该保存点之前的锁。

被部分回滚的事务依然处于活动状态，可以继续执行。DM 数据库用户可以使用 SAVEPOINT-SAVEPOINT_NAME 命令创建保存点，使用 ROLLBACK TO SAVEPOINT SAVEPOINT_NAME 命令来回滚到保存点 SAVEPOINT_NAME。

（1）设置保存点。

语法格式如下。

```
SAVEPOINT <保存点名>;
```

其中，<保存点名>指明保存点的名字。一个事务中可以设置多个保存点，但不能重名。

（2）回滚到保存点

语法格式如下。

```
ROLLBACK [WORK] TO SAVEPOINT <保存点名>;
```

其中，WORK 支持与标准 SQL 的兼容性，ROLLBACK 和 ROLLBACK WORK 等价；<保存点名>指明部分回滚时要回滚到的保存点的名字。

回滚到保存点后事务状态和设置保存点时事务状态一致，在保存点以后对数据库的操作被回滚。

【例 11-2】 插入数据到表 CITY 后设置保存点，然后再插入另一数据，回滚到保存点。

1）往表 CITY 中插入一个数据，具体语句如下。

```
INSERT INTO city VALUES('NC','南昌',2);
```

2）查询表 CITY，具体语句如下。

```
SELECT * FROM city;
```

3）设置保存点，具体语句如下。

```
SAVEPOINT A;
```

4）向表 CITY 中插入另一个数据，具体语句如下。

```
INSERT INTO city VALUES('ZZ','郑州',2);
```

5）回滚到保存点，具体语句如下。

```
ROLLBACK TO SAVEPOINT A;
```

注意：运行此语句，需要在“DM 客户端”中“DM 数据管理工具”的选项中，将“自动提交”关闭。

6）查询表 CITY，插入操作被回滚，CITY 中不存在“郑州”'的记录，具体语句如下。

```
SELECT * FROM city;
```

4. 语句级回滚

如果在一个 SQL 语句执行过程中发生了错误，那么此语句对数据库产生的影响将被回滚。回滚后就如同此语句从未被执行过，这种操作被称为语句级回滚。语句级回滚只会使此语句所做的数据修改无效，不会影响此语句之前所做的数据修改。若在 SQL 语句执行过程中发生错误，将会导致语句级回滚，如违反唯一性、死锁（访问相同数据而产生的竞争）、运算溢出等。若在 SQL 语句解析的过程中发生错误（如语法错误），由于未对数据产生任何影响，因此不会产生语句级回滚。

5. 回滚段自动清理

由于需要根据回滚记录回溯、还原物理记录的历史版本信息，因此不能在事务提交时立即清除当前事务产生的回滚记录。但是，如果不及时清理回滚段，可能会造成回滚段空间的不断膨胀，占用大量的磁盘空间。DM 数据库提供自动清理、回收回滚段空间的机制。系统定时（默认是每间隔 1s）扫描回滚段，根据回滚记录的 TID，判断是否需要保留回滚记录，清除那些对所有活动事务可见的回滚记录空间。

11.4　事务锁定

DM 数据库支持多用户并发访问、修改数据，有可能出现多个事务同时访问、修改相同数据的情况。若对并发操作不加控制，就可能会访问到不正确的数据，破坏数据的一致性和正确性。DM 数据库采用封锁机制来解决并发问题，本节将详细介绍 DM 数据库中的事务锁定相关功能，包括锁的分类以及如何查看锁等。

1. 锁模式

锁模式指定并发用户如何访问锁定资源。DM 数据库使用四种不同的锁模式：共享锁、排他锁、意向共享锁和意向排他锁。

（1）共享锁

共享锁（Share Lock，S 锁）用于读操作，防止其他事务修改正在访问的对象。这种封锁模式允许多个事务同时并发读取相同的资源，但是不允许任何事务修改这个资源。

（2）排他锁

排他锁（Exclusive Lock，X 锁）用于写操作，以独占的方式访问对象，不允许任何其他事务访问被封锁对象；防止多个事务同时修改相同的数据，避免引发数据错误；防止访问一个正在被修改的对象，避免引发数据不一致。一般在修改对象定义时使用。

（3）意向锁

意向锁（Intent Lock）在读取或修改被访问对象数据时使用，多个事务可以同时对相同对象上意向锁，DM 支持两种意向锁。

1）意向共享锁（Intent Share Lock，IS 锁）：一般在只读访问对象时使用。

2）意向排他锁（Intent Exclusive Lock，IX 锁）：一般在修改对象数据时使用。

四种锁模式的相容矩阵见表 11-1，其中“Y”表示相容，“N”表示不相容。如表中第二行第二列为“Y”，表示如果已经加了 IS 锁，其他用户还可以继续添加 IS 锁，第二行第五列为“N”，表示如果已经加了 IS 锁，其他用户不能添加 X 锁。

表 11-1　锁相容矩阵

已加 \ 待加	IS	IX	S	X
IS	Y	Y	Y	N
IX	Y	Y	N	N
S	Y	N	Y	N
X	N	N	N	N

2. 锁粒度

按照封锁对象的不同，锁可以分为TID锁和对象锁。

（1）TID锁

TID锁以事务号为封锁对象，为每个活动事务生成一把TID锁，代替了其他数据库行锁的功能，防止多个事务同时修改同一行记录。由于DM数据库实现的是行级多版本，每一行记录隐含一个TID字段，用于事务可见性判断。执行INSERT、DELETE、UPDATE操作时，设置事务号到TID字段。这相当于隐式地对记录上了一把TID锁，INSERT、DELETE、UPDATE操作不再需要额外的行锁，避免了大量行锁对系统资源的消耗。只有多个事务同时修改同一行记录时，才会产生新的TID锁。同时多版本写不阻塞读的特性，SELECT操作已经消除了行锁，因此DM数据库中不再有行锁的概念。

（2）对象锁

对象锁是DM数据库新引入的一种锁，通过统一的对象ID进行封锁，将对数据字典的封锁和表锁合并为对象锁，以达到减少封锁冲突、提升系统并发性能的目的。数据字典锁和表锁各自应承担的功能如下。

1）数据字典锁。数据字典锁用来保护数据字典对象的并发访问，解决DDL并发和DDL/DML并发问题，防止多个事务同时修改同一个对象的字典定义，确保对同一个对象的DDL操作是串行执行的。并防止一个事务在修改字典定义的同时，另外一个事务修改对应表的数据。

2）表锁。表锁用来保护表数据的完整性，防止多个事务同时采用批量方式插入、更新一张表，防止向正在使用FAST LOADER工具装载数据的表中插入数据等，保证这些优化后数据操作的正确性。此外，表锁还有一个作用，即避免对存在未提交修改的表执行ALTER TABLE、TRUNCATE TABLE操作。

为了实现与数据字典锁和表锁相同的封锁效果，从逻辑上将对象锁的封锁动作分为四类。

- 独占访问（EXCLUSIVE ACCESS），不允许其他事务修改对象，不允许其他事务访问对象，使用X方式封锁。
- 独占修改（EXCLUSIVE MODIFY），不允许其他事务修改对象，允许其他事务共享访问对象，使用S + IX方式封锁。
- 共享修改（SHARE MODIFY），允许其他事务共享修改对象，允许其他事务共享访问对象，使用IX方式封锁。
- 共享访问（SHARE ACCESS），允许其他事务共享修改对象，允许其他事务共享访问对象，使用IS方式封锁。

（3）显式锁定表

用户可以根据自己的需要显式的对表对象进行封锁，显式锁定表的语法如下。

```
LOCK TABLE [<模式名>.]<表名> IN <封锁方式> MODE [NOWAIT];
```

其中，封锁方式是锁定的模式，可以选择的模式有INTENT SHARE（意向共享）、INTENT EXCLUDE（意向排他）、SHARE（共享）和EXCLUDE（排他），其含义分别如下。

1）INTENT SHARE（意向共享）：不允许其他事务独占访问该表。意向共享锁定后，不同事务可以同时增、删、改、查该表的数据，也支持在该表上创建索引，但不支持修改该表的定义。

2）INTENT EXCLUDE（意向排他）：不允许其他事务独占访问和独占修改该表。被意向排他后，不同事务可以同时增、删、改、查该表的数据，不支持在该表上创建索引，也不支持修改该表定义。

3）SHARE（共享）：只允许其他事务共享访问该表，且仅允许其他事务查询表中的数据，但不允许增、删、改该表的数据。

4）EXCLUDE（排他）：以独占访问方式锁定整个表，不允许其他事务访问该表，是封锁力度最大的一种封锁方式。

当使用 NOWAIT 时，若不能立即成功上锁则立刻返回报错信息，不再等待。

【例 11-3】　当用户 DMHR 希望独占某表，他可以对该表显式地上排他锁。

具体语句如下。

```
LOCK TABLE employee IN EXCLUSIVE MODE;
```

3. 查看锁

为了方便用户查看当前系统中锁的状态，DM 数据库专门提供了一个 V $LOCK 动态视图。通过该视图，用户可以查看系统当前所有锁的详细信息，如锁的内存地址、所属事务 ID、上锁的对象、锁模式、对象 ID 以及行事务 ID。用户可以通过执行如下语句查看锁信息。

```
SELECT *  FROM V $LOCK;
```

4. 锁等待与死锁检测

阻塞和死锁是会与并发事务一起发生的两个事件，它们都与锁相关。当一个事务正在占用某个资源的锁，此时另一个事务正在请求这个资源上与第一个锁相冲突的锁类型时，就会发生阻塞。被阻塞的事务将一直挂起，直到持有锁的事务放弃锁定的资源为止。死锁与阻塞的不同之处在于死锁包括两个或者多个已阻塞事务，它们之间形成了等待环，每个事务都在等待其他事务释放锁。例如，事务 1 给表 T1 上了排他锁，第二个事务给表 T2 上了排他锁，此时事务 1 请求 T2 的排他锁，就会处于等待状态，被阻塞。若此时 T2 再请求表 T1 的排他锁，则 T2 也处于阻塞状态。此时这两个事务发生死锁，DM 数据库会选择牺牲其中一个事务。在 DM 数据库中，INSERT、UPDATE、DELETE 是最常见的会产生阻塞和死锁的语句。INSERT 发生阻塞的唯一情况是，当多个事务同时试图向有主键或 UNIQUE 约束的表中插入相同的数据时，其中的一个事务将被阻塞，直到另外一个事务提交或回滚。一个事务提交时，另一个事务将收到唯一性冲突的错误；一个事务回滚时，被阻塞的事物可以继续执行。当 UPDATE 和 DELETE 修改的记录已经被另外的事务修改过时，将会发生阻塞，直到另一个事务提交或回滚。

11.5　多版本

在多版本控制以前，数据库仅通过锁机制来实现并发控制。数据库对读操作上共享锁，写操作上排他锁，这种锁机制虽然解决了并发问题，但影响了并发性。例如，当一个事务对表进行查询时，另一个对表更新的事务就必须等待。DM 数据库的多版本实现完全消除了行锁对系统资源的消耗，查询永远不会被阻塞也不需要上行锁，并通过 TID 锁机制消除了插入、删除、更新操作的行锁。数据库的读操作与写操作不会相互阻塞，并发度大幅度提高。DM 数据库基于物理记录和回滚记录实现行级多版本支持，数据页中只保留物理记录的最新版本，通过回滚记录维护历史版本，所有事务针对特定的版本进行操作。

1. 物理记录格式

为了适应多版本机制，高效地获取历史记录，每一条物理记录中包含了两个字段：TID 和 RPTR。TID 保存修改记录的事务号，RPTR 保存回滚段中上一个版本回滚记录的物理地址。插入、删除和更新物理记录时，RPTR 指向操作生成的回滚记录的物理地址。物理记录格式如下。

物理记录	TID	RPTR

2. 回滚记录格式

回滚记录与物理记录一样，增加了两个字段：TID 和 RPTR。TID 保存回滚记录对应的事务号，RPTR 保存回滚段中上一个版本回滚记录的物理地址。回滚记录格式如下。

回滚记录	TID	RPTR

插入物理记录时，由于没有更老的版本数据，回滚记录的 RPTR 值为 NULL；更新和删除物理记录时，RPTR 指向原始物理记录的 RPTR，新物理记录的 RPTR 指向当前回滚记录的物理地址。

3. 可见性原则

实现多版本控制的关键是可见性判断，找到对当前事务可见的特定版本数据。DM 数据库通过活动事务表，确定事务的可见性。根据事务隔离级的不同，在事务启动时（串行化）或者语句执行时（读提交），收集这一时刻所有活动事务，并记录系统中即将产生的事务号 NEXT_TID。DM 数据库多版本可见性原则如下。

1）物理记录的 TRXID 等于当前事务号，说明是本事务修改的物理记录，物理记录可见。

2）物理记录的 TRXID 不在活动事务表中，并且 TRXID 小于 NEXT_TID，物理记录可见。

3）物理记录的 TRXID 包含在活动事务表中，或者 TRXID 大于或等于 NEXT_TID，物理记录不可见。

4. 历史数据获取

当物理记录对当前事务不可见时，根据物理记录和回滚记录的 RPTR 指针，向前回溯一个历史版本记录，通过此历史版本记录的 TID 字段，依据事务可见性原则判断此版本的记录对当前事务是否可见。如可见即获取到了满足当前事务的历史版本数据；如不可见则根据 RPTR 指针继续向前回溯。如果一直不能找到对当前事务的可见版本（如此记录是一个活动事务插入的新记录），则此记录将不会添加到查询结果集中。下面以 UPDATE 为例描述多版本的实现。

依次执行事务 T1 和 T2，执行事务 T1 的具体语句如下。

```
CREATE TABLEtest_update (col_1 INT PRIMARY KEY, col_2 VARCHAR(10));
INSERT INTO test_update VALUES(1,'ABCD');
```

执行事务 T2 的具体语句如下。

```
UPDATEtest_update SET col_2 ='xyz' WHERE col_1 = 1;
```

执行以上两个事务以后，表 TEST_UPDATE 记录了两个版本。

其物理记录如下。

物理记录，字段值为（1，‘XYZ’）	TID（T2 的 ID）	RPTR（回滚记录地址）

其回滚记录如下。

回滚记录，保存了老记录的值（1，‘ABCD’）	TID（T1 的 ID）	RPTR

11.6　事务隔离级

1. 基本概念

在关系型数据库中，事务的隔离性分为四个隔离级别，在解读这四个级别前先介绍几个关于读数据的概念。

（1）脏读（Dirty Read）

所谓脏读就是对脏数据的读取，而脏数据指的就是未提交的已修改数据。也就是说，一个事务正在对一条记录做修改，在这个事务完成并提交之前，这条数据是处于待定状态的（可能提交也可能回滚），这时，第二个事务来读取这条没有提交的数据，并据此做进一步的处理，就会产生未提交的数据依赖关系，这种现象被称为脏读。如果一个事务在提交操作结果之前，另一个事务可以看到该结果，就会发生脏读。

（2）不可重复读（Non-Repeatable Read）

一个事务先后读取同一条记录，但两次读取的数据不同，称之为不可重复读。如果一个事务在读取了一条记录后，另一个事务修改了这条记录并且提交了事务，再次读取记录时如果获取到的是修改后的数据，这就发生了不可重复读情况。

（3）幻象读（Phantom Read）

一个事务按相同的查询条件重新读取以前检索过的数据，却发现其他事务插入了满足其查询条件的新数据，这种现象就称为幻象读。在 SQL-92 标准中，定义了四种隔离级别：读未提交、读提交、可重复读和串行化。每种隔离级别下对于读数据有不同的要求，表 11-2 中列出四种隔离级别下系统允许/禁止哪些类型的读数据现象。其中“Y”表示允许，“N”表示禁止。

表 11-2　隔离级别表

解决 级别	脏　读	不可重复读	幻　像　读
读未提交	Y	Y	Y
读提交	N	Y	Y
可重复读	N	N	Y
串行化	N	N	N

在只有单一用户的数据库中，用户可以任意修改数据，而无须考虑同时有其他用户正在修改相同的数据。但在一个多用户数据库中，多个并发事务中包含的语句可能会修改相同的数据。数据库中并发执行的事务最终应产生有意义且具备一致性的结果，因此，在多用户数据库中，对数据并发访问及数据一致性进行控制是两项极为重要的工作。为了描述同时执行的多个事务如何实现数据一

致性，数据库研究人员定义了被称为串行化处理的事务隔离模型。当所有事务都采取串行化模式执行时，可以认为同一时间只有一个事务在运行（串行的），而非并发的。

DM数据库支持三种事务隔离级别：读未提交、读提交和串行化。其中，读提交是DM数据库默认使用的事务隔离级别。可重复读升级为更严格的串行化隔离级。

（1）读提交隔离级

DM数据库的读提交隔离可以确保只访问到已提交事务修改的数据，保证数据处于一致性状态，能够满足大多数应用的要求，并最大限度地保证系统的并发性能，但可能会出现不可重复读和幻象读。用户可以在事务开始时使用以下语句设定事务为读提交隔离级。

```
SET TRANSACTION ISOLATION LEVEL READ COMMITTED;
```

（2）串行化隔离级

在要求消除不可重复读或幻象读的情况下，可以设置事务隔离级为串行化。跟读提交隔离级相比，串行化事务的查询本身不会增加任何代价，但修改数据可能引发“串行化事务被打断”错误。

具体来说，当一个串行化事务试图更新或删除数据时，若这些数据在此事务开始后被其他事务修改并提交，DM数据库将报“串行化事务被打断”错误。应用开发者应该充分考虑串行化事务带来的回滚及重做事务的开销，从应用逻辑上避免因相同数据行的激烈竞争产生大量事务回滚，并结合应用逻辑，捕获“串行化事务被打断”错误，进行事务重做等相应处理。如果系统中存在长时间运行的写事务，并且该长事务所操作的数据还会被其他短事务频繁更新，最好避免使用串行化事务。用户可以在事务开始时使用以下语句设定事务为串行化隔离级。

```
SET TRANSACTION ISOLATION LEVEL SERIALIZABLE;
```

（3）读未提交隔离级

DM数据库除了支持读提交、串行化两种隔离级之外，还支持读未提交这种隔离级。读未提交隔离级别是最不严格的隔离级别。实际上，在使用这个隔离级别时，有可能发生脏读、不可重复读和幻象。一般来说，读未提交隔离级别通常只用于访问只读表和只读视图，以消除可见性判断带来的系统开销，提升查询性能。用户可以在事务开始时使用以下语句，设定事务为读未提交隔离级。

```
SET TRANSACTION ISOLATION LEVEL READ UNCOMMITTED;
```

（4）只读事务

除了前面介绍的各种标准特性外，DM数据库还支持只读事务，只读事务只能访问数据，但不能修改数据，并且只读事务不会改变事务原有的隔离级。用户可以在事务开始时使用以下语句，设定事务为只读事务。

```
SET TRANSACTION READ ONLY;
```

2. 事务隔离相关语句

（1）设置事务隔离级别

事务的隔离级描述了给定事务的行为对其他并发执行事务的暴露程度。通过选择两个隔离级中的一个，用户能增加对其他未提交事务的暴露程度，获得更高的并发度。语法格式如下。

```
SET TRANSACTION ISOLATION LEVEL [READ COMMITTED |
READ UNCOMMITTED |SERIALIZABLE ];
```

其使用说明如下。

1）该语句设置事务的隔离级别，分别如下。

- 读提交（READ COMMITTED）：DM 数据库默认级别，保证不读脏数据。
- 读未提交（READ UNCOMMITTED）：可能读到脏数据。
- 可串行化（SERIALIZABLE）：事务隔离的最高级别，事务之间完全隔离。

一般情况下，使用读提交隔离级别可以满足大多数应用，如果应用要求可重复读，以保证基于查询结果的更新的正确性，就必须使用可重复读或可串行读隔离级别。在访问只读表和视图的事务以及某些执行 SELECT 语句的事务（只要其他事务的未提交数据对这些语句没有负面效果）时，可以使用读未提交隔离级。

2）只能在事务开始执行前设置隔离级，事务执行期间不能更改隔离级。

（2）设置事务读属性的语句

设置事务读属性语法格式如下。

```
SET TRANSACTION READ ONLY |WRITE;
```

其中，READ ONLY 为只读事务，该事务只能做查询操作，不能更新数据库；READ WRITE 为读写事务，该事务可以查询并更新数据库，是 DM 数据库的默认设置。

本章小结

本章首先讲述了事务的基本概念，以及一个有效的事务处理必须满足原子性、一致性、隔离性和持久性 4 个原则。然后分别对事务的提交、回滚及锁定等进行了阐述，使我们对事务有了很好的了解。本章最后通过理论阐述和图表对比分析相结合方法对事务的隔离级别进行了详细的讲解并配以事务隔离的相关语句。

实验 11：数据库事务管理

实验概述：通过本实验可以理解事务概念和 ACID 特性，理解 DM 数据库中事务的锁机制，掌握 DM 数据库中事务隔离级别和事务操作语句。具体内容可参考《实验指导书》。

第 12 章 DM 数据库的备份和还原

为了保证数据的安全，需要定期对数据进行备份。如果数据库中的数据出现了错误，就需要使用备份好的数据进行数据还原，这样可以将损失降至最低。数据库的备份和还原还会涉及数据库之间的数据导入与导出。

DM 数据库备份的方法多种多样（如完全备份、增量备份等），无论使用哪一种方法，都要求备份期间的数据库必须处于数据一致状态，即数据备份期间尽量不要对数据进行更新操作。本章将对 DM 数据库备份与还原的方法等内容进行讲解。

12.1　DM 数据库备份和还原概述

数据库备份是为了防止意外事件发生而造成数据库的破坏，一旦发生数据库破坏，可通过还原数据库中的数据，保证数据库的正常运行。数据库的备份是数据库管理员日常最重要的工作内容之一，数据库管理员不仅要保证备份成功，还要保证数据库发生故障时备份可还原。

12.1.1　DM 数据库的备份

DM 数据库中的数据存储在数据库的物理数据文件中，数据文件按照页、簇和段的方式进行管理，数据页是最小的数据存储单元。任何一个对 DM 数据库的操作，归根结底都是对某个数据文件页的读写操作。

因此，DM 数据库备份的本质就是从数据库文件中复制有效的数据页保存到备份集中，这里的有效数据页包括数据文件的描述页和被分配使用的数据页。而在备份的过程中，如果数据库系统还在继续运行，这期间的数据库操作并不是都会立即体现到数据文件中，而是首先以日志的形式写到归档日志中，因此，为了保证用户可以通过备份集将数据还原到备份结束时间点的状态，就需要将备份过程中产生的归档日志也保存到备份集中。

数据备份是复制数据页内容，日志备份则是复制备份过程中产生的 REDO 日志。DM 数据库备份的内容如图 12-1 所示。

数据库备份分为物理备份和逻辑备份两种类型。物理备份是指为防止系统出现操作失误或系统故障导致数据丢失，而将全部或部分数据集合从应用主机的硬盘或阵列复制到其他的存储介质的过程。逻辑备份是对数据文件、控制文件、归档日志文件的备份，是将实际组成数据库的操作系统文件从一处复制到另一处的备份过程。物理备份又分联机备份（热备份）和脱机备份（冷备份）。

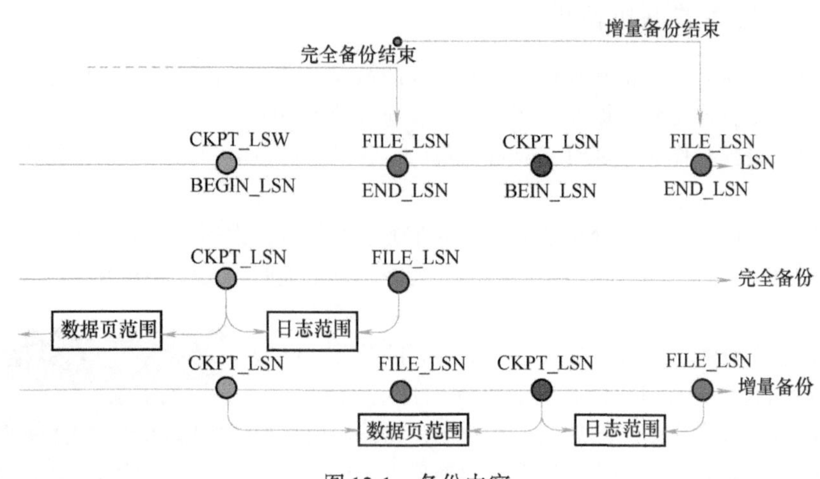

图 12-1　备份内容

1）使用联机备份期间，数据库处于运行状态，可以对外提供服务。因此可能存在一些处于活动状态的事务正在执行，所以联机备份是非一致性备份，为确保备份数据的一致性，需要将备份期间产生的 REDO 日志一起备份。因此，只能在配置本地归档、并开启本地归档的数据库上执行联机备份。

2）使用脱机备份时，数据库必须关闭。脱机数据库备份会强制将检查点之后的有效 REDO 日志复制到备份集中，因此，脱机备份是一致性备份。数据库正常关闭时，会生成完全检查点，脱机备份生成的备份集中，不包含任何 REDO 日志。一致性备份的备份集包含了完整的数据文件内容和归档日志信息；利用一个单独的备份集便可以将数据库恢复到备份时状态。

12.1.2　DM 数据库的还原

还原是备份的逆过程，是将备份集中的有效数据页重新写入目标数据文件的过程。还原指通过重做归档日志，将数据库状态还原到备份结束时的状态；也可以还原到指定时间点和指定 LSN。还原结束以后，数据库中可能存在处于未提交状态的活动事务，这些活动事务在还原结束后的第一次数据库系统启动时，会由 DM 数据库自动进行回滚。备份与还原的关系如图 12-2 所示。

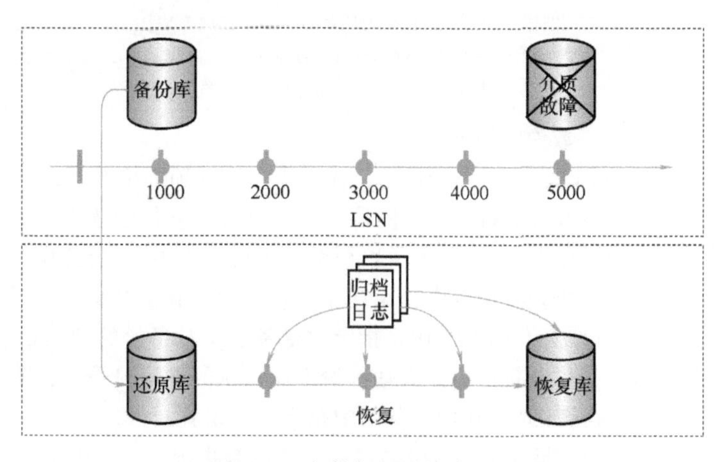

图 12-2　备份与还原的关系

12.2 DM 数据库的联机备份与还原

12.2.1 DM 数据库的联机备份

数据库处于运行状态、并正常提供数据库服务的情况下进行的备份操作，称之为联机备份。联机备份使用客户端工具连接到数据库实例后，可以通过使用 DISQL 工具或者 DM 管理工具图形化界面操作，也可以通过配置作业，定时完成自动备份。联机备份不影响数据库正常提供服务，是最常用的备份手段之一。

联机备份时，可能存在一些处于活动状态的事务正在执行，为确保备份数据的一致性，需要将备份期间产生的 REDO 日志一起备份。因此，只能在配置本地归档文件并开启本地归档的数据库上执行联机备份。

DISQL 工具位于 DM 数据库安装目录的 bin 子目录下，例如 DM 数据库的安装目录为 D:\dmdbms，则 DISQL 的目录为 D:\dmdbms\bin\DIsql.exe。双击启动，然后输入用户名、密码，就可登录到本地 DM 数据库实例，且密码不会回显到屏幕上。也可以全部直接按〈Enter〉确认，采用默认输入，默认值为SYSDBA。如图 12-3 所示。

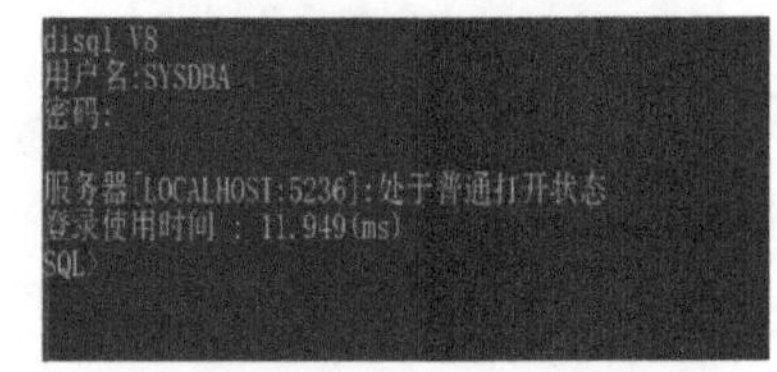

图 12-3　DISQL 登录界面

如果后续操作想登录到其他 DM 数据库实例，可使用 LOGIN 或 CONN 命令。

1. 库级备份

库级备份是指数据库级别的备份，库级备份语句如下。

```
BACKUP DATABASE [[FULL] |INCREMENT [CUMULATIVE][WITH BACKUPDIR'<基备份搜索目录>'{,'<基备份搜索目录>'} |[BASE ON <BACKUPSET'<基备份目录>']][TO <备份名>]BACKUPSET['<备份集路径>']
    [DEVICE TYPE <介质类型> [PARMS'<介质参数>']]
    [BACKUPINFO'<备份描述>'] [MAXPIECESIZE <备份片限制大小>]
    [IDENTIFIED BY <密码>[WITH ENCRYPTION<TYPE>][ENCRYPT WITH <加密算法>]]
    [COMPRESSED [LEVEL <压缩级别>]] [WITHOUT LOG]
    [TRACE FILE'< TRACE 文件名>'] [TRACE LEVEL < TRACE 日志级别>]
    [TASK THREAD <线程数>][PARALLEL [ <并行数>]];
```

主要参数说明如下。

1）FULL：表示完全备份，在不指定该选项的情况下，默认为完全备份。

2）INCREMENT：表示增量备份，执行增量备份必须指定该参数。

3）CUMULATIVE：表示累积增量备份（备份完全备份以来所有变化的数据块），若不指定，默认为差异增量备份（备份上次备份以来有变化的数据块）。

4）WITH BACKUPDIR：指定增量备份中基备份的搜索目录。若不指定，服务器自动在默认备份目录下搜索基备份。如果基备份不在默认的备份目录下，增量备份必须指定该参数。

5）BASE ON：在增量备份中指定基备份集目录。

6）TO：指定生成备份的名称。若没有指定，则随机生成，默认备份名格式为：DB_备份类型_数据库名_备份时间。

7）BACKUPSET：指定当前备份集生成路径。若没有指定，则在默认备份路径中生成默认备份集目录。

8）DEVICE TYPE：指存储备份集的介质类型，支持 DISK 和 TAPE，默认为 DISK。

9）PARMS：只在介质类型为 TAPE 时有效。

10）BACKUPINFO：备份的描述信息，最大不超过 256Byte。

11）MAXPIECESIZE：最大备份片文件大小上限，以 MB 为单位，最小为 32MB，32 位系统最大为 2GB，64 位系统最大为 128GB。

12）IDENTIFIED BY：指定备份时的加密密码。密码应用双引号括起来，这样避免一些特殊字符通不过语法检测。密码的设置规则遵行 ini 参数 pwd_policy 指定的口令策略。

13）WITH ENCRYPTION：指定加密类型，0 表示不加密，不对备份文件进行加密处理；1 表示简单加密，对备份文件设置口令，但文件内容仍以明文保存；2 表示完全数据加密，对备份文件进行完全的加密，备份文件以密文方式存储。当不指定 WITH ENCRYPTION 子句时，采用简单加密。

14）ENCRYPT WITH：加密算法。当不指定 ENCRYPT WITH 子句时，使用 AES256_CFB 加密算法。

15）COMPRESSED：取值范围为 0～9。0 表示不压缩，1 表示 1 级压缩，……，9 表示 9 级压缩。压缩级别越高，压缩越慢，但压缩比越高。若未指定，但指定 COMPRESSED，则默认为 1；否则，默认为 0。

16）TRACE FILE：指定生成的 TRACE 文件。启用 TRACE 但不指定 TRACE FILE 时，默认在 DM 数据库系统的 log 目录下生成 DM_SBTTRACE_年月.LOG 文件；若使用 TRACE FILE，则生成在执行码同级目录下。若用户指定，则指定的文件不能为已经存在的文件，否则会报错；也不可以为 ASM 文件。

17）TRACE LEVEL：有效值为 1、2。值为 1 表示不启用 TRACE，此时若指定了 TRACE FILE，会生成 TRACE 文件，但不写入 TRACE 信息；值为 2 启用 TRACE 并写入 TRACE 相关内容。默认值为 1。

18）TASK THREAD：备份过程中数据处理过程线程的个数，取值范围为 0～64，默认为 4。若指定为 0，则调整为 1；若指定超过当前系统主机核数，则调整为主机核数。线程数（TASK THREAD）× 并行数（PARALLEL）不得超过 512。

19）PARALLEL：指定并行备份的 <并行数> 和 READ SIZE <拆分块大小>。

【例 12-1】　完全备份数据库示例。

具体语句如下。

```
SQL> BACKUP DATABASE BACKUPSET '/dm/dmbak/full_01' MAXPIECESIZE 128 COMPRESSED LEVEL 5 parallel 8;
操作已执行
已用时间: 00:00:01.768.执行号:2292.
SQL> host ls -lh /dm/dmbak/full_01
总用量 996K
-rw-rw-r-- 1 dmdba dinstall   122K 12月 18 01:42 full_01_1.bak
-rw-rw-r-- 1 dmdba dinstall   776K 12月 18 01:42 full_01.bak
-rw-rw-r-- 1 dmdba dinstall   93K 12月 18 01:42 full_01.meta
```

【例 12-2】 增量备份示例。

具体语句如下。

```
SQL >BACKUP DATABASE INCREMENT WITH BACKUPDIR '/dm/dmbak' backupset '/dm/dmbak/increment_bak_01';
操作已执行
已用时间: 936.081(毫秒).执行号:2309.
SQL > host ls -lh /dm/dmbak/increment_bak_01
总用量 10M
-rw-rw-r-- 1 dmdba dinstall  5.0K 12 月 18 01:53 increment_bak_01_1.bak
-rw-rw-r-- 1 dmdba dinstall  9.9M 12 月 18 01:53 increment_bak_01.bak
-rw-rw-r-- 1 dmdba dinstall  93K 12 月 18 01:53 increment_bak_01.meta
```

2. 表空间备份

针对特定表空间执行的备份，又称为表空间级备份。表空间备份只能在联机状态下执行。在 DISQL 工具中使用 BACKUP 语句也可以备份单个表空间。同备份数据库一样，执行表空间备份数据库实例也必须运行在归档模式下，启动 DISQL 输入以下语句即可备份表空间。

联机备份表空间语句如下。

```
BACKUP TABLESPACE <表空间名> [FULL | INCREMENT [CUMULATIVE][WITH BACKUPDIR '<基
备份搜索目录>'{,'<基备份搜索目录>'}] | [BASE ON BACKUPSET '<基备份集目录>']][TO <备份
名>] BACKUPSET ['<备份集路径>']
[DEVICE TYPE <介质类型> [PARMS '<介质参数>']]
[BACKUPINFO '<备份集描述>'] [MAXPIECESIZE <备份片限制大小>]
[IDENTIFIED BY <加密密码>[WITH ENCRYPTION<TYPE>][ENCRYPT WITH < 加密算法 >]]
[COMPRESSED [LEVEL <压缩级别>]]
[TRACE FILE '<TRACE 文件名>'] [TRACE LEVEL <TRACE 日志级别>]
[TASK THREAD <线程数>][PARALLEL [ <并行数>][READ SIZE <拆分块大小>]
];
```

几个主要参数的介绍如下。

1）表空间名：指定备份的表空间名称（除了 temp 表空间）。

2）FULL | INCREMENT：备份类型，FULL 表示完全备份，INCREMENT 表示增量备份。若不指定，默认为完全备份。

3）CUMULATIVE：用于增量备份中，指明为累积增量备份类型，若不指定则默认为差异增量备份类型。

4）WITH BACKUPDIR：用于增量备份中，指定备份目录，最大长度为 256Byte。若不指定，自动在默认备份目录下搜索基备份。如果基备份不在默认的备份目录下，增量备份必须指定该参数。

5）BASE ON：用于增量备份中，指定基备份集目录。

6）TO：指定生成备份名称。若未指定，系统随机生成，默认备份名格式为：DB_备份类型_表空间名_备份时间。其中，备份时间为开始备份的系统时间。

7）BACKUPSET：指定当前备份集生成路径。若指定为相对路径，则在默认备份路径中生成备份集。若不指定，则在默认备份路径下以约定规则生成默认的表空间备份集目录。表空间级备份默认备份集目录名生成规则为：TS_表空间名_备份类型_时间，如 TS_MAIN_INCREMENT_20180518_

143057_123456。表明该备份集为 2018 年 5 月 18 日 14 时 30 分 57 秒 123456 毫秒时生成的表空间名为 MAIN 的表空间增量备份集。若表空间名称超长，使上述完整名称长度大于 128Byte，则去掉表空间名字段，调整为 TS_ 备份类型_时间。

【例 12-3】 表空间完全备份示例。

具体语句如下。

```
SQL > BACKUP TABLESPACE MAIN FULL BACKUPSET '/home/dm_bak/ts_full_bak_01';
```

【例 12-4】 表空间增量备份示例。

具体语句如下。

```
SQL > BACKUP TABLESPACE MAIN INCREMENT WITH BACKUPDIR '/home/dm_bak' BACKUPSET
'/home/dm_bak/ts_increment_bak_02';
```

备份语句中指定的 INCREMENT 参数表示执行的备份类型为增量备份，不可省略。若要创建累积增量备份，还需要指定 CUMULATIVE 参数，否则默认为差异增量备份。若基备份不在默认备份目录，则必须指定 WITH BACKUPDIR 参数，用于搜索基备份集。

3. 表备份

表备份是指从 BUFFER 中读取表所有的数据页到备份集中，并记录表的元信息（建表语句、约束语句、索引语句）。表备份只能在联机状态下执行，一次表备份操作只能备份一张用户表，并且不支持增量表备份。表备份会将指定表使用的所有数据页复制到备份集中，并记录各个数据页之间的逻辑关系，以恢复表数据结构。表备份是联机完全备份，与数据库、表空间备份不同，备份表不需要备份归档日志。与备份数据库与表空间不同，备份表不需要服务器配置归档，在 DISQL 工具中即可进行表的备份。

表备份的 SQL 语句如下。

```
BACKUP TABLE <表名> [TO <备份名>]
BACKUPSET ['<备份集路径>'] [DEVICE TYPE <介质类型> [PARMS '<介质参数>']]
[BACKUPINFO '<备份集描述>'] [MAXPIECESIZE <备份片限制大小>]
[IDENTIFIED BY <加密密码>[WITH ENCRYPTION <TYPE>][ENCRYPT WITH <加密算法>]]
[COMPRESSED [LEVEL <压缩级别>]] [TRACE FILE '<trace 文件名>'] [TRACE LEVEL <trace 日志级别>]
```

语法选项和之前的并没有区别，这里不再重复描述。

【例 12-5】 备份 dmhr 用户下的 city 表。

具体语句如下。

```
SQL > BACKUP TABLE dmhr.city backupset 'tab_bak_01';
```

备份集“tab_bak_01”会生成到默认的备份路径下。

4. 归档备份

在 DISQL 工具中使用 BACKUP 语句可以备份归档日志。使用归档备份有三个前提：一是归档文件的 db_magic、permanent_magic 值和库的 db_magic、permanent_magic 值必须一样；二是服务器必须配置归档；三是归档日志必须连续，如果出现不连续的情况，前面的会被忽略，仅备份最新的连续部分。如果未收集到指定范围内的归档，则不会备份。联机备份时经常会切换归档文件，最后一个归档总是空的，所以最后一个归档不会被备份。

联机 SQL 归档备份语句如下。

```
BACKUP <ARCHIVE LOG |ARCHIVELOG>
[ALL |[FROM LSN <lsn>]|[UNTIL LSN <lsn>]|[LSN BETWEEN <lsn> AND <lsn>] |[FROM TIME '<time>']|[UNTIL TIME '<time>']|[TIME BETWEEN'<time>'> AND '<time>']][<notBackedUpSpec>][DELETE INPUT]
[TO <备份名>][<备份集子句>]; <备份集子句>::= BACKUPSET ['<备份集路径>'][DEVICE TYPE <介质类型> [PARMS '<介质参数>']]
[BACKUPINFO '<备份描述>'] [MAXPIECESIZE <备份片限制大小>]
[IDENTIFIED BY <密钥>[WITH ENCRYPTION<TYPE>][ENCRYPT WITH <加密算法>]]
[COMPRESSED [LEVEL <压缩级别>]] [WITHOUT LOG]
[TRACE FILE '<trace 文件名>'] [TRACE LEVEL <trace 日志级别>]
[TASK THREAD <线程数>][PARALLEL [<并行数>][READ SIZE <拆分块大小>]];
```

语法和之前的差不多，这里介绍几个有区别的选项。

1）ALL：备份所有的归档。

2）FROM LSN/UNTIL LSN：指定备份的起始/截止的 LSN。

3）FROM TIME/UNTILTIME：指定备份的开始/截止的时间点。

4）BETWEEN... AND...：指定备份的区间。指定区间后，只会备份指定区间内的归档文件。

5）DELETE INPUT：用于指定备份完成之后，是否删除归档操作。

【例 12-6】 可备份归档文件示例。

具体语句如下。

```
SQL>BACKUP ARCHIVE LOG ALL BACKUPSET 'arch_bak_01';
```

备份集“arch_bak_01”会生成到默认的备份路径下。

12.2.2 DM 数据库的联机还原

联机还原指数据库处于运行状态时，通过 DISQL 工具执行还原操作。表还原可以在联机状态下执行。DM 数据库仅支持表的联机还原，数据库、表空间和归档日志的还原必须通过脱机工具 DMRMAN 执行。本小节主要介绍如何使用 DISQL 工具还原表。

【例 12-7】 利用 RESTORE 语句还原表示例。

具体语句如下。

```
SQL>RESTORE TABLE dmhr.city FROM BACKUPSET 'tab_bak_01';
```

12.3 DM 数据库的脱机备份与还原

数据库处于关闭状态时进行的备份操作，被称为脱机备份。DMRMAN（DM RECOVERY MANEGER）是 DM 数据库的脱机备份还原管理工具，由它来统一负责库级脱机备份、脱机还原等相关操作，该工具支持命令行指定参数方式和控制台交互方式执行，降低了用户的操作难度。

12.3.1　DM 数据库的脱机备份

DMRMAN（DM RECOVERY MANAGER）是 DM 自带的脱机备份还原管理工具，安装 DM 数据库后，DMRMAN 可执行程序与数据库其他可执行程序一样位于安装路径的执行码目录下。比如，LINUX 上数据库的执行码目录为/opt/dmdbms/bin，转到执行码目录直接在操作系统的命令行中输入以下命令就可启动 DMRMAN。比如 LINUX 上，若配置了环境变量 DM_HOME，则 DMRMAN 在 DM_HOME/bin 目录下。

在使用 DMRMAN 工具时需要注意以下三点。

1）DMAPService 服务是正常运行的。

2）在 DM_HOME/bin 目录下执行的 DMRMAN 命令。

3）备份的实例必须是关闭状态。

如果不满足这三个条件，执行会报错。

DMRMAN 的数据库语句如下。

```
BACKUP DATABASE '<INI 文件路径 >'[[FULL] |INCREMENT [CUMULATIVE][WITH BACKUPDIR '<基备份搜索目录>'{,'<基备份搜索目录>'}] |[BASE ON BACKUPSET '<基备份集目录>']]
[TO <备份名>] [BACKUPSET '<备份集目录>'][DEVICE TYPE <介质类型>[PARMS '<介质参数>']
[BACKUPINFO '<备份描述>'] [MAXPIECESIZE <备份片限制大小>]
[IDENTIFIED BY <加密密码>[WITH ENCRYPTION <TYPE>][ENCRYPT WITH <加密算法>]]
[COMPRESSED [LEVEL <压缩级别>]][WITHOUT LOG]
[TASK THREAD <线程数>][PARALLEL [<并行数>]];
```

语法和联机备份类似，这里只介绍 DATABASE 后面的'<INI 文件路径 >'。因为连接备份是在 DISQL 工具里执行的，在执行之前已经确认了实例信息。而 DMRMAN 是脱机备份，所以在 DATABASE 选项之后必须加上 dm.ini 参数的绝对路径，以确定备份哪一个数据库。其他参数说明可以参考联机备份部分。

【例 12-8】　完全备份数据库示例。

具体语句如下。

```
RMAN> BACKUP DATABASE '/dm/dmdbms/data/cndba/dm.ini' FULL BACKUPSET '/dm/dmbak/cndba_full_bak_01
';
```

【例 12-9】　增量备份数据库示例。

具体语句如下。

```
RMAN> BACKUP DATABASE '/dm/dmdbms/data/cndba/dm.ini' INCREMENT WITH BACKUPDIR '/dm/dmbak' backup-
set '/dm/dmbak/cndba_increment_bak_01';
```

如果不指定备份集路径，默认在默认备份路径下生成备份集目录，默认的备份路径为 dm.ini 中 BAK_PATH 的配置值，若未配置，则使用 SYSTEM_PATH 下的 bak 目录。

12.3.2　DM 数据库的脱机还原与恢复

脱机还原指数据库处于关闭状态时执行的还原和恢复操作，脱机还原与恢复通过 DMRMAN 工具进行。库备份集、表空间备份集和归档文件备份集，可以执行脱机还原。脱机还原操作的目标库必须处于关闭状态。脱机恢复包含库恢复和表空间恢复。

1. 库级还原与恢复

（1）数据库还原

库还原就是根据库备份集中记录的文件信息重新创建数据库文件，并将数据页重新复制到目标数据库的过程。此阶段包含三个动作：还原（RESTORE）、恢复（RECOVER）、数据库更新（UPDATE DB_MAGIC）。

RESTORE 命令从备份集中进行对象的还原（配置文件和数据文件等），备份集可以是脱机库级备份集，也可以是联机库级备份集。还原语句如下。

```
RESTORE DATABASE <restore_type> FROM BACKUPSET'<备份集目录>'
[DEVICE TYPE DISK |TAPE[PARMS'<介质参数>']]
[IDENTIFIED BY <密码> [ENCRYPT WITH <加密算法>]]
[WITH BACKUPDIR'<基备份集搜索目录>'{,'<基备份集搜索目录>'}]
[MAPPED FILE'<映射文件>'][TASK THREAD <任务线程数>] [NOT PARALLEL]
[RENAME TO'<数据库名>']; <restore_type>::=<type1> |<type2>
<type1>::='<INI 文件路径>'[REUSE DMINI][OVERWRITE]
<type2>::= TO'<system_dbf 所在路径>'[OVERWRITE]
```

参数说明如下。

1）DATABASE：指定还原库目标的 dm. ini 文件路径。

2）WITH CHECK：指定还原前校验备份集数据完整性。默认不校验。

3）BACKUPSET：指定用于还原目标数据库的备份集目录。若指定为相对路径，会在默认备份目录下搜索备份集。

4）DEVICE TYPE：指存储备份集的介质类型，支持 DISK 和 TAPE，默认为 DISK。

5）PARMS：介质参数，供第三方存储介质（TAPE 类型）管理使用。

6）IDENTIFIED BY：指定备份时使用的加密密码，供还原过程解密使用。

7）ENCRYPT WITH：指定备份时使用的加密算法，供还原过程解密使用，若未指定，则使用默认算法。

8）WITH BACKUPDIR：指定备份集搜索目录。

9）MAPPED FILE：指定存放还原目标路径的文件。

10）TASK THREAD：指定还原过程中用于处理解压缩和解密任务的线程个数。若未指定，则默认为 4；若指定为 0，则调整为 1；若指定超过当前系统主机核数，则调整为主机核数。

11）RENAME TO：指定还原数据库后是否更改库的名字，指定时将还原后的库改为指定的数据库名，默认使用备份集中的 db_name 作为还原后库的名称。

12）OVERWRITE：还原数据库时，存在重名的数据文件时是否覆盖重建，不指定时默认报错。

（2）数据库恢复

RECOVER 命令是在 RESTORE 之后继续完成数据库恢复工作，可以基于备份集，也可以基于本地的归档日志，主要是利用日志来恢复数据的一致性。数据库恢复有以下两种方式。

1）从备份集恢复，即重做备份集中的 REDO 日志。

2）从归档恢复，即重做归档中的 REDO 日志。

基于归档恢复的 RECOVER 命令语句如下。

```
RECOVER DATABASE '<INI 文件路径>' WITH ARCHIVEDIR '<归档日志目录>'{,'<归档日志目录>'} [USE DB_MAGIC <db_magic>] [UNTIL TIME '<时间串>'] [UNTIL LSN <LSN>];
```

基于备份集的 RECOVER 命令语句如下。

```
RECOVER DATABASE '<INI 文件路径 >' FROM BACKUPSET '< 备份集目录 >'
[DEVICE TYPE DISK |TAPE[ PARMS '<介质参数>']]
[IDENTIFIED BY <密码> [ENCRYPT WITH <加密算法>]];
```

这里注意以下两个参数。

1）WITH ARCHIVEDIR：本地归档日志搜索目录，若未指定，则仅使用目标库配置本地归档目录，DSC 环境还会取 REMOTE 归档目录。

2）USE DB_MAGIC：指定本地归档日志对应数据库的 DB_MAGIC，若不指定，则默认使用目标恢复数据库的 DB_MAGIC。DB_MAGIC 是一个唯一值，每个实例都不一样。

（3）数据库更新

数据库更新（UPDATE DB_MAGIC）也是利用 RECOVER 命令实现的。在数据库执行恢复命令后，需要执行更新操作（UPDATE MAGIC），将数据库调整为可正常工作的库才算完成。当然，数据库在执行完 RESTORE 之后就已经是一致性的状态（如脱机备份的恢复），可以不用进行 RECOVER 恢复操作，直接进行 UPDATE DB_MAGIC。数据库更新的语句如下。

```
RMAN>RECOVER DATABASE '<INI 文件路径>' UPDATE DB_MAGIC;
```

【例 12-10】　基于备份集的库级还原和恢复。

在数据库比较大或者事务比较多的情况下，备份过程中生成的日志也会存储到备份集中，比如联机备份（SQL 语句备份），在这种情况下，执行数据库还原后，还需要重做备份集中备份的日志，以将数据库恢复到备份时的一致状态，即从备份集恢复。

1）SQL 联机备份数据库的语句如下。

```
SQL> BACKUP DATABASE BACKUPSET '/dm/dmbak/db_full_bak_01';
```

2）停止实例的语句如下。

```
[dmdba@ dw1 dmarch] $service DmServiceDAMENG STOP
```

3）还原数据库的语句如下。

```
RMAN> RESTORE DATABASE '/dm/dmdbms/data/DAMENG/dm.ini' FROM BACKUPSET '/dm/dmbak/db_full_bak_01';
```

4）从备份集恢复数据库的语句如下。

```
RMAN> RECOVER DATABASE '/dm/dmdbms/data/DAMENG/dm.ini' FROM BACKUPSET '/dm/dmbak/db_full_bak_01';
```

5）更新数据库的语句如下。

```
RMAN> RECOVER DATABASE '/dm/dmdbms/data/DAMENG/dm.ini' UPDATE db_magic;
```

【例 12-11】　库级还原和恢复，基于归档恢复到最新状态。

假如数据库的介质故障，如磁盘损坏，或数据文件丢失，此时可以根据备份和归档将数据库恢复到最新状态。

1）SQL 联机备份数据库的语句如下。

```
SQL > BACKUP DATABASE BACKUPSET '/dm/dmbak/db_full_bak_02';
```

2）停止实例的语句如下。

```
[dmdba@ dw1 dmarch] $service DmServiceDAMENG stop
```

3）还原数据库的语句如下。

```
RMAN > RESTORE DATABASE '/dm/dmdbms/data/DAMENG/dm.ini' FROM BACKUPSET '/dm/dmbak/db_full_bak_02';
```

4）从备份集恢复数据库的语句如下。

```
RMAN > RECOVER DATABASE '/dm/dmdbms/data/DAMENG/dm.ini' WITH ARCHIVEDIR '/dm/arch';
```

5）更新数据库的语句如下。

```
RMAN > RECOVER DATABASE '/dm/dmdbms/data/DAMENG/dm.ini' UPDATE db_magic;
```

2. 表空间还原与恢复

DM 数据库表空间是联机备份，脱机还原。由于表空间的数据库对象等字典信息保存在数据库的 SYSTEM 表空间中，为保证还原后表空间与当前库保持一致状态，会默认基于当前日志将表空间数据恢复到最新状态。

（1）表空间还原

使用 RESTORE 命令完成表空间的脱机还原，还原的备份集可以是联机或脱机生成的库备份集，也可以是联机生成的表空间备份集。脱机表空间还原仅涉及表空间数据文件的重建与数据页的复制。RESTORE 的语句如下。

```
RESTORE DATABASE '<INI 文件路径>' TABLESPACE <表空间名>
[DATAFILE <<文件编号>{,<文件编号>} |'<文件路径>'{,'<文件路径>'}>]
FROM BACKUPSET '<备份集目录>' [DEVICE TYPE DISK |TAPE[ PARMS '<介质参数>']]
[IDENTIFIED BY <密码> [ENCRYPT WITH <加密算法>]]
[WITH BACKUPDIR '<基备份集搜索目录>'{,'<基备份集搜索目录>'}]
[<with_archdir_lst_stmt>]
[MAPPED FILE '<映射文件>'][TASK THREAD <任务线程数>] [NOT PARALLEL]
[UNTIL TIME '<时间串>'] [UNTIL LSN <LSN>]; <with_archdir_lst_stmt> ::=
WITH ARCHIVEDIR '<归档日志目录>'{,'<归档日志目录>'}
```

相关说明如下。

1）DATABASE：指定还原目标库的 dm.ini 文件路径。

2）TABLESPACE：指定还原的表空间，TEMP 表空间除外。

3）WITH CHECK：指定还原前校验备份集数据完整性，默认不校验。

4）DATAFILE：还原指定的数据文件。可以指定数据文件编号或数据文件路径，文件编号对应动态视图 V $DATAFILE 中 ID 列的值；文件路径对应动态视图 V $DATAFILE 中 PATH 或 MIRROR_PATH 列的值。也可以仅指定数据文件名称（相对路径），与表空间中数据文件匹配时，会使用

SYSTEM 目录补齐。

5）BACKUPSET：指定还原备份集的路径。若指定为相对路径，会在默认备份目录下搜索备份集。

（2）表空间恢复

表空间恢复通过重做 REDO 日志将数据更新到一致状态。由于日志重做过程中修改好的数据页首先存入缓冲区，缓冲区分批次将修改好的数据页写入磁盘，如果在此过程中发生异常中断，可能会导致缓冲区中的数据页无法写入磁盘，造成数据的不一致，数据库启动时校验失败，所以表空间恢复过程中不允许异常中断。

恢复完成后，表空间状态置为 ONLINE，并设置数据标记为 FIL_TS_RECV_STAT_ RECOVERED，表示数据已恢复到一致状态。

表空间恢复的语句如下。

```
RECOVER DATABASE '<ini_path>' TABLESPACE <表空间名> [WITH ARCHIVEDIR '归档日志目录'{,'归档日志目录'}][USE DB_MAGIC <db_magic>];
```

相关说明如下。

1）DATABASE：指定还原目标库的 dm. ini 文件路径。

2）TABLESPACE：指定还原的表空间，TEMP 表空间除外。

3）WITH ARCHIVEDIR：归档日志搜索目录。默认情况下在 dmarch. ini 中指定的归档目录中搜索，如果归档日志不在配置文件 dmarch. ini 中指定的目录下，或者归档日志分散在多个目录下，需要使用该参数指定归档日志搜索目录。

4）USE DB_MAGIC：指定本地归档日志对应数据库的 DB_MAGIC，若不指定，则默认使用目标恢复数据库的 DB_MAGIC。

【例 12-12】　表空间的还原和恢复，基于归档恢复到最新状态。

以联机表空间备份为例，展示 DMRMAN 如何完成表空间的恢复，具体步骤如下。

1）联机备份表空间，保证数据库运行在归档模式及 OPEN 状态，具体语句如下。

```
SQL>BACKUP TABLESPACE MAIN BACKUPSET '/home/dm_bak/ts_full_bak_for_recover';
```

2）还原表空间。需要注意，表空间还原的目标库只能是备份集产生的源库，否则将报错。启动 DMRMAN，输入以下命令。

```
RMAN>RESTORE DATABASE '/opt/dmdbms/data/DAMENG_FOR_RECOVER/dm.ini' TABLESPACE MAIN FROM BACKUPSET '/home/dm_bak/ts_full_bak_for_recover';
```

3）恢复表空间。启动 DMRMAN，输入以下命令。

```
RMAN>RECOVER DATABASE '/opt/dmdbms/data/DAMENG_FOR_RECOVER/dm.ini' TABLESPACE MAIN;
```

3. 归档还原

使用 RESTORE 命令完成脱机还原归档操作，在还原语句中指定归档备份集。备份集可以是脱机归档备份集，也可以是联机归档备份集。

具体语句如下。

```
RESTORE <ARCHIVE LOG | ARCHIVELOG> [with check] FROM BACKUPSET '<备份集路径>'
[<device_type_stmt>]
```

```
[IDENTIFIED BY <密码> |"<密码>" [ENCRYPT WITH <加密算法>]]
[TASK THREAD <任务线程数>] [NOT PARALLEL]
[ALL |[FROM LSN <lsn>] |[UNTIL LSN <lsn>] |[LSN BETWEEN < lsn> AND < lsn>] |[FROM TIME '<
time>'] |[UNTIL TIME '<time>'] |[TIME BETWEEN '<time>' AND '<time>'] ]
TO <还原目录> [OVERWRITE <level>];
<device_type_stmt>::= DEVICE TYPE <介质类型> [PARMS '<介质参数>']
<还原目录>::= ARCHIVEDIR '<归档日志目录>' |DATABASE '<ini_path>'
```

【例 12-13】 归档的还原。

以联机归档文件备份集为例，展示 DMRMAN 如何完成归档文件的还原，具体步骤如下。

1）联机备份归档文件，保证数据库运行在归档模式及 OPEN 状态，具体语句如下。

```
SQL>BACKUP ARCHIVE LOG ALL BACKUPSET '/home/dm_bak/arch_all_for_restore';
```

2）还原归档文件。启动 DMRMAN，设置 OVERWRITE 为 2，如果归档文件已存在，会报错。有两种实现方式，第一种的具体语句如下。

```
RMAN>RESTORE ARCHIVE LOG FROM BACKUPSET '/home/dm_bak/arch_all_for_restore' TO DATABASE '/opt/dm-dbms/data/DAMENG_FOR_RESTORE/dm.ini' OVERWRITE 2;
```

另一种的语句如下。

```
RMAN>RESTORE ARCHIVE LOG FROM BACKUPSET '/home/dm_bak/arch_all_for_restore' TO ARCHIVEDIR '/opt/dmdbms/data/DAMENG_FOR_RESTORE/arch_dest' OVERWRITE 2;
```

12.4 DM 数据库的逻辑备份与还原

逻辑备份与还原是对数据库逻辑组件（如表、视图和存储过程等数据库对象）的备份与还原。可以使用 dexp 和 dimp 两个命令行工具，分别实现对 DM 数据库的逻辑备份和逻辑还原。逻辑备份和逻辑还原的目的是保护数据库的逻辑组件免遭数据丢失或破坏的危险，当遇到数据库逻辑组件丢失或者遭到破坏时，能够及时地重构数据库，还原数据库的逻辑组件。DM 数据库的逻辑备份和逻辑还原都是在联机方式下完成的，联机方式是指数据库服务器正常运行过程中进行的备份和还原。dexp 和 dimp 是 DM 数据库自带的工具，只要安装了 DM 数据库，就可以在安装目录 dbms\bin 中找到。

12.4.1 DM 数据库的逻辑备份

dexp 工具可以对本地或者远程数据库进行数据库级、用户级、模式级和表级的逻辑备份。备份的内容非常灵活，可以选择是否备份索引、数据行和权限，是否忽略各种约束（外键约束、非空约束和唯一约束等），在备份前还可以选择生成日志文件，记录备份的过程以供查看。

使用 dexp 工具进行导出的语句如下。

```
dexp PARAMETER=<value>{ PARAMETER=<value>}
```

其中，PARAMETER 为 dexp 参数，多个参数之间排列顺序无影响，参数之间使用空格间隔。而 <value> 表示参数取值。

在运用 dexp 工具进行导出时，其命令行参数取值见表 12-1。

表 12-1　dexp 参数一览表

参　数	含　义	备　注
USERID	用户名/口令@主库名: 端口号#证书路径。例如：SYSDBA/SYSDBA * MPP_TYPE@server: 5236#ssl_path@ssl_pwd	必选。其中主库名、端口号和证书路径为可选项
FILE	明确指定导出文件名称	可选。如果该参数默认，则导出文件名为 dexp. dmp
DIRECTORY	导出文件所在目录	可选
FULL	导出整个数据库 (N)	可选，四者中选其一。默认为 SCHEMAS
OWNER	用户名列表，导出一个或多个用户所拥有的所有对象	
SCHEMAS	模式列表，导出一个或多个模式下的所有对象	
TABLES	表名列表，导出一个或多个指定的表或表分区	
FUZZY_MATCH	TABLES 选项是否支持模糊匹配 (N)	可选
QUERY	用于指定对导出表的数据进行过滤的条件	可选
PARALLEL	用于指定导出的过程中所使用的线程数目	可选
TABLE_PARALLEL	用于指定导出每张表所使用的线程数，在 MPP 模式下会转换成单线程	可选
TABLE_POOL	用于设置导出过程中存储表的缓冲区个数	可选
EXCLUDE	1. 导出内容中忽略指定的对象。对象有 CONSTRAINTS、INDEXES、ROWS、TRIGGERS 和 GRANTS。比如：EXCLUDE = (CONSTRAINTS, INDEXES) 2. 忽略指定的表，使用 TABLES: INFO 格式，如果使用表级导出方式导出，则使用 TABLES: INFO 格式的 EXCLUDE 无效。例如：EXCLUDE = TABLES：table1，table2 3. 忽略指定的模式，使用 SCHEMAS: INFO 格式，如果使用表级、模式级导出方式导出，则使用 SCHEMAS: INFO 格式的 EXCLUDE 无效。例如：EXCLUDE = SCHEMAS：SCH1，SCH2	可选
INCLUDE	导出内容中包含指定的对象，例如：INCLUDE = (CONSTRAINTS，INDEXES) 或者 INCLUDE = TABLES: table1，table2	可选

（续）

参　数	含　义	备　注
CONSTRAINTS	导出约束 (Y)	可选。此处单独设置与 EXCLUDE/INCLUDE 中批量设置功能一样，设置一个即可
TABLESPACE	导出的对象定义是否包含表空间 (N)	
GRANTS	导出权限 (Y)	
INDEXES	导出索引 (Y)	
TRIGGERS	导出触发器（Y）	
ROWS	导出数据行 (Y)	
LOG	明确指定日志文件名称	可选，如果该参数为默认值，则导出文件名为 dexp. log
NOLOGFILE	不使用日志文件 (N)	可选
NOLOG	屏幕上不显示日志信息 (N)	可选
LOG_WRITE	日志信息实时写入文件 (N)	可选
DUMMY	交互信息处理: 打印 (P), 所有交互都按 YES 处理 (Y)。默认为 NO，不打印交互信息	可选
PARFILE	参数文件名，如果 dexp 的参数很多，可以存成参数文件	可选
FEEDBACK	每 x 行显示进度 (0)	可选
COMPRESS	是否压缩导出数据文件 (N)	可选
ENCRYPT	导出数据是否加密 (N)	可选，和 ENCRYPT 同时使用
ENCRYPT_PASSWORD	导出数据的加密密钥	
ENCRYPT_NAME	导出数据的加密算法	可选 ENCRYPT、ENCRYPT_PASSWORD 同时使用默认为 RC4
FILESIZE	用于指定单个导出文件大小的上限。可以按字节［B］、K［B］、M［B］、G［B］的方式指定大小	可选
FILENUM	多文件导出时一个模板可以生成的文件数，范围为［1，99］，默认 99	可选
DROP	导出后删除原表，但不级联删除 (N)	可选
DESCRIBE	导出数据文件的描述信息，记录在数据文件中	可选
LOCAL	MPP 环境下使用 MPP_LOCAL 方式登录 (N)	可选
HELP	显示帮助信息	可选

【例 12-14】 若将用户名和密码均为 SYSDBA、IP 地址为 192. 168. 0. 248、端口号为 8888 的数据库采用 FULL 方式完全导出。导出文件名为 db_full. dmp，导出的日志文件名为 db_full. log，导出文件的路径为/mnt/dexp/data。数据文件最大值不超过 128MB，超过 128MB 拆分为多个文件。

操作命令如下。

```
./dexp USERID=SYSDBA/SYSDBA@192.168.0.248:8888 FILE=dbfull_%U.dmp DIRECTORY=/mnt/dexp/data
LOG=dbfull_%U.log FULL=Y filesize=128MB
```

【例 12-15】 将本地数据库中 DMHR 模式下对象导出。导出文件名为 DMHR_data.dmp，导出的日志文件名为 DMHR_exp.log，导出文件的路径为/mnt/dexp/data。

操作命令如下。

```
./dexp USERID=SYSDBA/SYSDBA FILE=DMHR_data.dmp DIRECTORY=/mnt/dexp/data LOG=DMHR_exp.log
schemas=DMHR
```

导出日志显示如下。

```
dexp V8 开始导出模式[DMHR].....
----- 共导出 0 个 SEQUENCE -----
----- 共导出 0 个 VIEW -----
----- 共导出 0 个 TRIGGER -----
----- 共导出 0 个 COMMENT VIEW -----
----- 共导出 0 个 COMMENT COL -----
----- 共导出 0 个 PROCEDURE -----
----- 共导出 0 个 SYNONYM -----
----- 共导出 0 个 DBLINK -----
----- 共导出 0 个 TRIGGER -----
----- 共导出 0 个 PACKAGE -----
----- 共导出 0 个 PKG_BODY -----
----- 共导出 0 个 OBJECT of NO REFER OTHER CLASS -----
----- 共导出 0 个 OBJECT of REFER OTHER CLASS -----
----- 共导出 0 个 JCLASS -----
----- 共导出 0 个 CLASS_BODY -----
----- 共导出 0 个 DOMAIN -----
导出模式下的对象权限...
----- [2021-09-07 14:55:59] 导出表：REGION -----
导出模式下的对象权限...
表 REGION 导出结束，共导出 7 行数据
----- [2021-09-07 14:55:59] 导出表：CITY -----
导出约束：CITY_REG_FK
导出模式下的对象权限...
表 CITY 导出结束，共导出 11 行数据
----- [2021-09-07 14:55:59] 导出表：LOCATION -----
导出约束：LOC_C_ID_FK
导出模式下的对象权限...
表 LOCATION 导出结束，共导出 11 行数据
----- [2021-09-07 14:55:59] 导出表：DEPARTMENT -----
导出约束：DEPT_LOC_FK
导出模式下的对象权限...
```

```
表 DEPARTMENT 导出结束,共导出 47 行数据
-----[2021-09-07 14:55:59]导出表:JOB -----
导出模式下的对象权限...
表 JOB 导出结束,共导出 16 行数据
-----[2021-09-07 14:55:59]导出表:EMPLOYEE -----
导出约束:EMP_DEPT_FK
导出约束: EMP_JOB_FK
导出约束: EMP_EMAIL_UK
导出约束: CONS134218819
导出模式下的对象权限...
表 EMPLOYEE 导出结束, 共导出 856 行数据
-----[2021-09-07 14: 55: 59] 导出表: JOB_HISTORY -----
导出约束: JHIST_JOB_FK
导出约束: JHIST_DEPT_FK
导出约束: JHIST_EMP_FK
导出约束: CONS134218824
导出模式下的对象权限...
表 JOB_HISTORY 导出结束, 共导出 20 行数据
模式 [DMHR] 导出结束..... 成功导出 第 1 个 SCHEMA: DMHR
共导出 1 个 SCHEMA
整个导出过程共花费     0.165 s
成功终止导出, 没有出现警告
```

【例 12-16】 导出 HRTEST 用户下的对象，要求只导出对象，不导出数据。导出文件名为 HRTEST_data. dmp，导出的日志文件名为 HRTEST_exp. log，导出文件的路径为/mnt/dexp/data。

操作命令如下。

```
./dexp USERID = SYSDBA/SYSDBA FILE = DMHR_data.dmp DIRECTORY = /mnt/dexp/data LOG = DMHR_exp.log owner = HRTEST ROWS = N
```

【例 12-17】 导出 HRTEST 用户下对象及数据。导出文件名为 HRTEST_data. dmp，导出的日志文件名为 HRTEST_exp. log，导出文件的路径为/mnt/dexp/data。

操作命令如下。

```
./dexp USERID = SYSDBA/SYSDBA FILE = EMPLOYEE_data.dmp DIRECTORY = /mnt/dexp/data LOG = EMPLOYEE_exp.log tables = DMHR.EMPLOYEE
```

导出日志显示如下。

```
dexp V8
-----[2021-09-07 14:54:14]导出表:EMPLOYEE -----
导出约束:EMP_DEPT_FK
导出约束: EMP_JOB_FK
导出约束: EMP_EMAIL_UK
导出约束: CONS134218819
导出模式下的对象权限...
```

```
表 EMPLOYEE 导出结束,共导出 856 行数据
整个导出过程共花费    0.026 s
成功终止导出，没有出现警告
```

12.4.2 DM 数据库的逻辑还原

dimp 工具利用 dexp 生成的备份文件对本地或远程的数据库进行联机逻辑还原。dimp 实现的 DM 数据库逻辑还原是 dexp 实现的逻辑备份的相反过程。dimp 工具可以对本地或者远程数据库进行数据库级、用户级、模式级和表级的逻辑备份。逻辑还原的方式可以灵活选择，如是否忽略对象存在而导致的创建错误、是否导入约束、是否导入索引、导入时是否需要编译、是否生成日志等。

1. 使用 dimp 工具进行逻辑还原

具体语句如下。

```
dimp PARAMETER = value { PARAMETER = value }
```

其中，PARAMETER 表示 dimp 参数，多个参数之间排列顺序无影响，参数之间使用空格间隔。value 表示参数取值。

在运用 dimp 工具进行导出时，其 dimp 中的参数取值见表 12-2。

表 12-2 dimp 参数

参数	含义	备注
USERID	用户名/口令@主库名: 端口号#证书路径。例如：SYSDBA/SYSDBA* MPP_TYPE @ server：5236#ssl_path@ ssl_pwd	必选。其中主库名、端口号和证书路径为可选项
FILE	输入文件，即 dexp 导出的文件	必选
DIRECTORY	导入文件所在目录	可选
FULL	导入整个数据库 (N)	可选，四者中选其一。默认为 CHEMAS
OWNER	导入指定的用户名下的模式	
SCHEMAS	导入的模式列表	
TABLES	表名列表，指定导入的 tables 名称。不支持对外部表进行导入	
PARALLEL	用于指定导入的过程中所使用的线程数目	可选
TABLE_PARALLEL	用于指定导入的过程中每个表所使用的子线程数的子线程数目	可选。在 FAST_LOAD 为 Y
IGNORE	忽略创建错误 (N)。如果表已经存在则向表中插入数据，否则报错表已经存在	可选
TABLE_EXISTS_ACTION	需要的导入表在目标库中存在时采取的操作 [SKIP｜APPEND｜TRUNCATE｜REPLACE]	可选
FAST_LOAD	是否使用 dmfldr 进行数据导入（N）	可选

（续）

参　数	含　义	备　注
FLDR_ORDER	使用 dmfldr 是否需要严格按顺序来导数据（Y）	可选
COMMIT_ROWS	批量提交的行数（5000）	可选
EXCLUDE	忽略指定的对象 (CONSTRAINTS, INDEXES, ROWS, TRIGGERS, GRANTS)。格式为 EXCLUDE=(CONSTRAINTS,INDEXES,ROWS,TRIGGERS,GRANTS)	可选。例如 EXCLUDE=（CONSTRAINT)
GRANTS	导入权限 (Y)	可选
CONSTRAINTS	导入约束 (Y)	可选
INDEXES	导入索引 (Y)	可选
TRIGGERS	导入触发器（Y）	可选
ROWS	导入数据行 (Y)	可选
LOG	日志文件	可选
NOLOGFILE	不使用日志文件 (N)	可选
NOLOG	屏幕上不显示日志信息 (N)	可选
DUMMY	交互信息处理: 打印 (P)。取值 Y/N Y：打印所有交互信息。N：不打印交互信息	可选
LOG_WRITE	日志信息实时写入文件 (N)	可选
PARFILE	参数文件名，如果 dimp 的参数很多，可以存成参数文件	可选
FEEDBACK	显示每 x 行 (0) 的进度	可选
COMPILE	编译过程, 程序包和函数 (Y)	可选
INDEXFILE	将表的索引/约束信息写入指定的文件	可选
INDEXFIRST	导入时先建索引 (N)	可选
REMAP_SCHEMA	SOURCE_SCHEMA：TARGET_SCHEMA 将 SOURCE_SCHEMA 中的数据导入到 TARGET_SCHEMA 中	可选
ENCRYPT_PASSWORD	数据的加密密钥	可选。和 dexp 中的 ENCRYPT_PASSWORD 设置的密钥一样
ENCRYPT_NAME	数据的加密算法的名称	可选。和 dexp 中的 ENCRYPT_NAME 设置的加密算法一样
SHOW/ DESCRIBE	只列出文件内容 (N)	可选
LOCAL	MPP 环境下，是否使用 LOCAL 方式登录 (N)	可选
TASK_THREAD_NUMBER	设置 dmfldr 处理用户数据的线程数目	可选
BUFFER_NODE_SIZE	设置 dmfldr 读入文件缓冲区大小	可选
TASK_SEND_NODE_NUMBER	用于设置 dmfldr 发送节点个数［16，65535］	可选

（续）

参　数	含　义	备　注
LOB_NOT_FAST_LOAD	如果一个表含有大字段，那么不使用 dmfldr，因为 dmfldr 是一行一行提交的	可选
PRIMARY_CONFLICT	主键冲突的处理方式［IGNORE｜ OVERWRITE］，默认报错	可选
TABLE_FIRST	是否强制先导入表（默认 N），Y 表示先导入表，N 正常导入	可选
HELP	显示帮助信息	可选

【例 12-18】 将逻辑备份 FULL 方式导出的 dmp 文件完全导入到用户名和密码为 SYSDBA，IP 地址为 192.168.0.248，端口号为 8888 的数据库。导入文件名为 dbfull_str.dmp，导入的日志文件名为 db_str.log，路径为/mnt/data/dexp。

操作命令如下。

```
./dimp USERID=SYSDBA/SYSDBA@192.168.0.248:8888 FILE=dbfull_%U.dmp DIRECTORY=/mnt/dexp/data LOG=dbfull_%U.log FULL=Y
```

【例 12-19】 将 DMHR 模式下数据和对象导入的远程数据库的 HR01 模式（HR01 模式已创建）中。导入用户名和密码为 SYSDBA，IP 地址为 192.168.0.248，端口号为 8888。导入文件名为 DMHR_data.dmp，导入的日志文件名为 DMHR_imp.log，路径为/mnt/data/dexp。

操作命令如下。

```
./dimp USERID=SYSDBA/SYSDBA@192.168.0.248:8888 FILE=DMHR_data.dmp DIRECTORY=/mnt/data/dexp LOG=DMHR_imp.log remap_schema=DMHR:HR01
```

导入日志显示如下。

```
dimp V8 本地编码:PG_UTF8，导入文件编码：PG_GB18030
开始导入模式［DMHR］...... 导入模式中的 NECESSARY GLOBAL 对象……模式中的 NECESSARY GLOBAL 对象导入完成……
----- [2021-09-07 15:13:16] 导入表：REGION -----
创建表 REGION... 导入表 REGION 的数据：7 行被处理
----- [2021-09-07 15:13:16] 导入表：CITY -----
创建表 CITY... 导入表 CITY 的数据：11 行被处理
----- [2021-09-07 15:13:16] 导入表：LOCATION -----
创建表 LOCATION... 导入表 LOCATION 的数据：11 行被处理
----- [2021-09-07 15:13:16] 导入表：DEPARTMENT -----
创建表 DEPARTMENT... 导入表 DEPARTMENT 的数据：47 行被处理
----- [2021-09-07 15:13:16] 导入表：JOB -----
创建表 JOB... 导入表 JOB 的数据：16 行被处理
----- [2021-09-07 15:13:16] 导入表：EMPLOYEE -----
创建表 EMPLOYEE... 导入表 EMPLOYEE 的数据：856 行被处理
----- [2021-09-07 15:13:17] 导入表：JOB_HISTORY -----
```

```
创建表 JOB_HISTORY... 导入表 JOB_HISTORY 的数据：20 行被处理导入模式中的 GLOBAL 对象……模式中的 GLOBAL 对象导入完成……
模式 [HR01] 导入完成......
导入表的约束：CITY_REG_FK 导入成功……
导入表的约束：LOC_C_ID_FK 导入成功……
导入表的约束：DEPT_LOC_FK 导入成功……
导入表的约束：EMP_EMAIL_UK 导入成功……
导入表的约束：EMP_DEPT_FK 导入成功……
导入表的约束：EMP_JOB_FK 导入成功……
导入表的约束：CONS134218819 导入成功……
导入表的约束：JHIST_JOB_FK 导入成功……
导入表的约束：JHIST_DEPT_FK 导入成功……
导入表的约束：JHIST_EMP_FK 导入成功……
导入表的约束：CONS134218824 导入成功……
整个导入过程共花费    0.300 s

成功终止导入，没有出现警告
```

本章小结

本章主要介绍了备份和还原的相关内容，分别从逻辑备份与还原和物理备份与还原两大方面来阐述数据的备份与还原。逻辑备份与还原主要介绍通过使用 dexp 和 dimp 工具实现导出和导入的功能；而物理备份与还原分别从脱机备份与还原和联机备份与还原两个方向来介绍。脱机备份与还原使用 DMRMAN 工具进行数据的备份与还原，联机备份与还原主要是使用 DISQL 工具进行数据的备份与还原。

实验 12：数据库备份与还原

实验概述：通过本实验可以理解备份和恢复的概念，理解物理备份和逻辑备份的区别；掌握物理备份的工具和方法，联机备份和脱机备份的区别；掌握数据库还原和恢复的方法；掌握逻辑导入、导出方法。具体内容可参考《实验指导书》。

第 13 章 函数和游标

函数和游标对于学习 DM 数据库十分重要，数据库函数是指当需要分析数据清单中的数值是否符合特定条件时使用的数据库工作表函数。游标的一个常见用途就是保存查询结果，以便之后使用。游标的结果集由 SELECT 语句产生，如果处理过程需要重复使用一个记录集，那么可以创建一次游标而重复使用若干次，比重复查询数据库要快得多。本章将主要介绍各种函数的相关内容以及关于游标的使用。

13.1 系统内置函数

系统内置函数就是数据库中自带的函数，运用内置函数使用起来很方便，如 SUM 求和，直接使用可以减少计算量。内置函数的主要类型包括 SUM 求和、FLOOR 向下取整、SQRT 求平方根等。

DM 数据库中支持的函数分为数值函数、字符串函数、日期时间函数、空值判断函数、类型转换函数等。函数的简要说明见表 13-1 ~ 表 13-6。

表 13-1 数值函数

序号	函 数 名	功能简要说明
01	ABS(n)	求数值 n 的绝对值
02	ACOS(n)	求数值 n 的反余弦值
03	ASIN(n)	求数值 n 的反正弦值
04	ATAN(n)	求数值 n 的反正切值
05	ATAN2(n1,n2)	求数值 n1/n2 的反正切值
06	CEIL(n)	求大于或等于数值 n 的最小整数
07	CEILING(n)	求大于或等于数值 n 的最小整数,等价于 CEIL(n)
08	COS(n)	求数值 n 的余弦值
09	COSH(n)	求数值 n 的双曲余弦值

（续）

序号	函数名	功能简要说明
10	COT(n)	求数值n的余切值
11	DEGREES(n)	求弧度n对应的角度值
12	EXP(n)	求数值n的自然指数
13	FLOOR(n)	求小于或等于数值n的最大整数
14	GREATEST(n{,n})	求一个或多个数中最大的一个
15	GREAT (n1,n2)	求n1、n2两个数中最大的一个
16	LEAST(n{,n})	求一个或多个数中最小的一个
17	LN(n)	求数值n的自然对数
18	LOG(n1[,n2])	求数值n2以n1为底数的对数
19	LOG10(n)	求数值n以10为底的对数
20	MOD(m,n)	求数值m被数值n除的余数
21	PI()	得到常数π
22	POWER(n1,n2)/POWER2(n1,n2)	求数值n2以n1为基数的指数
23	RADIANS(n)	求角度n对应的弧度值
24	RAND([n])	求一个0到1之间的随机浮点数
25	ROUND(n[,m])	求四舍五入值函数
26	SIGN(n)	判断数值的数学符号
27	SIN(n)	求数值n的正弦值
28	SINH(n)	求数值n的双曲正弦值
29	SQRT(n)	求数值n的平方根
30	TAN(n)	求数值n的正切值
31	TANH(n)	求数值n的双曲正切值
32	TO_NUMBER (char [,fmt])	将CHAR、VARCHAR、VARCHAR2等类型的字符串转换为DECIMAL类型的数值
33	TRUNC(n[,m])	截取数值函数
34	TRUNCATE(n[,m])	截取数值函数，等价于TRUNC(n[,m])
35	TO_CHAR(n [, fmt [, 'nls']])	将数值类型的数据转换为VARCHAR类型输出
36	BITAND(n1, n2)	求两个数值型数值按位进行AND运算的结果

表13-2　字符串函数

序号	函数名	功能简要说明
01	ASCII(char)	返回字符对应的整数
02	ASCIISTR(char)	将字符串char中，非ASCII的字符转成\XXXX（UTF-16）格式，ASCII字符保持不变
03	BIT_LENGTH(char)	求字符串的位长度

（续）

序号	函 数 名	功能简要说明
04	CHAR(n)	返回整数 n 对应的字符
05	CHAR_LENGTH(char)/ CHARACTER_LENGTH(char)	求字符串的串长度
06	CHAR(n)	返回整数 n 对应的字符，等价于 CHAR（n）
07	CONCAT(char1,char2,char3,…)	顺序联结多个字符串成为一个字符串
08	DIFFERENCE(char1,char2)	比较两个字符串的 SOUNDEX 值的差异，返回两个 SOUNDEX 值串同一位置出现相同字符的个数
09	INITCAP(char)	将字符串中单词的首字符转换成大写字符
10	INS(char1,begin,n,char2)	删除在字符串 char1 中以 begin 参数所指位置开始的 n 个字符，再把 char2 插入到 char1 串的 begin 所指位置
11	INSERT(char1, n1, n2, char2)/ INSSTR(char1,n1,n2,char2)	将字符串 char1 从 n1 的位置开始删除 n2 个字符，并将 char2 插入到 char1 中 n1 的位置
12	INSTR(char1,char2[,n,[m]])	从输入字符串 char1 的第 n 个字符开始查找字符串 char2 的第 m 次出现的位置，以字符计算
13	INSTRB(char1,char2[,n,[m]])	从 char1 的第 n 个字节开始查找字符串 char2 的第 m 次出现的位置，以字节计算
14	LCASE(char)	将大写的字符串转换为小写的字符串
15	LEFT(char,n)/ LEFTSTR(char,n)	返回字符串最左边的 n 个字符组成的字符串
16	LEN(char)	返回给定字符串表达式的字符（而不是字节）个数（汉字为一个字符），其中不包含尾随空格
17	LENGTH(clob)	返回给定字符串表达式的字符（而不是字节）个数（汉字为一个字符），其中包含尾随空格
18	OCTET_LENGTH(char)	返回输入字符串的字节数
19	LOCATE(char1,char2[,n])	返回 char1 在 char2 中首次出现的位置
20	LOWER(char)	将大写的字符串转换为小写的字符串
21	LPAD(char1,n,char2)	在输入字符串的左边填充上 char2 指定的字符，将其拉伸至 n 个字节长度
22	LTRIM(char1,char2)	从输入字符串中删除所有的前导字符，这些前导字符由 char2 来定义
23	POSITION(char1,/ IN char2)	求 char1 在 char2 中第一次出现的位置
24	REPEAT(char,n)/ REPEATSTR(char,n)	返回将字符串重复 n 次形成的字符串
25	REPLACE(STR, search [,replace])	将输入字符串 STR 中所有出现的字符串 search 都替换成字符串 replace，其中 STR 为 CHAR、CLOB 或 TEXT 类型

（续）

序号	函 数 名	功能简要说明
26	REPLICATE(char,times)	把字符串 char 复制 times 份
27	REVERSE(char)	将字符串反序
28	RIGHT / RIGHTSTR(char,n)	返回字符串最右边 n 个字符组成的字符串
29	RPAD(char1,n,char2)	类似 LPAD 函数，只是向右拉伸该字符串使之达到 n 个字节长度
30	RTRIM(char1,char2)	从输入字符串的右端开始删除 char2 参数中的字符
31	SOUNDEX(char)	返回一个表示字符串发音的字符串
32	SPACE(n)	返回一个包含 n 个空格的字符串
33	STRPOSDEC(char)	把字符串 char 中最后一个字符的值减一
34	STRPOSDEC(char,pos)	把字符串 char 中指定位置 pos 上的字符值减一
35	STRPOSINC(char)	把字符串 char 中最后一个字符的值加一
36	STRPOSINC(char,pos)	把字符串 char 中指定位置 pos 上的字符值加一
37	STUFF(char1,begin,n,char2)	删除在字符串 char1 中以 begin 参数所指位置开始的 n 个字符，再把 char2 插入到 char1 串的 begin 所指位置
38	SUBSTR(char, m, n)/ SUBSTRING(char FROM m [FOR n])	返回 char 中从字符位置 m 开始的 n 个字符
39	SUBSTRB(char,n,m)	SUBSTR 函数等价的单字节形式
40	TO_CHAR(character)	将 VARCHAR、CLOB、TEXT 类型的数据转化为 VARCHAR 类型输出
41	TRANSLATE(char,from,to)	将所有出现在搜索字符集中的字符转换成字符集中的相应字符
42	TRIM([LEADING|TRAILING|BOTH] [exp] [ ] FROM char2])	删去字符串 char2 中由串 char1 指定的字符
43	UCASE(char)	将小写的字符串转换为大写的字符串
44	UPPER(char)	将大写的字符串转换为小写的字符串
45	REGEXP	根据符合 POSIX 标准的正则表达式进行字符串匹配
46	OVERLAY (char1 PLACING char2 FROM int [FOR int])	字符串覆盖函数，用 char2 覆盖 char1 中指定的子串，返回修改后的 char1
47	TEXT_EQUAL	返回两个 LONGVARCHAR 类型的值的比较结果，相同返回 1，否则返回 0
48	BLOB_EQUAL	返回两个 LONGVARBINARY 类型的值的比较结果，相同返回 1，否则返回 0
49	NLSSORT(str1 [,nls_sort = str2])	返回对汉字排序的编码
50	GREATEST(char {,char})	求一个或多个字符串中最大的字符串
51	GREAT (char1, char2)	求 char 1、char 2 中最大的字符串

（续）

序号	函　数　名	功能简要说明
52	TO_SINGLE_BYTE (char)	将多字节形式的字符（串）转换为对应的单字节形式
53	TO_MULTI_BYTE (char)	将单字节形式的字符（串）转换为对应的多字节形式
54	EMPTY_CLOB()	初始化 clob 字段
55	EMPTY_BLOB()	初始化 blob 字段
56	UNISTR (char)	将字符串 char 中，ASCII 码（‘\XXXX’4 个 16 进制字符格式）转成本地字符。对于其他字符保持不变
57	ISNULL(char)	判断表达式是否为 NULL
58	CONCAT_WS (delim, char1, char2, char3,…)	顺序联结多个字符串成为一个字符串，并用 delim 分割
59	SUBSTRING_INDEX (char, delim, count)	按关键字截取字符串，截取到指定分隔符出现指定次数位置之前

表 13-3　日期时间函数

序号	函　数　名	功能简要说明
01	ADD_DAYS(date,n)	返回日期加上 n 天后的新日期
02	ADD_MONTHS(date,n)	在输入日期上加上指定的 n 个月返回一个新日期
03	ADD_WEEKS(date,n)	返回日期加上 n 个星期后的新日期
04	CURDATE()	返回系统当前日期
05	CURTIME(n)	返回系统当前时间
06	CURRENT_DATE()	返回系统当前日期
07	CURRENT_TIME(n)	返回系统当前时间
08	CURRENT_TIMESTAMP(n)	返回系统当前带会话时区信息的时间戳
09	DATEADD(datepart,n,date)	向指定的日期加上一段时间
10	DATEDIFF(datepart,date1,date2)	返回跨两个指定日期的日期和时间边界数
11	DATEPART(datepart,date)	返回代表日期的指定部分的整数
12	DAY(date)	返回日期中的天数
13	DAYNAME(date)	返回日期的星期名称
14	DAYOFMONTH(date)	返回日期为所在月份中的第几天
15	DAYOFWEEK(date)	返回日期为所在星期中的第几天
16	DAYOFYEAR(date)	返回日期为所在年中的第几天
17	DAYS_BETWEEN(date1,date2)	返回两个日期之间的天数
18	EXTRACT(时间字段 FROM date)	抽取日期时间或时间间隔类型中某一个字段的值
19	GETDATE(n)	返回系统当前时间戳

（续）

序号	函 数 名	功能简要说明
20	GREATEST(date {,date})	求一个或多个日期中的最大日期
21	GREAT (date1,date2)	求 date1、date2 中的最大日期
22	HOUR(time)	返回时间中的小时分量
23	LAST_DAY(date)	返回输入日期所在月份最后一天的日期
24	LEAST(date {,date})	求一个或多个日期中的最小日期
25	MINUTE(time)	返回时间中的分钟分量
26	MONTH(date)	返回日期中的月份分量
27	MONTHNAME(date)	返回日期中月分量的名称
28	MONTHS_BETWEEN(date1,date2)	返回两个日期之间的月份数
29	NEXT_DAY(date1,char2)	返回输入日期指定若干天后的日期
30	NOW(n)	返回系统当前时间戳
31	QUARTER(date)	返回日期在所处年中的季节数
32	SECOND(time)	返回时间中的秒分量
33	ROUND(date1[, fmt])	把日期四舍五入到最接近格式元素指定的形式
34	TIMESTAMPADD (datepart, n, timestamp)	返回时间戳 timestamp 加上 n 个 datepart 指定的时间段的结果
35	TIMESTAMPDIFF (datepart, timestamp1,timestamp2)	返回一个表明 timestamp2 与 timestamp1 之间的指定 datepart 类型时间间隔的整数
36	SYSDATE()	返回系统的当前日期
37	TO_DATE(CHAR[,fmt[,' nls ']])/TO_TIMESTAMP(CHAR[,fmt[,' nls ']])/TO_TIMESTAMP_TZ(CHAR[,fmt])	字符串转换为日期时间数据类型
38	FROM _ TZ (timestamp, timezone | tz _name])	将时间戳类型 timestamp 和时区类型 timezone(或时区名称 tz_name)转化为 timestamp with timezone 类型
39	TZ_OFFSET(timezone|[tz_name])	返回给定的时区或时区名和标准时区(UTC)的偏移量
40	TRUNC(date[,fmt])	把日期截断到最接近格式元素指定的形式
41	WEEK(date)	返回日期为所在年中的第几周
42	WEEKDAY(date)	返回当前日期的星期值
43	WEEKS_BETWEEN(date1,date2)	返回两个日期之间相差周数
44	YEAR(date)	返回日期的年分量
45	YEARS_BETWEEN(date1,date2)	返回两个日期之间相差年数
46	LOCALTIME(n)	返回系统当前时间
47	LOCALTIMESTAMP(n)	返回系统当前时间戳
48	OVERLAPS	返回两个时间段是否存在重叠

（续）

序号	函 数 名	功能简要说明
49	TO_CHAR(date[,fmt[,nls]])	将日期数据类型 DATE 转换为一个在日期语法 fmt 中指定语法的 VARCHAR 类型字符串
50	SYSTIMESTAMP(n)	返回系统当前带数据库时区信息的时间戳
51	NUMTODSINTERVAL(dec,interval_unit)	转换一个指定的 DEC 类型到 INTERVAL DAY TO SECOND
52	NUMTOYMINTERVAL (dec,interval_unit)	转换一个指定的 DEC 类型值到 INTERVAL YEAR TO MONTH
53	WEEK(date, mode)	根据指定的 mode 计算日期为年中的第几周
54	UNIX_TIMESTAMP (datetime)	返回自标准时区的'1970-01-01 00：00：00 +0：00'的到本地会话时区的指定时间的秒数差
55	FROM_UNIXTIME(unixtime)	返回将自'1970-01-01 00：00：00'的秒数差转成本地会话时区的时间戳类型
	FROM_UNIXTIME (unixtime, fmt)	将自'1970-01-01 00：00：00'的秒数差转成本地会话时区的指定 fmt 格式的时间串
56	SESSIONTIMEZONE	返回当前会话的时区
57	DBTIMEZONE	返回当前数据库的时区
58	DATE_FORMAT (d, format)	以不同的格式显示日期/时间数据
59	TIME_TO_SEC (d)	将时间换算成秒
60	SEC_TO_TIME (sec)	将秒换算成时间
61	TO_DAYS (timestamp)	转换成公元 0 年 1 月 1 日的天数差
62	DATE_ADD (datetime, interval)	返回一个日期或时间值加上一个时间间隔的时间值
63	DATE_SUB (datetime, interval)	返回一个日期或时间值减去一个时间间隔的时间值

表 13-4　空值判断函数

序号	函 数 名	功能简要说明
01	COALESCE(n1,n2,…nx)	返回第一个非空的值
02	IFNULL(n1,n2)	当 n1 为非空时，返回 n1；若 n1 为空，则返回 n2
03	ISNULL(n1,n2)	当 n1 为空时，返回 n1；若 n1 非空，则返回 n2
04	NULLIF(n1,n2)	如果 n1 = n2 返回 NULL，否则返回 n1
05	NVL(n1,n2)	返回第一个非空的值
06	NULL_EQU	返回两个类型相同的值的比较

表 13-5　类型转换函数

序号	函 数 名	功能简要说明
01	CAST (value AS 类型说明)	将 value 转换为指定的类型
02	CONVERT (类型说明, value)	将 value 转换为指定的类型

（续）

序号	函 数 名	功能简要说明
03	HEXTORAW（exp）	将 exp 转换为 BLOB 类型
04	RAWTOHEX（exp）	将 exp 转换为 VARCHAR 类型
05	BINTOCHAR（exp）	将 exp 转换为 CHAR
06	TO_BLOB（value）	将 value 转换为 BLOB
07	UNHEX（exp）	将十六进制的 exp 转换为格式字符串
08	HEX（exp）	将字符串的 exp 转换为十六进制字符串

表 13-6 杂类函数

序号	函 数 名	功能简要说明
01	DECODE（exp，search1，result1，… searchn，resultn [,default]）	查表译码
02	ISDATE(exp)	判断表达式是否为有效的日期
03	ISNUMERIC(exp)	判断表达式是否为有效的数值
04	DM_HASH（exp）	根据给定表达式生成 HASH 值
05	LNNVL(condition)	根据表达式计算结果返回布尔值
06	LENGTHB(value)	返回 value 的字节数
07	FIELD(value，e1，e2，e3，e4，…,en)	返回 value 在列表 e1，e2，e3，e4，…，en 中的位置序号，不在输入列表时则返回 0
08	ORA_HASH(exp [,max_bucket [,seed_value]])	为表达式 exp 生成 HASH 桶值

13.1.1 数值函数

数值函数是在数据库查询操作中进行运算、处理数据的数学方法封装成的函数，在实际应用中，灵活地运用数值函数会大大增加数据查询的准确度和灵活性。数值函数接受数值参数并返回数值作为结果，以下是一些函数的示例。

1. 函数 ABS

```
语法:ABS(n)
```

功能：返回 n 的绝对值。n 必须是数值类型。

【例 13-1】 查询现价小于 10 元或大于 20 元的信息。

具体语句如下。

```
SELECT  PRODUCTID,NAME  FROM  PRODUCTION.PRODUCT
WHERE  ABS(NOWPRICE-15)>5;
```

查询结果见表 13-7。

表 13-7　查询现价小于 10 元或大于 20 元的书籍

PRODUCTID	NAME
3	老人与海
4	射雕英雄传（全四册）
6	长征
7	数据结构（C 语言版）（附光盘）
10	噼里啪啦丛书（全 7 册）

2. 函数 ACOS

```
语法:ACOS(n)
```

功能：返回 n 的反余弦值。n 必须是数值类型，且取值为 -1 ~ 1，函数结果为 0 ~ π。

【例 13-2】 查询 0 的反余弦值。

具体语句如下。

```
SELECT ACOS(0);
```

查询结果为 1.570796326794897E+000。

3. 函数 ASIN

```
语法:ASIN(n)
```

功能：返回 n 的反正弦值。n 必须是数值类型，且取值为 -1 ~ 1，函数结果为 -π/2 ~ π/2。

【例 13-3】 查询 0 的反正弦值。

具体语句如下。

```
SELECT ASIN(0);
```

查询结果为 0.000000000000000E+000。

4. 函数 ATAN

```
语法:ATAN(n)
```

功能：返回 n 的反正切值。n 必须是数值类型，取值可以是任意大小，函数结果为 -π/2 ~ π/2。

【例 13-4】 查询 1 的反正切值。

具体语句如下。

```
SELECT ATAN(1);
```

查询结果为 7.853981633974483E-001。

5. 函数 ATAN2

```
语法:ATAN2(n, m)
```

功能：返回 n/m 的反正切值。n、m 必须是数值类型，取值可以是任意大小，函数结果为

$-\pi/2 \sim \pi/2$。

【例 13-5】 查询 0.2/0.3 的反正切值。

具体语句如下。

```
SELECT ATAN2(0.2,0.3);
```

查询结果为 5.880026035475676E-001。

6. 函数 CEIL

```
语法:CEIL(n)
```

功能：返回大于或等于 n 的最小整数。n 必须是数值类型。返回类型与 n 的类型相同。

【例 13-6】 查询大于或小于 15.6 的最小整数。

具体语句如下。

```
SELECT  CEIL(15.6);
```

查询结果为 16。

【例 13-7】 查询大于或等于 -16.23 的最小整数。

具体语句如下。

```
SELECT  CEIL(-16.23);
```

查询结果为 -16。

13.1.2 字符串函数

字符串函数一般接受字符类型（包括 CHAR 和 VARCHAR）和数值类型的参数，返回值一般是字符类型或数值类型。以下是一些函数的示例。

1. ASCII 函数

```
语法:ASCII(char)
```

功能：返回字符 char 对应的整数（ASCII 值）。

【例 13-8】 查询字符“B”和“中”对应的整数。

具体语句如下。

```
SELECT  ASCII('B'),ASCII('中');
```

查询结果为“66 54992”。

2. ASCIISTR 函数

```
语法:ASCIISTR (char)
```

功能：将字符串 char 中，非 ASCII 的字符转成 \ XXXX（UTF-16）格式，ASCII 字符保持不变。

【例 13-9】 非 unicode 库下，执行如下操作：

```
SELECT CHr(54992),ASCIISTR('中'),ASCIISTR(CHr(54992));
```

查询结果为“中 \ 4E2D \ 4E2D”。

3. BIT_LENGTH 函数

```
语法:BIT_LENGTH(char)
```

功能：返回字符串的位（bit）长度。

【例 13-10】　返回字符串“ab”的位长度。

具体语句如下。

```
SELECT BIT_LENGTH ('ab');
```

查询结果为 16。

4. CHAR 函数

```
语法:CHAR(n)
```

功能：返回整数 n 对应的字符。

【例 13-11】　查询整数“66、67、68、54992”对应的字符。

具体语句如下。

```
SELECT CHAR(66),CHAR(67),CHAR(68), CHAR(54992);
```

查询结果为“B C D 中”。

5. CHAR_LENGTH / CHARACTER_LENGTH 函数

```
语法:CHAR_LENGTH(char) 或 CHARACTER_LENGTH(char)
```

功能：返回字符串 char 的长度，以字符为计算单位，一个汉字算作一个字符。字符串尾部的空格也要计数。

【例 13-12】　查询书名的长度。

具体语句如下。

```
SELECT  NAME,CHAR_LENGTH (TRIM (BOTH'' FROM NAME))
FROM PRODUCTION.PRODUCT;
```

查询结果见表 13-8。

表 13-8　查询书名的长度

NAME	CHAR_LENGTH (TRIM (BOTH'' FROM NAME))
红楼梦	3
水浒传	3
老人与海	4
射雕英雄传（全四册）	10
鲁迅文集（小说、散文、杂文）全两册	17
长征	2
数据结构（C 语言版）（附光盘）	15
工作中无小事	6
突破英文基础词汇	8
噼里啪啦丛书（全 7 册）	11

查询“我们”的长度，具体语句如下。

```
SELECT CHAR_LENGTH ('我们');
```

查询结果为2。

13.1.3 日期时间函数

日期时间函数的参数至少有一个是日期时间类型，返回值一般为日期时间类型和数值类型。部分函数类型如下。

由于DM数据库支持儒略历，并考虑了历史上从儒略历转换至格里高利日期时的异常，不计算'1582-10-05 '到' 1582-10-14 '的10天，因此日期时间函数也不计算这10天。

1. ADD_DAYS函数

```
语法:ADD_DAYS(date, n)
```

功能：返回日期date加上相应天数n后的日期值。n可以是任意整数，date是日期类型（DATE）或时间戳类型（TIMESTAMP），返回值为日期类型（DATE）。

【例13-13】 查询“2021-01-12”加上1天后的日期值。

具体语句如下。

```
SELECT ADD_DAYS(DATE'2021-01-12',1);
```

查询结果为2021-01-13。

2. ADD_MONTHS函数

```
语法:ADD_MONTHS (date, n)
```

功能：返回日期date加上n个月的日期时间值。n可以是任意整数，date是日期类型（DATE）或时间戳类型（TIMESTAMP），返回类型固定为日期类型（DATE）。如果相加之后的结果日期中月份所包含的天数比date日期中的日分量要少，那么返回结果日期的该月最后一天。

【例13-14】 查询“2021-01-31”之后1个月的日期时间值。

具体语句如下。

```
SELECT ADD_MONTHS (DATE'2021-01-31', 1);
```

查询结果为2021-02-29。

查询“2021-02-29 20：00：00”之后1个月的日期时间值，具体语句如下。

```
SELECT ADD_MONTHS (TIMESTAMP'2021-01-31 20: 00: 00', 1);
```

查询结果为2021-02-29。

3. ADD_WEEKS函数

```
语法:ADD_WEEKS(date, n)
```

功能：返回日期date加上几个星期后的日期值。n可以是任意整数，date是日期类型（DATE）或时间戳类型（TIMESTAMP），返回类型固定为日期类型（DATE）。

【例13-15】 查询“2021-01-12”之后1个星期的日期值。

具体语句如下。

```
SELECT ADD_WEEKS (DATE'2021-01-12', 1);
```

查询结果为2021-01-19。

4. CURDATE 函数

```
语法:CURDATE()
```

功能：返回当前日期值，结果类型为 DATE。

【例 13-16】　查询当前日期值。

具体语句如下。

```
SELECT  CURDATE();
```

查询结果为 2021-02-27。

5. CURTIME 函数

```
语法:CURTIME(n)
```

功能：返回当前时间值，结果类型为 TIME WITH TIME ZONE。

6. CURRENT_DATE 函数

```
语法:CURRENT_DATE
```

功能：返回当前日期值，结果类型为 DATE，等价于 CURDATE()。

7. CURRENT_TIME 函数

```
语法:CURRENT_TIME (n)
```

功能：返回当前时间值，结果类型为 TIME WITH TIME ZONE，等价于 CURTIME()。

13.1.4　统计函数

统计函数主要包括 COUNT、SUM、AVERAGE、MAX、MIN 等。这些统计函数的作用主要是为了方便对同一组数据进行运算。由于第 8 章介绍查询时已讲过相关内容，此处不再赘述。

13.2　存储函数

在数据库中有些系统内置的函数，这些函数属于系统函数。除此之外用户也可以编写自定义函数。用户定义函数是存储在数据库中的代码块，可以把值返回到调用程序。调用时如同系统函数一样，如 MAX（value）函数，其 value 被称为参数。

13.2.1　创建存储函数

存储函数与存储过程（第 14 章会详细介绍）在结构和功能上十分相似，主要的差异如下。

1）存储过程没有返回值，调用者只能通过访问 OUT 或 IN 参数来获得执行结果；而存储函数有返回值，它把执行结果直接返回给调用者。

2）存储过程中可以没有返回语句，而存储函数必须通过返回语句结束。

3）不能在存储过程的返回语句中带表达式，而存储函数必须带表达式。

4）存储过程不能出现在一个表达式中，而存储函数可以出现在同一个表达式中。

定义存储函数的语法如下。

```
CREATE [OR REPLACE] FUNCTION <函数声明> <AS_OR_IS> <模块体>
```

相关说明如下。

1）OR REPLACE 选项的作用是当同名的存储函数存在时，首先将其删除，再创建新的存储函数。

2）WITH ENCRYPTION 为可选项，如果指定 WITH ENCRYPTION 选项，则对 BEGIN 到 END 之间的语句块进行加密，防止非法用户查看其具体内容。加密后的存储函数的定义可在 SYS. SYSTEXTS 系统表中查询。

3）FOR CALCULATE 指定存储函数为计算函数。计算函数中不支持对表进行 INSERT、DELETE、UPDATE、SELECT、上锁、设置自增列属性，对游标的 DECLARE、OPEN、FETCH、CLOSE，对事务的 COMMIT、ROLLBACK、SAVEPOINT、设置事务的隔离级别和读写属性，以及对动态 SQL 的执行 EXEC、创建 INDEX、创建子过程。对于计算函数体内的函数调用必须是系统函数或者计算函数，计算函数可以被指定为表列的默认值。

【例 13-17】 在模式 RESOURCES 下创建一个名为 fun_1 的存储函数。该函数的返回类型为 INT 类型。两个输入参数为 a、b，返回 a、b 的和。

具体语句如下。

```
CREATE OR REPLACE FUNCTION RESOURCES. fun_1 (a INT, b INT) RETURN INT AS
      s  INT;
    BEGIN
      s: =a+b;
      RETURN s;
    EXCEPTION
      WHEN OTHERS THEN NULL;
    END;
```

【例 13-18】 定义存储过程 F_GET_EMPNUM，输入参数部门编码，返回该部门的员工数；如果部门表中不存在该部门，则报错不存在该部门。

具体语句如下。

```
CREATE OR REPLACE FUNCTION F_GET_EMPNUM(
    in_deptid integer
) RETURN int
AS
    v_deptname VARCHAR(200);
    v_empnum int: =0;
BEGIN
    SELECT department_name INTO v_deptname
      FROM dmhr. department
    WHERE department_id = in_deptid;

    SELECT COUNT(* ) INTO v_empnum
      FROM dmhr. employee t
    WHERE t. department_id = in_deptid;
```

```
    RETURN v_empnum;
EXCEPTION
    WHEN no_data_found THEN
      PRINT('no this department');
    WHEN OTHERS THEN
      PRINT (sqlerrm);
END;
```

13.2.2　参数和变量

1. 参数的定义和赋值

存储函数可以定义多个参数，用来给模块传送数据及向外界返回数据。定义参数时，必须说明名称、参数模式和数据类型。三种可能的参数模式为 IN（默认模式）、OUT 和 IN OUT，意义分别如下。

1）IN：输入参数，用来将数据传送给模块。

2）OUT：输出参数，用来从模块返回数据到进行调用的模块。

3）IN OUT：既作为输入参数，也作为输出参数。

在存储模块中使用参数时要注意以下几点。

1）最多能定义不超过 1024 个参数。

2）IN 参数能被赋值。

3）OUT 参数的初值始终为空，无论调用该模块时对应的实参值为多少。

4）调用一个模块时，OUT 参数及 IN OUT 参数的实参必须是可赋值的对象。

参数定义和赋值参照变量的定义和赋值。使用赋值符号“：＝”或关键字 DEFAULT，可以为 IN 参数指定一个默认值。如果调用时未指定参数值，系统将自动使用该参数的默认值。

【例 13-19】　定义一个函数，定义两个变量，并对变量赋予初始值。

具体语句如下。

```
CREATE FUNCTION proc_def_arg(a varchar(10) default 'abc', b INT:=123) AS
BEGIN
PRINT a;
PRINT b;
END;
```

2. 变量的定义和赋值

变量的声明应在声明部分，其语法如下。

```
<变量名>{,<变量名>}[CONSTANT]<变量类型>[NOT NULL][<默认值定义符><表达式>]
<默认值定义符> ::= DEFAULT |ASSIGN |:=
```

声明一个变量需要指定这个变量的名字及数据类型。

变量名必须以字母开头，包含数字、字母、下划线以及 $、#符号，长度不能超过 128 字符，并且不能与 DM_SQL 程序保留字相同，变量名与大小写是无关的。

变量的数据类型可以是基本的 SQL 数据类型，也可以是 DM_SQL 程序数据类型，如一个游标、异常等。

用赋值符号“：=”或关键字 DEFAULT、ASSIGN，可以在定义时为变量指定一个默认值。

在 DM_SQL 程序的执行部分可以对变量赋值，赋值语句有以下两种方式。

1）直接赋值语句，语法如下。

```
<变量名>:=<表达式>
或
SET <变量名>=<表达式>
```

2）通过 SQL SELECT INTO 或 FETCH INTO 给变量赋值，语法如下。

```
SELECT <表达式>{,<表达式>}[INTO <变量名>{,<变量名>}] FROM <表引用>{,<表引用>} …;
或
FETCH [NEXT |PREV |FIRST |LAST |ABSOLUTE N |RELATIVE N] <游标名> [INTO<变量名>{,<变量名>}];
```

常量与变量相似，但常量的值在程序内部不能改变，常量的值在定义时赋予，它的声明方式与变量相似，但必须包含关键字 CONSTANT。

如果需要打印变量的值，则要调用 PRINT 语句或 DBMS_OUTPUT. PUT_LINE 语句，如果数据类型不一致，则系统会自动将它转换为 VARCHAR 类型输出。除了变量的声明外，变量的赋值、输出等操作都要放在 DM_SQL 程序的可执行部分。

下面的例子说明了如何对变量进行定义与赋值。

【例 13-20】 对变量进行定义和赋值。

具体语句如下。

```
DECLARE  --可以在这里赋值
salary         DEC(19,4);
worked_time     DEC(19,4) := 60;
hourly_salary  DEC(19,4) := 1055;
bonus           DEC(19,4) := 150;
position       VARCHAR(50);
province       VARCHAR(64);
counter         DEC(19,4) := 0;
done           BOOLEAN;
valid_id       BOOLEAN;
emp_rec1       RESOURCES.EMPLOYEE% ROWTYPE;
emp_rec2       RESOURCES.EMPLOYEE% ROWTYPE;
TYPE meeting_type IS TABLE OF INT INDEX BY INT;
meeting        meeting_type;
BEGIN  --也可以在这里赋值
salary := (worked_time * hourly_salary) + bonus;
  SELECT TITLE INTO position FROM RESOURCES.EMPLOYEE WHERE LOGINID='L3';
province := 'ShangHai';
province := UPPER('wuhan');
done := (counter > 100);
  valid_id := TRUE;
  emp_rec1.employeeid := 1;
  emp_rec1.managerid := null;
```

```
  emp_rec1 : = emp_rec2;
meeting(5) : = 20000 * 0.15;
  PRINT position||'来自'||province;
PRINT ('加班工资'||salary);
END;
```

变量只在定义它的语句块（包括其下层的语句块）内可见，并且定义在下一层语句块中的变量可以屏蔽上一层的同名变量。当遇到一个变量名时，系统首先在当前语句块内查找变量的定义；如果没有找到，再在包含该语句块的上一层语句块中查找，如此直到最外层，相关示例如下。

```
DECLARE
a INT : =5;
BEGIN
DECLARE
a VARCHAR(10);          /* 此处定义的变量 a 与上一层中的变量 a 同名 * /
BEGIN
a: = 'ABCDEFG';
PRINT a;                /* 第一条打印语句 * /
END;
PRINT a;                /* 第二条打印语句 * /
END;
```

13.2.3　调用存储函数

对存储过程的调用可通过 CALL 语句来完成，也可以直接通过名字及相应的参数执行，两种方式没有区别。

对于存储函数，除了可以通过 CALL 语句和直接通过名字调用外，还可以通过 SELECT 语句来调用，且执行方式的区别如下。

1）通过 CALL 和直接使用名字调用存储函数时，不会返回函数的返回值，仅执行其中的操作。

2）通过 SELECT 语句调用存储函数时，不仅会执行其中的操作，还会返回函数的返回值。SELECT 调用的存储函数不支持含有 OUT、IN OUT 模式的参数。

【例 13-21】　通过 CALL 来调用函数 F_GET_EMPNUM。

具体语句如下。

```
SQL > SET SERVEROUTPUT ON
SQL > CALL DMHR.F_GET_EMPNUM(9998);
NO THIS DEPARTMENT

    DM_SQL 过程已成功完成
    已用时间: 0.508(毫秒).执行号:29409.
    SQL > CALLDMHR.F_GET_EMPNUM(1002);
    DM_SQL 过程已成功完成
    已用时间: 0.609(毫秒).执行号:29410.

    使用 SELECT 来调用这个函数 F_GET_EMPNUM:
```

```
SQL > SELECT dmhr.f_get_empnum(1001);

    行号      DMHR.F_GET_EMPNUM(1001)
    ---------- ----------------------
    1          5

    SQL > SELECT dmhr.f_get_empnum(9998);
    NO THIS DEPARTMENT

    行号      DMHR.F_GET_EMPNUM(9998)
    ---------- ----------------------
    1          NULL
```

13.2.4 重新编译存储函数

存储函数或存储过程中常常会访问或修改一些数据库表、索引等对象，而这些对象有可能已被修改甚至删除，这意味着对应的存储模块已经失效了。

若用户想确认一个存储函数是否还有效，可以重新编译该存储函数。重新编译存储函数或过程的语法如下。

```
ALTER FUNCTION |PROCEDURE  [ <模式名>.] <存储函数(或过程)名> COMPILE;
```

【例 13-22】 对存储函数 DMHR. F_GET_EMPNUM 进行重新编译。

具体语句如下。

```
ALTER PROCEDURE DMHR.F_GET_EMPNUM COMPILE;
```

13.2.5 删除存储函数

当用户需要从数据库中删除一个存储函数或过程时，可以使用存储模块删除语句。其语法如下。

```
DROP PROCEDURE |FUNCTION [IF EXISTS] [ <模式名>.] <存储函数或过程名>;
```

当模式名默认时，默认为删除当前模式下的存储函数，否则，应指明存储函数所属的模式。除了 DBA 用户外，其他用户只能删除自己创建的存储模块。

指定 IF EXISTS 关键字后，删除不存在的存储过程或者存储函数时不会报错，否则会报错。

【例 13-23】 删除【例 13-11】用户自定义的存储函数。

具体语句如下。

```
DROP FUNCTION  RESOURCES.fun_1(1,2);
```

13.3 游标

第 8 章中介绍了 DM 数据库使用 SELECT…INTO 语句将查询结果存放到变量中进行处理的方

法，但这种方法只能返回一条记录，否则就会产生 TOO_MANY_ROWS 错误。为了解决这个问题，DM 数据库引入了游标，允许程序对多行数据进行逐条处理。

在数据库中，游标是一个十分重要的概念。游标提供了一种对从表中检索出的数据进行操作的灵活手段，就本质而言，游标实际上是一种能从包括多条数据记录的结果集中每次提取一条记录的机制。

游标总是与一条 SQL 选择语句相关联，因为游标由结果集（可以是零条、一条或由相关的选择语句检索出的多条记录）和结果集中指向特定记录的游标位置组成。当决定对结果集进行处理时，必须声明一个指向该结果集的游标。如果曾经用 C 语言写过对文件进行处理的程序，那么游标就像用户打开文件所得到的文件句柄一样，只要文件打开成功，该文件句柄就可以代表该文件。对于游标而言，其道理是相同的。可见游标能够按照与传统程序读取平面文件类似的方式处理来自基础表的结果集，从而把表中的数据以平面文件的形式呈现给程序。

13.3.1　隐式游标

隐式游标无须用户进行定义，每当用户在 DM_SQL 程序中执行一个 DML 语句（INSERT、UPDATE、DELETE）或者 SELECT... INTO 语句时，DM_SQL 程序都会自动声明一个隐式游标并管理这个游标。

隐式游标的名称为“SQL”，用户可以通过隐式游标获取语句执行的一些信息。DM_SQL 程序中的每个游标都有% FOUND、% NOTFOUND、% ISOPEN 和% ROWCOUNT 四个属性，对于隐式游标，这四个属性的意义如下。

1）% FOUND：语句是否修改或查询到了记录，是返回 TRUE，否则返回 FALSE。

2）% NOTFOUND：语句是否未能成功修改或查询到记录，是返回 TRUE，否则返回 FALSE。

3）% ISOPEN：游标是否打开。是返回 TRUE，否返回 FALSE。由于系统在语句执行完成后会自动关闭隐式游标，因此隐式游标的% ISOPEN 属性永远为 FALSE。

4）% ROWCOUNT：DML 语句执行影响的行数，或 SELECT... INTO 语句返回的行数。

【例 13-24】　将孙丽的电话号码修改为 13818882888。

具体语句如下。

```
BEGIN
UPDATE PERSON. PERSON   SET PHONE = 13818882888 WHERE NAME = '孙丽';
IF SQL% NOTFOUND THENPRINT '此人不存在';
ELSE
PRINT '已修改';
END IF;
END;
```

13.3.2　显式游标

显式游标指向一个查询语句执行后的结果集区域。当需要返回多条记录的查询时，应显式地定义游标以处理结果集的每一行。使用显式游标一般包括以下四个步骤。

1）定义游标：在 DM 数据库程序的声明部分定义游标，声明游标及其关联的查询语句。

2）打开游标：执行游标关联的语句，将查询结果装入游标工作区，将游标定位到结果集的第一行之前。

3）拨动游标：根据应用需要将游标位置移动到结果集的合适位置。

4）关闭游标：游标使用完后应关闭，以释放其占有的资源。

下面对这四个步骤进行具体介绍。

1. 定义显示游标

在 DM_SQL 程序的声明部分定义显示游标，其语法如下。

```
CURSOR <游标名> [FAST | NO FAST] <cursor 选项>;
或
<游标名> CURSOR [FAST | NO FAST] <cursor 选项>;

<cursor 选项> := <cursor 选项 1> |<cursor 选项 2> |<cursor 选项 3> |<cursor 选项 4>
<cursor 选项 1>:= <IS |FOR>  {<查询表达式> |<连接表>}
<cursor 选项 2>:= <IS |FOR> TABLE <表名>
<cursor 选项 3>:= (<参数声明> {,<参数声明>})IS <查询表达式>
<cursor 选项 4>:= [(<参数声明> {,<参数声明>})] RETURN <DM_SQL 数据类型> IS <查询表达式>
<参数声明> ::= <参数名> [IN] <参数类型> [ DEFAULT |:= <默认值> ]
<DM_SQL 数据类型> ::= <普通数据类型>
                | <变量名> % TYPE
                | <表名> % ROWTYPE
                | CURSOR
                | REF <游标名>
```

语法中的“FAST”指定游标是否为快速游标。默认为 NO FAST，即普通游标。快速游标提前返回结果集，在速度上提升明显，但是存在以下的使用约束。

1）FAST 属性只在显式游标中支持。

2）使用快速游标的 DM_SQL 程序语句块中不能修改快速游标所涉及的表。这点需用户自己保证，否则可能导致结果不正确。

3）不支持游标更新和删除。

4）不支持 NEXT 以外的 FETCH 方向。

5）不支持快速游标作为函数返回值。

6）MPP 环境下不支持对快速游标进行 FETCH 操作。

必须先定义一个游标，之后才能在别的语句中使用它。定义显式游标时指定游标名和与其关联的查询语句。可以指定游标的返回类型，也可以指定关联的查询语句中的 WHERE 子句使用的参数。

下面的程序片段介绍了如何使用不同语法定义各种显式游标。

```
DECLARE
CURSOR c1 IS SELECT TITLE FROM RESOURCES.EMPLOYEE WHERE MANAGERID = 3;
CURSOR c2 RETURN RESOURCES.EMPLOYEE% ROWTYPE IS SELECT *  FROM RESOURCES.EMPLOYEE;
c3 CURSOR IS TABLE RESOURCES.EMPLOYEE;
...
```

2. 打开显式游标

打开一个显式游标的语法如下。

```
OPEN <游标名>;
```

指定打开的游标必须是已定义的游标，此时系统执行这个游标所关联的查询语句，获得结果集，并将游标定位到结果集的第一行之前。

注意：当再次打开一个已打开的游标时，游标会被重新初始化，游标属性数据可能会发生变化。

3. 拨动游标

将游标拨动到结果集的某个位置，获取数据。拨动游标的语法如下。

```
FETCH [<fetch 选项> [FROM]] <游标名> [[BULK COLLECT] INTO <主变量名>{,<主变量名>}] [LIMIT <rows>];
<fetch 选项>::= NEXT |PRIOR |FIRST |LAST |ABSOLUTE n |RELATIVE n
```

相关说明如下。

1）被拨动的游标必须是已打开的游标。

2）fetch 选项指定将游标移动到结果集的某个位置。

3）NEXT：游标下移一行。

4）PRIOR：游标前移一行。

5）FIRST：游标移动到第一行。

6）LAST：游标移动到最后一行。

7）ABSOLUTE n：游标移动到第 n 行。

8）RELATIVE n：游标移动到当前指示行后的第 n 行。

FETCH 语句每次只获取一条记录，除非指定了“BULK COLLECT”。若不指定 FETCH 选项，则第一次执行 FETCH 语句时，游标下移，指向结果集的第一行，以后每执行一次 FETCH 语句，游标均顺序下移一行，使这一行成为当前行。

INTO 子句中的变量个数、类型必须与游标关联的查询语句中各 SELECT 项的个数、类型一一对应。典型的使用方式是在 LOOP 循环中使用 FETCH 语句将每一条记录数据赋给变量，并进行处理，使用%FOUND 或%NOTFOUND 来判断数据是否已处理完并退出循环。具体实例如下。

【例 13-25】　定义游标的示例。

具体语句如下。

```
DECLARE
v_name VARCHAR (50);
v_phone VARCHAR (50);
c1 CURSOR;
BEGIN
OPEN c1 FOR SELECT NAME, PHONE FROM PERSON.PERSON A, RESOURCES.EMPLOYEE B WHERE A.PERSONID = B.PERSONID;
LOOP
FETCH c1 INTO v_name, v_phone;
EXIT WHEN c1%NOTFOUND;
```

```
PRINT v_name ||v_phone;
END LOOP;
CLOSE c1;
END;
/
```

使用 FETCH…BULK COLLECT INTO 可以将查询结果批量地、一次性地赋给集合变量。FETCH…BULK COLLECT INTO 和 LIMIT ROWS 配合使用，可以限制每次获取数据的行数。

下面的例子介绍了 FETCH... BULK COLLECT INTO 的使用方法。

【例 13-26】 **FETCH... BULK COLLECT INTO 的使用方法示例。**

具体语名如下。

```
DECLARE
TYPE V_rd ISRECORD(V_NAME VARCHAR(50),V_PHONE VARCHAR(50));
TYPE V_type IS TABLE OF V_rd INDEX BY INT;
v_info V_type;
c1 CURSOR IS SELECT  NAME, PHONE FROM PERSON.PERSON A, RESOURCES.EMPLOYEE B WHERE A.PERSONID =
B.PERSONID;
BEGIN
OPEN c1;
FETCH c1 BULK COLLECT INTO v_info;
CLOSE c1;
FOR I IN 1..v_info.COUNT LOOP
PRINT v_info(I).V_NAME ||v_info(I).V_PHONE;
END LOOP;
END;
/
```

BULK COLLECT 可以和 SELECT INTO、FETCH INTO、RETURNING INTO 一起使用，BULK COLLECT 之后 INTO 的变量必须是集合类型。

4. 关闭游标

关闭游标的语法如下。

```
CLOSE <游标名>;
```

在使用完后游标应及时将其关闭，以释放它所占用的内存空间。当游标关闭后，不能再从游标中获取数据，否则将报错。如果需要，可以再次打开游标。

前面介绍了隐式游标的属性，同样，每一个显示游标也有%FOUND、%NOTFOUND、%ISOPEN 和%ROWCOUNT 四个属性，但这些属性的意义与隐式游标的有一些区别，具体介绍如下。

1)%FOUND：如果游标未打开，产生一个异常。否则，在第一次拨动游标之前，其值为 NULL。如果最近一次拨动游标时取到了数据，其值为 TRUE，否则为 FALSE。

2)%NOTFOUND：如果游标未打开，产生一个异常。否则，在第一次拨动游标之前，其值为 NULL。如果最近一次拨动游标时取到了数据，其值为 FALSE，否则为 TRUE。

3)%ISOPEN：游标打开时为 TRUE，否则为 FALSE。

4)% ROWCOUNT：如果游标未打开，产生一个异常。如果游标已打开，在第一次拨动游标之前其值为 0，否则为最近一次拨动后已经取到的元组数。

下面的例子介绍了显示游标属性的使用方法，其中，对于基表 EMPSALARY，输出表中的前 5 行数据，如果表中的数据不足 5 行，则输出表中的全部数据。

【例 13-27】　显示游标属性的使用方法示例。

具体语句如下。

```
DECLARE
CURSOR c1 FOR SELECT *  FROM OTHER.EMPSALARY;
my_ename   CHAR(10);
my_empno   NUMERIC(4);
my_sal     NUMERIC(7,2);
BEGIN
OPEN c1;
LOOP
FETCH c1 INTO my_ename, my_empno, my_sal;
EXIT WHEN c1% NOTFOUND;/*  当游标取不到数据时跳出循环 * /
PRINT my_ename ||'  '||my_empno ||'  '||my_sal;
EXIT WHEN c1% ROWCOUNT =5;/*  已经输出了 5 行数据,跳出循环* /
END LOOP;
CLOSE c1;
END;
/
```

13.3.3　游标 FOR 循环

游标通常与循环联合使用，以遍历结果集数据。实际上，DM_SQL 程序还提供了一种将两者综合在一起的语句，即游标 FOR 循环语句。游标 FOR 循环自动使用 FOR 循环依次读取结果集中的数据。当 FOR 循环开始时，游标会自动打开（不需要使用 OPEN 方法）；每循环一次系统会自动读取游标当前行的数据（不需要使用 FETCH）；当数据遍历完毕退出 FOR 循环时，游标被自动关闭（不需要使用 CLOSE），大大降低了应用程序的复杂度。

1. 隐式游标 FOR 循环

隐式游标 FOR 循环的语法如下。

```
FOR <cursor_record> IN (<查询语句>)
LOOP
<执行部分>
END LOOP;
```

其中，<cursor_record>是一个记录类型的变量。它是 DM_SQL 程序根据 SQL% ROWTYPE 属性隐式声明出来的，不需要显式声明。也不能显式声明一个与<cursor_record>同名的记录，否则会导致逻辑错误。

FOR 循环不断地将行数据读入变量<cursor_record>中，在循环中也可以存取<cursor_record>

中的字段。

例如，下面的例子使用了隐式游标 FOR 循环。

【例 13-28】 使用隐式游标 FOR 循环的示例。

具体语句如下。

```
BEGIN
FOR v_emp IN (SELECT *  FROM RESOURCES.EMPLOYEE)
LOOP
DBMS_OUTPUT.PUT_LINE(V_EMP.TITLE ||'的工资' ||V_EMP.SALARY);
END LOOP;
END;
/
```

2. 显式游标 FOR 循环

显式游标 FOR 循环的语法如下。

```
FOR <cursor_record> IN <游标名>
LOOP
<执行部分>
END LOOP;
```

显式游标 FOR 循环与隐式游标的语法和使用方式都非常相似，只是关键字“IN”后不指定查询语句而是指定显式游标名，<cursor_record>则为<游标名>%ROWTYPE 类型的变量。

下面的例子使用的是显式游标 FOR 循环。

【例 13-29】 使用显式游标 FOR 循环的示例。

具体语句如下。

```
DECLARE
CURSOR cur_emp IS SELECT *  FROM RESOURCES.EMPLOYEE;
BEGIN
FOR V_EMP IN CUR_EMP LOOP
DBMS_OUTPUT.PUT_LINE(V_EMP.TITLE ||'的工资' ||V_EMP.SALARY);
END LOOP;
END;
/
```

13.3.4 游标变量

游标变量不是真正的游标对象，而是指向游标对象的一个指针，因此是一种引用类型，也可以称为引用游标。使用游标变量的步骤如下。

1. 定义游标变量

定义游标变量的语法如下。

```
<游标变量名> CURSOR[ = <源游标>];
<源游标>::= <源游标名> | <游标表达式>
<游标表达式>::= CURSOR [FAST] (<查询表达式>)
```

2. 游标变量赋值

游标变量可以在两个阶段进行赋值，一是在定义时赋值；二是使用时在 <执行部分> 对它赋值。游标变量赋值语法如下。

```
<游标变量名> = <源游标>;
<源游标>:= <源游标名> | <游标表达式>
```

3. 打开游标

打开已赋值游标变量的语法如下。

```
OPEN <游标变量名>;
```

游标表达式会自动打开，不需要使用 OPEN 方法。如果游标变量未赋值，那么在 <执行部分> 打开游标变量的同时，必须为其动态关联一条查询语句。打开未赋值游标变量的语法如下。

```
OPEN <游标变量名> <for 表达式>;
<for 表达式>::= <for_item1> | <for_item2>
<for_item1>::= FOR <查询表达式>
<for_item2>::= FOR <表达式> [USING <绑定参数> {,<绑定参数>}]
```

4. 拨动游标和关闭游标

拨动游标和关闭游标的方法和显式游标完全相同。

如果定义引用游标的时候没有赋值，可以在 <执行部分> 中对它赋值，此时引用游标可以继承所有源游标的属性。如果源游标已经打开，则此引用游标也已经打开，引用游标指向的位置和源游标也是完全一样的。

【例 13-30】 **定义一个游标变量，并在打开游标的同时赋值。**

具体语句如下。

```
DECLARE
c1 cursor;
v_title VARCHAR(50);
BEGIN
OPEN c1 FOR SELECT TITLE FROM RESOURCES.EMPLOYEE WHERE MANAGERID = 3;
LOOP
FETCH c1 INTO v_title;
EXIT WHEN c1% NOTFOUND;
PRINT v_title;
END LOOP;
close c1;
END;
```

与常规的游标相比，游标变量具有以下特性。

- 游标变量不局限于一个查询，可以是一个查询声明或者打开一个游标变量，然后对其结果集进行处理，之后又可以将这个游标变量由其他的查询打开。
- 可以对游标变量进行赋值。
- 可以像用一个变量一样在一个表达式中使用游标变量。

- 游标变量可以作为一个子程序的参数。
- 可以使用游标变量在 DM_SQL 程序的不同子程序中传递结果集。

13.3.5 引用游标

引用游标是一种 <REF 类型名>类型的游标变量，它实现了在程序间传递结果集的功能。

1. 定义 REF CURSOR 类型

定义 REF CURSOR 的语法如下。

```
TYPE <REF 类型名> IS REF CURSOR [RETURN <DM_SQL 数据类型>];
<DM_SQL 数据类型>请参考 13.3.2 显式游标
```

其中，<REF 类型名>是游标类型的名字；<DM_ SQL 数据类型>是该游标类型返回的数据类型。

2. 声明引用游标变量

声明游标变量的语法如下。

```
<引用游标变量名> <REF 类型名>;
```

其中，<引用游标变量名>为游标变量的名字。<REF 类型名>是上一步定义的游标类型名字。

3. 打开游标

打开引用游标关联结果集，打开方法和游标变量完全相同，请参考 13.3.4 节。

4. 拨动游标和关闭游标

拨动游标和关闭游标的方法和显式游标完全相同，请参考 13.3.2 节。

【例 13-31】 使用引用游标在子程序中传递结果集。

具体语句如下。

```
DECLARE
TYPE Emptype IS REF CURSOR RETURN PERSON.PERSON%ROWTYPE;
emp Emptype;

PROCEDURE process_emp(emp_v IN Emptype) IS
person PERSON.PERSON%ROWTYPE;
BEGIN
LOOP
FETCH emp_v INTO person;
EXIT WHEN emp_v%NOTFOUND;
DBMS_OUTPUT.PUT_LINE('姓名:'||person.NAME ||'电话:' ||person.PHONE);
END LOOP;
END;

BEGIN
OPEN emp FOR SELECT A.* FROM PERSON.PERSON A,RESOURCES.EMPLOYEE B WHERE A.PERSONID=B.PERSONID;
```

```
process_emp(emp);
CLOSEemp;
END;
/
```

本章小结

本章主要讲解了系统内置函数，比如数值函数、字符串函数、日期函数和统计函数的使用，讲述了存储函数的创建、函数中的参数和变量以及调用等内容，还介绍了隐式和显式游标以及游标的定义和使用。

实验13：数据库函数与游标应用

实验概述：通过本实验可以理解函数和游标的概念，掌握创建和调用函数的方法，掌握游标的定义、使用方法。具体内容可参考《实验指导书》。

第 14 章 存储过程和触发器

DM 数据库允许用户使用 DM_SQL 过程语言创建存储过程或存储函数。通常，将存储过程和存储函数统称为存储模块。存储模块运行在服务器端，在功能上相当于客户端的一段 SQL 批处理程序，但是在许多方面有着后者无法比拟的优点，它为用户提供了一种高效率的编程手段，成为现代数据库系统的重要特征。

DM 数据库是一个具有主动特征的数据库管理系统，其主动特征包括约束机制和触发器机制。通过触发器机制，用户可以定义、删除和修改触发器。DM 数据库自动管理和运行这些触发器，从而体现系统的主动性，方便用户使用。

在本章，主要介绍了存储过程和触发器的一些相关内容。在本章各例中，如未特别说明，各例均使用示例库 BOOKSHOP，用户均为建表者 SYSDBA。

需要说明的是，在 DM 数据库的数据守护环境下，备库上定义的触发器是不会被触发的。

14.1 存储过程概述

常用的操作数据库语言 SQL 语句在执行的时候需要先编译，然后执行，而存储过程（Stored Procedure）是一组为了完成特定功能的 SQL 语句集，经编译后存储在数据库中，用户通过指定存储过程的名字并给定参数（如果该存储过程带有参数）来调用并执行它。

一个存储过程是一个可编程的函数，它在数据库中创建并保存，它可以由 SQL 语句和一些特殊的控制结构组成。当用户希望在不同的应用程序或平台上执行相同的函数，或者封装特定功能时，存储过程是非常有用的。数据库中的存储过程可以看作是对编程中面向对象方法的模拟，它允许控制数据的访问方式。

1. 存储过程的优点

1）存储过程增强了 SQL 语言的功能和灵活性。存储过程可以用流控制语句编写，有很强的灵活性，可以完成复杂的判断和较复杂的运算。

2）存储过程允许标准组件是编程。存储过程被创建后，可以在程序中被多次调用，而不必重新编写该存储过程的 SQL 语句。而且数据库专业人员可以随时对存储过程进行修改，对应用程序源代码毫无影响。

3）存储过程能实现较快的执行速度。如果某一操作包含大量的 transaction-SQL 代码或分别被多次执行，那么存储过程要比批处理的执行速度快很多，因为存储过程是预编译的。在首次运行一个存储过程查询时，优化器对其进行分析优化，并且给出最终被存储在系统表中的执行计划。而批处理的 transaction-SQL 语句在每次运行时都要进行编译和优化，速度相对要慢一些。

4）存储过程能减少网络流量。针对同一个数据库对象的操作（如查询、修改），如果这一操作所涉及的 transaction-SQL 语句被组织成存储过程，那么当在客户计算机上调用该存储过程时，网络中传送的只是该调用语句，从而大大减少了网络流量并降低了网络负载。

5）存储过程可被作为一种安全机制来充分利用。系统管理员通过执行某一存储过程的权限进行限制，能够实现对相应数据的访问权限的限制，避免了非授权用户对数据的访问，保证了数据的安全。

2. 存储过程的缺点

1）编写存储过程比编写单个 SQL 语句复杂，需要用户具有丰富的经验。

2）编写存储过程时，需要创建这些数据库对象的权限。

14.2　存储过程的创建和调用

DM 数据库允许用户创建和使用存储模块，下面介绍存储过程的定义和使用。

14.2.1　存储过程的创建

定义存储过程的语法如下。

```
CREATE [OR REPLACE] PROCEDURE <过程声明> <AS_OR_IS> <模块体>
<过程声明> ::= <存储过程名定义> [WITH ENCRYPTION][(<参数名> <参数模式> <参数类型> [<默认值表达式>] {,<参数名> <参数模式> <参数类型> [<默认值表达式>]})]
<存储过程名定义> ::=[<模式名>.]<存储过程名>
<AS_OR_IS>::= AS |IS
<模块体> ::= [<声明部分>]
BEGIN
<执行部分>
[<异常处理部分>]
END [存储过程名]
<声明部分> ::=[DECLARE] <声明定义>{<声明定义>}
<声明定义>::= <变量声明>|<异常变量声明>|<游标定义>|<子过程定义>|<子函数定义>;
<执行部分>::= <DM_SQL 程序语句>{;<DM_SQL 程序语句>}
<DM_SQL 程序语句>::= <SQL 语句>|<控制语句>
<异常处理部分>::=EXCEPTION <异常处理语句>{;<异常处理语句>}
```

DBA 或具有 CREATE PROCEDURE 权限的用户可以使用上述语法新建一个存储过程，具体说明如下。

1）<存储过程名>：指明被创建的存储过程的名字。

2）<模式名>：指明被创建的存储过程所属模式的名字，默认为当前模式名。

3）<参数名>：指明存储过程参数的名称。

4）<参数模式>：参数模式可设置为IN、OUT或IN OUT（OUT IN），默认为IN类型。

5）<参数类型>：指明存储过程参数的数据类型。

6）<声明部分>：由变量、游标和子程序等对象的声明构成，可默认。

7）<执行部分>：由SQL语句和过程控制语句构成的执行代码。

8）<异常处理部分>：各种异常的处理程序，存储过程执行异常时调用，可默认。异常的处理见14.5.4节。

9）OR REPLACE选项的作用是当同名的存储过程存在时，首先将其删除，再创建新的存储过程，前提条件是当前用户具有删除原存储过程的权限，如果没有删除权限，则创建失败。使用OR REPLACE选项重新定义存储过程后，由于不能保证原有对象权限的合法性，所以需要全部去除。

10）WITH ENCRYPTION为可选项，如果指定WITH ENCRYPTION选项，则对BEGIN到END之间的语句块进行加密，防止非法用户查看其具体内容。加密后的存储过程的定义可在SYS.SYSTEXTS系统表中查询。

存储过程可以带有参数，这样在调用存储过程时就需指定相应的实际参数，如果没有参数，过程名后面的圆括号和参数列表就可以省略了。关于参数使用的具体介绍见第13章中函数的参数定义部分。

声明部分进行变量声明，对其的具体介绍参见第13章中函数的变量定义和赋值部分。

执行部分是存储过程的核心部分，由SQL语句和流控制语句构成。SQL语句必须以分号结尾，否则语法分析会报错。支持的SQL语句包括数据查询语句（SELECT）、数据操纵语句（INSERT、DELETE、UPDATE）、游标定义及操纵语句（DECLARE CURSOR、OPEN、FETCH、CLOSE）、事务控制语句（COMMIT、ROLLBACK）、动态SQL执行语句（EXECUTE IMMEDIATE）。

【例14-1】 创建p_get_empinfo的存储过程。该过程有1个输入参数和1个输出参数，输入参数为员工编码in_empno，输出参数为员工信息out_empinfp（员工姓名和员工薪水，逗号分隔），如果程序出现异常则打印异常信息。

具体语句如下。

```
CREATE OR REPLACE PROCEDURE p_get_empinfo (
    in_empno       IN   INT,
    out_empinfo     OUT   VARCHAR(100)
)
IS
    v_empname     VARCHAR(50);
    v_salary           INT;
    E1      EXCEPTION;
BEGIN
    SELECT employee_name, salary
        INTO v_empname, v_salary
        FROM dmhr.employee
        WHERE employee_id = in_empno;

        IF v_salary is null THEN
```

```
            RAISE E1;
        ELSE
            out_empinfo := v_empname ||','|| v_salary;
        END IF;
    EXCEPTION
        WHEN E1 THEN
        dbms_output.put_line(v_empname ||'--'||'薪水为空');
    WHEN no_data_found THEN
        out_empinfo := '查无此人';
        dbms_output.put_line('查无此人.');
    WHEN too_many_rows THEN
        out_empinfo := '员工编号重复';
        dbms_output.put_line('员工编号重复.');
    WHEN OTHERS THEN
        out_empinfo := sqlcode ||'--'||sqlerrm;
        dbms_output.put_line(' sqlerrm(sqlcode):'||sqlerrm(sqlcode));
END;
```

14.2.2　存储过程的调用

1. 立即调用

如果存储过程需要设置参数，那么在调用存储模块的时候就已经为所有的 IN、INOUT 类型的参数进行了赋值，带有 OUT 属性的参数的值是通过取得存储过程结果集的方法获取的。

2. 参数调用

参数调用指的是在调用模块的时候，其参数值用问号来代替，发送给服务器之后，服务器返回参数的准备信息，用户依据服务器返回的参数描述信息进行参数绑定，然后执行，其参数的处理方法与普通的参数处理方法相同。

存储过程的调用与函数的调用过程相同，具体参见第 13 章。可以使用 CALL 存储过程名的方式调用，也可以执行存储过程进行调用。

【例 14-2】　**调用【例 14-1】创建的存储过程 p_get_empinfo。**

具体语句如下。

```
DECLARE
    v_empno  INT := 8001;
    v_empinfo  VARCHAR(100);
BEGIN
    call p_get_empinfo(v_empno, v_empinfo);
    dbms_output.put_line(v_empinfo);
END;
/
```

14.2.3　存储过程的编译和删除

存储过程的编译和删除与函数的编译和删除过程相同，具体参见 13.2.5 所讲内容。

14.3 触发器概述

DM 数据库是一个具有主动特征的数据库管理系统，其主动特征包括约束机制和触发器机制。约束机制主要用于对某些列进行有效性和完整性验证；触发器（TRIGGER）定义当某些与数据库有关的事件发生时，数据库应该采取的操作。通过触发器机制，用户可以定义、删除和修改触发器。DM 数据库自动管理和运行这些触发器，从而体现系统的主动性，方便用户使用。

触发器是一种特殊的存储过程，它在创建后就存储在数据库中。触发器的特殊性在于它是建立在某个具体的表或视图之上的，或者是建立在各种事件前后的，而且是自动激发执行的，如果用户在这个表上执行了某个 DML 操作（INSERT、DELETE、UPDATE），触发器就被激发执行。

触发器常用于自动完成一些数据库的维护工作，它有以下功能。

1）可以对表自动进行复杂的安全性、完整性检查。

2）可以在对表进行 DML 操作之前或者之后进行其他处理。

3）进行审计，可以对表上的操作进行跟踪。

4）实现不同节点间数据库的同步更新。

触发器与存储模块类似，都是在服务器上保存并执行的一段 DM_SQL 程序语句。不同的是，存储模块必须被显式地调用执行，而触发器是在相关的事件发生时由服务器自动隐式地激发。触发器是激发它们的语句的一个组成部分，即直到一个语句激发的所有触发器执行完成之后该语句才结束，而其中任何一个触发器执行失败都将导致该语句的失败，触发器所做的任何工作都属于激发该触发器的语句。

触发器为用户提供了一种自己扩展数据库功能的方法。可以使用触发器来扩充引用完整性，实施附加的安全性或增强可用的审计选项。关于触发器应用的例子如下。

1）利用触发器实现表约束机制（如 PRIMARY KEY、FOREIGN KEY、CHECK 等）无法实现的复杂的引用完整性。

2）利用触发器实现复杂的事务规则（如想确保薪水增加量不超过 25%）。

3）利用触发器维护复杂的默认值（如条件默认）。

4）利用触发器实现复杂的审计功能。

5）利用触发器防止非法的操作。

触发器是应用程序分割技术的一个基本组成部分，它将事务规则从应用程序的代码中移到数据库中，从而可确保加强这些事务规则并提高它们的性能。

DM 数据库提供了以下三种类型的触发器。

1）表级触发器：基于表中的数据进行触发。

2）事件触发器：基于特定系统事件进行触发。

3）时间触发器：基于时间而进行触发。

14.4 创建触发器

触发器分为表触发器、事件触发器和时间触发器。表触发器是对表里数据操作引发的数据库的触发；事件触发器是对数据库对象操作引起的数据库的触发；时间触发器是一种特殊的事件触发器。

用户可使用触发器定义语句（CREATE TRIGGER）在一张基表上创建触发器，并使其处于允许状态。

14.4.1 表触发器

用户可使用触发器定义语句（CREATE TRIGGER）在一张基表上创建触发器，表触发器定义语句的语法如下。

```
CREATE [OR REPLACE] TRIGGER [<模式名>.]<触发器名> [WITH  ENCRYPTION]
<触发限制描述> [REFERENCING <trig_referencing_list>][FOR EACH {ROW | STATEMENT}][WHEN (<条件表达式>)]<触发器体>
<trig_referencing_list>::= <referencing_1>|<referencing_2>
<referencing_1>::=OLD [ROW] [AS] <引用变量名> [ NEW [ROW] [AS] <引用变量名>]
<referencing_2>::=NEW [ROW] [AS] <引用变量名> [ OLD [ROW] [AS] <引用变量名>]
<触发限制描述>::=<触发限制描述1> | <触发限制描述2>
<触发限制描述1>::= <BEFORE |AFTER> <触发事件列表> [LOCAL] ON <触发表名>
<触发限制描述2>::= INSTEAD OF <触发事件列表> [LOCAL] ON <触发视图名>
<触发表名>::=[<模式名>.]<基表名>
<触发事件>::=INSERT |DELETE |{UPDATE |{UPDATE OF <触发列清单>}}
<触发事件列表>::=<触发事件> | {<触发事件列表> OR <触发事件>}
```

参数说明如下。

1）<触发器名>：被创建的触发器的名称。

2）BEFORE：触发器在执行触发语句之前激发。

3）AFTER：触发器在执行触发语句之后激发。

4）INSTEAD OF：触发器执行时替换原始操作。

5）<触发事件>：激发触发器的事件。INSTEAD OF 中不支持{UPDATE OF <触发列清单>}。

6）<基表名>：被创建触发器的基表的名称。

7）WITH　ENCRYPTION：是否对触发器定义进行加密。

8）REFERENCING：相关名称可以在元组级触发器的触发器体和 WHEN 子句中利用相关名称来访问当前行的新值或旧值，默认的相关名称为 OLD 和 NEW。

9）<引用变量名>：行的新值或旧值的相关名称。

10）FOR EACH：触发器为元组级或语句级触发器。FOR EACH ROW 表示为元组级触发器，它受被触发命令影响，且 WHEN 子句的表达式计算为真的每条记录激发一次；FOR EACH STATEMENT 为语句级触发器，它对每个触发命令执行一次。FOR EACH 子句省略则为语句级触发器。

11）WHEN：只允许为元组级触发器指定 WHEN 子句，它包含一个布尔表达式，当表达式的值为 TRUE 时，执行触发器；否则，跳过该触发器。

12）<触发器体>：触发器被触发时执行的 SQL 过程语句块。

表触发器的使用说明如下。

1）<触发器名>是触发器的名称，它不能与模式内的其他模式级对象同名。

2）可以使用OR REPLACE选项来替换一个触发器，但是要注意不能改变被替换触发器的触发表。如果要在同一模式内不同的表上重新创建一个同名的触发器，则必须先删除该触发器，然后再创建新的触发器。

3）<触发事件子句>说明激发触发器的事件；<触发器体>是触发器的执行代码；<引用子句>用来引用正处于修改状态下的行中的数据。如果指定了<触发条件>子句，则先求该条件表达式的值，<触发器体>只有在该条件为真值时才运行。<触发器体>是一个DM_SQL程序语句块，它与存储模块定义语句中<模块体>的语法基本相同。

4）在一张基表上允许创建的表触发器的个数没有限制，一共允许有12种类型，分别是BEFORE INSERT行级、BEFORE INSERT语句级、AFTER INSERT行级、AFTER INSERT语句级、BEFORE UPDATE行级、BEFORE UPDATE语句级、AFTER UPDATE行级、AFTER UPDATE语句级、BEFORE DELETE行级、BEFORE DELETE语句级、AFTER DELETE行级和AFTER DELETE语句级。

5）触发器是在DML语句运行时激发的，执行DML语句的算法步骤如下。

① 如果有语句级前触发器的话，先运行该触发器。

② 对于受语句影响每一行，步骤为：如果有行级前触发器的话，运行该触发器；执行该语句本身；如果有行级后触发器的话，运行该触发器。

③ 如果有语句级后触发器的话，运行该触发器。

6）INSTEAD OF触发器仅允许建立在视图上，并且只支持行级触发。

7）表级触发器不支持跨模式，即<触发器名>必须和<触发表名>、<触发视图名>的模式名一致。

8）水平分区子表、HUGE表不支持表级触发器。

9）在MPP环境下，执行LOCAL类型触发器时，会话会被临时变为LOCAL类型，因此触发器体只会在本节点执行，不会产生节点间的数据交互，触发器体中只能包含表的值插入操作，如果插入数据的目标节点不是本节点，则会报错，随机分布表没有此限制。

表触发器都是基于表中数据的触发器，它通过针对相应表对象的插入、删除、修改等DML语句触发。下面对表触发器的触发动作、级别和时机进行详细介绍。

1. 触发动作

激发表触发器的触发动作是三种数据操作命令，即INSERT、DELETE和UPDATE操作。在触发器定义语句中用关键字INSERT、DELETE和UPDATE指明构成一个触发器事件的数据操作的类型，其中UPDATE触发器会依赖于所修改的列，在定义中可通过UPDATE OF <触发列清单>的形式来指定所修改的列，<触发列清单>指定的字段数不能超过128个。

2. 触发级别

根据触发器的级别可分为元组级（也称行级）和语句级。

1）元组级触发器，对触发命令所影响的每一条记录都激发一次。假如一个DELETE命令从表中删除了1000行记录，那么这个表上的元组级DELETE触发器将被执行1000次。元组级触发器常用于数据审计、完整性检查等应用中。元组级触发器是在触发器定义语句中通过FOR EACH ROW子句创建的。对于元组级触发器，可以用一个WHEN子句来限制针对当前记录是否执行该触发器，WHEN子句包含一条布尔表达式，当它的值为TRUE时，执行触发器；否则，跳过该触发器。

2）语句级触发器，对每个触发命令执行一次。例如，对于一条将500行记录插入表TABLE_1

中的 INSERT 语句，这个表上的语句级 INSERT 触发器只执行一次。语句级触发器一般用于对表上执行的操作类型引入附加的安全措施。语句级触发器是在触发器定义语句中通过 FOR EACH STATEMENT 子句创建的，该子句可默认。

3. 触发时机

触发时机可以通过两种方式指定，一是通过指定 BEFORE 或 AFTER 关键字，选择在触发动作之前或之后运行触发器；二是通过指定 INSTEAD OF 关键字，选择在动作触发的时候替换原始操作，INSTEAD OF 允许建立在视图上，并且只支持行级触发。

在元组级触发器中可以引用当前修改的记录在修改前后的值，修改前的值称为旧值，修改后的值称为新值。对于插入操作不存在旧值，而对于删除操作则不存在新值。

对于新、旧值的访问请求常常决定一个触发器是 BEFORE 类型还是 AFTER 类型。如果需要通过触发器对插入的行设置列值，那么为了能设置新值，需要使用一个 BEFORE 触发器，因为在 AFTER 触发器中不允许用户设置已插入的值。在审计应用中则经常使用 AFTER 触发器，因为元组修改成功后才有必要运行触发器，而成功地完成修改意味着成功地通过了该表的引用完整性约束。

综上所述，在一张基表上所允许的合法表触发器类型共有 12 种，见表 14-1。

表 14-1　合法的表触发器类型

名　称	功　能
BEFORE INSERT	在一个 INSERT 处理前激发一次
AFTER INSERT	在一个 INSERT 处理后激发一次
BEFORE DELETE	在一个 DELETE 处理前激发一次
AFTER DELETE	在一个 DELETE 处理后激发一次
BEFORE UPDATE	在一个 UPDATE 处理前激发一次
AFTER UPDATE	在一个 UPDATE 处理后激发一次
BEFORE INSERT FOR EACH ROW	每条新记录插入前激发
AFTERINSERT FOR EACH ROW	每条新记录插入后激发
BEFORE DELETE FOR EACH ROW	每条记录被删除前激发
AFTER DELETE FOR EACH ROW	每条记录被删除后激发
BEFORE UPDATE FOR EACH ROW	每条记录被修改前激发
AFTER UPDATE FOR EACH ROW	每条记录被修改后激发

关于触发器激发顺序，执行 DML 语句的算法步骤如下。

1）如果有语句级前触发器的话，先运行该触发器。

2）对于受语句影响每一行，其步骤为：如果有行级前触发器的话，运行该触发器；执行该语句本身；如果有行级后触发器的话，运行该触发器。

3）如果有语句级后触发器的话，运行该触发器。

如前面介绍的，触发事件可以是多个数据操作的组合，即一个触发器可能既是 INSERT 触发器，又是 DELETE 或 UPDATE 触发器。当一个触发器可以为多个 DML 语句触发时，在这种触发器体内部可以使用三个谓词 INSERTING、DELETING 和 UPDATING 来确定当前执行的是何种操作。这三个谓词的含义见表 14-2。

表 14-2　触发器谓词

谓　词	状　态
INSERTING	当触发语句为 INSERT 时为真，否则为假
DELETING	当触发语句为 DELETE 时为真，否则为假
UPDATING[(<列名>)]	未指定列名时，当触发语句为 UPDATE 时为真，否则为假；指定某一列名时，当触发语句为对该列的 UPDATE 时为真，否则为假

在元组级触发器内部，可以访问正在处理中记录的数据，这种访问是通过两个引用变量:OLD 和:NEW 实现的。:OLD 表示记录被处理前的值，:NEW 表示记录被处理后的值，标识符前面的冒号说明它们是宿主变量意义上的连接变量，而不是一般的 DM_SQL 程序变量。还可以通过引用子句为这两个行值重新命名。

引用变量与其他变量不在同一个命名空间，所以变量可以与引用变量同名。在触发器体中使用引用变量时，必须采用下列形式：

```
:引用变量名.列名
```

其中，列名必须是触发表中存在的列，否则编译器将报错。

表 14-3 总结了标识符:OLD 和:NEW 的含义。

表 14-3　标识符:OLD 和:NEW 的含义

触发语句	标识符:OLD	标识符:NEW
INSERT	无定义，所有字段都为 NULL	该语句结束时将插入的值
UPDATE	更新前行的旧值	该语句结束时将更新的值
DELETE	行删除前的旧值	无定义，所有字段都为 NULL

1）:OLD 引用变量只能读取，不能赋值（因为设置这个值是没有任何意义的）；而:NEW 引用变量则既可读取，又可赋值（当然必须在 BEFORE 类型的触发器中，因为数据操作完成后再设置这个值也是没有意义的）。通过修改:NEW 引用变量的值，可以影响插入或修改的数据。

2）:NEW 行中使用的字段数不能超过 255 个，:NEW 行与:OLD 行中使用的不同字段总数不能超过 255 个。

注意：对于 INSERT 操作，引用变量:OLD 无意义；而对于 DELETE 操作，引用变量:NEW 无意义。如果在 INSERT 触发器体中引用:OLD，或者在 DELETE 触发器体中引用:NEW，不会产生编译错误。但是在执行时，对于 INSERT 操作，:OLD 引用变量的值为空值；对于 DELETE 操作，:NEW 引用变量的值为空值，且不允许被赋值。

【例 14-3】　创建触发器 TR_LogChanges 记录表 OTHER.READER 发生的所有变化。除了记录操作信息外，还记录对表进行变更的用户名。该触发器的记录存放在表 OTHER.READERAUDIT 中。

触发器 TR_LogChanges 的创建语句如下。

```
SET SCHEMA OTHER;

CREATE OR REPLACE TRIGGER TR_LogChanges
AFTER INSERT OR DELETE OR UPDATE ON OTHER.READER
FOR EACH ROW
DECLARE
v_ChangeType CHAR(1);
BEGIN
/* 'I'表示 INSERT 操作,'D'表示 DELETE 操作,'U'表示 UPDATE 操作 */
IF INSERTING THEN
v_ChangeType := 'I';
ELSIF UPDATING THEN
v_ChangeType := 'U';
ELSE
v_ChangeType := 'D';
END IF;
/* 记录对 Reader 做的所有修改存放到表 ReaderAudit 中,包括修改人和修改时间 */
INSERT INTO OTHER.READERAUDIT
VALUES
(v_ChangeType, USER, SYSDATE,
:old.reader_id, :old.name, :old.age, :old.gender, :old.major,
:new.reader_id, :new.name, :new.age, :new.gender, :new.major);
END;
```

14.4.2　事件触发器

用户可使用触发器定义语句（CREATE TRIGGER）在数据库全局对象上创建触发器。触发器定义语句的语法如下。

```
CREATE [OR REPLACE] TRIGGER [<模式名>.]<触发器名> [WITH  ENCRYPTION]
BEFORE | AFTER <触发事件子句> ON <触发对象名>[WHEN <条件表达式>]<触发器体>
<触发事件子句>:=<DDL 事件子句>|<系统事件子句>
<DDL 事件子句>:=<DDL 事件>{OR <DDL 事件>}
<DDL 事件>:=DDL|<CREATE |ALTER |DROP |GRANT |REVOKE |TRUNCATE |COMMENT>
<系统事件子句>:=<系统事件>{OR <系统事件>}
<系统事件>:= LOGIN |LOGOUT |SERERR |<BACKUP DATABASE> |<RESTORE DATABASE> |AUDIT |NOAUDIT |TIMER
|STARTUP |SHUTDOWN
<触发对象名>:=[<模式名>.]SCHEMA |DATABASE
```

其中，参数说明如下。

1）<模式名>：被创建的触发器所在的模式名称或触发事件发生的对象所在的模式名，默认为当前模式。

2）<触发器名>：被创建的触发器的名称。

3）BEFORE：触发器在执行触发语句之前激发。

4）AFTER：触发器在执行触发语句之后激发。

5）<DDL 事件子句>：激发触发器的 DDL 事件，可以是 DDL 或 CREATE、ALTER、DROP、GRANT、REVOKE、TRUNCATE、COMMENT 等。

6）<系统事件子句>：可以是 LOGIN/LOGON、LOGOUT/LOGOFF、SERERR、BACKUP DATABASE、RESTORE DATABASE、AUDIT、NOAUDIT、TIMER、STARTUP、SHUTDOWN。

7）WITH ENCRYPTION：是否对触发器定义进行加密。

8）WHEN：只允许为元组级触发器指定 WHEN 子句，它包含一个布尔表达式，当表达式的值为 TRUE 时，执行触发器；否则，跳过该触发器。

9）<触发器体>：触发器被触发时执行的 SQL 过程语句块。

事件触发器的使用说明如下。

1）<触发器名>是触发器的名称，它不能与模式内的其他模式级对象同名。

2）可以使用 OR REPLACE 选项来替换一个触发器，但是要注意被替换触发器的触发对象名不能改变。如果要在模式中不同的对象上重新创建一个同名的触发器，则必须先删除该触发器，然后再创建。

3）<触发事件子句>说明激发触发器的事件，该事件可以是 DDL 事件以及系统事件。DDL 事件包括数据库和模式上的 DDL 操作；系统事件包括数据库上的除 DDL 操作以外系统事件。以上事件可以有多个，用 OR 列出。触发事件按照兼容性可以分为以下几个集合。

```
{CREATE, ALTER, DROP, TRUNCATE,COMMENT }、{ GRANT, REVOKE }、{ LOGIN/LOGON, LOGOUT/LOGOFF }、{ SERERR }、{ BACKUP DATABASE, RESTORE DATABASE }、{AUDIT, NOAUDIT}、{TIMER}、{ STARTUP, SHUTDOWN }。
```

只有同一个集合中不同名的事件，才能在创建语句中并列出现。

DDL 事件中，DDL 关键字的作用相当于 CREATE OR DROP OR ALTER OR TRUNCATE OR COMMENT。

4）<触发对象名>是触发事件发生的对象，DATABASE 和<模式名>只对 DDL 事件有效，<模式名>可以省略。

5）在一个数据库或模式上创建的事件触发器个数没有限制，可以有以下类型：CREATE、ALTER、DROP、GRANT、REVOKE、TRUNCATE、COMMENT、LOGIN/LOGON、LOGOUT/LOGOFF、SERERR、BACKUP DATABASE、STARTUP、SHUTDOWN，且仅表示该类操作，不涉及具体数据库对象如 CREATE/ALTER/DROP TABLE，只要能引起任何数据字典表中的数据对象变化，都可以激发相应触发器，触发时间分为 BEFORE 和 AFTER。所有 DDL 事件触发器都可以设置 BEFORE 或 AFTER 的触发时机，但系统事件中 LOGOUT 和 SHUTDOWN 仅能设置为 BEFORE，而其他事件中则只能设置为 AFTER。模式级触发器不能是 LOGIN/LOGON、LOGOUT/LOGOFF、SERERR、BACKUP DATABASE、RESTORE DATABASE、STARTUP 和 SHUTDOWN 事件触发器。

6）通过系统存储过程 SP_ENABLE_EVT_TRIGGER 和 SP_ENABLE_ALL_EVT_TRIGGER 可以禁用/启用指定的事件触发器或所有的事件触发器。

7）事件操作说明：对于事件触发器，所有的事件信息都通过伪变量 EVENTINFO 来取得。

每种事件可以获得的信息进行详细说明如下。

① CREATE：添加新的数据库对象（包括用户、基表、视图等）到数据字典时触发。

② ALTER：只要 ALTER 修改了数据字典中的数据对象（包括用户、基表、视图等）就激活触发器。

③ DROP：从数据字典删除数据库对象（包括用户、登录、基表、视图等）时触发。

④ GRANT：执行 GRANT 命令时触发。

⑤ REVOKE：执行 REVOKE 命令时触发。

⑥ TRUNCATE：执行 TRUNCATE 命令时触发。

⑦ LOGIN/LOGON：登录时触发。

⑧ LOGOUT/LOGOFF：退出时触发。

⑨ BACKUP DATABASE：备份数据库时触发。

⑩ RESTORE DATABASE：还原数据库时触发。

⑪ SERERR：只要服务器记录了错误消息就触发。

⑫ COMMENT ON DATABASE/SCHEMA：执行 COMMENT 命令时触发。

⑬ AUDIT：进行审计时触发（用于收集、处理审计信息）。

⑭ NOAUDIT：不审计时触发。

⑮ TIMER：定时触发。详见时间触发器。

⑯ STARTUP：服务器启动后触发，只能 AFTER STARTUP。

⑰ SHUTDOWN：服务器关闭前触发，只能 BEFORE SHUTDOWN。SHUTDOWN 触发时，不要执行花费时间多于 5s 的操作。

8）<触发器体>是触发器的执行代码，是一个 DM_SQL 程序语句块，语句块与存储模块定义语句中<模块体>的语法基本相同，用来引用正处于修改状态下表中行的数据，详细语法可参考第 10 章的相关内容。如果指定了<触发条件>子句，则首先对该条件表达式求值，<触发器体>只有在该条件为真值时才运行。

9）创建模式触发器时，触发对象名直接用 SCHEMA。

10）创建的触发器可以分为以下几类。

① 在自己拥有的模式中创建自己模式的对象上的触发器或创建自己模式上的触发器。

② 在任意模式中创建任意模式的对象上的触发器或创建其他用户模式上（.SCHEMA）的触发器，即支持跨模式的触发器，表现为<触发器名>和<触发对象名>的<模式名>不同。

③ 创建数据库上（DATABASE）的触发器。

11）触发器的创建者必须拥有 CREATE TRIGGER 数据库权限并具有触发器定义中引用对象的权限。

12）DDL 触发事件的用户必须拥有对模式或数据库上相应对象的 DDL 权限；系统触发事件的用户必须有 DBA 权限；用户必须是基表的拥有者，或者具有 DBA 权限。

13）需要强调的是，由于触发器是激发它们的语句的一个组成部分，为保证语句的原子性，在<触发器体>以及<触发器体>调用的存储模块中不允许使用可能导致事务提交或回滚的 SQL 语句，如 COMMIT、ROLLBACK。具体地说，在触发器中允许的 SQL 语句有 SELECT、INSERT、DELETE、UPDATE、DECLARE CURSOR、OPEN、FETCH、CLOSE 语句等。

14）每张基表上可创建的触发器的个数没有限制，但是触发器的个数越多，处理 DML 语句所需的时间就越长，这是显而易见的。注意，不存在触发器的执行权限，因为用户不能主动“调用”

某个触发器，是否激发一个触发器是由系统来决定的。

当事件触发器被触发时，可以通过这些事件属性函数获取当前事件的属性。

可以针对用户设置的数据库事件（DDL语句执行）来获取事件触发时的相关属性，事件属性函数如下。

1）DM_DICT_OBJ_NAME，无参数，返回事件对象名。

2）DM_DICT_OBJ_TYPE，无参数，返回事件对象类型。

3）DM_DICT_OBJ_OWNER，无参数，返回事件对象所在模式。

4）DM_SQL_TXT，有1个输出参数，参数类型为DM_NAME_LIST_T，返回值为DDL语句占用的嵌套表单元个数。DM_SQL_TXT帮助用户获取事件被触发时正在执行的DDL语句，用于存储获取到的DDL语句。DM_NAME_LIST_T为元素类型为VARCHAR（64）的嵌套表，因此，如果DDL语句过长会导致分片存储，用户在获取DDL语句的时候，尤其要注意根据返回值来循环读取嵌套表以获取完整的语句。系统内部DDL将不触发事件触发器。

【例14-4】 创建事件触发器TRIG_EAF，使用事件函数记录数据库中的所有DDL操作。

具体语句如下。

```
CREATE TABLE t_log_opobjectname(
    OBJECTTYPE       VARCHAR(50),
    OBJECTNAME     VARCHAR(50),
    SCHEMANAME   VARCHAR(50),
    DATABASENAME VARCHAR(50),
    OPTYPE VARCHAR(50),
    OPUSER VARCHAR(50),
    OPTIME DATETIME);

CREATE OR REPLACE TRIGGER TRIG_EAF
BEFORE CREATE OR TRUNCATE OR ALTER OR DROP ON DATABASE
BEGIN
    INSERT INTO t_log_opobjectname(OBJECTTYPE,OBJECTNAME,SCHEMANAME,
        DATABASENAME,OPTYPE,OPUSER,OPTIME)
    VALUES(:eventinfo.objecttype, :eventinfo.objectname, :eventinfo.schemaname,
        :eventinfo.databasename, :eventinfo.optype, :eventinfo.opuser, :eventinfo.optime);
END;
/
```

执行建模式建表语句如下。

```
CREATE TABLE t_test(id int, name varchar(20));
TRUNCATE table t_test;
DROP TABLE t_test;
```

然后，可以在t_log_opobjectname中查询到相关建表、删表数据、删表语句，具体语句如下。

```
SELECT *  FROM t_log_opobjectname;
```

查询结果如下。

```
SQL > SELECT *  FROM t_log_opobjectname;

行号   OBJECTTYPE OBJECTNAME         SCHEMANAME DATABASENAME OPTYPE   OPUSER OPTIME
---------- ---------- ------------------ ---------- ------------ -------- ------ --------------------------
1      TABLE      T_TEST      SYSDBA     DAMENG       CREATE   SYSDBA 2021-09-24 18:00:00.000000
2      TABLE      T_TEST      SYSDBA     DAMENG       TRUNCATE SYSDBA 2021-09-24 18:00:00.000000
3      TABLE      T_TEST      SYSDBA     DAMENG       DROP     SYSDBA 2021-09-24 18:00:00.000000
```

【例 14-5】　创建事件触发器 TR_ EAF，使用事件函数记录数据库中的所有 DDL 操作。

具体语句如下。

```
CREATE TABLE T_EAF(
N         INT,
SQLTEXT VARCHAR,
OBJECTNAME VARCHAR(128),
OBJECTTYPE VARCHAR(128),
OBJECTOWNER VARCHAR(128)
);

CREATE OR REPLACE TRIGGER TR_EAF BEFORE DDL ON DATABASE
    DECLARE
        N         NUMBER;
        STR_STMT VARCHAR;
        SQL_TEXT DM_NAME_LIST_T;
    BEGIN
        N := DM_SQL_TXT(SQL_TEXT);   --N 为占用嵌套表单元个数
          FOR I IN 1..N
        LOOP
          STR_STMT := STR_STMT ||SQL_TEXT(I);   -- STR_STMT 为获取的 DDL 语句
        END LOOP;
      INSERT INTO T_EAFVALUES(N,STR_STMT,DM_DICT_OBJ_NAME, DM_DICT_OBJ_TYPE, DM_DICT_OBJ_OWNER);
END;
/
```

执行建模式建表语句，具体语句如下。

```
CREATE SCHEMA SYSTEST;
CREATE TABLE T_systest(c1 int);
```

然后，可以在 T_ EAF 中查询到相关的建模式、建表语句，具体语句如下。

```
SELECT *  FROM T_EAF;
```

查询结果如下。

```
N  SQLTEXT                          OBJECTNAME  OBJECTTYPE  OBJECTOWNER
1  CREATE SCHEMA SYSTEST;           SYSTEST   SCHEMA      SYSTEST
1  CREATE TABLE T_systest(c1 int); T_SYSTESTTABLE       SYSDBA
```

14.4.3 时间触发器

时间触发器属于一种特殊的事件触发器，它使得用户可以定义一些有规律性执行的、定点执行的任务，比如在晚上服务器负荷轻的时候通过时间触发器做一些更新统计信息的操作、自动备份操作等，因此时间触发器是非常有用的。

语法格式如下。

```
CREATE [OR REPLACE] TRIGGER [<模式名>.]<触发器名>[WITH  ENCRYPTION]
AFTER TIMER ON DATABASE
<{FOR ONCE AT DATETIME [<时间表达式>] <exec_ep_seqno>}|{{<month_rate>|<week_rate>|<day_rate>}{<once_in_day>|<times_in_day>}{<during_date>}<exec_ep_seqno>}>
[WHEN <条件表达式>]
<触发器体>

<month_rate>:= {FOR EACH <整型变量> MONTH {<day_in_month>}}|{FOR EACH <整型变量> MONTH {<day_in_month_week>}}
<day_in_month>:= DAY <整型变量>
<day_in_month_week>:= {DAY <整型变量> OF WEEK<整型变量>}|{DAY <整型变量> OF WEEK LAST}
<week_rate>: =FOR EACH <整型变量> WEEK {<day_of_week_list>}
< day_of_week_list >:= {<整型变量>}|{, <整型变量>}
<day_rate>: =FOR EACH <整型变量> DAY
< once_in_day >:= AT TIME <时间表达式>
< times_in_day >:={ <duaring_time> } FOR EACH <整型变量> MINUTE
<duaring_time>: ={NULL}|{FROM TIME <时间表达式>}|{FROM TIME <时间表达式> TO TIME <时间表达式>}
<duaring_date>:={NULL}|{FROM DATETIME <日期时间表达式>}|{FROM DATETIME <日期时间表达式> TO DATETIME <日期时间表达式>}
```

参数说明如下。

1）<模式名>：被创建的触发器所在的模式名称或触发事件发生的对象所在的模式名，默认为当前模式。

2）<触发器名>：被创建的触发器的名称。

3）WHEN：包含一个布尔表达式，当表达式的值为 TRUE 时，执行触发器；否则，跳过该触发器。

4）<触发器体>：触发器被触发时执行的 SQL 过程语句块。

时间触发器的最低时间频率精确到分钟级，其定义很灵活，完全可以实现数据库中的代理功能，只要通过定义一个相应的时间触发器即可。在触发器体中定义要做的工作，可以定义操作的包括执行一段 SQL 语句、执行数据库备份、执行重组 B 树、执行更新统计信息、执行数据迁移（DTS）。

【例 14-6】 定义时间触发器 timer2，使其屏幕上每隔一分钟输出一行“HELLO WORLD”。

具体语句如下。

```
CREATE OR REPLACE TRIGGER timer2
AFTER TIMER ON database
```

```
FOR each 1 day FOR each 1 minute
BEGIN
  PRINT 'HELLO WORLD';
  END;
  /
```

14.5　异常处理

异常一般是在 DM_SQL 程序执行发生错误时由服务器抛出，也可以在 DM_SQL 块中由程序员在一定的条件下显式抛出。无论是哪种形式的异常，DM_SQL 程序的执行都会被中止，程序控制转至 DM_SQL 程序的异常处理部分。程序员可以在异常处理部分编写一段程序对异常进行处理，以避免 DM_SQL 程序的异常退出。

异常被处理结束后，异常所处 DM_SQL 块的执行便告结束。所以一旦发生异常，则在所处DM_SQL 块的可执行部分中，从发生异常的地方开始后续的代码将不再执行。如果没有对异常进行任何处理，异常将被传递到调用者，由调用者统一处理。

14.5.1　定义异常

为方便用户编程，DM 数据库提供了一些预定义的异常，这些异常与常见的 DM 数据库错误相对应，见表 14-4。

表 14-4　DM 数据库预定义异常

异　常　名	错　误　号	错误描述
INVALID_CURSOR	-4535	无效的游标操作
ZERO_DIVIDE	-6103	除 0 错误
DUP_VAL_ON_INDEX	- 6602	违反唯一性约束
TOO_MANY_ROWS	-7046	SELECT INTO 中包含多行数据
NO_DATA_FOUND	-7065	数据未找到

此外，还有一个特殊的异常名 OTHERS，它可以处理所有没有明确列出的异常。OTHERS 对应的异常处理语句必须放在其他异常处理语句之后。

除了 DM 数据库预定义的异常外，用户还可以在 DM_SQL 程序中自定义异常。程序员可以把一些特定的状态定义为异常，在一定的条件下抛出，然后利用 DM_SQL 程序的异常机制进行处理。

DM_SQL 程序支持两种自定义异常的方法。

(1) 使用 EXCEPTION FOR 将异常变量与错误号绑定

语法如下。

```
<异常变量名> EXCEPTION [FOR <错误号> [, <错误描述>]];
```

可以在 DM_SQL 程序的声明部分使用该语法声明一个异常变量。其中，FOR 子句用来为异常变量绑定错误号（SQLCODE 值）及错误描述。<错误号>必须是 -30000 ~ -20000 的负数值，<错

误描述>则为字符串类型。如果未显式指定错误号，则系统在运行中在－15000～－10001区间中顺序为其绑定错误值。

【例14-7】 **定义一个存储过程抛出预定义异常和自定义异常。**

具体语句如下。

```
CREATE OR REPLACE PROCEDURE proc_exception (v_personid INT)
IS
v_name VARCHAR(50);
v_email VARCHAR(50);
e1 EXCEPTION FOR -20001,'EMAIL为空';
BEGIN
SELECT NAME,EMAIL INTO v_name, v_email FROM PERSON.PERSON WHERE PERSONID=v_personid;
IF v_email='' THEN
RAISE e1;
ELSE
PRINT v_name ||v_email;
END IF;
EXCEPTION
WHEN TOO_MANY_ROWS THEN
    PRINT 'SELECT INTO 中包含多行数据';
WHEN E1 THEN
PRINT  v_name ||' '||SQLCODE||'--'||SQLERRM;
    WHEN others then
        PRINT  SQLCODE||'--'||SQLERRM;
END;
/
CALL proc_exception(2);
```

(2) 用EXCEPTION_INIT将一个特定的错误号与程序中所声明的异常标示符关联起来

具体语法如下。

```
<异常变量名> EXCEPTION;
PRAGMA EXCEPTION_INIT(<异常变量名>, <错误号>);
```

在DM_SQL程序的声明部分使用这个语法先声明一个异常变量，再使用EXCEPTION_INIT将一个特定的错误号与这个异常变量关联起来。这样可以通过名字引用任意的DM数据库服务器内部异常（DM数据库服务器内部异常可参考《DM8程序员手册》），并且可以通过名字为异常编写一适当的异常处理。如果希望使用RAISE语句抛出一个用户自定义异常，则与异常关联的错误号必须是－30000～－20000的负数值。

【例14-8】 **使用EXCEPTION_INIT将DM数据库服务器的特定错误“－2206：缺少参数值”与异常变量e1关联起来。**

具体语句如下。

```
CREATE OR REPLACE PROCEDURE proc_exception2(v_personid INT)
IS
```

```
TYPE Rec_type ISRECORD(V_NAME VARCHAR(50),V_EMAIL VARCHAR(50));
v_col Rec_type;
e1 EXCEPTION;
PRAGMA EXCEPTION_INIT(e1, -2206);
BEGIN
SELECT NAME,EMAIL INTO v_col FROM PERSON.PERSON WHERE ERSONID = v_personid;
IF v_col.V_EMAIL = '' THEN
RAISE e1;
ELSE
PRINT v_col.V_NAME ||v_col.V_EMAIL;
END IF;
EXCEPTION
WHEN e1 THEN
PRINT v_col.V_NAME ||' '||SQLCODE||':' ||SQLERRM(SQLCODE);
END;
/
CALL proc_exception2(2);
```

使用 EXCEPTION_INIT 定义用户自定义异常，并使用 RAISE 语句抛出该异常，具体语句如下。

```
CREATE OR REPLACE PROCEDURE proc_exception3 (v_personid INT)
IS
TYPE Rec_type IS RECORD (V_NAMEVARCHAR(50),V_EMAIL VARCHAR(50));
v_col Rec_type;
e2 EXCEPTION;
PRAGMA EXCEPTION_INIT(e2, -25000);
BEGIN
SELECT NAME,EMAIL INTO v_col FROM PERSON.PERSON WHERE PERSONID = v_personid;
IF v_col.V_EMAIL = '' THEN
RAISE e2;
ELSE
PRINT v_col.V_NAME ||v_col.V_EMAIL;
END IF;
EXCEPTION
WHEN e2 THEN
PRINT v_col.V_NAME ||'的邮箱为空';
END;
/
CALL proc_exception3(2);
```

14.5.2 异常的抛出

DM_SQL 程序运行时如果发生错误，系统会自动抛出一个异常。此外，程序员还可以使用 RAISE 主动抛出一个异常。例如，当程序运行并不违反数据库规则，但是不满足应用的业务逻辑时，可以主动抛出一个异常并进行处理。使用 RAISE 抛出异常分为有异常名和无异常名两种情况。

1. 有异常名

语法如下。

```
RAISE <异常名>
```

可以使用 RAISE 语句抛出一个系统预定义异常（参考6.2节）或用户自定义异常。6.3节中已经有使用 RAISE 语句的示例，这里不再举例。

2. 无异常名

如果没有在声明部分定义异常变量，也可以在执行部分使用 DM 数据库提供的系统过程直接抛出自定义异常，语法如下。

```
RAISE_APPLICATION_ERROR (
ERR_CODE IN INT,
ERR_MSG INVARCHAR(2000)
);
ERR_CODE:错误码,取值范围为-30000~-20000;
ERR_MSG:用户自定义的错误信息,长度不能超过2000字节。
例如:
CREATE OR REPLACE PROCEDURE proc_exception4 (v_personid INT)
IS
TYPE Rec_type IS RECORD (V_NAMEVARCHAR(50),V_EMAIL VARCHAR(50));
v_col Rec_type;
BEGIN
SELECT NAME,EMAIL INTO v_col FROM PERSON.PERSON WHERE PERSONID=v_personid;
IF v_col.V_EMAIL='' THEN
RAISE_APPLICATION_ERROR(-20001,'邮箱为空');
ELSE
PRINT v_col.V_NAME ||v_col.V_EMAIL;
END IF;
EXCEPTION
WHEN OTHERS THEN
PRINT SQLCODE ||' '||v_col.V_NAME ||':' ||SQLERRM;
END;
/
CALL proc_exception4(2);
```

14.5.3 内置函数 SQLCODE 和 SQLERRM

DM_SQL 程序提供了内置函数 SQLCODE 和 SQLERRM，程序员可以在异常处理部分通过这两个函数获取异常对应的错误码和描述信息。SQLCODE 可以返回错误码，为一个负数。SQLERRM 则返回异常的描述信息，为字符串类型。

若异常为 DM 数据库服务器错误，则 SQLERRM 返回该错误的描述信息，否则 SQLERRM 的返回值遵循以下规则。

1）如果错误码为-19999~-15000，返回'User-Defined Exception'。

2）如果错误码为 -30000 ~ -20000，返回' DM-<错误码绝对值>'。

3）如果错误码大于 0 或小于 -65535，返回'-<错误码绝对值>：non-DM exception '。

4）否则，返回' DM-<错误码绝对值>：Message <错误码绝对值> not found；'。

如果想查询某个 DM 数据库服务器错误码对应的错误描述信息，也可以在执行部分或异常处理部分使用错误码参数调用 SQLERRM 函数，语法如下。

```
VARCHAR SQLERRM(ERROR_NUMBER INT);
```

这种 SQLERRM 调用方式的返回值也遵循上面所述的规则，具体语句如下。

```
BEGIN
    PRINT'SQLERRM(-6815):'||SQLERRM(-6815);
END;
```

执行结果如下。

```
SQLERRM(-6815):指定的对象数据库中不存在
```

14.5.4　异常处理部分

DM_SQL 程序的异常处理部分对执行过程中抛出的异常进行处理，可以处理一个或多个异常。语法如下。

```
EXCEPTION {<异常处理语句>;}
<异常处理语句> ::= WHEN <异常处理器>
<异常处理器> ::= <异常名>{ OR <异常名>} THEN <执行部分>;
```

EXCEPTION 关键字表示异常处理部分的开始。如果在语句块的执行中出现异常，执行就被传递给语句块的异常处理部分。而如果在本语句块的异常处理部分没有相应的异常处理器对它进行处理，系统就会中止此语句块的执行，并将此异常传递到该语句块的上一层语句块或其调用者，这样一直到最外层。如果始终没有找到相应的异常处理器，则中止本次调用语句的处理，并向用户报告错误。

异常处理部分是可选的。但是如果出现 EXCEPTION 关键字，则必须至少有一个异常处理器。异常处理器可以按任意次序排列，只有 OTHERS 异常处理器必须在最后，它可以处理所有没有明确列出的异常。此外，同一个语句块内的异常处理器不允许处理重复的异常。

一个异常处理器可以同时对多个异常进行统一处理，在 WHEN 子句中可以用 OR 分隔多个异常名。相关示例如下。

```
CREATE OR REPLACE PROCEDURE proc_exception5 (score INT) AS
    e1 EXCEPTION FOR -20001,'补考';
    e2 EXCEPTION FOR -20002,'不能补考';
BEGIN
    IF score BETWEEN 90 AND 100 THEN
        PRINT '考试通过';
    ELSEIF score BETWEEN 80 AND 90 THEN
        RAISE e1;
    ELSE
```

```
        RAISE e2;
        END IF;
EXCEPTION
    WHEN e1 OR e2 THEN  --同时处理多个异常
        PRINT '考试不通过';
END;
/
CALL proc_exception5 (50);
```

下层语句块中出现的异常，如果在该语句块中没有对应的异常处理器，则可以被上层语句块或其调用者的异常处理器处理。

要注意异常变量的有效范围。例如，如果在上层语句块中引用下层语句块定义的异常变量，则DM_SQL程序会无法运行通过，从而报错。

有时候，在异常处理器的执行中又可能出现新的异常。这时，系统便会将新出现的异常作为当前需要处理的异常，并向上层传递。

本章小结

本章主要介绍了存储的过程以及触发器、异常处理的相关内容。通过触发器机制，用户可以定义删除和修改触发器。虽然DM数据库能够自动管理和运行这些触发器，但用户仍需了解其过程。

实验14：数据库存储过程定义与使用

实验概述：通过本实验可以理解存储过程和函数的概念和区别，掌握创建存储过程的方法，掌握执行存储过程的方法。具体内容可参考《实验指导书》。

实验15：数据库触发器定义与使用

实验概述：通过本实验可以理解触发器的概念与类型，理解触发器的功能及工作原理，掌握创建、更改、删除触发器的方法。具体内容可参考《实验指导书》。

第15章 DM JDBC编程与应用

本章首先介绍了什么是JDBC及其作用，紧接着讲述了DM数据库的JDBC驱动程序：DM JDBC，随后详细地讲解了如何通过DM JDBC驱动程序实现对数据库的连接和访问及其相应具体实例的应用，包括DM数据库编程、DM JDBC数据接口的工作原理及JDBC连接数据库的过程。

15.1　DM数据库编程概述

JDBC（Java Database Connectivity）是Java应用程序与数据库的接口规范，旨在让各数据库开发商为Java程序员提供标准的数据库应用程序编程接口（API）。JDBC定义了一个跨数据库、跨平台的通用SQL数据库API。

DM JDBC驱动程序是DM数据库的JDBC驱动程序，它是一个能够支持基本SQL功能的通用应用程序编程接口，支持一般的SQL数据库访问。

通过DM JDBC驱动程序，用户可以在应用程序中实现对DM数据库的连接与访问，DM JDBC驱动程序的主要功能如下。

1）建立与DM数据库的连接。

2）转接发送SQL语句到数据库。

3）处理并返回语句执行结果。

4）关闭相关的连接。

15.2　DM JDBC数据接口的工作原理

利用DM JDBC驱动程序进行编程的一般步骤如下。

1. 获得java. sql. Connection对象

利用DriverManager或者数据源来建立与数据库的连接。

2. 创建java. sql. Statement对象

这里也包含了java. sql. PreparedStatement和java. sql. CallableStatement对象。

利用连接对象的创建语句对象的方法来创建，在创建的过程中，根据需要来设置结果集的属性。

3. 数据操作

数据操作主要分为两个方面，一方面是更新操作，如更新数据库、删除一行、创建一个新表等；另一方面就是查询操作，执行完查询之后，会得到一个 java. sql. ResultSet 对象，可以操作该对象来获得指定列的信息、读取指定行的某一列的值。

4. 释放资源

在操作完成之后，用户需要释放系统资源，主要是关闭结果集、关闭语句对象，释放连接。当然，这些动作也可以由 DM JDBC 驱动程序自动执行，但由于 Java 语言的特点，这个过程会比较慢（需要等到 Java 进行垃圾回收时进行），容易出现意想不到的问题。

15.3 DM JDBC 连接数据库的过程

15.3.1 通过 DriverManager 建立连接

这种建立连接的途径是最常用的，也称作编程式连接。利用这种方式来建立连接通常需要以下几个步骤。

1. 注册数据库驱动程序（Driver）

可以通过调用 java. sql. DriverManager 类的 registerDriver 方法显式注册驱动程序，也可以通过加载数据库驱动程序类隐式注册驱动程序。

```
//显示注册
DriverManager.registerDriver(new dm.jdbc.driver.dmDriver());
//隐式注册
Class.forName("dm.jdbc.driver.DmDriver");
```

隐式注册过程中加载实现了 java. sql. Driver 的类，该类中有一静态执行的代码段，在类加载的过程中向驱动管理器 DriverManager 注册该类。而这段静态执行的代码段其实就是上述显式注册的代码。

2. 建立连接

注册驱动程序之后，就可以调用驱动管理器的 getConnection 方法来建立连接。建立数据库连接需要指定连接数据库的 URL、登录数据库所用的用户名 user 和密码 password。

通过 DriverManager 建立连接的具体过程如下。

（1）加载 DM JDBC 驱动程序

dm. jdbc. driver. DmDriver 类包含一静态部分，它可以创建该类的实例。当加载驱动程序时，驱动程序会自动调用 DriverManager. registerDriver 方法向 DriverManager 自动注册。通过调用方法 Class. forName（String str），显式地加载驱动程序。以下代码为加载 DM 的 JDBC 驱动程序。

```
Class.forName("dm.jdbc.driver.DmDriver");
```

（2）建立连接

加载 DM JDBC 驱动程序并在 DriverManager 类中注册后，即可用来与数据库建立连接。DriverManager 对象提供三种建立数据库连接的方法，每种方法都返回一个 Connection 对象实例，区别是参数不同，三种连接方法的具体代码如下。

```
Connection DriverManager.getConnection(String url, java.util.Properties info);
Connection DriverManager.getConnection(String url);
Connection DriverManager.getConnection(String url, String user, String password);
```

通常采用第三种方式进行数据库连接，该方法通过指定数据库 URL、用户名、口令来连接数据库。

可以通过以下代码来建立与数据库的连接。

```
Class.forName("dm.jdbc.driver.DmDriver");  //加载驱动程序
String url = "jdbc:dm://223.254.254.19";  // 主库 IP = 223.254.254.19
String userID = "SYSDBA";
String passwd = "SYSDBA";
Connection con = DriverManager.getConnection(url, userID, passwd);
```

利用这种方式来建立数据库连接时，连接数据库所需要的参数信息都会被硬编码到程序中，这样每次更换不同的数据库或登录用户信息都要对应用进行重新改写和编译，则不够灵活，而且当用户同时需要多个连接时，就不得不同时建立多个连接，造成资源浪费和性能降低。为了解决这些问题，SUN 公司在 JDBC 2.0 的扩展包中定义了数据源接口，提供了一种建立连接的新途径。

15.3.2　创建 JDBC 数据源

数据源是在 JDBC 2.0 中引入的一个概念，在 JDBC 2.0 扩展包中定义了 javax. sql. DataSource 接口来描述这个概念。如果用户希望建立一个数据库连接，通过查询在 JNDI 服务中的数据源，可以从数据源中获取相应的数据库连接，这样用户就只需要提供一个逻辑名称（Logic Name），而不是数据库登录的具体细节。

JNDI 的全称是 Java Naming and Directory Interface，可以理解为 Java 名称和目录服务接口。JNDI 向应用程序提供了一个查询和使用远程服务的机制，这些远程服务可以是任何企业服务。对于 JDBC 应用程序来说，JNDI 提供的是数据库连接服务。JNDI 使应用程序通过使用逻辑名称获取对象和对象提供的服务，从而使程序员可以避免使用与提供对象的机构有关联的代码。

一个 DataSource 对象代表一个实际的数据源，在数据源中存储了所有建立数据库连接的信息。系统管理员用一个逻辑名字对应 DataSource 对象，这个名字可以是任意的。在下面的例子中 DataSource 对象的名字是 NativeDB，依照传统习惯，DataSource 对象的名字包含在 jdbc/下，所以这个数据源对象的完整名字是 jdbc/NativeDB。

数据源的逻辑名字确定之后，就需要向 JNDI 服务注册该数据源。下面的代码展示了向 JNDI 服务注册数据源的过程。

```
//初始化名称-目录服务环境
Context ctx = null;
    try{
        Hashtable env = new Hashtable (5);
        env.put (Context.INITIAL_CONTEXT_FACTORY,
        "com.sun.jndi.fscontext.RefFSContextFactory");
        env.put (Context.PROVIDER_URL, "file:JNDI");
    ctx = new InitialContext(env);
    }
    catch (NamingException ne)
```

```
        {
            ne.printStackTrace();
        }
        bind(ctx, "jdbc/NativeDB");
```

程序首先生成了一个 Context 实例。javax. naming. Context 接口定义了名称服务环境（Naming Context）及该环境支持的操作，实际上，名称服务环境是由名称和对象间的相互映射组成的。程序中初始化名称服务环境的环境工厂（Context Factory）是 com. sun. jndi. fscontext. RefFSContextFactory 类（该类在 fscontext. jar 中可以找到，由于 fscontext. jar 中包含的不是标准的 API，用户需要从 www. javasoft. com 中的 JNDI 专区下载 fscontext. jar），环境工厂的作用是生成名称服务环境的实例。javax. naming. spi. InitialContextFactory 接口定义了环境工厂应该如何初始化名称服务环境（该接口在 providerutil. jar 中实现，由于 providerutil. jar 中包含的不是标准的 API，用户需要从 www. javasoft. com 中的 JNDI 专区下载 providerutil. jar）。在初始化名称服务环境时还需要定义环境的 URL。程序中使用的是“file：JNDI”，也就是把环境保存在本地硬盘的 JNDI 目录下。目前很多 J2EETM 应用服务器都实现了自己的 JNDI 服务，用户可以选用这些服务包。

初始化了名称服务环境后，就可以把数据源实例注册到名称服务环境中。注册时调用 javax. naming. Context. bind( )方法，参数为注册名称和注册对象。注册成功后，在 JNDI 目录下会生成一个 . binding 文件，该文件记录了当前名称-服务环境拥有的名称及对象。具体实现如下。

```
void bind (Context ctx, String ln)throws NamingException, SQLException
{
//创建一个 DmdbDataSource 实例
DmdbDataSource dmds = new DmdbDataSource();
//把 DmdbDataSource 实例注册到 JNDI 中
ctx.bind (ln, dmds);
}
```

当需要在名称服务环境中查询一个对象时，需要调用 javax. naming. Context. lookup( )方法，并把查询到的对象显式转化为数据源对象，然后通过该数据源对象进行数据库操作。

```
DataSource ds = (DataSource) lookup (ctx, "jdbc/NativeDB");
Connection conn = ds.getConnection();
```

DataSource 对象中获得的 Connection 对象和用 DriverManager. getConnection 方法获得的对象是等同的。由于 DataSource 方法具有很多优点，该方法成为获得连接的推荐方法。

15.3.3 数据源与连接池

利用数据源可以增强代码的可移植性，方便代码的维护，而且还可以利用连接池的功能来提高系统的性能。连接缓冲池的工作原理是：当一个应用程序关闭一个连接时，这个连接并不真正释放而是被循环利用。因为建立连接是消耗较大的操作，循环利用连接可以减少新连接的建立，能够显著地提高性能。

JDBC 规范为连接池定义了两个接口，一个客户端接口和一个服务器端接口。客户端接口就是 javax. sql. DataSource，这样客户先前采用数据源来获得连接的代码就不需要有任何的修改。通过数据源所获得的连接是否是缓冲的，这取决于具体实现的 JDBC 驱动程序是否实现了连接池的服务器端接口 javax. sql. ConnectionPoolDataSource。DM JDBC 实现了连接缓冲池，在实现连接缓冲池的过程中采用了新水平的高速缓存。一般来说，连接高速缓存是一种在一个池中保持数目较小的物理数据库连接的方式，这个连接池由大量的并行用户共享和重新使用，从而避免在每次需要时建立一个新的物理数据库连接以及当其被释放时关闭该连接的昂贵的操作。连接池的实现对用户来说是透明的，用户不需要为其修改任何代码。

15.3.4　Statement 对象的处理

1. Statement 对象概述

Statement 对象用于将 SQL 语句发送到数据库服务器。DM JDBC 提供三种类型的语句对象：Statement、PreparedStatement 和 CallableStatement。其中，PreparedStatement 是 Statement 的子类，CallableStatement 是 PreparedStatement 的子类。每一种语句对象用来运行特定类型的 SQL 语句，具体如下。

1）Statement 对象用来运行简单类型的 SQL 语句，语句中无须指定参数。

2）PreparedStatement 对象用来运行包含（或不包含）IN 类型参数的预编译 SQL 语句。

3）CallableStatement 对象用来调用数据库存储过程。

2. 创建 Statement 对象

建立连接后，Statement 对象用 Connection 对象的 createStatement 方法创建，创建 Statement 对象的代码如下。

```
Connection con = DriverManager.getConnection(url, "SYSDBA", "SYSDBA");
Statement stmt = con.createStatement();
```

3. 使用 Statement 对象执行语句

Statement 接口提供了三种执行 SQL 语句的方法：executeQuery、executeUpdate 和 execute。

1）executeQuery 方法用于产生单个结果集的语句，如 SELECT 语句。

2）executeUpdate 方法用于执行 INSERT、UPDATE 或 DELETE 语句以及 SQL DDL 语句，如 CREATE TABLE 和 DROP TABLE。INSERT、UPDATE 或 DELETE 语句的效果是修改表中某行或多行中的一列或多列。executeUpdate 的返回值是一个整数，表示受影响的行数。对于 CREATE TABLE 或 DROP TABLE 等 DDL 语句，executeUpdate 的返回值总为零。

3）execute 方法用于执行返回多个结果集、多个更新元组数或二者组合的语句。

执行语句的三种方法都将关闭所调用 Statement 对象的当前打开结果集（如果存在）。这意味着在重新执行 Statement 对象之前，需要完成对当前 ResultSet 对象的处理。

4. 关闭 Statement 对象

Statement 对象可由 Java 垃圾收集程序自动关闭。但作为一种良好的编程风格，应在不需要 Statement 对象时显式地关闭它们。这将立即释放数据库服务器资源，有助于避免潜在的内存问题。

5. 性能优化调整

（1）批处理更新

DM JDBC 驱动程序提供批处理更新的功能，通过批处理更新可以一次执行一个语句集合。JD-

BC提供了三个方法来支持批处理更新：通过addBatch方法，向批处理语句集中增加一个语句；通过executeBatch执行批处理更新；通过clearBatch来清除批处理语句集。

批处理更新过程中，如果出现执行异常，DM数据库将立即退出批处理的执行，同时返回已经被执行语句的更新元组数（在自动提交模式下）。

推荐批处理更新在事务的非自动提交模式下执行，同时，批处理更新成功后，用户需要主动提交以保证事务的永久性。

（2）性能优化参数设置

DM JDBC驱动程序提供了setFetchDirection、setFetchSize来向驱动程序暗示用户操作语句结果集的默认获取方向和一次获取的默认元组数。这些值的设定可以为驱动程序优化提供参考。

6. 语句对象

DM JDBC在创建语句对象时，可以指定语句对象的默认属性：结果集类型和结果集并发类型。DM JDBC驱动程序支持TYPE_FORWARD_ONLY和TYPE_SCROLL_INSENSITIVE两种结果集类型，不支持TYPE_SCROLL_SENSITIVE结果集类型；支持CONCUR_READ_ONLY、CONCUR_UPDATABLE两种结果集并发类型。

语句对象的默认属性用来指定执行语句产生的结果集的默认类型，其具体含义和用法参见15.4.1节中关于“结果集增强特性”部分的用法。

注意：DM JDBC驱动程序中当执行的查询语句涉及多个基表时，结果集不能更新，结果集的类型可能被自动转换为CONCUR_READ_ONLY类型。

15.4 结果集的处理

结果集是对象包含符合SQL语句中条件的所有行集合。它通过一套get方法可以访问当前行中的不同列，提供了对这些行中数据的访问。结果集一般是一个表，其中有查询所返回的列标题及相应的值。

15.4.1 ResultSet对象的处理

ResultSet对象提供执行SQL语句后从数据库返回结果中获取数据的方法。执行SQL语句后数据库返回结果被JDBC处理成结果集对象，可以用ResultSet对象的next方法以行为单位进行浏览，用getXXX方法取出当前行的某一列的值。

通过Statement、PreparedStatement、CallableStatement三种不同类型的语句进行查询都可以返回ResultSet类型的对象。

1. 行和光标

ResultSet维护指向其当前数据行的逻辑光标。每调用一次next方法，光标便向下移动一行。最初它位于第一行之前，因此第一次调用next将把光标置于第一行上，使它成为当前行。随着每次调用next导致光标向下移动一行，按照从上至下的次序获取ResultSet行。

在ResultSet对象或对应的Statement对象关闭之前，光标一直保持有效。

2. 列

方法getXXX提供了获取当前行中某列值的途径。在每一行内，可按任何次序获取列值。列名或列号可用于标识要从中获取数据的列。例如，如果 ResultSet 对象 rs 的第二列名为 “title”，则下列两种方法都可以获取存储在该列中的值。

```
String s = rs.getString("title");
String s = rs.getString(2);
```

注意：列是从左至右编号的，并且从 1 开始。

在 DM JDBC 驱动程序中，如果列的全名为 “表名．列名” 的形式。在不引起混淆的情况下（结果集中有两个表具有相同的列名），可以省略表名，直接使用列名来获取列值。

关于 ResultSet 中列的信息，可通过调用方法 ResultSet. getMetaData 得到。返回的 ResultSetMetaData 对象将给出其 ResultSet 对象各列的名称、类型和其他属性。

3. NULL 结果值

要确定给定结果值是否是 JDBC NULL，必须先读取该列，然后使用 ResultSet 对象的 wasNull 方法检查该次读取是否返回 JDBC NULL，具体如下。

```
String sql = "select *  from person.person";
ResultSet rs;
rs = stmt.executeQuery(sql);
while (rs.next()){
    if(rs.wasNull())
        System.out.println("Get A Null Value");
}
```

当使用 ResultSet 对象的 getXXX 方法读取 JDBC NULL 时，将返回下列值之一。

1）Java null 值：对于返回 Java 对象的 getXXX 方法（如 getString、getBigDecimal、getBytes、getDate、getTime、getTimestamp、getAsciiStream、getUnicodeStream、getBinaryStream、getObject 等）。

2）零值：对于 getByte、getShort、getInt、getLong、getFloat 和 getDouble。

3）FALSE 值：对于 getBoolean。

4. 结果集增强特性

在 DM JDBC 驱动程序中提供了符合 JDBC 2.0 标准的结果集增强特性：可滚动、可更新的结果集以及 JDBC 3.0 标准的可持有性。

（1）结果集的可滚动性

通过执行语句而创建的结果集不仅支持向后（从第一行到最后一行）浏览内容，而且还支持向前（从最后一行到第一行）浏览内容的能力，支持这种能力的结果集被称为可滚动的结果集。可滚动的结果集同时也支持相对定位和绝对定位，绝对定位指的是通过指定在结果集中的绝对位置而直接移动到某行的能力；而相对定位则指的是通过指定相对于当前行的位置来移动到某行的能力。DM 数据库支持可滚动的结果集。

DM JDBC 驱动程序中支持只向前滚结果集（ResultSet. TYPE_FORWARD_ONLY）和滚动不敏感结果集（ResultSet. TYPE_SCROLL_INSENSITIVE）两种结果集类型，不支持滚动敏感结果集（ResultSet. TYPE_SCROLL_SENSITIVE）。当结果集为滚动不敏感结果集时，它提供所含基本数据的静态视图，即结果集中各行的成员顺序、列值通常都是固定的。

(2) 结果集的可更新性

DM JDBC 驱动程序中提供了两种结果集并发类型：只读结果集（ResultSet. CONCUR_READ_ONLY）和可更新结果集（ResultSet. CONCUR_UPDATABLE）。采用只读并发类型的结果集不允许对其内容进行更新；可更新的结果集支持结果集的更新操作。

(3) 结果集的可持有性

JDBC 3.0 提供了两种结果集可持有类型，即提交关闭结果集（ResultSet. CLOSE_CURSORS_AT_COMMIT）和跨结果集提交（ResultSet. HOLD_CURSORS_OVER_COMMIT）。采用提交关闭结果集类型的结果集在事务提交之后被关闭，而跨结果集提交类型的结果集在事务提交之后仍能保持打开状态。

通过 DatabaseMetaData. supportsHoldability( )方法可以确定驱动程序是否支持结果集的可持有性。目前 DM 数据库支持这两种类型。

(4) 性能优化

DM JDBC 驱动程序的结果集对象中提供了 setFetchDirection 和 setFetchSize 方法来设置默认检索结果集的方向和默认一次从数据库获取的记录条数。它们的含义与用法和语句对象中的同名函数是相同的。

5. 更新大对象数据

从 DM JDBC 2.0 驱动程序就支持可更新的结果集，但是对 LOB 对象只能读取，而不能更新，这也是 JDBC 2.0 标准所规定的。而 JDBC 3.0 规范规定用户可以对 LOB 对象进行更新，DM JDBC 3.0 驱动程序中实现了这一点。

假设数据库中存在 BOOKLIST 表，且含有 ID、COMMENT 两个字段，建表语句如下。

```
CREATE TABLE BOOKLIST ("ID" INTEGER,"COMMENT" TEXT);
INSERT INTO SYSDBA.BOOKLIST VALUES (1, '测试数据');
Statement stmt = conn.createStatement(
ResultSet.TYPE_FORWARD_ONLY,
ResultSet.CONCUR_UPDATABLE);
ResultSet rs = stmt.executeQuery("select comment from booklist " +"where id = 1"
);
rs.next();
Clob commentClob = new Clob(...);
rs.updateClob("author", commentClob);  // commentClob is a Clob Object
rs.updateRow();
```

6. 自定义方法列表

为了实现对 DM 数据库所提供的时间间隔类型和带纳秒的时间类型的支持，在实现 ResultSet 接口的过程中，增加了一些自定义的扩展方法。用户将获得的 ResultSet 对象反溯成 DmdbResultSet 类型就可以访问这些方法。这些方法及其功能见表 15-1。

表 15-1　自定义方法列表

方 法 名	功 能 说 明
getTime (INT)	根据列号 (1 开始) 获取时间信息，以 java. sql. Time 类型返回
getTime (INT, Calendar)	根据列号 (1 开始)、Calendar 对象获取时间信息，以 java. sql. Time 类型返回
getTime (STRING)	根据列名获取时间信息，以 java. sql. Time 类型返回
getTime (STRING, Calendar)	根据列名、Calendar 对象获取时间信息，以 java. sql. Time 类型返回
getTimestamp (INT)	根据列号 (1 开始) 获取时间信息，以 java. sql. Timestamp 类型返回
getTimestamp (INT, Calendar)	根据列号 (1 开始)、Calendar 对象获取时间信息，以 java. sql. Timestamp 类型返回
getTimestamp (STRING)	根据列名获取时间信息，以 java. sql. Timestamp 类型返回
getTimestamp (STRING, Calendar)	根据列名、Calendar 对象获取时间信息，以 java. sql. Timestamp 类型返回
updateINTERVALYM (INT, DmdbIntervalYM)	设置列为年-月时间间隔类型值
updateINTERVALYM (STRING, DmdbIntervalYM)	设置列为年-月时间间隔类型值
updateINTERVALDT (INT, DmdbIntervalDT)	设置列为日-时时间间隔类型值
updateINTERVALDT (STRING, DmdbIntervalDT)	设置列为日-时时间间隔类型值

另外，DM 数据库中不支持 getURL 和 getRef 方法。

15. 4. 2　流与大对象处理

1. Streams 的获取

Streams 又称流，提供了信息共享的一种方式，区别于其他数据共享的方式，Streams 甚至允许不同类型的数据库之间传递数据。实现这点的根本在于 Streams 的复制流程通过捕获、传播、应用三个步骤，将指定的信息传输到指定位置，在捕获消息以及在不同数据库或应用之间共享消息等方面提供了比传统解决方案更为强大的功能和扩展性。为了获取大数据量的列，DM JDBC 驱动程序提供了四个获取流的方法。

1）getBinaryStream：返回只提供数据库原字节而不进行任何转换的流。

2）getAsciiStream：返回提供单字节 ASCII 字符的流。

3）getUnicodeStream：返回提供双字节 Unicode 字符的流。

4）getCharacterStream：返回提供双字节 Unicode 字符的 java. io. Reader 流。

在这四个函数中，JDBC 规范不推荐使用 getUnicodeStream 方法，其功能可以用 getCharacter-Stream 代替。以下是采用其他三种方法获取流的示例代码。

（1）采用 getBinaryStream 获取流

```
//查询语句
String sql = "SELECT description FROM production.product WHERE productid =1";
//创建语句对象
```

```
Statement stmt = conn.createStatement();
//执行查询
ResultSet rs = stmt.executeQuery(sql);
//显示结果集
while (rs.next()) {
try {
InputStream stream = rs.getBinaryStream("description");
ByteArrayOutputStream baos = new ByteArrayOutputStream();
int num = -1;
while ((num = stream.read()) != -1) {
baos.write(num);
}
System.out.println(baos.toString());
}catch (IOException e) {
e.printStackTrace();
}
}
//关闭结果集
rs.close();
//关闭语句
stmt.close();
```

(2) 采用 getAsciiStream 获取流

```
//查询语句
String sql = "SELECT description FROM production.product WHERE productid=1";
//创建语句对象
Statement stmt = conn.createStatement();
//执行查询
ResultSet rs = stmt.executeQuery(sql);
//显示结果集
while (rs.next()) {
try {
InputStream stream = rs.getAsciiStream("description");
StringBuffer desc = new StringBuffer();
byte[] b = new byte[1024];
for (int n; (n = stream.read(b)) != -1;) {
desc.append(new String(b, 0, n));
}
System.out.println(desc.toString());
}catch (IOException e) {
e.printStackTrace();
}
}
```

```
//关闭结果集
rs.close();
//关闭语句
stmt.close();
```

（3）采用 getCharacterStream 获取流

```
//查询语句
String sql = "SELECT description FROM production.product WHERE productid=1";
//创建语句对象
Statement stmt = conn.createStatement();
//执行查询
ResultSet rs = stmt.executeQuery(sql);
//显示结果集
while (rs.next()) {
try {
Reader reader = rs.getCharacterStream("description");
BufferedReader br = new BufferedReader(reader);
String thisLine;
while ((thisLine = br.readLine()) != null) {
System.out.println(thisLine);
}

}catch (IOException e) {
e.printStackTrace();
}
}
//关闭结果集
rs.close();
//关闭语句
stmt.close();
```

2. LOB 对象的使用

为了增强对大数据对象的操作，在 JDBC 3.0 标准中增加了 java. sql. Blob 和 java. sql. Clob 这两个接口。这两个接口定义了许多操作大对象的方法，通过这些方法就可以对大对象的内容进行操作。

（1）产生 LOB 对象

在 ResultSet 和 CallableStatement 对象中调用 getBlob( ) 和 getClob( ) 方法就可以获得 Blob 对象和 Clob 对象，具体语句如下。

```
Blob blob =rs.getBlob(1);
Clob clob =rs.getClob(2);
```

（2）设置 LOB 对象

LOB 对象可以像普通数据类型一样作为参数来进行参数赋值，在操作 PreparedStatement、CallableStatement、ResultSet 对象时使用。

```
PreparedStatement pstmt = conn.prepareStatement ("INSERT INTO bio (image, text) " + "VALUES (?, ?)");
//authorImage is a Blob Object
pstmt.setBlob(1, authorImage);
//authorBio is a Clob Object
pstmt.setClob(2, authorBio);
```

在一个可更新的结果集中，也可以利用 updateBlob（int，Blob）、updateBlob（String，Blob）和 updateClob（int，Clob）、updateClob（String，Clob）来更新当前行。

（3）改变 LOB 对象的内容

LOB 接口提供了方法让用户可以对 LOB 对象的内容进行任意修改。

```
byte[] val = {0,1,2,3,4};
Blob data =rs.getBlob("DATA");
int numWritten = data.setBytes(1,val); // 在指定的位置插入数据
PreparedStatement ps =conn.prepareStatement("UPDATE datatab SET data = ?");
ps.setBlob("DATA", data);
ps.executeUpdate();
```

目前 LOB 内容的更新和其当前所处的事务之间没有直接的联系。更新 LOB 时，会直接写入到数据库中，即便当前事务最终回滚也不能恢复。

15.4.3 元数据的处理

元数据（MetaData），即定义数据的数据。比如，人们要搜索一首歌（歌本身就是数据），可以通过歌名、歌手、专辑等信息来搜索，这些歌名、歌手、专辑信息就是这首歌的元数据。因此，数据库的元数据就是一些注明数据库信息的数据。

DM JDBC 来处理数据库的接口主要有三个。

1）ResultSet：由 ResultSet 对象的 getMetaData()方法获取 ResultSetMetaData 对象，即结果集元数据对象。

2）Connection：由 Connection 对象的 getMetaData()方法获取 DatabaseMetaData 对象，即数据库元数据对象。

3）PreparedStatement：由 PreparedStatement 对象的 getParameterMetaData()方法获取的是 ParameterMetaData 对象。

1. ResultSetMetaData 对象

ResultSetMetaData 对象提供许多方法，用于读取 ResultSet 对象返回数据的元信息，包括列名、列数据类型、列所属的表、列是否允许为 NULL 值等，通过这些方法可以确定结果集中列的一些信息。

结果集元数据是来描述结果集的特征，所以，需要首先执行查询获得结果集，才能创建 ResultSetMetaData 对象。创建 ResultSetMetaData 对象的方法如下。

【例 15-1】 假如有一个表 TESTTABLE（no int，name varchar（10）），查询这个表的各个列的

类型。

具体代码如下。

```
ResultSet rs = stmt.executeQuery("SELECT *  FROM TESTTABLE");
ResultSetMetaData rsmd = rs.getMetaData();
for(int i = 1; i < = rsmd.getColumnCount(); i + +)
{
    String typeName = rsmd.getColumnTypeName(i);
    System.out.println("第" + i + "列的类型为:" + typeName);
}
```

2. DatabaseMetaData 对象

DatabaseMetaData 对象提供了许多方法用于获取数据库的元数据信息，包括描述数据库特征的信息（如是否支持多个结果集）、目录信息、模式信息、表信息、表权限信息、表列信息、存储过程信息等。DatabaseMetaData 有部分方法以 ResultSet 对象的形式返回结果，可以用 ResultSet 对象的 getXXX( )方法获取所需的数据。

首先，创建 DatabaseMetaData 对象。DatabaseMetaData 对象由 Connection 对象创建。可以通过以下代码创建 DatabaseMetaData 对象（其中 con 为 Connection 对象）。

```
DatabaseMetaData dbmd = con.getMetaData();
```

然后，利用该 DatabaseMetaData 对象就可以获得一些有关数据库和 JDBC 驱动程序的信息，具体代码如下。

```
String databaseName = dbmd.getDatabaseProductName();  //数据库产品的名称
int majorVersion = dbmd.getJDBCMajorVersion();  // JDBC 驱动程序的主版本号
String [ ]types = {"TABLE"};
ResultSet tablesInfor = dbmd.getTables(null,  null,  "* TE% ",  types);
```

3. ParameterMetaData 对象

参数元数据是 JDBC 3.0 标准新引入的接口，它主要是对 PreparedStatement、CallableStatement 对象中的占位符（“?”）参数进行描述，如参数的个数、参数的类型和参数的精度等信息，类似于 ResultSetMetaData 接口。通过引入这个接口，就可以对参数进行较为详细、准确的操作。创建参数元数据对象的方法如下。

通过调用 PreparedStatement 或 CallableStatement 对象的 getParameterMetaData( )方法就可以获得该预编译对象的 ParameterMetaData 对象，具体代码如下。

```
ParameterMetaData pmd = pstmt.getParameterMetaData();
```

然后就可以利用这个对象来获得一些有关参数描述的信息，具体代码如下。

```
//获取参数个数
int paraCount = pmd.getParameterCount();
for(int i = 1; i < = paraCount; i + +){
//获取参数类型
System.out.println("The Type of Parameter("+i+") is " + ptmt.getParameterType(i));
```

```
//获取参数类型名
System.out.println("The Type Name of Parameter(" + i + ") is "
 + ptmt.getParameterTypeName(i));
//获取参数精度
System.out.println("The Precision of Parameter(" + i + ") is " + ptmt.getPrecision(i));
//获取参数是否为空
System.out.println("Parameter(" + i + ") is nullable? " + ptmt.isNullable (i));
}
```

15.4.4 RowSet 对象的处理

RowSet 对象默认是一个可滚动、可更新、可序列化的结果集，而且它作为 JavaBeans，可以方便地在网络间传输，用于两端的数据同步。RowSet 对象可以建立一个与数据源的连接并在其整个生命周期中维持该连接，在此情况下，该对象被称为连接的 RowSet。RowSet 还可以建立一个与数据源的连接，从其获取数据，然后关闭它，这种 RowSet 被称为非连接 RowSet。非连接 RowSet 可以在断开时更改其数据，然后将这些更改发送回原始数据源，不过它必须重新建立连接才能完成此操作。相较 java. sql. ResultSet 而言，RowSet 的离线操作能够有效地利用计算机越来越充足的内存，减轻数据库服务器的负担，由于数据操作都是在内存中进行然后批量提交到数据源，其灵活性和性能都有了很大的提高。

RowSet 接口扩展了标准 java. sql. ResultSet 接口。RowSetMetaData 接口扩展了 java. sql. ResultSet-MetaData 接口。JDK 5.0 定义了 5 个标准的 JDBCRowSet 接口，DM 数据库实现了其中的 CachedRow-Set 和 JdbcRowSet。

1. CachedRowSet

CachedRowSet 是非连接的 RowSet 接口，数据行均被缓冲至本地内存，但并未保持与数据库服务器的连接。DmJdbcDriver15. jar 和 DmJdbc16. jar 中 dm. jdbc. rowset. DmdbCachedRowSet 类是 DM 数据库对于接口 javax. sql. rowset. CachedRowSet 的实现。

1）使用 URL、用户名、密码和一个查询 SQL 语句作为设置属性，创建一个 DmdbCachedRowSet 对象。RowSet 可以使用 execute 方法完成 CachedRowSet 对象的填充，完成 execute 方法执行后，可以像使用 java. sql. ResultSet 对象方法一样，使用 RowSet 对象返回、滚动、插入、删除或更新数据。具体代码如下。

```
/* 创建 DmdbCachedRowSet 对象示例 * /
String sql = "SELECT productid,name,author FROM production.product";
CachedRowSet crs = new DmdbCachedRowSet();
crs.setUrl("jdbc:dm://localhost:5236");
crs.setUsername("SYSDBA");
crs.setPassword("SYSDBA");
crs.setCommand(sql);
crs.execute();
while (crs.next())
{
```

```
System.out.println("productid: " + crs.getInt(1));
System.out.println("name: " + crs.getString(2));
System.out.println("author: " + crs.getString(3));
}
```

2）CachedRowSet 对象也可以通过调用 populate 方法，使用一个已经存在的 ResultSet 对象填充。完成填充后，便可以像操作 ResultSet 对象一样，返回、滚动、插入、删除或更新数据。具体代码如下。

```
/* 使用 populate 方法填充代码片段 * /
//执行查询,获取 ResultSet 对象
String sql = "SELECT productid,name,author FROM production.product";
ResultSet rs = stmt.executeQuery(sql);

//填充 CachedRowSet
CachedRowSet crs = new DmdbCachedRowSet();
crs.populate(rs);
```

3）其他功能特点。

创建一个 CachedRowSet 的复制文件，具体代码如下。

```
CachedRowSet copy = crs.createCopy();
```

创建一个 CachedRowSet 的共享，具体代码如下。

```
CachedRowSet shard = crs.createShared();
```

4）CachedRowSet 限制如下。

- 仅支持单表查询，且无连接操作。
- 因数据缓存在内存，故不支持大数据块。
- 连接属性，如事务隔离级等，不能在填充（执行 execute 或 populate）后设置，因为此时已经断开了与数据库服务器的连接，不能将这些属性设置到返回数据的同一个连接上。

2. JdbcRowSet

JdbcRowSet 是对 ResultSet 对象的封装。DM 数据库关于 JdbcRowSet 的实现是 dm.jdbc.rowset.DmdbJdbcRowSet 类。DmdbJdbcRowSet 在 DmJdbcDriver15.jar 和 DmJdbcDriver16.jar 中实现标准接口 javax.sql.rowset.JdbcRowSet。

JdbcRowSet 在其生命期中始终保持着与数据库服务器的连接，其所有调用操作，均渗透进对 JDBC Connection、statement 和 ResultSet 的调用。而 CachedRowSet 则不存在于打开数据库服务器的任何连接。

CachedRowSet 在其操作过程中不需要 JDBC 驱动的存在，而 JdbcRowSet 需要。但两者在填充 RowSet 和提交数据修改的过程中，均需 JDBC 驱动的存在。

使用 JdbcRowSet 接口的示例代码如下。

```
String sql = "SELECT name,author,publisher FROM production.product";
JdbcRowSet jrs = new DmdbJdbcRowSet();
jrs.setUrl("jdbc:dm://localhost:5236");
```

```
jrs.setUsername("SYSDBA");
jrs.setPassword("SYSDBA");
jrs.setCommand(sql);
jrs.execute();
int numcolsSum = jrs.getMetaData().getColumnCount();
while (jrs.next()) {
for (int i = 1; i < = numcolsSum; i + +) {
System.out.print(jrs.getString(i) + "\t");
}
System.out.println();
}
jrs.close();
```

本章小结

本章介绍了如何使用编程方法对数据库进行操作的技术，实现了对 DM 数据库的连接与访问，转接发送 SQL 语句到 DM 数据库，处理并返回语句执行结果。使用这些技术编写的应用程序可移植性好，能同时访问不同的数据库，共享多个数据资源。

实验 16：DM JDBC 编程与应用

实验概述：通过本实验可以理解 JDBC 的概念和使用 JDBC 连接 DM 数据库的方法，理解 JDBC 操作数据库的基本步骤，掌握 JDBC 操作 DM 数据库的方法，包含增、删、改、查等 DML 操作。具体内容可参考《实验指导书》。